电网**新技术**丛书

中国电力科学研究院
出版基金资助

U0655606

智能电网调度技术

ZHINENG DIANWANG DIAODU JISHU

李 强 潘 毅 主编

中国电力出版社
CHINA ELECTRIC POWER PRESS

内 容 提 要

电力系统运行与控制中，调度环节负责保证电力系统安全稳定经济运行。为了帮助读者对我国的电网调度自动化技术发展情况有一个全面的了解，编写人员以多年以来积累的培训讲义为基础，编撰了本书。

本书共十一章，包括电网调度相关知识、支撑平台、数据采集、电网控制技术、网络分析、预测技术、调度计划技术、安全校核、在线安全稳定分析、调度员培训模拟、智能电网调度相关标准体系。

本书为科普类图书，是系列图书之一。可供从事电力规划、设计、生产、调度、维护等工作的各类电力人员使用，各大专院校教师和学生亦可参考使用。

图书在版编目（CIP）数据

智能电网调度技术/李强，潘毅主编. —北京：中国电力出版社，2017.5（2024.10重印）
（电网新技术丛书）
ISBN 978 - 7 - 5123 - 8710 - 2

Ⅰ. ①智… Ⅱ. ①李… ②潘… Ⅲ. ①智能控制-电力系统调度 Ⅳ. ①TM76

中国版本图书馆 CIP 数据核字（2016）第 219529 号

出版发行：中国电力出版社
地　　址：北京市东城区北京站西街 19 号（邮政编码 100005）
网　　址：http：//www.cepp.sgcc.com.cn
责任编辑：胡　晗
责任校对：太兴华
装帧设计：张俊霞　赵姗姗
责任印制：石　雷

印　　刷：北京天宇星印刷厂
版　　次：2017 年 5 月第一版
印　　次：2024 年 10 月北京第三次印刷
开　　本：787 毫米×1092 毫米　16 开本
印　　张：18.25
字　　数：399 千字
印　　数：2001—2500 册
定　　价：72.00 元

编 委 会

前 言

电力系统由发电、变电、输电、配电、用电、调度和通信七个环节构成。其中，调度在电力系统运行与控制中的作用类似大脑的角色，负责保证电力系统安全、稳定、经济运行的任务。

我国已形成特高压交直流混合运行的特大电网，三华同步电网已成为世界上最大的同步电网。特大电网的运行与控制，以及节能环保和大规模新能源并网发电的要求，使得电网调度运行工作面临巨大的挑战，需要电网调度自动化技术的有力支撑。

中国电力科学研究院在20世纪60年代便开始了电力系统调度自动化技术的研究开发工作。在于尔铿、周京阳教授级高级工程师的带领下，在电力系统经济调度、状态估计、电力市场等方面取得了开拓性的成果，多次获国家科技进步奖，并出版了《电力系统状态估计》、《能量管理系统（EMS）》等多部专著。

本书编写人员均为长期从事电力系统调度自动化工作的科研工作者，具有长期的科研开发和工程实施经验，并长期从事智能电网调度技术的培训工作。希望通过本书的介绍，让广大读者对我国电网调度自动化技术发展情况有一个全面的了解。

本书分为十一章，各章编写人员及主要内容如下：

第一章由李强负责编写，介绍了当前和未来电网的发展情况，智能电网调度的概念、发展过程和国产化历程，智能电网调度控制系统的建设思路、总体框架和四大类应用的基本情况，最后介绍了智能电网调度技术的最新研究情况。

第二章由狄方春负责编写，介绍了典型调度自动化系统的软硬件部署和关键技术，较为详细地介绍了先进支撑平台的架构、技术要求和功能模块，最后介绍支撑平台技术的研究情况和发展趋势。

第三章由黄运豪和狄方春负责编写，介绍了实时数据采集与处理的基本情况，实时数据采集及交换的作用、功能和技术特点，稳态监控的作用、功能和技术特点。

第四章由于汀和李时光负责编写，概要介绍了电网控制应用的基本情况，自动发电控制的基本功能和技术特点，省级电网自动电压控制的要求、功能和技术特点，与上下级 AVC 的协调控制，地区电网自动电压控制的要求、功能和技术特点，与省级 AVC 的协调控制。

第五章由郎燕生、李强、戴赛和赵昆负责编写，概述了网络分析的基本情况，介绍了电力系统状态估计、调度员潮流、静态安全分析、灵敏度分析、短路电流计算、可用输电能力、在线外网等值、安全约束调度等应用功能的作用、基本功能、常用算法和技术特点。

第六章由崔晖和丁强负责编写。介绍了电力负荷预测使用的数学模型，电力负荷预测使用的基本算法情况和技术特点，超短期负荷预测、短期负荷预测、中长期负荷预测、母线负荷预测的作用、基本功能和技术特点。

第七章由崔晖和丁强负责编写，介绍了调度计划的基本情况，安全约束发电计划、多周期滚动发电计划、多级协调发电计划、新能源接入下的发电计划、申报发布、计划分析与评估、检修计划、并网电厂考核、辅助服务补偿、结算管理模块的作用、基本功能和技术特点。

第八章由戴赛和张传成负责编写，介绍了静态安全校核、稳定计算校核、稳定裕度评估等应用的基本概念，及其模块构成和功能特点，并以三华电网联合静态安全校核为实例，使读者有一个更为形象的了解。

第九章由李刚和谢昶负责编写，对在线安全稳定分析应用进行概要阐述，使读者对在线安全稳定分析应用有一个全面的认识，对在线数据整合、并行计算、在线安全稳定分析、稳定裕度评估、调度辅助决策功能的作用、原理、方法和特点进行介绍。

第十章由潘毅负责编写，介绍了调度员培训仿真的功能定位，电力系统仿真、控制中心仿真和教员台控制等三大部分的构成、原理、特点和实现方法。

第十一章由李强、潘毅和梁威负责编写，介绍了智能电网调度的标准体系情况，电网调度相关国际标准、国家和行业标准、企业标准的工作组织及标准制修订情况。

本书为电网调度自动化技术的普及类图书，可供从事电力规划、设计、生产、调度、维护等工作的电力专业人员及相关院校的师生阅读。本书是在培训讲义的基础上编撰而成，虽经多次修改，但由于编者水平有限，难免有错误和内容编排不合理之处，欢迎广大读者批评指正。

编　者

2017 年 3 月

目 录

第 一 章

电 网 调 度 相 关 知 识

第一节 电 网 特 点

一、智能电网概念

电力系统是由发电、输电、变电、配电、用电等环节组成的电能生产、传输、分配和消费的系统。电网是电力系统的重要组成部分,包括输电、变电、配电和用电环节,用于联系发电厂和电力用户。本书中"电网"的含义是广义的,指包括发电、输电、变电、配电和用电在内的电力系统。

1875 年,法国巴黎建成了世界上第一座火力发电厂,标志着电力时代的到来。1882 年,爱迪生在纽约建成世界上第一座商用发电厂,标志着电力成为一种商品。

目前,中国形成了华北—华中、华东、东北、西北、南方、西藏六个同步电网,并通过直流互联,实现了除台湾外的全国联网。

智能电网是近年兴起的新概念,目前世界各国对于智能电网的发展思路、核心内容、发展趋势等问题尚未形成共识。基于各自的国情,欧洲、美国和日本等国家对于智能电网的理解和发展的侧重点也有较明显的区别。从技术发展和应用的角度看,世界各国的专家、学者普遍认同以下观点:智能电网是将先进的传感量测技术、信息通信技术、分析决策技术、自动控制技术和能源电力技术相结合,并与电网基础设施高度集成而形成的新型现代化电网。

中国的智能电网是以特高压电网为骨干网架、各电压等级电网协调发展的坚强电网为基础,将现代先进的传感测量技术、通信技术、信息技术、计算机技术和控制技术与物理电网高度集成而形成的新型电网。它以充分满足用户对电力的需求和优化资源配置、确保电力供应的安全性、可靠性和经济性、满足环保约束、保证电能质量、适应电力市场化发展等为目的,实现对用户可靠、经济、清洁、互动的电力供应和增值服务。

与现有电网相比,智能电网体现出电力流、信息流和业务流高度融合的显著特点,

1

其先进性和优势主要表现在：

（1）具有坚强的电网基础体系和技术支撑体系，能够抵御各类外部干扰和攻击，能够适应大规模清洁能源和可再生能源的接入，电网的坚强性得到巩固和提升。

（2）信息技术、传感器技术、自动控制技术与电网基础设施有机融合，可获取电网的全景信息，及时发现、预见可能发生的故障。故障发生时，电网可以快速隔离故障，实现自我恢复，从而避免大面积停电的发生。

（3）柔性交直流输电、网厂协调、智能调度、电力储能、配电自动化等技术的广泛应用，使电网运行控制更加灵活、经济，并能适应大量分布式电源、微电网及电动汽车充放电设施的接入。

（4）通信、信息和现代管理技术的综合运用，将大大提高电力设备使用效率，降低电能损耗，使电网运行更加经济和高效。

（5）实现实时和非实时信息的高度集成、共享与利用，为运行管理展示全面、完整和精细的电网运营状态，同时能够提供相应的辅助决策支持、控制实施方案和应对预案。

（6）建立双向互动的服务模式，用户可以实时了解供电能力、电能质量、电价状况和停电信息，合理安排电器使用；电力企业可以获取用户的详细用电信息，为其提供更多的增值服务。

二、新能源革命和三代电网

（一）新能源革命

能源革命主要是指在能源开发利用和加工转换的过程中取得的重大突破。能源发展历史上一共发生了四次能源革命，推动着人类能源利用水平的不断进步，人类所能利用的能源种类也越来越多。

第一次能源革命，以钻石取火为标志，导致了以柴薪作为主要能源的时代的到来，第二次能源革命，以蒸汽机的发明为标志，导致人类的主要能源由柴薪能源转化为化石能源，第三次能源革命，以核反应堆的发明为标志，促使核能在许多经济发达国家成为常规能源。

人类对化石能源短缺和枯竭的预期，以及全球气候变化的现实威胁，促使以太阳能、风能、生物质能、海洋能、地热能和氢能等为代表的新能源和可再生能源成为世界能源体系的生力军和未来能源发展的战略方向。开发利用新能源和可再生能源是人类发展的必然选择。许多国家将发展新能源与可再生能源作为缓解能源供应矛盾、应对气候变化的重要措施。这个发展过程就是第四次能源革命，或称为新能源革命。

我国电力行业的专家认为：新能源革命的目标是建设可持续发展的未来能源体系，具有两个显著特征：①电网在能源供应和输送体系中的作用将日益凸显；②能源系统智能化。

（二）三代电网理论[1]

1. 第一代电网

第一代电网的主要特点是交流输电占主导，输电电压较低，达到 220kV 等级；电网规模小（属于城市电网、孤立电网和小型电网）；发电单机容量不超多 10 万～20 万 kW。

第一代电网发展历程中的标志性事件有：

（1）1882 年，爱迪生在纽约建成世界上第一座商用发电厂（660kW，110V 直流电缆送电，1.6km）；1885～1886 年，威斯汀豪斯威建成第一个交流输电系统；1895 年，建成尼亚加拉大瀑布电厂（3 台 3675kW 水电机组）至布法罗 35 km 的输电线路，交流输电确定了主导地位。

（2）1916 年，美国建成第一条 132kV 线路，1923 年开始使用 230kV 线路，1937 年建成 287kV 线路。

（3）1918 年，美国制造了第一台容量 6kW 汽轮发电机。

（4）1929 年，美国制造了第一台容量 20kW 汽轮发电机。

（5）1932 年，苏联第聂伯水电站的单机容量为 6.2 万 kW，美国 1935 年胡佛水电站单机容量为 8.2kW，1934 年大古力水电站单机容量 10.8 万 kW。

2. 第二代电网

第二代电网从开始过渡到技术成熟的时间跨度大体上是从 20 世纪中期到 20 世纪末。在此期间，电网规模不断扩大，形成了大型互联电网；发电机组单机容量达到 30 万～100 万 kW；建立了 330kV 及以上电压等级的超高压交流、直流输电系统。

第二代电网发展历程中的标志性事件包括：

（1）1952 年，瑞典首先建成 380kV 超高压输电线路，全长 620km，输送功率 45 万 kW。

（2）1954 年，美国建成 345kV 电压等级线路。

（3）1956 年，苏联从古比雪夫到莫斯科的 400kV 输电线路投入运行，全长 1000km，并于 1959 年升至 500kV，首次使用 500kV 输电。

（4）1965 年，加拿大首先建成 735kV 的输电线路。

（5）1967 年，苏联建成了 750kV 试验线路，1984 年建成从苏联到波兰的 750kV 输电线路。

（6）1969 年，美国实现 765kV 的超高压输电。

（7）1985 年，苏联建成 1150kV 特高压输电线路。

中国现代电力工业始于 1882 年（上海），到 1949 年全国发电设备容量为 185 万 kW，年发电量 43.1kWh。1971 年，刘家峡水电站及刘家峡—关中 330kV 线路（535km，送电 42 万 kW）建成，中国第一个跨省区域电网（甘肃、陕西、青海）形成，拉开了中国第二代电网建设的序幕。1981 年，建成第一条 500kV 线路（平顶山—武汉），开始以 500kV 输电线为骨干的大区电网建设。世纪之交推动全国电网互联。2005 年，西北电网 750kV 线路投入运行。2009 年 1 月，中国第一条 1000kV 特高压输电线路投入运行。

至 21 世纪初，结合超/特高压输电系统建设以及大区电网/全国联网实践，中国通过研究开发和工程实践，从一次设备和系统，到二次控制、保护，以及安全稳定运行技术、仿真分析技术都得到迅速的发展，全面掌握了第二代电网技术，总体达到国际先进水平，部分技术（如特高压输电）水平居国际前列。

3. 第三代电网

自 20 世纪末以来，新能源革命在世界范围内悄然兴起，世界各国能源和电力的发展都面临空前的应对和转型挑战。以接纳大规模可再生能源电力和智能化为主要特征的下一代电网，即第三代电网，成为未来电网发展的趋势和方向。第三代电网就是现代电网（modern power grid）、广义的智能电网，是 100 多年来一、二代电网在新形势下的传承和发展。

第三代电网的主要特征是：电源组成方面，以非化石能源为主的清洁能源发电应占较大份额（如中国应力求达到 50% 以上），大型骨干电源与分布式电源相结合；电网结构方面，国家级（或更大范围）主干输电网与地方电网、微电网协调发展；采用大容量、低损耗、环境友好的输电方式（如特高压架空输电、超导电缆输电、气体绝缘管道输电等）；智能化的电网调度、控制和保护；双向互动的智能化配用电系统等。

4. 第三代电网的新使命

新能源革命中，第三代电网具有四个新的使命：

（1）接收大规模集中式和分布式可再生能源电力，成为新能源电力的输送和分配网络。

（2）实现分布式电源、储能装置、能源综合高效利用系统与电网有机融合、双向互动，提高终端能源利用效率，成为灵活、高效的智能能源网络。

（3）具有极高的供电可靠性，基本排除大面积停电风险，成为安全、可靠的能源配置和供应系统。

（4）与通信信息系统广泛结合，成为覆盖城乡的物联网和能源、电力、信息综合服务体系。

可再生能源的大规模利用和智能化是第三代电网的两个显著特征。第一代电网和第二代电网的发展都经过了大约 50 年的时间，初步推测第三代电网目标的实现也需要 50 年。与国际电网的发展趋势同步，未来 40 年中国电网发展总体上要完成第二代电网向第三代电网的过渡。期望可再生能源、核电、天然气等清洁能源电力比重达到 40%～50%，并力争超过 50%。逐步实现大型骨干电源与分布式电源相结合，主干输电网与地方电网、微电网协调发展。

三、我国未来电力流格局

展望未来，至 2050 年，我国电力负荷将呈现从高速增长向相对缓慢增长过渡、负荷中心"西移北扩"两大特点，但总体上负荷中心仍主要分布在中东部地区，而电源分布将为中东部装机容量略大于西部、北部。

随着新能源与可再生能源的大力开发，我国能源资源与负荷需求之间的地域矛盾进一步加深，电网在全国范围内综合优化能源资源配置的作用得到进一步提升。

在可预见的将来，我国将始终存在大容量远距离输送电力的基本需求。我国西部水电、西部和北部超大规模荒漠太阳能电站、北部西北部大规模风电等将有很大发展。未来"西电东送""北电南送"的电力流格局没有改变，西电东送输电网将由目前满足水电和煤电的大容量远距离外送为主，逐步转变为水电、煤电、大规模风电和荒漠太阳能电力外送并重，输电网的功能将由单纯输送电能转变为输送电能与实现各种电源相互补偿调节相结合。

我国未来第三代电网的构成将遵循国家主干输电网与地方输配电网、微电网相结合的模式。主干输电网能适应风能、太阳能等大规模可再生能源电力和水电、清洁煤电等大型常规能源基地的大容量远距离电力输送、大范围优化配置和间歇性功率相互补偿等需要，实现输电网的安全、高效运行。配电网能适应中小型分布式电源的开放接入和电力需求侧互动管理的需求，配电网终端将普遍采用微网结构，可实现潮流的双向控制，提高供电可靠性和终端能源利用效率，并形成多网合一的能源信息综合服务体系。

未来国家主干输电网的具体技术方案（或模式）可分为中期、远期两个阶段进行分析。从现在至 2030 年的中期阶段，我国输电网将延续目前发展的基本形态，将保持超/特高压交直流输电网模式，但规模将进一步扩大，技术性能将不断提高，若干新技术如灵活交流输电技术、多端直流输电技术、基于新型电力电子器件的电压源直流输电技术等取得新的突破并逐渐得到推广应用。2031～2050 年的远期阶段，技术发展的积累和突破对输电网模式将有可能产生较大的影响，有望实现向多端高压直流输电网（超导或常规导体）模式的转型。

未来的智能配电系统将是大量高新技术的集成体。未来的配电网将采用交、直流并存的多样化配电模式，与通信信息技术广泛结合，逐步形成适宜接纳大规模分布式能源、能够向用户提供差异化服务（电能质量差异化、电压等级差异化、交直流供电模式差异化、供电可靠性差异化等）的主动智能配电网；便于集成数量众多、模式各异的电动汽车充放电设施；实现与终端用户能源高效利用系统结合，提高能源利用效率。

第二节　智能电网调度

一、电力调度

1. 电力调度的主要任务

《中华人民共和国电力法》规定，电网运行实行统一调度、分级管理；各级调度机构对各自管辖范围内的电网进行调度，依靠法律、经济、技术并辅以必要的行政手段，指挥和保证电网安全稳定经济运行，维护国家安全和各利益主体的利益。

（1）保证系统运行的安全水平；

（2）保证供电质量（系统频率、波形和母线电压水平）；

（3）保证系统运行的经济性；

（4）保证提供有效的事故后恢复措施。

2. 各级调度机构的职能

我国的电网运行实行统一调度、分级管理的原则。《电网调度管理条例》根据电压等级和行政划分，把电网调度机构分为5级，即国家调度机构，跨省、自治区、直辖市调度机构，省、自治区、直辖市级调度机构，地区级调度机构，县级调度机构。目前我国已建立了较为完备的5级调度体系，分别是：国家电力调度控制中心和南方电网调度中心；东北、华北、华东、华中、西北和西南调度控制中心，简称分中心（原简称网调）；各省（直辖市、自治区）电力公司电力调度控制中心，简称省调；此外，还有310多个地调和2000多个县调。

（1）国家级调度控制中心。是我国电网调度的最高级。在该中心，通过计算机数据通信与各大区的控制中心相连接，协调确定特高压线路、各大区网间的联络线潮流和运行方式，监视、统计和分析全国所属区域的电网运行情况。

1）在线收集各大区网和有关省网的重要测点工况和全国电网运行状况，作统计分析、生产报表，提供电能情况；

2）进行大区互联系统的潮流、稳定、短路电流及经济运行计算，并向下一级传送；

3）作中长期电网安全、经济运行分析，并提出对策。

（2）网级调度控制中心。分中心（原称网调）负责高压电网的安全运行并按照规定的发供电计划和监控原则进行管理，提高电能质量和经济运行水平。

1）实现电网的数据收集和监控、经济调度和安全分析；

2）进行负荷预测，制定开停机计划、水火电经济调度日分配计划，实施闭环自动发电控制、闭环或开环自动无功电压控制；

3）省（市）间和有关大区网的供受电量的计划编制和分析；

4）进行潮流、稳定、短路电流及离线或在线的经济运行分析计算，并上报下传。

（3）省级调度控制中心。省调负责省网的安全运行，并按规定的发供电计划和监控原则进行管理，提高电能质量和经济运行水平。

1）实现电网的数据收集和监控。需对电网中的开关状态、电压水平、功率进行采集计算，进行控制和经济调度；

2）进行负荷预测，制定开停机计划、水火电经济调度日分配计划，编制地区间和省间有关网的供受电量的计划，进行闭环自动发电控制、闭环或开环自动无功电压控制；

3）进行潮流、稳定、短路电流及离线或在线的经济运行分析计算，并上报下传；

4）进行记录，如功率总加、开关变位、存档和制表打印；

5）进行直调站点（集控站点）的远方操作，变压器分接头调节，电容/电抗器的投切等。

（4）地区调度控制中心。

1）采集当地网的各种信息，进行安全监控；

2）进行有关站点（集控站点）的远方操作，变压器分接头调节，电容/电抗器的投切等；

3）制定并上报本辖区设备的检修计划及其实施；

4）用电负荷的管理。

二、电网调度自动化系统

电网调度自动化系统是对电力调度运行工作提供有力支撑的一个高度信息化和自动化的信息系统，是一个提供电力数据采集、控制、通信和分析决策等综合功能的计算机系统，是调度员眼、手和脑的延伸。

电网调度自动化系统的基本结构包括控制中心主站系统、厂站自动化系统和信息通道三大部分。根据所完成功能的不同，可以将此系统分为信息采集和执行子系统、信息传输子系统、信息处理子系统、人机联系子系统。

信息采集和执行子系统的基本功能是在各发电厂、变电站采集各种表征电力系统运行状态的实时信息，负责接收和执行上级调度控制中心发出的操作、调节或控制命令。

信息传输子系统为信息采集和执行子系统和调度控制中心提供了信息交换的桥梁，其核心是数据通道，它经调制解调器与厂站自动化系统及主站前置机相连。

信息处理子系统是整个调度自动化系统的核心，以电子计算机为主要组成部分。该子系统包含大量的直接面向电网调度、运行人员的计算机应用软件，完成对采集到的信息的各种处理及分析计算，乃至实现对电力设备的自动控制与操作。

人机联系子系统将传输到调度控制中心的各类信息进行加工处理，通过各种显示设备、打印设备和其他输出设备，为调度人员提供完整实用的电力系统实时信息。调度人员发出的遥控、遥调指令也通过此系统输入，传送给执行机构。

能量管理系统（EMS）是现代电网调度自动化系统（含硬、软件）总称，是以计算机为基础的现代电力系统的综合自动化系统，是对数据采集与监视（SCADA）、自动发电控制（AGC）和网络分析等子系统的管理，是预测、计划、控制和培训的工具，主要针对发电和输电系统。

三、我国调度自动化系统发展历程

电网调度是保障电力系统安全稳定运行和电力可靠供应的重要环节。电网调度自动化系统是电网调度运行强有力的技术支撑，是进行电网调度工作的技术保障。

我国电网调度自动化技术的发展已有 40 多年的历史，经历了早期探索、引进消化、自主研发和全面超越四个阶段，如图 1-1 所示。

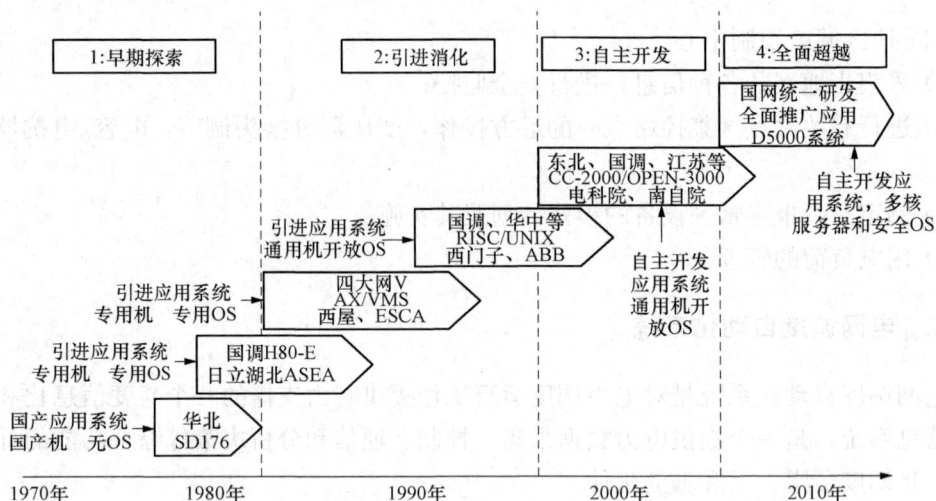

图 1-1　我国电网调度自动化技术的发展过程

电网调度自动化系统与电力系统的安全运行紧密关联，是电力系统安全的重要组成部分，2003 年 8 月 14 日发生的震惊世界的美国加拿大停电事故即为例证，据事后分析，电网控制中心自动化系统部分功能、数据异常是导致其事故扩大的一个重要原因。

为了保障我国电网调度安全，我国在电网调度自动化领域长期坚持实施国产化战略，从主要采用国外基础软硬件逐步发展为全面采用国产基础软硬件和应用软件。

1. 应用软件发展

20 世纪 80 年代后半期，我国进行了四大网（华北、东北、华东和华中）调度自动化系统引进工作，随后又有许多电网由国外引进了调度自动化系统。

通过对国外技术的学习和自主研究，我国于 1995 年独立开发完成了第一套完整的 EMS 应用软件，成功应用于华中、华北和华东三大电网，1997 年获国家科技进步二等奖。

20 世纪 90 年代，电力工业部组织中国电力科学研究院和东北电力集团联合开发了 CC-2000 EMS 系统，成功研发了自主版权的 CC-2000 电网调度技术支撑平台，并基于该平台实现了应用软件的全面国产化，该系统获国家科技进步一等奖。随着 CC-2000 EMS 系统及后续 OPEN-3000 EMS 系统等国产系统的研发与推广应用，我国在电网调度自动化领域逐步摆脱了对国外 EMS 系统的依赖。至 2007 年，国外 EMS 系统已逐步退出我国电网调度自动化领域。但这一时期，计算机硬件、网络设备、操作系统、关系数据库等基础软硬件仍然采用国外产品。

主要应用软件的国产化情况如下：

网络分析，主要包括状态估计、调度员潮流、静态安全分析、灵敏度分析、短路电流计算、可用输电能力分析、在线网络等值等应用模块。我国在 20 世纪 60 年代初期开始离线潮流的研制，70 年代末期开始在线应用软件的研制，80 年代中期，尝试在湖北电网自动化系统上安装状态估计、潮流、故障分析和最优潮流等网络分析应用软件。

负荷预测，主要包括系统负荷预测和母线负荷预测，20 世纪 60 年代开始负荷预测软件的研究，80 年代中期国产负荷预测软件开始在电力调度中心进行试验，90 年代系统负荷预测软件在电力调度中心大面积推广应用，2000 年后开始进行高精度母线负荷预测软件的研发，目前已得到大面积推广应用。

发电计划，主要包括日前、日内和实时发电计划，我国对相关技术的研究始于 20 世纪 60 年代初期至 80 年代中期，经济调度模块进行了在电网自动化系统上安装运行的试验。2008 年后开展了安全约束机组组合（SCUC）和安全约束经济调度（SCED）技术的研究，并进行软件研发，目前采用安全约束经济调度技术的日前发电计划软件已在部分网省级电力公司投入生产运行，并开始推广应用。

安全校核，包括静态安全校核和稳定计算校核等应用模块。2008 后，在国家电力调度控制中心（简称国调中心）的领导和组织下，配合精益化调度计划工作的开展，安全校核软件的研发与母线负荷预测和安全约束经济调度/机组组合的研发同步开展。目前安全校核软件已在部分网省级电力公司投入生产运行，并开始推广应用。其中稳定计算校核采用并行计算技术，硬件采用了国产高性能刀片服务器。

在线预警，80 年代中期，我国开始在线预警方面的研究，受技术条件限制，在线预警长期以来主要依靠 SCADA 系统提供的报警信息进行。2008 年后，随着智能电网调度控制系统的研发和试点建设，在线预警技术和软件也得到了长足的发展。目前，在线预警软件基于地理信息、可视化技术，综合 SCADA、保护、动态监测信息、雷电、电网分析等信息，为调度运行人员提供电网智能在线预警支持，并开始推广应用。

另外，智能电网调度控制系统的应用软件还包括 SCADA、动态监测、电网控制、新能源预测、调度员培训仿真、调度管理等众多应用模块，均为国内科研院所和产业公司独立研发，并得到广泛应用。

2. 平台软件发展

20 世纪 90 年代，中国电力科学研究院和国网电力科学研究院前后分别研发成功了我国自主版权的 CC - 2000 支撑平台和 OPEN - 3000 支撑平台。

2008 年初的南方冰冻灾害和"5·12"汶川大地震后，国调中心组织中国电科院、国网电科院和各网省公司开展了智能电网调度控制系统（D5000）的自主研发和试点工程建设工作，项目得到了国家"核高基"重大专项和 863 计划的支持。

由于以前采用的国外硬件平台、操作系统和关系数据库存在着一定的安全隐患，采购成本和服务成本比较高，功能上也不能完全满足新形势下电网调度的需求，智能电网调度控制系统在设计之初，便明确了采用国产高安全可靠基础软硬件研发智能电网调度控制系统基础平台，并基于该平台整合原有十几套应用系统，实现国产化的四大类应用。

智能电网调度控制系统基础平台向各类应用提供支持和服务，主要包括系统管理、数据存储与管理、消息总线和服务总线、公共服务、平台功能和安全防护等基本功能，是智能电网调度控制系统的研发重点。该平台采用了面向服务的体系架构，设计和研制了动态消息总线、简单服务总线、安全通信网关、面向电力系统设备的实时数据库和历史数据库，实现了公共服务、人机界面、纵深安全防护、多机多网冗余等功能，构建了安全、可靠、高效、开放的一体化基础平台及基本应用功能。

2009 年 6 月完成了智能电网调度控制系统的总体设计、主要应用功能技术规范的制订；2009 年 12 月完成了系统平台的研发和基本应用移植；2010 年 6 月完成了基于 D5000 平台的监视和预警等应用的移植开发；2010 年 6 月完成了国网华中分部示范工程的试点建设，2010 年 12 月完成了国调中心、国网华北分部、国网华东分部等试点建设工作。D5000 平台通过了实践的考验。

3. 操作系统和关系数据库发展

操作系统和关系数据库是电网调度自动化系统中最为基础的软件，其安全性对电力系统二次安全防护，乃至对整个调度系统至关重要。

分别从 2005 年和 2008 年开始，我国便有计划的逐步将国产安全操作系统和关系数据库引入电网调度自动化领域。在智能电网调度控制系统的研发中，更是从设计之初便明确了全面采用国产安全操作系统和关系数据库的研发方案。

研发团队和凝思、麒麟等国产安全操作系统提供厂商共同合作，经过 7 年的不断完善，国产安全操作系统的可靠性、安全性和系统性能大幅提高，实现了"基于 GJB 4936《安全评估等级》和 GJB 4937《安全接口使用要求》，采用军用中级安全标准"的高标准安全要求；在开源 Linux 的基础上，实现了国内操作系统提供商自主开发安全内核，支持机群和多核；实现了基于标签的强制访问控制和自主访问控制；支持强制执行控制、内部设备控制、安全审计等，满足了等级保护第四级的安全要求。

至 2012 年，国产安全操作系统已在 40 多个电网调度控制中心的智能电网调度控制系统中实际应用，国产安全操作系统和关系数据库的可靠性和优良性能得到了实践的验证。

4. 硬件设备发展

我国在 2006 年以前，在大规模电力系统并行计算方面全部采用的是 IBM、惠普、戴尔等国外服务器，2005 年起开始逐步接触曙光、联想等国产厂家，并开始了样机试用，2008 年首次在大型工程中应用国产曙光服务器的机群系统，整体系统硬件采用了 96 台国产刀片计算机，并完成了项目建设。2009 年起在全国范围内开始推广应用国产服务器，新建省级以上电网调度自动化系统全部采用国产服务器。2010 年开始建立了国产服务器的兼容性、性能和可靠性测试体系，对各个服务器厂家的投标机型进行全面测试。连续三年工程建设后，已投入现场运行的国产机架和刀片服务器包括曙光、联想、浪潮、华为等；图形工作站包括联想、曙光、浪潮等；存储设备包括华为、曙光和联想等；网络设备包括华三、华为和中兴等。

5. 智能电网调度控制系统建设情况

智能电网调度控制系统建设分为规划试点、全面推广应用和引领提升三个阶段。至2010年底，试点项目第一批（国调中心，国网华北、华东、华中分部，四川省调，江苏、北京城区、河北衡水、辽宁沈阳）9个试点工程全部完成各项工作任务，达到了试点建设的预期目标，取得了应用的试点示范作用。至2011年底，四大类应用主要功能已陆续在第一、二批试点工程实现上线运行，系统建设取得丰硕成果。截至2012年9月，智能电网调度控制系统已在全国40多个电网完成了工程建设并投入运行，有力支撑了国家电网公司"大运行"体系建设。"十二五"期间，国家电网公司系统内省级以上电网已全面建成智能电网调度控制系统，实现电网调度业务的"横向集成、纵向贯通"，全面保障电网的安全稳定经济运行。

国产化工作是智能电网调度控制系统研发工作的核心内容之一。在系统研发过程中，研发团队和国产基础软硬件厂商合作，尤其是与核高基重大专项支持的国产基础软硬件开发团队合作，攻坚克难，在严把质量关的前提下，实现了国产基础软硬件在智能电网调度控制系统上的成功应用。研发和建设工作促进并扶持了国产基础软件的产业发展和推广应用，带动了国产基础硬件的产业发展。

除了前面介绍的国产操作系统和硬件设备外，在国产关系数据库方面，研发团队和达梦、金仓等国产关系数据库开发厂商共同合作，经不断完善，数据库的可靠性、安全性和系统性能大幅提高，为进一步推广应用奠定了基础。在国产网络设备方面，华为、华三、中兴等国内公司的路由器和交换机等网络设备已在电力调度数据网运行近10年，其可靠性、安全性、适应性等不断提高。在安全防护设备方面，智能电网调度控制系统选用了通用的国产安全设备，如东软等厂商的防火墙、入侵检测系统（intrusion detection systems，IDS）、防病毒软件等，并采用了中国电科院和国网电科院研发的专用物理隔离设备、专用加密认证装置、专用调度证书、安全标签等，有效提高了智能电网调度控制系统的安全防护能力。

通过智能电网技术支持系统的研发与建设工作，国家电网公司联合国内基础软件和硬件设备厂商，形成了电网调度技术支持系统产品的研发、供应和服务的产业链；联合国内其他科研院校，增强了中国电网调度领域的集成创新能力。

第三节　智能电网调度控制系统

智能电网调度控制系统是我国自主研发的、全面采用国产基础软硬件的、代表我国电网调度自动化技术当前最高水平的研发成果。该系统的研发成功、试点和推广应用，标志着我国电网调度自动化技术全面进入独立自主阶段。系统基于统一基础平台，构建了实时监控与预警、调度计划、安全校核、调度管理四大类应用，如图1-2所示。

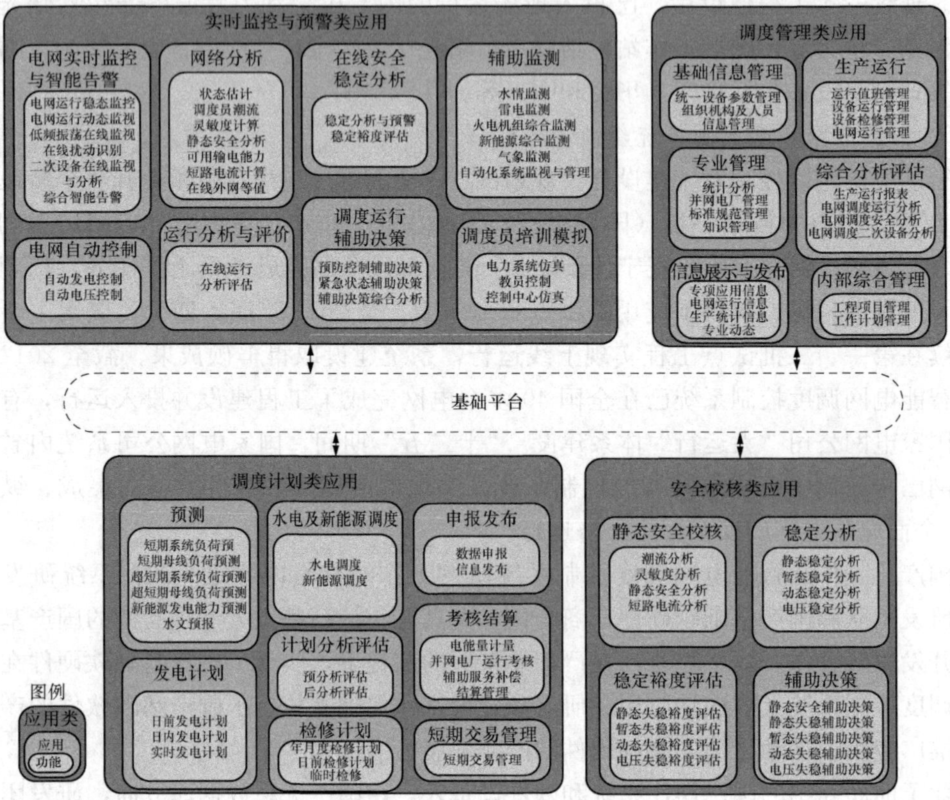

图1-2 智能电网调度控制系统

系统典型硬件配置结构示意图如图1-3所示。

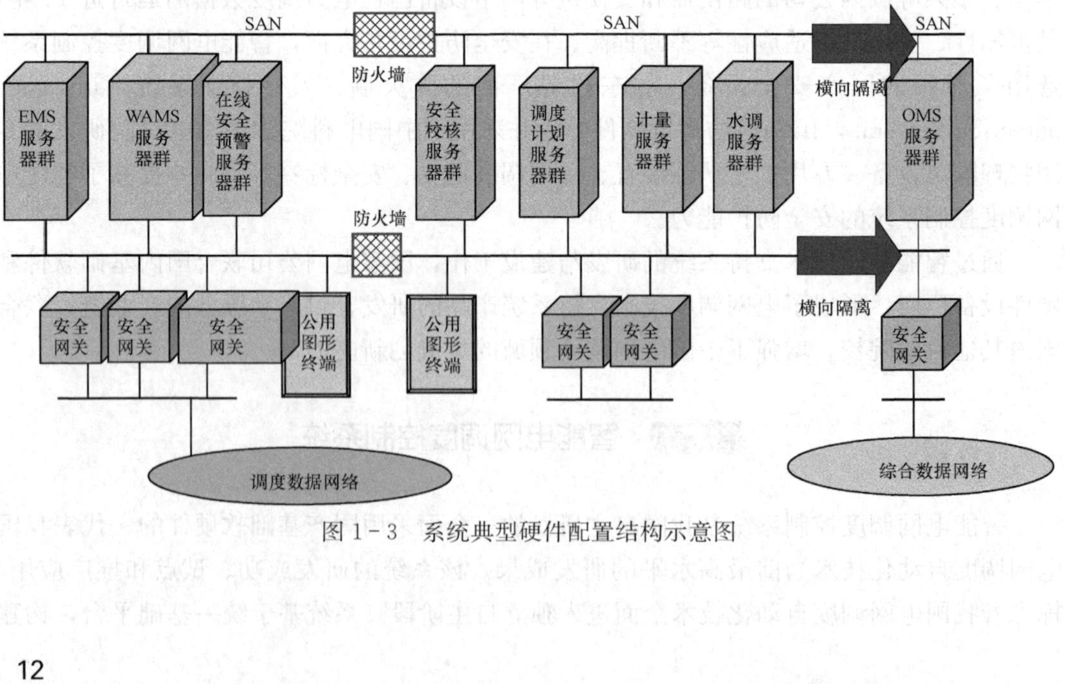

图1-3 系统典型硬件配置结构示意图

一、基础平台

智能电网调度控制系统四类应用建立在统一的基础平台之上，平台为各类应用提供统一的模型、数据、CASE、网络通信、人机界面、系统管理以及分析计算等服务。应用之间的数据交换通过平台提供的数据服务进行。

基础平台是智能电网调度控制系统开发和运行的基础，负责为各类应用的开发、运行和管理提供通用的技术支撑，为整个系统的集成和高效可靠运行提供保障。基础平台包含硬件、操作系统、数据管理、信息传输与交换、公共服务和功能6个层次，采用面向服务的体系架构。

基础平台的信息交互采用消息总线和服务总线的双总线设计，提供面向应用的跨计算机信息交互机制。服务总线按照企业级服务总线设计，其SOA（service-oriented architecture，面向服务的体系结构）环境对应用开发提供广泛的信息交互支持；消息总线按照实时监控的特殊要求设计，具有高速实时的特点，主要用于对实时性要求高的应用。

基础平台为应用提供各类数据的存储与管理功能，按照存储介质的不同可分为基于关系数据库的数据存储与管理、基于实时数据库的数据存储与管理、基于时间序列数据库的数据存储与管理和基于文件的数据存储与管理。应用可根据需要，选择合适的数据存储和管理形式。

系统管理提供一套管理工具，实现对整个系统中设备、应用功能的分布式管理。系统管理功能包括节点及应用管理、进程管理、网络管理、资源监视、时钟管理、日志管理、定时任务管理、备份/恢复管理和主备调系统同步管理等功能。

公共服务是基础平台按照SOA模式开发，通过服务总线提供的服务原语，为应用开发和集成提供的一组通用的服务。公共服务包括数据服务、图形服务、事件/告警服务、文件服务、权限服务、消息邮件服务、工作流服务、并行计算服务等。

数据采集与交换功能实现智能电网调度控制系统与厂站、其他调度中心和其他外部系统间各类数据的采集和交换，满足高吞吐量和高可靠性的要求。

在系统安全防护方面，智能电网调度控制系统遵循"安全分区、网络专用、横向隔离、纵向认证"的总体要求，从操作系统安全、数据库安全、安全监视、身份认证、安全授权、网络和安全设备、性能指标等方面建立系统纵深防御体系，提高系统安全防护水平。

二、实时监控与预警类应用

实时监控与预警类应用是电网实时调度业务的技术支撑，主要实现电网运行监视全景化，安全分析、调整控制前瞻化和智能化，运行评价动态化。从时间、空间、业务等多个层面和维度，实现电网运行的全方位实时监视、在线故障诊断和智能报警；实时跟踪、分析电网运行变化并进行闭环优化调整和控制；在线分析和评估电网运行风险，及时发布告警、预警信息并提出紧急控制、预防控制策略；在线分析评价电网运行的安全

13

性、经济性、运行控制水平等。实时监控与预警类应用主要包括电网实时监控与智能告警、电网自动控制、网络分析、在线安全稳定分析、调度运行辅助决策、水电及新能源监测分析、调度员培训模拟、运行分析与评价和辅助监测九个应用。

（1）电网实时监控与智能告警应用利用电网运行信息、二次设备状态信息及气象、水情等辅助监测信息对电网进行全方位监视，包括电网运行的稳态、动态、暂态过程，实现电网运行状况监视全景化，并通过综合性分析，提供在线故障分析和智能告警功能。电网实时监控与智能告警应用主要包括电网运行稳态监控、电网运行动态监视与分析、二次设备在线监视与分析和综合智能分析与告警等功能。

（2）电网自动控制应用利用电网实时运行信息，结合实时调度计划信息自动调整可调控设备，实现电网的闭环调整。电网自动控制应用包括自动发电控制（AGC）和自动电压控制（AVC）功能。

（3）网络分析应用实现智能化的安全分析功能，利用电网运行数据和其他应用软件提供的结果数据来分析和评估电网运行情况，确定母线模型，为运行分析软件提供实时运行方式数据，研究分析实时方式和各种预想方式下电网的运行情况；分析在电力系统中的某些元件或元件组合发生故障时，对电力系统安全运行可能产生的影响。网络分析应用主要包括网络拓扑分析、状态估计、调度员潮流、灵敏度计算、静态安全分析、可用输电能力、短路电流计算、在线外网等值等功能。

（4）在线安全稳定分析应用综合利用稳态、动态数据，通过稳态、动态、暂态多角度在线安全分析评估，以及电力系统运行全过程的稳定裕度评估，实现大电网运行的全面安全预警和多维多层协调的主动安全防御。在线安全稳定分析应用主要包括数据准备、静态稳定分析、暂态稳定分析、动态稳定分析（小干扰稳定分析）、静态电压稳定分析、频率稳定分析和稳定裕度评估计算七个功能。

（5）调度运行辅助决策应用根据在线安全稳定分析应用的预警信息，综合利用稳态、动态数据，对电网当前运行中存在的故障越限或隐患，分析可调设备，确定满足多类稳定约束且控制代价优化的调度辅助策略，消除或缓解电网实时或者预想故障后的越限、失稳等异常情况，为电网的安全运行提供前瞻性的调整策略支持。调度运行辅助决策应用主要包括预防控制辅助决策、紧急状态辅助决策和辅助决策综合分析等三个部分，而预防控制辅助决策又包含暂态稳定辅助决策、动态稳定辅助决策、电压稳定辅助决策、静态安全辅助决策等4个功能。

（6）水电及新能源监测分析应用主要实现与水电及新能源运行有关信息的处理、监视和趋势分析。在水电监测方面主要通过对流域雨水情信息、水库运行实况、来水预测和计划执行、水位流量越限情况进行实时在线监测，对水电站或水电站群当前运行实况和后期运行趋势进行分析，最终实现电网和水电站的安全、稳定和经济运行。在新能源监测方面主要是对风电场风能、光伏电站太阳辐照度等信息进行实时监测，同步监视风电场、光伏电站的有功波动情况，在此基础上对风电场、光伏电站运行情况进行趋势分析。水电及新能源监测分析主要包括水电运行监测、水务综合计算、水电厂运行趋势分析、新能源运行监测、新能源运行趋势分析五个功能。

（7）调度员培训模拟应用通过实现电力系统和控制中心的仿真及提供教员控制功能，构建了支持调度员进行正常操作、事故处理及系统恢复的培训环境，同时支持电网联合反事故演习，分为电力系统仿真、控制中心仿真和教员台控制三个功能。

（8）运行分析与评价应用利用实时监控与预警类各应用的输出结果，运行分析与评价应用对电网安全水平、经济运行水平、计划执行情况及技术支持系统运行情况进行统计分析，为调度运行值班人员及时掌握电网和技术支持系统的运行情况及后续分析提供支持。

（9）辅助监测应用完成对雷电的监测定位，火电厂脱硫信息的在线监视、处理、计算和分析，火力发电机组供电煤耗在线监测，供热机组热力和电力数据的实时监视、处理和计算，电力系统需要的气象信息监测。辅助监测应用主要包括雷电监测、火电机组综合监测、气象监测分析、技术支持系统监视等功能。

三、调度计划类应用

调度计划类应用是调度计划编制业务的技术支撑，主要完成多目标、多约束、多时段调度计划的自动编制、优化和分析评估。提供多种智能决策工具和灵活调整手段，适应不同调度模式要求，实现从年度、月度、日前到日内、实时调度计划的有机衔接和持续动态优化；多目标、多约束、多时段调度计划自动编制和多级调度计划的统一协调；可视化分析、评估和展示等。实现电网运行安全性与经济性的协调统一。调度计划类应用主要包括数据申报与信息发布、预测、检修计划、短期交易管理、水电及新能源调度、发电计划、考核结算和计划分析与评估八个应用。

（1）数据申报与信息发布应用实现调度对象申报信息的接收、验证和处理，并向调度对象及时发布授权范围内的各类调度计划信息，支持调度对象对授权信息的及时公平访问。数据申报与信息发布应用具有严格的身份认证、申报信息配置和发布信息配置功能。数据申报与信息发布应用主要包括数据申报和信息发布功能。

（2）预测应用支持对历史数据和各种相关因素的定量分析，提供多种预测方法，实现对未来一定周期内的预测对象走势的精确预测。预测应用主要包括水库来水预测、短期系统负荷预测、短期母线负荷预测、超短期系统负荷预测、超短期母线负荷预测和新能源发电能力预测六个功能。

（3）检修计划应用支持检修计划的统一管理，综合考虑电力电量平衡和电网安全约束，实现对年度、月度、周、日前等不同周期检修计划的动态滚动调整和优化安排；针对设备临时检修，实现日前检修计划的及时调整。检修计划应用包括年度、月度检修计划、周检修计划、日前检修计划和临时检修四个功能。

（4）短期交易是指月内多日、日内多时段区域间和省间双边交易。短期交易管理应用实现短期双边交易的组织、交易决策、审批和交易合同管理。短期交易管理应用主要包括交易管理和合同管理功能。

（5）水电及新能源调度应用由水电调度和新能源调度两部分功能组成。水电调度功能实现水电调度与计划相关的资料管理、调洪演算、水电优化调度，在确保大坝安全的前提下，充分运用水库的调蓄能力，寻求科学合理的联合优化运行策略，优化协调供水、发电和防洪之间的关系。新能源调度功能实现风电、太阳能光伏等新能源调度与计划相关的信息整理、优化调度方案等。水电及新能源调度应用主要包括中长期水电调度、短期水电调度、超短期水电调度、调洪演算、中长期新能源调度、短期新能源调度和超短期新能源调度七个功能。

（6）发电计划应用满足三公调度、节能发电调度或电力市场等多种模式，实现从日前到日内、实时的发电计划编制和滚动修正，实现多级发电计划的协调优化。发电计划应用采用安全约束机组组合（SCUC）、安全约束经济调度（SCED）核心计算模块，综合考虑电力电量平衡约束、电网安全约束和机组运行约束，实现发电计划（包括机组组合计划和出力计划）的集中优化编制。发电计划应用主要包括日前发电计划、日内发电计划和实时发电计划三个功能。

（7）考核结算应用根据各类合同、计划和采集到的实际执行信息，实现各类结算主体的结算电量统计、运行情况考核、有偿辅助服务补偿，以及各类结算主体的电量结算。考核结算应用主要包括电能量计量、并网电厂运行考核、辅助服务补偿、结算管理四个功能。

（8）计划分析与评估应用通过对各类应用数据的集中汇总，采用数据挖掘等先进分析手段，实现对调度计划业务各环节和全过程的定量分析评估，实现分析评估结果对调度计划业务的反馈提升。计划分析与评估应用主要包括预分析评估和后分析评估功能。

四、安全校核类应用

安全校核类应用是调度计划和电网运行操作（操作任务、操作票）安全校核的技术支撑，主要完成多时段调度计划和电网运行操作的安全校核、稳定裕度评估，并提出调整建议。运用静态安全、暂态稳定、动态稳定、电压稳定分析等多种安全稳定分析手段，适应不同要求，实现对检修计划、发电计划、电网运行操作等进行灵活、全面的安全校核，提出涉及静态安全和稳定问题的调整建议及电网重要断面的稳定裕度。安全校核类应用主要包括静态安全校核、稳定计算校核、辅助决策和稳定裕度评估四个应用。

（1）静态安全校核应用对检修计划、发电计划、短期交易计划和电网运行操作（操作任务、操作票）等调度计划和操作，分析其基态潮流情况，实现待校核断面的灵敏度计算、静态安全校核和短路电流分析。静态安全校核应用的主要功能包括潮流分析、灵敏度分析、静态安全分析和短路电流分析四个功能。

（2）稳定计算校核应用在静态安全校核应用基础上，应用并行计算平台，对校核断面进行静态、动态、暂态的全面快速稳定分析，得出该断面的安全稳定分析结论。稳定计算校核应用主要包括静态稳定分析、暂态稳定分析、动态稳定分析和电压稳定分析四个功能。

（3）辅助决策应用基于静态安全校核应用和稳定计算校核应用，在满足静态安全、静态稳定、暂态稳定、动态稳定、电压稳定等安全稳定约束的条件下，计算调度计划和调度操作的校正措施，以消除或缓解各类越限、失稳等情况，为电网调度计划和调度操作提供辅助决策支持。辅助决策应用主要包括静态安全辅助决策、静态稳定辅助决策、暂态稳定辅助决策、动态稳定辅助决策、电压稳定辅助决策五个功能。

（4）稳定裕度评估应用根据稳定分析的结果，在满足静态安全、静态稳定、暂态稳定、动态稳定、电压稳定等稳定约束的条件下，计算电网调度计划和调度操作校核断面的稳定裕度（极限功率）。稳定裕度评估应用主要包括静态安全裕度评估、暂态稳定裕度评估、动态稳定裕度评估、电压稳定裕度评估四个功能，静态稳定裕度评估结果由稳定计算校核的静态稳定分析结论直接获得。

五、调度管理类应用

调度管理类应用是实现电网调度规范化、流程化和一体化管理的技术保障。主要实现：电网调度基础信息的统一维护和管理；主要生产业务的规范化、流程化管理；调度专业和并网电厂的综合管理；电网安全、运行、计划、二次设备等信息的综合分析评估和多视角展示与发布；调度机构内部综合管理；与 SG186❶ 信息系统的信息交换和共享。调度管理类应用主要包括生产运行、专业管理、综合分析与评估、信息展示与发布、内部综合管理五个应用。

（1）生产运行应用直接服务于生产运行，是规范调度生产运行管理工作的技术支撑。生产运行应用主要包括设备运行管理、设备检修管理、电网运行管理、运行值班管理四个功能。

（2）专业管理应用包含专业管理报表、标准/规程/规范管理、知识管理三个功能。

（3）综合分析与评估应用采用时间、空间等多维度分析方法，对电网运行信息、二次设备运行信息、其他类应用的分析评价结果等数据进行综合挖掘分析，形成分析和评估结果。综合分析与评估应用包括生产运行报表、电网调度运行分析、电网调度安全分析、电网调度二次设备分析、调度技术保障能力评价、综合指标评价六个功能。

（4）信息展示与发布应用实现电网运行信息、生产统计信息、分析统计报表、调度系统动态、文档资料、新闻、公告等信息的展示和发布；提供调度管理类应用中各应用的操作界面及多维动态信息展示、资料搜索管理、分布式查询、信息发布管理工具等展示手段和展示工具。

（5）内部综合管理应用主要实现调度中心内部管理功能，用信息化、流程化的手段为中心内部管理作支撑，主要包括工程项目管理、工作计划管理、备品备件管理等。

六、智能电网调度控制系统与电网调度运行控制

如图 1-4 所示，在电网的调度运行控制中，按时间顺序分类，从毫秒到年分别为继电保护装置的 10ms 级的当地就近控制，安全自动装置的 200ms 级的区域协调控制，调度自动化系统的秒、分、小时、日、周、月、年各级别全网范围优化控制。按厂站端和调度端分类，厂站端负责 200ms 以内的当地就近控制和区域协调控制，并通过智能变电站一体化监控系统为调度端提供秒级的实时监测数据，调度端负责秒到年的电网分

---

❶ SG186 工程由国家电网公司提出，目的是初步建成数字化电网、信息化企业。其中 SG 指国家电网公司，186 指一个一体化信息平台、八大业务应用、六个信息化保障体系。

层、分段、分时域协调控制。智能电网调度控制系统是实现电网分层、分段、分时域协调控制的必要技术支撑。

一般意义上讲，智能电网调度技术应涵盖省级以上智能电网调度控制系统、地区及以下调度控制系统、备用调度控制系统、配电网调度控制系统、厂站自动化系统、调度数据网络、电力监控系统安全防护和其他辅助设施 8 大方面内容。因篇幅所限，本文没有覆盖全部内容，主要介绍一般读者感兴趣的省级以上智能电网调度控制系统相关技术内容。

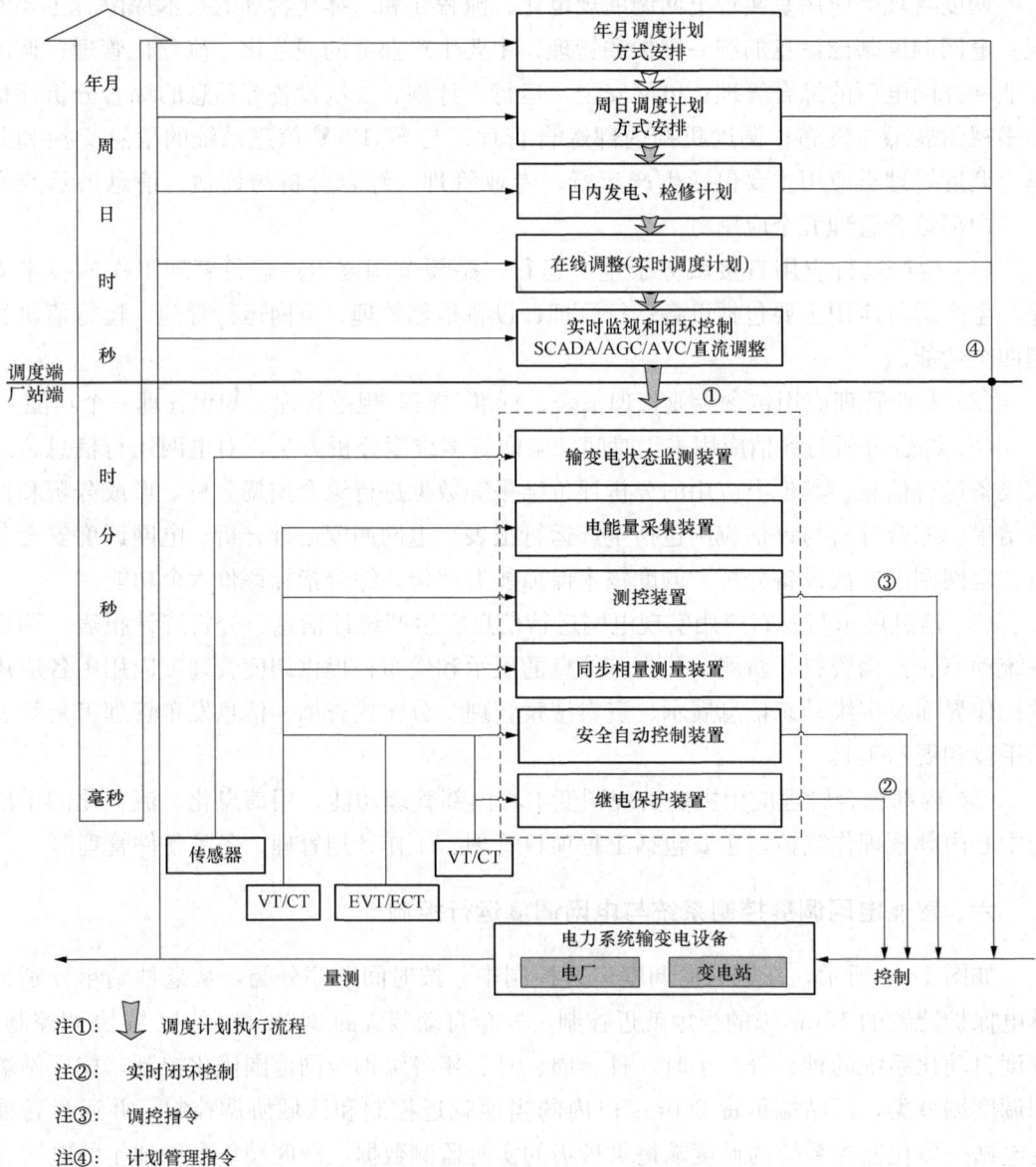

注①： 调度计划执行流程

注②： 实时闭环控制

注③： 调控指令

注④： 计划管理指令

图 1-4　电网调度运行控制示意图

参 考 文 献

[1]　周孝信，陈树勇，鲁宗相. 电网和电网技术发展的回顾与展望——试论三代电网 [J]. 中国电机工程学报，2013，33（22）：1-11.

[2]　刘振亚. 中国电力与能源 [M]. 北京：中国电力出版社，2012.

[3]　于尔铿，刘广一，周京阳. 能量管理系统 [M]. 北京：科学出版社，2001.

[4]　宋卫东. 美国电力工业特点分析及启示 [J]. 中国电力，2012，45（8）：93-97.

第 二 章

支 撑 平 台

支撑平台是调度自动化系统开发和运行的基础，负责为各类应用的开发、运行和管理提供通用的技术支撑，为整个系统的集成和高效可靠运行提供保障，支撑平台主要包括硬件、操作系统、数据与计算、通信管理、通信服务、系统管理、人机界面、模型管理和安全防护等基本功能。应用之间的数据交换通过支撑平台提供的数据服务进行，还通过支撑平台调用和提供各类服务。随着计算机技术、操作系统、网络技术、面向对象技术、数据库技术、图形图像技术、分布式远动技术和人工智能技术等信息技术的快速发展，调度自动化系统的支撑平台技术取得了长足进步，逐步演进为当前分布式、网络化、集群化的开放式体系结构。

第一节 支撑平台典型硬件、软件部署

作为调度自动化系统的基础，支撑平台的目标是为各类调度自动化应用提供开发、集成、运行和维护环境。针对应用开发，支撑平台提供多层次的软件接口，为应用开发提供数据交换机制、人机支撑、数据支持、公共服务模块和系统管理功能，支持业务定制和调整。针对应用集成，支撑平台需要具有良好的系统集成和业务集成能力，支持横向、纵向业务的集成和应用、基础信息的共享。针对应用运行，支撑平台提供能充分满足业务需求的运行环境和有效的安全防护体系，提供强大的软硬件环境和丰富的数据资源，支持调度自动化系统的一体化运行、维护和管理，实现系统和各类应用的安全稳定运行。针对应用维护，支撑平台要建立有效的系统管理和安全管理机制，提供从系统到应用的多层次、多角度体系化的维护管理工具，实现系统资源、各类应用的运行监视和系统资源的调度与优化，完成各类应用的集成配置和维护。

随着 IEC TC57 委员会等国际组织所制定的国际标准的不断完善，调度自动化系统支撑平台技术的标准化步伐也在不断前进，支撑平台的硬件设备通常采用符合国际标准及广泛采用的工业标准的设备；支撑平台的基础数据均基于 IEC 61970 - 公共信息模型（CIM）及组件接口规范（CIS）标准，为各个应用与数据平台系统之间的互操作提供了可靠的基础；支撑平台的集成环境需要具有充分的开放性，可以接入任何同构或异构的应用系统（不同的软硬件平台），各个应用系统使用集成环境提供的标准 API 接口（如

CIS、CIM/XML、CIM/E、SQL 等）实现接入和集成，实现各应用的互连、互通、互操作，实现与其他应用系统的互连、互操作。

一、调度自动化系统典型硬件部署

调度自动化系统硬件的主要作用是支持调度自动化系统的计算、通信、存储和人机会话（MMI），调度自动化系统对计算机硬件的要求是可靠、高速、大容量和可扩充，其硬件系统结构沿着集中—分布—开放的道路发展。运算量增加是调度自动化系统应用水平提高的标志，随着分布和开放系统的普及，计算机内部和外部通信量急剧上升。

随着计算机技术和通信技术特别是网络技术的迅速发展，具有网络分布式结构的电网监控系统应用越来越广，这种系统的主要特点是功能分散，将任务分解为若干较小的功能块，分别由各个计算机承担。调度自动化系统的主要功能往往是在不同时期由不同厂家开发的，电力企业需要将这些功能有机的集成起来，形成开放式体系结构。随着 IEC TC57 委员会等国际组织所制定的国际标准的不断完善，调度自动化系统逐步走向标准化。

图 2-1 是调度自动化系统的基本配置图，它以局域网为基础，网上挂有若干台服务器和工作站。根据调度自动化系统的功能要求，可采用不同档次的计算机硬件系统，例如微型机、工作站、小型机、超级小型机、大型机等各种机型。系统的数据库通常存放在数据库服务器上。前置机的主要任务是和各 RTU 通信。从 RTU 采集数据并向网络发送，也接收调度员工作站发来的遥控、遥调等命令，下达给相关的 RTU。通信服务器实现与上、下级调度或其他计算机的网络通信。SCADA 服务器完成数据收集与控制功能。通常可使用 SCADA 服务器或配置专用服务器来管理网络共享资源和网络通信，并为网络工作站提供各类网络服务，同时对电网数据进行各种统计处理和计算等。EMS 服务器部署状态估计、潮流计算等 EMS 应用。工作站可以是各种档次的微机或工作站，需要网络服务时工作站就向服务器申请，可访问网络内的共享资源，工作站之间也可以通信。调度员工作站的主要功能是为调度员提供对电网进行监视和控制的手段，它接收服务器发送的数据，并可下达遥控、遥调等命令。维护工作站是自动化人员使用的工作站，具有调度员工作站的大部分功能，同时可对系统的图形报表、远动通道等进行维护。

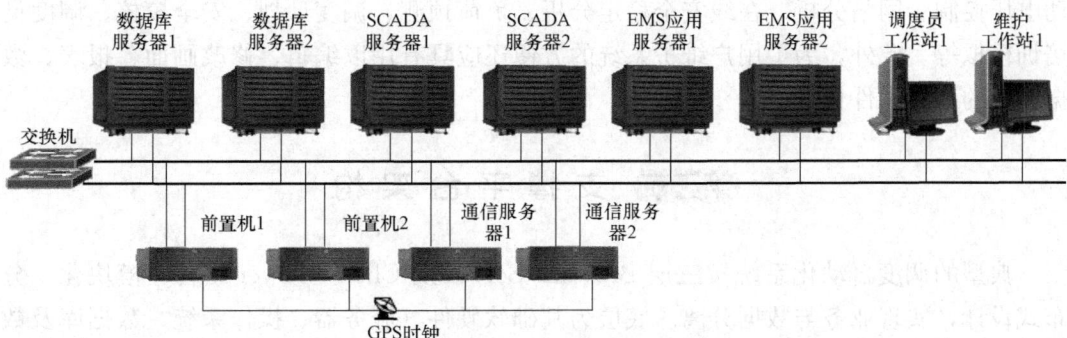

图 2-1 调度自动化系统的基本配置图

分布式网络结构组成的调度自动化系统，其主要优点是组态灵活，功能扩展方便。将系统的功能分布实现在不同的节点机上，因而对各节点机的要求比较低。为了提高可靠性，关键的服务器、工作站以及局域网络可以双重设置。

根据《电力监控系统安全防护规定》（国家发改委 2014 年第 14 号令）的规定，发电企业、电网企业内部基于计算机和网络技术的业务系统，应当划分为生产控制大区和管理信息大区。生产控制大区可以分为控制区（安全区Ⅰ）和非控制区（安全区Ⅱ）；在不影响生产控制大区安全的前提下，管理信息大区内部可以根据各企业不同安全要求划分安全区。在生产控制大区与管理信息大区之间必须设置经国家指定部门检测认证的电力专用横向单向安全隔离装置。生产控制大区内部的安全区之间应当采用具有访问控制功能的设备、防火墙或者相当功能的设施，实现逻辑隔离。在生产控制大区与广域网的纵向连接处应当设置经过国家指定部门检测认证的电力专用纵向加密认证装置或者加密认证网关及相应设施。

二、调度自动化系统典型软件部署

调度自动化主站系统的软件可分为支撑平台软件和应用软件。

（1）支撑平台软件，一般包括操作系统、程序语言、数据库管理系统、系统管理软件等。

操作系统是计算机系统的重要组成部分，用以管理计算机的硬件和软件资源，提高计算机的利用率并方便用户使用，由许多具有管理和控制功能的子程序组成。

程序语言通常采用开放的、标准化的程序语言，例如 C/C++、Java 等。

数据库管理系统包括关系数据库、实时数据库、时间序列数据库等，近年来也引入了分布式数据库。

系统管理软件负责系统资源的监视、调度和优化，能够实现对各类应用的统一管理。

（2）应用软件，可分为基本应用软件和高级应用软件。基本应用软件一般包括：数据采集和控制，数据处理和管理，事故及异常报警处理，一次接线图、棒图及曲线等画面的显示，事件顺序记录（SOE），事故追忆，各种记录打印，报表生成、显示与打印，模拟盘驱动以及与其他系统之间的通信等。电网高级应用软件包括：自动发电控制、自动电压控制、网络分析、在线安全稳定分析、负荷预测、调度计划、安全校核、调度员培训模拟。此外，为了用户维护系统的方便还应具有用以编辑、修改画面、报表、数据库等的工具软件包。

第二节 支撑平台架构

典型的调度自动化系统按三层 Browser/Server 及 Client/Server 结构、模块化、分布式设计，实现业务与数据分离。底层为基础软硬件（服务器、操作系统、数据库及数据库访问接口），中间层（服务总线、消息总线、公共服务接口等）实现对底层的统一访问接口，应用层通过中间层实现底层访问。典型调度自动化系统支撑平台采用面向服务的体系架构，其软件层次可细分为硬件、操作系统、数据与计算、通信管理、通信服务和平台功能等6个层次（如图2-2所示）。硬件、操作系统、数据与计算是调度自动化系统支撑平台的底层，构成调度自动化系统的运行环境；通信管理和通信服务是调度自动化系统支撑平台的中间层，实现业务与数据分离；平台功能是调度自动化系统支撑平台的应用层，为用户提供平台使用和维护的工具。

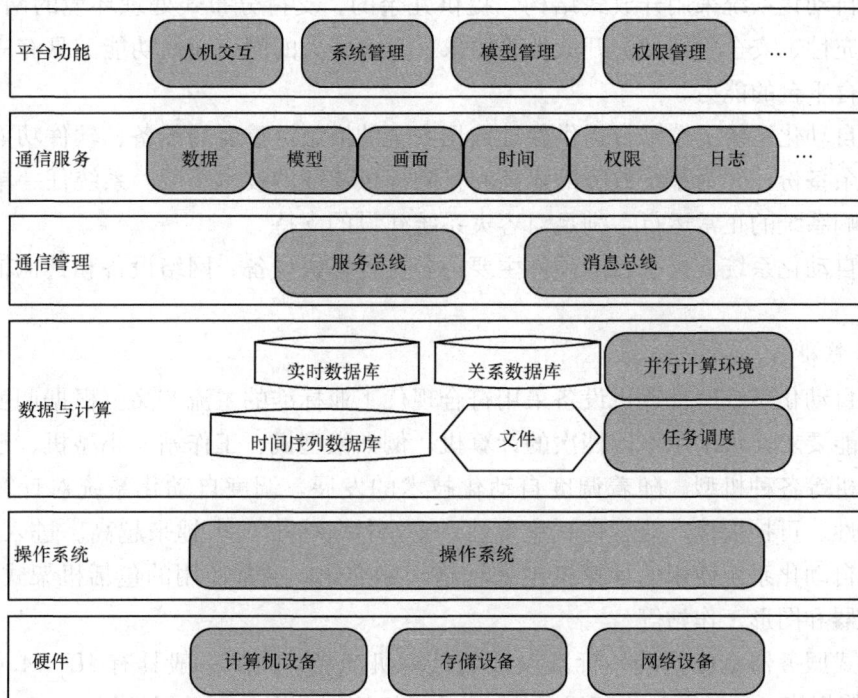

图2-2 典型调度自动化系统支撑平台体系结构

支撑平台面向服务的软件体系架构（SOA）具有良好的开放性，较好地满足系统集成和应用不断发展的需要；支撑平台层次化的功能设计，有效对硬件资源、数据及软件功能模块进行良好的组织，对应用开发和运行提供理想环境；针对系统和应用运行维护需求开发的公共应用支持和管理功能，为应用系统的运行管理提供全面的支持。

第三节 支撑平台功能

电网调度自动化主站系统的支撑平台技术伴随着计算机技术、操作系统、网络技术、面向对象技术、数据库技术、图形图像技术、分布式远动技术和人工智能技术等信息技术的进步而进步。支撑平台自底向上依次为硬件、操作系统、数据与计算、通信管理、通信服务和平台功能等6个层次，其中硬件是调度自动化系统构建的基础；操作系统提供了调度自动化系统的开发和运行环境；数据与计算提供了系统数据的存储交换平台和计算环境；通信管理提供了分布式网络结构的跨节点数据和应用交互能力；通信服务为应用功能提供了访问支撑平台的中间媒介；平台功能提供了面向调度自动化系统全局管理和维护的一系列工具，例如人机界面、系统管理、模型管理、场景数据管理和安全防护等等。

一、硬件

调度自动化系统采用开放式结构，提供冗余的、支持分布式处理环境的网络结构。满足可扩充性、安全可靠性、开放性等要求，具备强大的网络通信功能。具有完善的跨平台和混合平台的能力。

调度自动化系统支撑平台提供保证数据安全的措施，重要的设备、软件功能和数据应具有冗余备份，并为系统故障的隔离和排除提供快捷的技术手段。系统任一单点故障均不能影响系统的正常运行，满足对容灾系统建设的支持。

调度自动化系统支撑平台的硬件主要由各类计算机设备、网络设备和其他辅助设备组成。

1. 计算机

调度自动化系统的计算机设备采用符合现代工业标准的主流产品。根据调度自动化系统的功能要求，可采用不同档次的计算机，例如微型机、工作站、小型机、超级小型机、大型机等各种机型。随着调度自动化技术的发展，调度自动化系统对计算机的性能、可靠性、可扩展性、兼容性、稳定性、安全性等方面要求越来越高。进入 21 世纪后，调度自动化系统使用的计算机越来越趋于标准化，最常使用的包括机架式服务器、刀片服务器和图形工作站等。

机架式服务器是按照统一标准设计的计算机产品，高度一般具有 1U（4.445cm）、2U、4U 等规格，通常可放入标准的 19 英寸机柜使用。产品可扩展性好，一般支持 2 个及以上 CPU 和大量的标准热插拔部件，随产品配备相应的管理和监控工具，管理方便，适用于部署电网调度自动化系统数据采集和处理、拓扑分析、网络分析等各类应用后台服务。

刀片服务器是在标准高度的机框内插装的多个卡式计算单元，是一种实现高可用高密度的计算服务平台，适用于在线稳定分析、安全校核等大规模并行计算，以及计算机集群应用环境。

图形工作站是专业从事图形、图像、视频处理的专用计算机的总称，在三维动画、数据可视化、虚拟现实等方面具有显著的处理能力，适用于电网调度自动化系统的可视化人机交互。

为保证电网调度自动化系统数据的可靠存储，通常将电网调度自动化系统各类历史数据等核心数据存储在磁盘阵列中。磁盘阵列是通过数组的方式将多块磁盘组合成大容量的磁盘组，配合数据分散排列设计，利用多块磁盘存储数据所产生的加成效果以提升整个磁盘系统的存储容量、可靠性和安全性。采用磁盘阵列是为了组合小的廉价磁盘来代替大的昂贵磁盘，以降低大批量数据存储的费用；同时采用冗余信息的方式和数据保护技术，使得磁盘失效时不会使对数据的访问受损失。磁盘阵列通常采用 SAN 结构，即通过支持 SAN 协议的光纤通道交换机，将主机和存储系统联系起来，组成一个基于 LUN 的"网络"。

2．网络设备

调度自动化系统采用分布式网络结构，对网络的可靠性要求较高。主站系统网络采用冗余的高速双网结构，网络建设考虑具有新增设备的接入能力。调度自动化系统运行于调度中心内部的局域网络，及分布在各调度中心、变电站、电厂之间的调度数据网络。

局域网络主要采用工业以太网交换机组网，采用双网冗余配置以提高网络的可靠性。

按照《电力监控系统安全防护规定》要求，将调度中心内部网络划分为生产控制大区和管理信息大区，生产控制大区的控制区（安全区Ⅰ）和非控制区（安全区Ⅱ）之间一般采用防火墙隔离，生产控制大区与管理信息大区之间采用电力专用横向单向安全隔离装置实现物理隔离；各级调度中心、变电站、电厂部署纵向隔离装置，实现纵向通信安全防护。调度中心之间、调度中心与变电站和电厂之间采用专用的调度数据网络互联，部分变电站和电厂使用专线接入（MODEM/MOXA）。

为保证调度自动化系统的时间一致性，通常引入 GPS 时钟同步装置，以保证调度自动化系统的各个计算机设备时间一致，保证调度自动化主站端和厂站端时间一致性，保证各级调度自动化系统的时间一致性。

3．其他辅助设备

为实现调度自动化系统的日常功能，通常需要配置一些辅助设备。典型的辅助设备包括打印机、KVM、机柜、通信加密卡、UPS 等。打印机用于调度自动化系统的报表打印。KVM 用于工作站之间的切换。机柜用于放置调度自动化系统的硬件设备。通信加密卡用于实现纵向传输时认证和数据加密。

调度自动化系统的硬件设备由 UPS 电源供电（AC 380/220V，50Hz）。每个机柜由 UPS 和市电两路电源供电。当 UPS 电源故障或检修时，自动切换到市电电源供电。

二、操作系统

操作系统软件支持本地化语言，并且配备与操作系统和硬件配套的各种驱动软件、管理软件和诊断软件。

根据不同的用途和使用方式，操作系统可分为以下几类：

（1）单用户操作系统。只有一个用户作业在运行，用户占有全部硬件、软件资源。

（2）多道批处理操作系统。同时将几个作业放入主存储区，它们分时共用一台计算机，可提高 CPU 的利用率，改善主处理器和输入输出设备的使用情况。

（3）分时操作系统。一台计算机连接多个终端。用户通过终端与计算机交互作用，处理机按固定的时间片轮流为各个终端用户服务。用户感到好像整个系统为其独占，但连接的用户数量多时也会觉察到工作速度慢。

（4）实时操作系统。可分为实时信息处理和实时控制两大类。要求系统能及时响应外部事件的请求，并在规定的时间内完成对该事件的处理或控制。对实时操作系统的安全性和可靠性的要求也较高。

（5）网络操作系统。用来管理连接在计算机网络上的多个计算机的操作系统，使之协调，保证网络中信息传输的准确和安全，并充分发挥网络内硬件、软件资源的效用。

在调度自动化系统中实际使用的操作系统往往不是上述的单一系统，而是几种的组合。电网调度自动化系统中的许多任务实时性很强，因而目前使用的操作系统都具有实时操作系统的特点。目前较流行的操作系统有 Linux、Unix、Windows、OS/2 等，凝思、麒麟等 Linux 操作系统得到广泛应用。

三、数据与计算

数据与计算管理功能主要负责调度自动化系统各应用的数据存储、交换和应用计算关联，是分布式网络体系结构中实现数据和应用功能共享的基础。

（一）数据存储与管理

支撑平台为应用提供各类数据的存储与管理功能，按照存储的形式可分为基于数据库的数据管理和基于文件的数据存储与管理。应用可根据需要，选择合适的数据存储和管理形式。数据存储应满足电网调度领域数据存储周期短、连续性强、数据量大和高可靠的需求。

数据库是以一定的组织方式存储在一起的相互关联的数据集合，数据能为多个用户所共享，与应用程序彼此独立。在数据库出现前，用户需要使用的数据是单独随程序设置，程序之间各自为政，同一数据可能多处重复设置。若数据有变动，就要多处修改，非常不便，造成同一数据在多处呈现不一致。在这种情况下，人们想到要把数据进行统一管理，这样就形成了数据库。数据库的特点是数据可以共享，减少数据冗余，避免数据的不一致，数据和程序都有较高的独立性，数据库的使用维护也较方便。

基于文件的数据存储与管理提供文件在系统内的存储和管理功能，支持基于组件和服务的文件传输，提供用户级管理工具。

调度自动化系统支撑平台中常用的数据库管理功能包括基于关系数据库的数据存储与管理、基于实时数据库的数据存储与管理等，部分调度自动化系统中配备时间序列数据库以提高电网调度自动化系统中动态数据的存储与处理效率，近年来随着云计算和大数据研究的深入，还在调度自动化系统中引入了支持海量数据存储管理的分布式数据库。

1. 基于关系数据库的数据存储与管理

基于关系数据库的数据存储与管理是指使用通用的关系数据库产品，完成数据库的创建以及数据的存储和访问。调度自动化系统关系数据库支持各种流行的硬件体系和操作系统，高度符合各种国际国内相关标准，如 SQL92 标准、ODBC、unixODBC、JDBC、OLEDB、PHP 以及 .Net Data provider 等。调度自动化系统关系数据库需要具有高性能、高可靠性、高可用率、高效的可管理性和综合的可访问性，具有分布式处理、并行处理、数据完整、性能优化等特性。当调度自动化系统需要多个数据库，某些主题库或数据表同时存在于多个库中时，数据库系统自动保持它们的同步和数据一致性。支持磁盘阵列和 SAN（Storage Access Network）的存储类型，支持双机或多机热备方式的集群（cluster），具有数据同步/异步复制能力和故障自动迁移能力。在调度自动化系统的实际应用中，关系数据库的可扩展性是一个重要的考量因素，可扩展容量一般按照 3～10 年的远景年规模设计。

关系数据库通过数据库管理系统 DBMS 软件来实现数据的存储、管理和使用，DBMS 软件的主要功能是维护数据库，提供用户对数据库使用和加工的各种命令，包括数据库的建立、检索、修改、删除和计算等。DBMS 处于用户和物理数据之间，它把数据库的物理细节屏蔽起来，提供用户友好的界面，用户只需提出要求，不必指明如何做，在 DBMS 的支持下通过操作系统，即可获得所需结果。具有数据库管理功能的计算机系统，称为数据库管理系统。目前较流行的数据库管理系统有：SQL SERVER、ORACLE、SYSBASE、达梦数据库、金仓数据库等等。

调度自动化系统支撑平台的关系数据库功能对上层提供统一的数据访问 API 接口，以保证部署的数据库产品可以更换。例如智能电网调度控制系统中定义了标准 DCI 接口，支持不更改调度自动化应用源代码的后端数据库产品互换。

基于关系数据库的数据存储与管理，主要用于数据保留时间长、数据访问的实时性不高的场合，如电网模型数据、历史数据、应用软件数据等。

2. 基于实时数据库的数据管理

实时数据库专门用来提供高效的实时数据存取，实现电力系统的监视、控制和电网分析。基于实时数据库的数据管理支持实时数据的快速存储和访问。实时数据库提供高速的本地访问接口、远方服务访问接口和友好的人机界面，具有数据定义、存储、验证、浏览、访问和复制等功能，支持数据关系描述和检索。在调度自动化系统中，对实时性有较高要求的应用构筑在实时数据库之上，同时实时数据库也是应用和平台之间、应用和应用之间数据交互的基础。

实时数据库应满足高可靠、高可用、可维护、可扩展的要求。在正常运行期间，在线数据库和备用数据库应同时更新，系统可以动态决定一个数据库为在线数据库或备用数据库。实时数据库提供应用开发的 API 接口，支持 SQL 标准，支持 TCP/IP 等标准网络协议。实时数据库提供完整的 DBMS 工具，如数据库访问界面（终端或图形）、数据库结构定义界面（终端或图形）、数据库安全管理（如备份、恢复）等。

实时数据库一般采用计算机的内存管理实时数据，并支持多应用、多态，可用于应用程序开发、培训、测试、研究和计算等。调度自动化系统中存储管理的典型数据包括：SCADA 数据处理的各种限值、事故、遥控等参数；遥测、遥信、电量的实时数据和状态信息（数据质量）；计算值的实时数据；非遥测量的人工输入数据；PMU 的实时相量数据；描述电力系统结构和元件物理特性的电网设备和参数数据；电网的拓扑连接信息；系统运行参数和配置信息；数据采集使用的 RTU、PMU、通道、规约、点号、系数等参数。

3. 时间序列数据库

时间序列数据库主要用于处理带时间标签（按照时间的顺序变化，即时间序列化）的数据，带时间标签的数据也称为时间序列数据。

4. 分布式数据库

近年来，也出现了基于电网数据特点引入分布式数据库技术到电网数据存储中的案例，实现电网历史数据、电网模型、图形等异构数据的存储和管理。

分布式数据库的数据存储组织结构具有高可扩展能力，可以应对应用需求的快速增长；数据存储系统应具备良好的容错能力，可应对硬件环境的突变。调度自动化系统的分布式数据库提供标准 SQL 访问接口，支持调度自动化海量时标类数据的高效读写。

调度自动化系统的分布式数据库采用键值对系统存储数据，支持亿级数据的快速查询。键值对存储系统可以用来处理超大规模数据，通过数据备份保证容错性，并且可以运行在廉价的商用服务器集群上。商用集群扩充起来非常方便并且成本很低，避免了分割数据带来的复杂性和成本，从而突破了性能瓶颈。

（二）计算管理

调度自动化系统中一般配置标准的 C、C++、JAVA 等语言及其编译器。在较大规模的调度自动化系统中，配置并行计算环境和任务调度功能以支持大规模并行计算。

1. 并行计算环境

电力系统在线分析应用软件是帮助调度人员监视、分析和控制电力系统的有效工具。随着电网规模日益扩大，原有调度自动化系统的应用计算效率、实时性越来越难以满足调度要求，因此在大规模调度自动化系统中引入了并行计算技术，为在线安全稳定分析、调度运行辅助决策、静态安全校核、稳定分析安全校核、安全校核辅助决策等提供高效的计算服务支持。

集群环境下性能可扩展的并行计算环境，由管理节点、计算节点、平台通信、应用计算管理、应用计算服务和计算管理接口等功能部分构成，充分利用多机和多路多核处理器的联合并行计算能力来执行并行计算程序，在有限的计算资源下，获得更高的计算效率。并行计算功能在机群环境下实现计算任务分配、计算结果汇总、计算任务管理、出错处理和数据备份功能，可快速完成电力系统的计算和分析，并通过标准接口实现应用软件与机群计算资源的交互。并行计算环境支持任务预分配和任务动态分配两种并行管理方式。并行计算服务支持一般采用适合电力系统分析计算特点的并行计算技术实现，并行计算管理的原则是任务并行为主、分网并行为辅，通过管理节点实现数据交换、计算任务调度、结果回收汇总、计算软件接口等功能，通过计算节点为各类计算进程提供并行计算的环境和控制。

2. 任务调度

依托任务调度功能，用户可以定义、增改、启/停、转移实时任务作业，一台服务器/工作站上可同时分配多个实时任务。

任务调度实现资源隔离、动态资源管理、资源分配、容错机制和资源监控功能。其中，资源分配结合具体的计算需求为每个计算任务分配资源，资源包括 CPU，内存以及网络带宽。动态资源管理在多个任务之间动态分配资源，资源需求膨胀过快的计算任务能够动态从负载较小的任务获取所需资源；优先级较高的计算任务应该优先享有资源分配的权利。容错机制能够快速恢复执行失败的计算任务，对用户做到透明管理。资源监控能实时监控资源的使用情况，包括整体集群的资源监控和每个计算任务的资源监控。

四、通信管理与通信服务

现代调度自动化系统多为分布式网络系统。分布式网络系统采用标准的接口和介质，把整个系统按功能解裂分布在网络的各个节点上，数据实现冗余分布，提高了系统的整体性能，降低了对单机的性能要求，同时提高了系统的安全性和可靠性。并且系统的可扩充性增强，使局部功能升级成为可能。通信管理功能是分布式网络系统的核心功能。

适应我国电网运行统一调度、分级管理的原则，通过调度数据网双平面实现厂站和调度中心之间、调度中心之间数据采集和交换的可靠运行。纵向上，通过支撑平台实现上下级调度自动化系统间的一体化运行和模型、数据、画面的源端维护与系统共享，信息交互主要依赖于小邮件系统。对于目前最流行的网络分布式结构的主站系统，纵向通信功能通常是在前置通信服务器上实现，包含在前置通信及监控软件模块中。以全双工方式同各种类型的 CDT 和 POLLING 规约的 RTU 通信，为数据处理模块提供数据源，向 RTU 发送各种命令，并提供对 RTU 各参量及变量的监视和测试。可监视各通道运行状况，同时对其进行各种统计，一般包括通信次数、通信误码次数、通信无回答次数、不工作（备用）时间、通信无回答时间、无接收数据时间、无载波时间、频偏高时间、同步失败时间、仅有同步字时间、发送故障时间、外设故障时间、通道封锁时间等。

调度中心内部的应用之间信息交互采用消息总线和服务总线的双总线设计，提供面向应用的跨计算机信息交互机制。同时支撑平台还提供一系列公共的通信服务。

1. 通信管理

通信管理主要包括消息总线和服务总线。服务总线按照企业级服务总线设计，其SOA 环境对应用开发提供广泛的信息交互支持；消息总线按照实时监控的特殊要求设计，具有高速实时的特点，主要用于对实时性要求高的应用。

（1）消息总线。基于事件的消息总线提供进程间（计算机间和内部）的信息传输支持，具有消息的注册/撤销、发送、接收、订阅、发布等功能，以接口函数的形式提供给各类应用；提供传输数据结构的自解释功能，支持基于 UDP 和 TCP 的两种实现方式，具有组播、广播和点到点传输形式，支持一对一、一对多的信息交换场合。针对电力调度的需求，支持快速传递遥测数据、开关变位、事故信号、控制指令等各类实时数据和事件；支持对多态（实时态、研究态、反演态、测试态）的数据传输。

（2）服务总线。采用 SOA 架构实现的服务交互总线，屏蔽实现数据交换所需的底层通信技术和应用处理的具体方法，从传输上支持应用请求信息和响应结果信息的传输。常用的服务总线实现包括使用定制的 ESB 总线、ICE 和自主研发的服务总线等等。

服务总线以接口函数的形式为应用提供服务的注册、发布、请求、订阅、确认、响应等信息交互机制，同时提供服务的描述方法、服务代理和服务管理的功能，以满足应用功能和数据在广域范围的使用和共享。

2. 通信服务

调度自动化系统支撑平台的通信服务是支撑平台为应用开发和集成提供的一组通用服务，包括数据服务、文件服务、模型服务、画面服务、告警服务、消息邮件服务、权限服务、日志服务等。通信服务随系统功能设计实施可以定制和剪裁。

（1）数据服务。数据服务除提供基于数据表的通用服务外，还应根据业务的需要，封装多层次、不同粒度、面向应用的复合数据服务，支持请求/响应、订阅/发布两种服务形式。数据服务包含实时数据服务和历史数据服务。

实时数据服务封装了应用对实时数据库的全部访问接口，应用不再需要直接访问实时库。实时数据服务支持请求/响应的服务形式，每次访问均按照发送命令、读取数据的模式进行，即客户端进行访问时，首先将命令按照一定格式组织发送给实时服务，然后等待实时数据服务的数据返回，接收数据后则该次访问结束。

历史数据服务负责对关系数据库的访问操作，根据不同的 SQL 语言来访问关系数据库，包括读操作和写操作，历史数据服务支持请求/响应的服务形式。

（2）文件服务。文件服务是对网络文件实行统一管理的平台公用服务，提供远程访问目录和文件的功能，包括文件管理、目录管理、文件镜像、文件热备份和文件加锁机制，可进行文件建立、删除、打开、关闭、读写等操作。除常规的针对文件的获取、上传、更新以及删除等功能，同时还提供文件版本比对、同步更新、权限控制等功能。

（3）模型服务。为方便应用和模型管理功能访问电网模型信息，支撑平台也提供封装的模型服务，将用户和应用对模型的访问封装到模型服务中，用户和应用不需要直接访问模型数据库。模型服务应实现对不同厂家数据库的透明访问，用户和应用不需关心当前系统使用的是何厂家数据库。

（4）画面服务。画面服务提供静态图形文件信息的传输和相关实时数据的周期刷新功能，支持图形信息的广域调用和浏览。画面服务具有并发处理和实时数据集的缓存管理功能，可实时可靠地响应用户的请求。画面服务由一系列服务组成。画面动态数据刷新服务，采用订阅/发布模式方式，接受画面动态刷新请求，同步返回全数据后，按刷新请求周期回调，动态返回变化数据；画面文件服务采用请求/响应的服务形式，包含画面、画素文件的读取、修改、保存、删除等操作接口；曲线数据服务包含按照定制操作曲线数据等接口。

（5）消息邮件服务。消息邮件服务是一种基于目的地址自动投递的信息传输服务，适用于交互双方不需要及时处理的传输场合，应用于Ⅰ、Ⅱ、Ⅲ区之间、上下级调度之间的文件、工作流信息的传输。为保证传输内容的安全和保密，在纵向传输过程中将利用通信网关机的文件加密、解密功能实现所有文件的加密传输。

（6）日志服务。日志服务能统一进行日志信息的存储管理，具有日志写入和查询的功能，可根据配置要求确定日志信息的处理方式。

五、系统管理

支撑平台的系统管理功能管理分布式系统环境下的硬件和软件，监视分布式系统设备的运行状态，具有检测故障以及自动或人工重构系统的功能。系统管理负责系统资源的监视、调度和优化，实现对各类应用的统一管理，保证系统高效、可靠运行。系统管理支持节点、应用的冗余配置，任何单一故障，如单一节点、单一网络、单一应用故障，都不会导致系统主要功能的丧失或使系统性能低于要求的水平。系统管理主要包括节点管理、应用管理、进程管理、网络管理、资源监视、时钟管理、备份/恢复管理等功能。

（1）节点管理。具有计算机节点的配置、运行状态监视和报警功能。

（2）应用管理。具有应用的配置、启停控制、运行状态监视、主备切换（支持冗余配置的计算机间实现无扰动切换）及报警等功能。

（3）进程管理。具有进程的配置、启停控制、状态监视及报警等功能。

（4）网络管理。监视网络的状态和负载率，统计各节点的网络通信状况（如发包数、收包数、丢包数等信息），可对网卡故障、网卡切换和网卡流量异常进行实时报警。

（5）资源监视。负责采集和监视各计算机节点 CPU、内存、硬盘、网络等设备的关键性能及使用情况，发现潜在的资源异常并发出报警信息。

（6）时钟管理。负责接收时钟同步装置的标准时间，监视整个系统的对时工况，保证全系统时钟的一致性。时钟同步装置支持 GPS、北斗二代作为时钟源，对接收的时钟信号的正确性应具有安全保护措施。

（7）备份/恢复管理。负责文件系统和数据的备份/恢复功能。提供完备的数据备份机制，支持系统、平台软件、应用软件、配置参数和历史数据的备份和恢复。

六、人机界面

人机界面直接面对系统的用户，其主要功能是将界面与数据库联系起来、通过画面观察数据和系统状态、通过画面进行操作、动态刷新画面和生成画面。

人机界面通常提供画面编辑、界面浏览和界面管理等功能，并提供应用界面开发和运行的环境。画面编辑功能实现画面中图元、图形、表格、曲线和复合图元的绘制和管理功能；界面管理提供对画面风格、菜单等的定制功能；界面浏览功能实现实时画面、告警信息及 SOE 信息等的浏览，实现人机交互；开发环境向应用提供窗口、标准图形组件的开发接口和服务。

人机界面通常采用全图形、高分辨率、多窗口、快速响应的图形显示，具有平滑移动、无级缩放和移动画面的功能。人机界面可显示多种类型的画面：世界图、导航图、结构图、曲线图、棒形图、饼形图、混合图、工况图、表格、目录表等，具体的表现形式如：地理接线图、电网结构图、厂站结线图、配网结线图、潮流分布图和工况图、报警一览表、常用数据表、厂站设备参数表、电压棒图、负荷曲线、目录表、备忘录等。

画面内容包括：实时或置入的遥测量、遥信状态量（断路器、隔离开关状态，保护信号、变压器档位信号等）、计算处理量（功率总加，功率因数等）、电度量、时间、周波、设备信息、统计信息、事项记录和多媒体信息等。总的来看，人机画面要做到层次清晰，表意准确。

所有画面可由键盘、鼠标和数字化仪调出，常用画面可由用户定义热键，可一键调出。也可实现组合键调图或在索引图上定义热点调图。事件发生时，可自动推出报警画面，且发生动作的断路器、隔离开关或保护等信息能以变位闪烁或其他醒目的形式提示，并伴有音响或语音报警，对进行追忆的事故可进行事故重演等

人机界面的平台功能一般具有以下技术特点：

（1）对窗口进行集中管理，提供便捷、统一的系统人机界面入口；

（2）支持矢量图元技术，作为显示和交互的基本功能元素；

（3）采用多层结构，同时支持 C/S 和 B/S 的浏览方式；

（4）界面与具体物理显示设备和手段无关，一般采用 X - Window 和 OSF/Motif 等国际标准或基于 Java 技术以支持跨硬件和操作系统平台；

（5）支持满足调度自动化系统要求的图形显示功能，例如全画面漫游、画面缩放、画面分层/分平面显示、画面数据自动刷新等；

（6）支持画面信息二维/三维，静态/动态等多种方式的集成显示；

（7）支持采用键盘、鼠标、跟踪球、光电输入板等输入手段对窗口中图元进行操作，包括对图元进行人工置数、挂标志牌、添加注释及其他应用操作；

（8）采用电力系统公共图形标准 CIM/XML 或者 CIM/G 规范交换图形文件；

（9）提供应用集成和开发的技术手段，包括统一的显示框架、标准的插件接口（API）和开放的图形画面结构标准。

七、模型管理

模型管理功能为用户提供电网各类模型的建立、拼接、同步和维护功能，实现模型信息的源端维护和全局共享。模型管理的对象包括：面向电气设备连接关系（物理模型）和面向拓扑连接关系（计算模型）的电网一次模型，包括保护和安全自动装置在内的电网二次模型，以及各类分析计算共用的预想故障集、稳定断面限额和机组经济模型信息等。

为保证调度自动化系统的开放性和标准化，电网模型通常遵循 IEC 61970 标准。IEC 61970 标准由 IEC TC57 WG13（第 13 工作组）制定，全称《能量管理系统应用程序接口（EMS - API）》，包含公共信息模型（Common Information Model，CIM）和组件接口规范（Component Interface Specification，CIS）两部分内容。

为建立电网模型与数据库，需要在调度、运行方式和自动化等专业技术人员之间进行技术协调，统一模型（如 SCADA 模型、网络接线模型、变压器抽头模型等）、统一设备名称（如机组名、变压器名、电容器名、线路名、负荷名等）、统一地名（如地区名、电厂名、变电站名等）、统一监视标准和观察与计算范围等。

模型管理功能具备模型信息的分布存储和统一管理功能；提供模型信息的校验和抽取功能；具备模型的交换、比较、导入、拼接、拆分、导出、备份和恢复功能，支持 CIM 和 E 格式模型的导入导出；支持多场景、多版本、多业务的模型管理。

支撑平台综合模型管理、人机界面和数据管理功能，提供图模一体化编辑软件，同时提供模型数据库维护查询工具，支持图模库一体化的建模和维护，支持实时和未来电网的统一建模。图模编辑一体化软件以及模型数据库编辑工具以定义任务的模式进行工作。每一维护工作均对应一个任务，先定义任务后开始工作，每一个任务可以定义有多个子任务。任务有编辑态、执行态、活动态。可以对任务和子任务进行增加、删除。任务处于编辑态时不写入运行系统数据库中，任务执行后所有该任务对数据库的修改内容写入运行系统数据库中，但不影响运行系统的网络拓扑和设备参数等数据。任务激活后处于活动态，该任务下所修改的数据投入实际运行系统使用。所有任务在未删除以前都可以往前一个态恢复。

八、场景数据管理

场景数据（CASE）管理功能是系统实现应用场景数据存储和管理的公共工具，便于应用使用特定环境下的完整数据开展分析和研究。其功能包括场景数据的存储触发、存储管理、查询、浏览、检验和比较功能，并具有场景数据匹配、一致性及完整性校验功能。

场景数据管理支持多种类型数据及其组合的保存和管理，应用可根据需要自己定义场景数据的内容、来源和管理方式。缺省支持电网模型、运行方式和历史事件的场景数据。

九、安全防护

支撑平台遵循《电力监控系统安全防护规定》（国家发展和改革委员会 2014 年第 14 号令）的"安全分区、网络专用、横向隔离、纵向认证"要求，并在其基础上实施加密认证和安全访问控制，建立纵深的安全防护机制。

支撑平台针对机密性、完整性、可用性和可证实性的要求，采用完备的安全技术，建立全面的安全管理体系。调度自动化系统中通常的安全防护技术包括采用专用隔离装置实行安全分区、建立密钥及证书管理系统、建立基于证书的身份认证和权限管理、建立入侵检测手段、建立防病毒检测机制、建立安全审计系统等。

系统需具有权限管理功能，为各类应用提供使用和维护权限的控制手段。权限管理是应用和数据实现安全访问管理的重要工具，向应用提供用户管理和角色管理，通过用户与角色的实例化对应，实现多层级、多粒度的权限控制。权限管理功能一般与调度管理应用的组织机构管理功能实现关联。

十、多应用场景

调度自动化系统支撑平台还有一个重要的特性，即支持多应用场景（多态、多应用）。应用场景（Context，也称为态）是一组为了完成某些目标的应用的集合，它定义了一个与时间相关的运行环境。多态、多应用技术支持不同的应用对电网模型和图形的不同要求，保证各应用可运行在不同的相互独立的环境（进程、数据库和画面），同时同一个应用可以在不同的环境中运行。利用多态技术可实现各应用的实时态、研究态、规划态、培训态、测试态、反演态。在实时态中，调度员使用实时采集数据和其他应用软件提供的数据，针对实时的电网状态进行分析计算。在研究态中，调度员和运行方式人员可利用调度员潮流等应用软件进行电网运行方式研究和案例分析等工作。在规划态中，调度员和运行方式人员可利用系统提供的网络建模手段，研究未来电网结构变化的各种情况，进行电网规划研究分析。在培训态中，调度员可利用与实际控制中心完全相同的调度环境，熟悉掌握系统各项功能，同时学习在正常和故障情况下的操作任务。在测试态中，运行维护人员可以进行 EMS 系统、网络模型、应用程序功能等方面的测试。在反演态中，调度员可重演过去某项事故前后系统的实际状态。

支撑平台在系统管理、数据库管理和人机系统等方面提供多态、多应用的技术和管理手段，保证人机界面、数据库结构、应用程序的一致性。系统管理支持多态、多应用的进程管理；实时数据支持建立多个实时库实体来满足不同态下网络模型、运行方式各不相同的要求，并具备多应用模型共享的机制；人机界面支持各应用在不同态的画面显示及切换，支持各类应用在同一套电网图形上的信息显示和功能使用。

十一、其他功能

调度自动化系统中还包含其他辅助功能，例如报表处理功能、打印功能等。

（1）报表处理功能。系统采集到的各种远动数据是以表格的形式提供给生产管理人员的，因此，报表处理功能在整个调度自动化系统中占有很重要的地位。通常情况下要求系统可自动定时按班、日、月、季、年生成各种类型的报表；可根据需要生成典型或特殊报表；报表可定时或召唤显示和打印。并且要求操作方便。

报表管理功能为系统的各个应用提供报表编制、管理和查询的机制，方便各类应用实现报表功能，具有报表变更和扩充等管理功能，支持跨年数据、年数据、季度数据、月数据、日数据、时段数据的同表定义、查询和统计。

（2）打印功能。打印功能主要包括报表打印、事项打印和图形打印等。

1）报表打印：通过系统的人机联系界面，可召唤打印和定时自动打印。

2）事项打印：一般是在人机联系工作站上实现该功能。实时事项可自动跟踪打印，历史事项可通过事项查看器将其调出，进行分类索引后随时打印。

3）图形打印：系统可将接线图、曲线、棒图、地理图等打印出来。

第四节 总结与展望

支撑平台是调度自动化系统开发和运行的基础，目标是为各类调度自动化应用提供开发、集成、运行和维护环境。支撑平台通常为分布式、网络化、集群化的开放式体系结构。典型的调度自动化系统支撑平台为面向服务的软件体系架构（SOA），可细分为硬件、操作系统、数据与计算管理、通信管理、通信服务和功能等 6 个层次。调度自动化系统支撑平台的硬件主要由各类计算机设备、网络设备和 GPS、UPS 等其他辅助设备组成，重要的设备具有冗余备份。调度自动化系统支撑平台的操作系统具有实时操作系统的特点，典型操作系统包括 LINUX、UNIX、WINDOWS 等。数据与计算管理功能主要负责调度自动化系统各应用的数据存储、交换和应用计算关联，包括关系数据库、实时数据库、时间序列数据库、分布式数据、并行计算环境和任务调度等功能。通信管理主要包括消息总线和服务总线，提供面向应用的跨计算机信息交互机制，同时支撑平台还提供跨调度中心的通信服务。通信服务是支撑平台为应用开发和集成提供的一组通用的服务，包括数据服务、模型服务、文件服务、画面服务、告警服务、消息邮件服务、权限服务、日志服务等。平台功能包括人机界面、系统管理、模型管理等，提供全图形人机界面，提供平台基础环境维护工具和电网基础模型数据维护工具。

随着计算机技术和信息技术的快速发展，调度自动系统平台支撑技术的变革也在持续开展，与云计算、大数据相关的研究及应用成果层出不穷。

在硬件技术方面，需要充分利用计算机的单机内部多路多核技术、多机集群技术和虚拟化技术的优势，进一步提高系统的可靠性、可扩展性与处理效率。

在通信技术方面，一方面要引进、吸收新的技术，不断提高电力通信的先进性；另一方面要尽可能利用现有的网络和资源，避免不必要的浪费。对软交换、4G 通信等新技术在电力通信系统中的应用需要进一步探索。对基于云计算的调度自动化软件服务模式，需要进一步推广。为适应大规模实时数据接入要求，需要研究并开发支持高吞吐量的分布式发布订阅消息系统。

在计算技术方面，需要充分利用并行计算技术的优势，提高电力系统大规模分析计算的计算效率；研究新型分布式系统架构下的离线分布式计算技术和在线分布式计算技术，充分利用分布式集群的计算能力提高计算的速度和计算任务的吞吐量；充分利用流计算技术的优势，提高实时事项的处理能力。

在数据处理方面，需要研究大数据管理与分析技术，引入面向列存储的分布式存储技术、面向高并发的键值对分布式存储技术和面向实时分析的分布式缓存技术，建立适应海量数据高效存储和快速计算要求的大数据存储及分析模型，更深入地挖掘调度控制数据的价值。

在人机交互方面，在瘦客户端与应用虚拟化、多途径立体式人机交互、可视化数据智能分析技术等方面进一步取得突破。

在安全防护方面，从身份认证、访问控制、内容安全、审计和跟踪等方面着手，保障调度自动化系统的安全。

参 考 文 献

[1] 于尔铿，刘广一，周京阳. 能量管理系统，北京：科学出版社，1998.
[2] 辛耀中. 智能电网调度控制技术国际标准体系研究 [J]. 电网技术，2015，01：1-10.

[3] 王永福，张伯明，孙宏斌. 自由软件在调度自动化系统中的应用 [J]. 电力系统自动化，2001，02：45－47，59.

[4] 吴文传，张伯明，徐春晖. 调度自动化系统实时数据库模型的研究与实现 [J]. 电网技术，2001，09：28－32.

[5] 张强，张伯明，李鹏. 智能电网调度控制架构和概念发展述评 [J]. 电力自动化设备. 2010 (12).

[6] 辛耀中，陶洪铸，李毅松，石俊杰. 电力系统数据模型描述语言 [J]. 电力系统自动化，2006，10：48－51，92.

[7] 石俊杰，孟碧波，顾锦汶. 电网调度自动化专业综述 [J]. 电力系统自动化，2004，08：1－5，22.

[8] 姚建国，杨胜春，高宗和，杨志宏. 电网调度自动化系统发展趋势展望 [J]. 电力系统自动化，2007，13：7－11.

[9] 辛耀中，石俊杰，周京阳，高宗和，陶洪铸，尚学伟，翟明玉，郭建成，杨胜春，南贵林，刘金波. 智能电网调度控制系统现状与技术展望 [J]. 电力系统自动化，2015，01：2－8.

[10] 王恒，辛耀中，尚学伟，严亚勤，厉启鹏，穆海军，武瑞龙，叶飞，梅峥，刘涛. 智能电网调度控制系统数据总线技术 [J]. 电力系统自动化，2015，01：9－13，182.

[11] 彭晖，陶洪铸，严亚勤，王瑾，季学纯，谢晓冬，刘涛. 智能电网调度控制系统数据库管理技术 [J]. 电力系统自动化，2015，01：19－25.

[12] 刘涛，米为民，陈郑平，林静怀，蒋国栋，王智伟. 适用于大运行体系的电网模型一体化共享方案 [J]. 电力系统自动化，2015，01：36－41.

[13] 李伟，辛耀中，沈国辉，黄昆，曹蓉蓉，孟鑫，万书鹏. 基于 CIM/G 的电网图形维护与共享方案 [J]. 电力系统自动化，2015，01：42－47.

[14] 马韬韬，郭创新，曹一家，韩祯祥，秦杰，张王俊. 电网智能调度自动化系统研究现状及发展趋势 [J]. 电力系统自动化，2010，09：7－11.

[15] 鲁尊强，王会诚，张志伟，林国春，张仕鹏，丛海山，扈海波. 基于 IEC 61970 的开放式调度自动化集成平台 [J]. 电网技术，2006，S1：89－92.

[16] 米为民，辛耀中，蒋国栋，徐丹丹，李军良，马志斌，王恒. 电网模型交换标准 CIM/E 和 CIM/XML 的比对分析 [J]. 电网技术，2013，04：936－941.

[17] 胡娟，李智欢，段献忠. 电力调度数据网结构特性分析 [J]. 中国电机工程学报. 2009，04：53－59.

[18] 米为民，李立新，尚学伟，周京阳，钱静，徐家慧，潘毅. 互联电力系统分层分解时空协调建模 [J]. 电力系统自动化，2009，15：56－61.

[19] 沈国辉，李立新，邓兆云，王赞，赵林，佘东香. 基于 SOA 架构的调度自动化系统的研究与建设 [J]. 电力信息化，2009，08：62－66.

[20] 沈国辉，李立新，狄方春，孟鑫，刘金波，高宝成. 特高压电网调度自动化系统

的数据集成和可视化展示 [J]. 电力系统自动化，2009，23：94-97.

[21] 沈国辉，刘金波，陈光，孟鑫，狄方春. 特高压调度运行支持系统关键技术 [J]. 电网技术，2009，20：33-37.

[22] 闫湖，周薇，李立新，戴娇，韩冀中，狄方春. 基于分布式键值对存储技术的 EMS 数据库平台 [J]. 电网技术，2012，09：162-167.

[23] 潘毅，周京阳，李强，米为民，樊涛. 基于公共信息模型的电力系统模型的拆分与合并 [J]. 电力系统自动化，2003，15：45-48.

[24] 郭创新，单业才，曹一家，韩祯祥. 基于多智能体技术的电力企业开放信息集成体系结构研究 [J]. 中国电机工程学报，2005，04：66-72.

[25] 闫湖，李立新，袁荣昌，林静怀，江凡，谢巧云. 多维度电网模型一体化存储与管理技术 [J]. 电力系统自动化，2014，16：94-99.

[26] 宋鑫，郭骏，尹寿垚，张勇，张哲，王茂海. 商务智能在电网调度控制系统数据分析中的应用 [J]. 电力系统自动化，2015，12：93-96，145.

[27] 辛耀中. 新一代电网调度自动化系统 [J]. 电力系统自动化，1999，02：1-4.

[28] 辛耀中. 新世纪电网调度自动化技术发展趋势 [J]. 电网技术，2001，12：1-10.

第三章

数 据 采 集

数据采集应用负责采集 RTU 及厂站监控系统、PMU、电能量采集装置、水情采集装置、保护、故障录波、雷电信息等装置的信息并进行规约处理，将实时数据提供给后台应用；实现对厂站装置的远方控制、调节和参数设置等功能；实现调度技术支持系统之间的实时信息交换功能。

第一节 远 方 终 端

远方终端（remote terminal unit，RTU）是电网监视与控制系统中安装在发电厂或变电站的一种远动装置。RTU 采集所在发电厂或变电站表征电力系统运行状态的模拟量和状态量并传送至调度中心，执行调度中心发往发电厂或变电站的控制和调节命令。远方终端功能如图 3 - 1 所示。

随着电力系统的迅速发展，对电网的监视和控制要求日益提高。作为采集电网运行数据和执行调度命令的远动终端，提供完备可靠的实时数据并正确执行控制和调节命令，是实现对电力系统安全、可靠、经济运行的必不可少的手段。

一、遥测

遥测即远程测量，它将采集到的发电厂、变电站或线路、配电变压器的运行状态信息按规约传送给调度中心。在反映电网运行状态的信息中，遥测量信息是其中非常重要的部分。遥测量可分为模拟量、数字量、脉冲量三大类。

1. 模拟量

模拟量是指发电厂、变电站的母线电压，发电机、变压器、输电与配电线路的电流、有功功率、无功功率，系统频率，大容量发电机组的功率角等。

2. 数字量

数字量是指某些模拟量已经由另外的设备转换成数字量的测量值。例如：经微机变送器处理的输入量、水库水位经数字式仪表测得的水位数字量等。

3. 脉冲量

脉冲量包括总发电量和厂用电量、联络线交换电能量等电能脉冲，用于累计电能

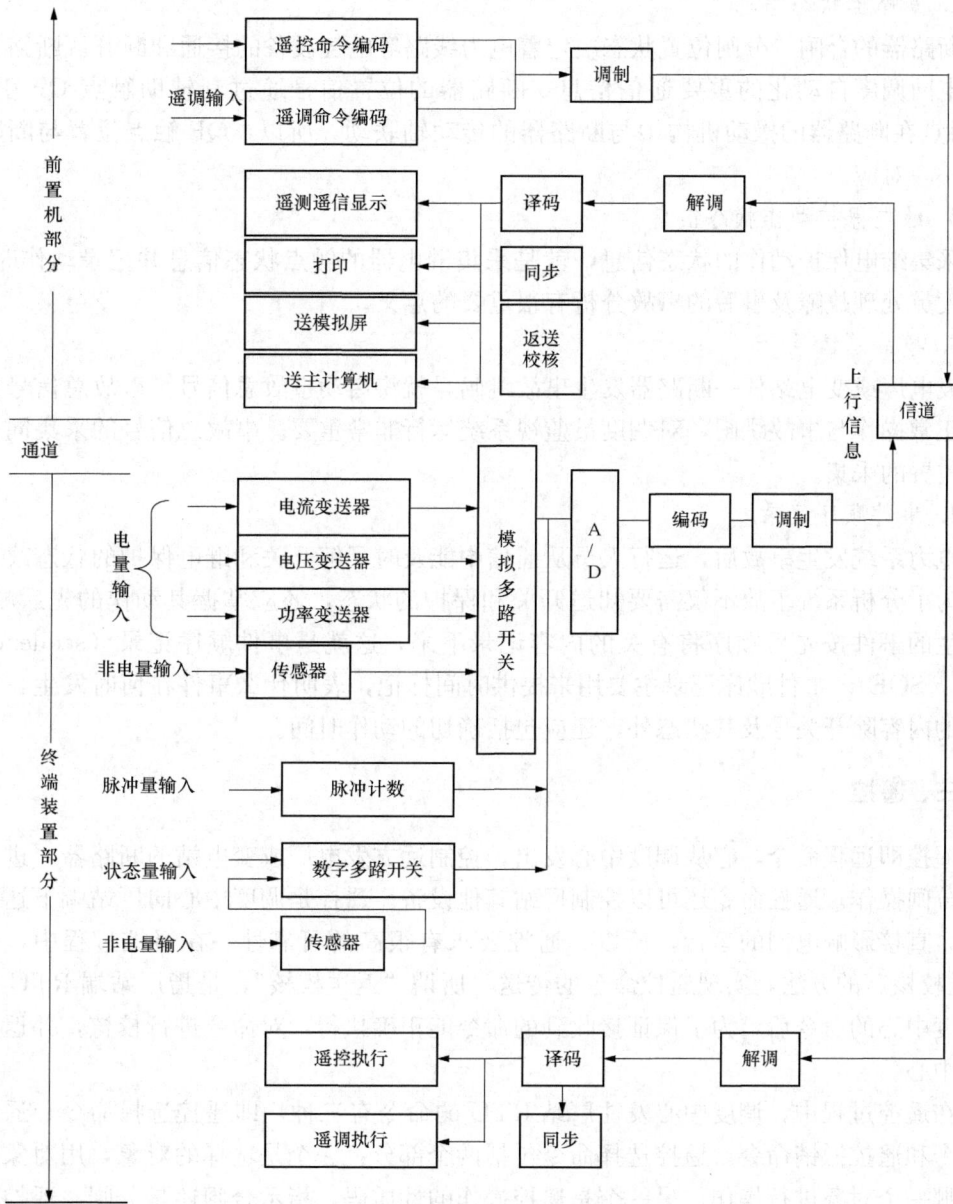

图 3-1　远动终端功能示意图

量。厂站端必须将测量到的遥测量及时编码成遥测信息，并按规约向调度中心传送。

二、遥信

遥信即远程信号，它将采集到的发电厂或变电站的设备状态信号，按规约传送给调度中心。这些状态信号都只取两种状态值，如设备状态只取"运行"或"停止"，开关位置只取"合"或"分"。因此，可用一位二进制数表示一个遥信对象的状态。按国际电工委员会 IEC 标准，以"0"表示断开状态，以"1"表示闭合状态。

1. 断路器状态信息

断路器的合闸、分闸位置状态决定着电力线路等电气设备的接通和断开。断路器状态是电网调度自动化的重要遥信信息。断路器的位置信号通过其辅助触点 QF 引出，QF 触点在断路器的操动机构中与断路器的传动轴联动，所以，QF 触点位置与断路器位置一一对应。

2. 继电保护动作状态信息

采集继电保护动作的状态信息，就是采集继电器的触点状态信息并记录动作时间，对调度员处理故障及事后的事故分析有很重要的意义。

3. 事故总信号

发电厂或变电站任一断路器发生事故跳闸，就将启动事故总信号。事故总信号用以区别正常操作与事故跳闸，对调度员监视系统运行非常重要。事故总信号的采集同样是触点位置的采集。

4. 事件顺序记录

电力系统发生事故后，运行人员从遥信中能及时了解开关和继电保护的状态改变情况。为了分析系统事故不仅需要知道开关和保护的状态，还应掌握其动作的先后顺序。把发生的事件按先后顺序将有关的内容记录下来，这就是事件顺序记录（sequence of event，SOE）。事件顺序记录主要用来提供时间标记，表明什么事件在何时发生，因而记录的内容除开关号及其状态外，还应包括确切的动作时间。

三、遥控

遥控即远程命令，它从调度中心发出，控制远方发电厂或变电站的断路器，进行合闸或分闸操作。遥控命令还可以控制厂站其他设备。遥控是调度中心向厂站端下达操作命令，直接影响电网的运行，所以，遥控要求有很高的可靠性。在遥控过程中，采用"返送校核"的方法，实现遥控命令的传送。所谓"返送校核"，是指厂站端 RTU 接收到调度中心的命令后，为了保证接收到的命令能正确执行，对命令进行校核，并返送给调度中心。

在遥控过程中，调度中心发往厂站 RTU 的命令有三种，即遥控选择命令、遥控执行命令和遥控撤销命令。遥控选择命令包括两个部分：一个是选择的对象，用对象码指定对哪一个对象进行操作；另一个是遥控操作的性质码，指示合闸还是分闸。遥控执行命令指示 RTU 按接收到的选择命令执行指定的开关操作。遥控撤销命令指示 RTU 撤销已下达的选择命令。

厂站 RTU 向调度中心返送的校核信息，用以指明 RTU 所收到命令与主站原发的命令是否相符以及 RTU 能否执行遥控选择命令的操作。为此，厂站端校核包括两个方面：①校核遥控选择命令的正确性，即检查性质码是否正确，检查遥控对象是否属于本厂站；②检查相应的继电器是否能正确动作。

四、遥调

遥调即远程调节，它从调度中心发出命令实现调整发电厂或变电站的运行参数。这种命令包括改变变压器分接头的位置，以调节电力系统运行电压；改变机组有功和无功调节器的整定值，以增减机组的功率；设定自动装置的整定值等。遥调命令与遥控命令类似，其下行命令应说明调节对象及整定值的大小，以便厂站 RTU 对指定装置下达调节命令。遥调命令的可靠性要求一般没有遥控那么高，通常不采用返送校核的方式传送。RTU 接到调度中心下达的遥调命令后，就可将整定值经 D/A 变换成模拟量信号或直接将数字量信号输出到指定的调节装置执行。

随着半导体芯片技术、通信技术以及计算机技术的飞速发展，分层分布式自动化系统结构被广泛采用。由于传统上相对独立的远动与继电保护的逐步统一，远动技术上升到了一个完全崭新的高度，由此诞生了厂站综合自动化系统。厂站综合自动化系统是利用先进的计算机技术、现代电子技术、通信技术和信息处理技术等实现对厂站二次设备（包含继电保护、控制、测量、信号、故障录波、自动装置及远动装置等）的功能进行重新组合、优化设计，对厂站全部设备的运行情况进行监视、测量、控制和协调的一种综合性的自动化系统。厂站综合自动化系统是提高厂站安全稳定运行水平、降低运行维护成本、提高经济效益、向用户提供高质量电能的一项重要技术措施。厂站综合自动化系统与传统 RTU 的比较如表 3 - 1 表示。

表 3 - 1　　　　　　　　　　　厂站综合自动化系统与传统 RTU 的比较

比较	厂站综合自动化系统	传统 RTU
布置模式	分层、分布式	集中组屏
信息传输方式	网络传输	电缆方式
功能	完成"四遥"功能，站内设备间的联锁、调试、站内网络监视、信息的管理和统计等	完成"四遥"功能
设备配置	综合自动化屏（包括主控单元、液晶显示器）、站内通信电缆	RTU 屏（包括 RTU、当地/远方转换开关、控制开关或按钮等）、变送器、站内控制电缆和屏蔽双绞线
接口	接口简单。只存在综合保护测量设备与主控单元的通信接口	接口相对复杂。既有测量设备与保护设备的接口，又存在保护设备、测量设备和 RTU 的接口
系统灵活性和可扩展性	系统灵活性好和可扩展性强，网络扩展灵活	系统灵活性和可扩展性差。接线多，校核工作量大
施工	设备安装工程量少，控制保护电缆少，施工方便、工作量小，劳动强度小，工期短，施工、管理费用低	必须使用大量的控制电缆和屏蔽双绞线电缆，完成设备安装、调试工作量大，施工人员多，劳动强度大，工期相对较长，施工、管理费用高

第二节　数据采集功能

数据采集应用包括数据采集、通信规约、链路管理、规约调试、参数维护、监视和管理、第三方接口等功能。数据采集提供方便统一的数据监视、工况监视、操作、维护、诊断和统计功能。

如图 3-2 所示，数据采集应用由数据采集通信网关、数据采集子网和数据采集接口设备组成。数据采集应用构成独立的数据采集子网。数据采集通信网关（服务器或工作站）的前端和采集通道（包括各种专线通道和调度数据网络通道）的接口设备均连接到数据采集子网上，数据采集通信网关（服务器或工作站）的后端连接到调度技术支持系统的主干网上。

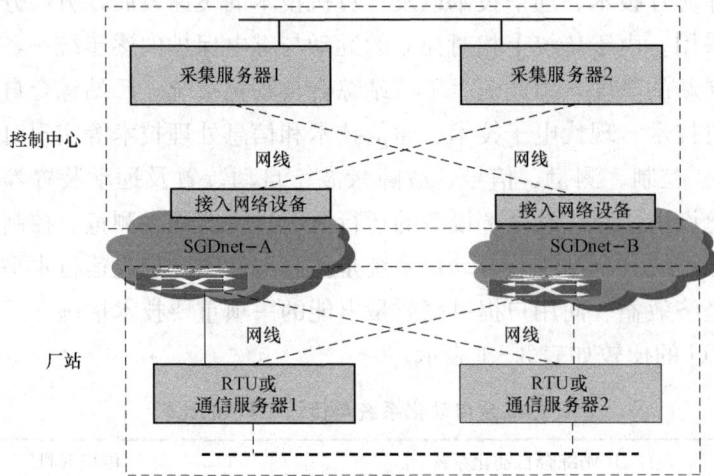

图 3-2　采用网络协议的数据采集应用网络图

数据采集子网由多个子网构成，至少应具备两个子网分别连接调度数据网络 A、B平面，其余的子网用于连接本地的数据采集接口设备。

一、采集处理

1. 数据处理

对二进制或 BCD 码的模拟量数据进行工程量的转换、限值检查和合理性校验。模拟量设置满码值、偏移量，通过假定在模拟量的整个范围内具有线性变换特性，将原始模拟量生数据转换为工程单位数据。

2. 数据采集多源处理

在数据采集应用中存在同一厂站从不同通道采集数据的多源情况。系统根据通道的值班情况，收到数据后，将唯一的值班通道的数据发送给后续系统，以此解决多源数据问题。

数据采集的多数据源包括通过计算机网络通信获取的数据、通过远动专用通道获取的数据和其他调度中心转发的数据等。同一测点的多数据源在满足合理性校验后按照人工定义的优先级发送给后续系统（优先级的次序可由用户灵活设置）。从多个数据源获取的数据进行比较，若在数值上有较大的统计偏差，则应发出告警。

3. 数据的轮询

为避免某种原因的数据丢失，数据采集应用提供数据全扫描召唤功能，定时（如每

10 分钟) 对所有站端采集装置进行全数据采集，以获取当前最新的状态量、模拟量、累计量数据。状态量在传送中享有优先权。

在正常扫描和传送时，如有控制命令要传送，则应暂停扫描和传送，待控制命令传送结束后，扫描和传送再从断点恢复进行。

二、运行方式

数据采集应用采集的数据量大，负载高，采用多节点、多网关、多任务的分布式配置，均衡地完成数据采集任务，提高数据采集应用的运行可靠性。数据采集应用根据需要采用主备或多机并列运行方式。当采用多机并列运行方式时，每个数据采集服务器各自对一部分通道进行值班处理，并将处理结果发送给后续系统，实现数据采集服务器的负载自动均衡。也可以通过人工设置来指定某些通道绑定到某个数据采集服务器。

无论是主备或多机并列运行方式，当其中一台数据采集服务器发生故障时，其他数据采集服务器上自动接管故障服务器上的所有的通道。从发生故障到完成切换的时间小于等于 3s。数据采集应用通过适当的通道分配策略和数据保全机制，实现在故障切换期间不丢失数据。

三、通信规约

数据采集应用采用网络和专线两种方式和厂站及远方控制中心通信。根据通信方式不同，可采用网络通信协议和专线规约。在本章第三节有详细介绍。

四、链路管理

数据采集应用根据通道和节点运行情况，设置通道的运行节点和值班情况。每个通信对象配置多通道，网络通道和专线通道任意搭配，可以自动切换和手动切换。

当从站端采集装置接收到的信息的错误率超过某个预定义的阈值，或站端采集装置的响应为否定的确认信息，或根本收不到站端采集装置的响应，则该信道将被称为"故障"信道。在维护或管理模式下通过控制台对该阈值以及错误率的计算周期进行调整，当站端采集装置通信故障时发出告警。在切换时，正在传送的信息不丢失，同时发出告警，并记录告警信息。

数据采集应用具有丰富的监视、控制和维护工具，对每一条通信链路进行详尽的监视，对每一条通信链路进行启动、停止和重起操作，对每一条通信链路进行方便的调试和测试，对通信报文进行动态监视、分类存储、打印输出等操作。

五、系统调试

数据采集应用提供规约调试统一监视工具或界面，监视指定通道的收发源码；提供报文解析说明、遥测一览表、遥信一览表、通道状态等功能，在线或离线进行通道源码分析，显示帧类型、帧内容解释等信息。

系统具有通道收发源码的自动保存及人工定义条件保存通道收发源码的功能，能够滚动存储通道源码（至少7天），并具备源码在线翻译功能，可翻译系统所接入的各种规约。

第三节 通信规约基础知识

在电力网通信系统中，调度中心和厂站之间为了有效地实现信息传输，收发两端需预先对数码传输速率、数据结构、同步方式等进行约定，两端设备应符合和遵守这些约定，称为通信规约。一般情况下，由起始标志、地址字、控制字、若干信息字、监督字以及结束标志组成一个完整的信息结构，称为数据帧。数据帧的实际构成随使用的通信规约的不同而各有不同。在数据通信网络中，若干数据帧组成信息报文，在网络传输时，一个报文又可以分割成若干个报文组依次传送。

通信规约可分为循环传送式规约、应答式规约两类。

一、循环传送式规约

循环传送式规约中的帧结构具有帧同步字、控制字、帧类别和信息字。其中帧同步字用作一帧的开头，要求帧同步字具有较好的自相关特性，以便对方比较容易捕捉，检出帧同步。控制字指明帧的类别，共有多少字节，以及发送信息的源地址、目的地址等。循环式规约要求循环往复不停顿地传送信息。在循环传送方式下，RTU无论采集到的数据是否变化，都以一定的周期周而复始的向主站传送。此种通信规约传输信息的效率较低。

循环传送式规约的特点主要有：

（1）数据传送以厂站端为主，由于采用循环式规约的RTU不断循环上报现场数据给主站，而主站被动接收，即使发生暂时通信失败丢失一些数据，当通信恢复正常后，被丢失的信息仍有机会上报，而不至于造成显著危害，因此这种方式对通道的要求不高，适合于在我国质量比较差的通道环境下使用。

（2）数据格式在发送端与接收端事先约定好，按时间顺序首先发送起始SYN同步字，然后依次发送以8位的字节作为基本单位的控制字和信息字，如此周而复始，连续循环发送。

（3）循环传送式规约采用信息字检验的方式，当某个字符出错时，只需丢弃相应的信息字即可，而其他检验正确的信息字就可以接收处理，大大提高了数据传输的利用率，从而更加适合于在我国质量比较差的通道环境下使用。

（4）循环传送式规约采用遥信变位优先插入传送的方式，重要数据发送周期短，大大提高了事故信息传送的响应速度，实时性强。由于采用现场数据不断循环上报的策略，一般数据发送周期长，实时性较差，主站对一般遥测量变化的响应速度慢。

（5）循环传送式规约允许多个从站和多个主站间进行数据传输，由于采用循环式规约的RTU自发地不断循环上报现场数据，因此通信必须采用全双工通道，并且不允许多台RTU共线连接，而只能采用点对点的方式连接。

CDT 远动规约是一种常用的循环式规约。长期以来，国内远动主要采用该规约，又称为新部颁 CDT 规约。该规约采用可变帧长度，多种帧类别循环传送，变位遥信优先传送，重要遥测量更新循环时间较短，循环量、随机量和插入量采用不同的形式传送，以满足电网调度安全监控系统对远动信息的实时性和可靠性的要求。

(1) CDT 规约的优点。CDT 规约接口简单，传送方便。该规约的报文相当整齐，有很强的规律性，因而便于理解，观察调试也简单方便。

(2) CDT 规约的缺点。由于采用该规约的远动需一刻不停地主动上送所有数据，因而一个通道被一台 RTU 独占，只能用来传输一个厂站的信息，造成了通道资源的极大浪费。由于制定该规约时远动需上送给调度主站系统的信息量十分有限，因而设计时设定的传输容量十分有限，标准的部颁 CDT 规约只能传输 256 路遥测、512 路遥信、64 路遥脉，最多支持 256 个点的遥控，同时还不能传输保护信息，无法满足快速发展的变电站综合自动化技术的要求，这些设计时的先天不足限制了该规约的广泛应用。

为解决上述缺点，在国内以部颁 CDT 规约为基础，出现了几种变种的 CDT 规约，如 DISA 规约、XT9702 规约等。它们的目的相同、原理类似，都是以增加报文类别、扩展信息字功能码为手段，以扩大传输容量、增加传输类别为主要目标，来适应远动技术对传输规约的要求，这里不作详述。

二、应答式规约

应答式规约适用于网络拓扑是点对点、多点共线、多点环形或多点星形的远动通信系统，以及调度中心与一个或多个远动终端进行通信。应答式规约的主要特点是以主站端为主，主站端向远方站询问召唤某一类别信息，远方站即将此种类别信息作回答。主站端正确接受此类别信息后，才开始下一轮新的询问，否则还继续向远方站询问召唤此类信息。

应答式规约的优点有：

(1) 应答式规约允许多台 RTU 以共线的方式共用一个通道，这样有助于节省通道，提高通道占用率，对于区域控制站和有较多数量的 RTU 通信的场合，这种方式是很合适的。

(2) 应答式规约可采用变化信息传送策略，从而大大压缩了数据块的长度，提高了数据传送速度。

(3) 应答式规约既可以采用全双工通道，也可以采用半双工通道，既可以采用点对点方式，又可以采用一点多址或环形结构，因此通道适应性强。

应答式规约的缺点表现为：

(1) 由于应答式规约为非主动上报规约，主站对数据的采集速度慢，尤其是当通道的传输速率较低的情形。

(2) 由于采用变化信息传送策略，应答式规约对信道的要求较高，因为一次通信失败会带来比较大的损失，虽然可以采用通信恢复后补发的方式解决上述问题，但补发次数有限，在通道质量较差时，仍会发生重要信息丢失的现象。

（3）应答式规约往往采用整帧检验的方式，由于一帧信息量较大，因此出错的概率较大，检验出错后就必须整帧丢弃，并阻止重发帧，从而更加降低了实时性。当出现由于出错弃帧的情况时，必须经过重新询问，RTU才重发前面由于出错而被丢弃的数据帧。

具有代表性的传统应答式远动规约有SC1801、S5、U4F等。由于存在种种局限性，人们迫切需要一种全新的通信规约来解决上述问题，在这种情况下，IEC 60870－5－101和DNP3.0就应运而生了，并已成为当今主流的远动通信规约。

IEC 60870－5－101规约是IEC 57技术委员会制定的用于SCADA系统的通信标准，IEC 57委员会根据计算机间通信的OSI参考模型定义了EPA模型，并分别制定了各层的标准，即IEC 60870－5标准系列，IEC 60870－5－101是其中的一种。

在IEC 60870－5应用层标准未发布的情况下，许多厂家就纷纷推出自己的远动通信规约，以DNP3.0（Distributed Network Protocol Version 3.0）规约为其中的代表。DNP3.0规约是目前北美地区比较流行的一种开放性结构的规约，它可用于电力系统中子站、RTU、智能电子设备（IEDs）、配网终端以及主站系统之间的通信，是由Harris公司在加拿大Galary的控制分部在20世纪90年代开发出来的通信规约。同时，国内还有一种DL/T 634.5101—2002《远动设备及系统　第5－101部分：传输规约　第101篇　基本远动任务配套标准》的通信规约，非等效采用了IEC 60870－5－101的标准，它与IEC 60870－5－101类似，但它与之并不能兼容。

随着网络技术的发展，从IEC 60870－5－101规约又衍生出IEC 60870－5－104规约，IEC 60870－5－104规约是IEC 60870－5系列中专用于网络方式传输远动信息的通信规约，它与IEC 60870－5－101类似，它是采用标准的传输层文件集的IEC 60870－5－101的网络访问。

第四节　数据处理功能

SCADA系统数据处理功能，包含模拟量处理、状态量处理、脉冲量处理和标志牌设置。

一、模拟量处理

模拟量描述电力系统运行的实时量化值，主要为一次设备（线路、主变压器、母线、发电机等）的有功、无功、电流、电压值以及主变压器挡位、频率等。模拟量处理包括以下功能：

（1）将生数据转换成工程量。

（2）零漂处理。当测量值与零值相差小于指定误差（零漂）时，转换后的值为零。例如：停电线路的电流值。

（3）越限检查。为每个遥测值规定上限和下限，以检查数据合理性。

（4）跳变检查。当模拟量在指定时间段内的变化超过指定阀值时，进行告警。

（5）历史采样。所有写入实时数据库的遥测应记录在历史数据库中。

（6）人工输入数据。丢失的或不正确的数据可以用人工输入值来替代。所有人工设置的模拟量以列表方式显示，点击该模拟量时，跳转到所属厂站的接线图。

二、状态量处理

状态量包括开关量和多状态的数字量，具体为断路器位置、隔离开关位置、接地开关位置、保护硬接点状态以及 AGC 远方投退信号、一次调频状态信号等其他各种信号量。状态量的处理完成以下功能：

（1）状态量用 1 位二进制数表示，1 表示合闸（动作/投入），0 表示分闸（复归/退出）。

（2）处理主辅双位遥信。主、辅遥信变位的时延在一定范围（可定义）之内，不判定错误状态，如果超过时延范围只有一个变位，则判定状态量可疑，并告警。当另一个遥信上送之后，可判定状态量由错误状态恢复正常。

（3）人工设定状态量，例如：手动设置开关为"合位"。所有人工设置的状态量以列表方式显示，点击该状态量时，跳转到所属厂站的接线图。

三、数据质量码

系统中所有模拟量和状态量配置有数据质量码，以反映数据的质量状况。图形界面可根据数据质量码以相应的颜色显示数据。数据质量码至少应包括以下类别：

—未初始化数据；

—不合理数据；

—计算数据；

—实测数据；

—采集中断数据；

—人工数据；

—坏数据；

—可疑数据；

—采集闭锁数据；

—控制闭锁数据；

—替代数据；

—不刷新数据；

—越限数据。

四、计算与统计

SCADA 系统可通过自定义公式实现对某一点数据或一组数据进行计算和统计。数据源既可以是实时采集的数据，也可以是计算的中间数据或结果值。计算结果超限时给出告警。

用户可根据自己的需求灵活定义计算公式。公式计算可完成算术运算、关系运算、逻辑运算等，并能支持通常程序设计所必需的最基本的语句如赋值语句、循环语句、条件语句等语句，用于满足稳定计算等高要求应用场合。

统计计算可根据调度运行的需要，对各类数据进行统计，提供统计结果，主要的统计功能包括：

—积分电量统计：根据机组出力或线路功率提供各种周期的积分电量。

—数值统计：包括最大值、最小值、平均值、负荷率，统计时段包括年、月、日、时等。

—极值统计：包括极大值、极小值，统计时段包括年、月、日、时等。

—次数统计：包括开关变位次数、遥控次数等。

—合格率统计：对电压、频率等用户指定的量进行越限时间、合格率统计。

第五节　系统监视功能

系统监视功能是调度员获取当前电网运行状态的直观而重要的渠道，是 SCADA 系统的基本功能。监视范围涵盖系统潮流、一次设备状态、稳定断面、故障跳闸等诸多方面。当运行状态发生异常时，及时向调度员告警，所有监视事件完整保存。

一、潮流监视

潮流监视实现对电网运行工况的监视，包括有功、无功、电流、电压、频率及越限监视，断路器、刀闸状态及变位监视等；以及对全网发电、变电、用电、联络线、总加等重要量测及相应的极值和越限情况进行记录和告警提示。

常用的画面有：地理潮流图、分层分区电网潮流图、厂站一次接线图、曲线、列表等。有些系统借助可视化的展现手段，如饼图、棒图、等高线、柱状图、管道图、箭头图等，提升显示效果。

二、设备状态监视

根据采集的实时运行数据，结合电网模型、拓扑连接关系，传统的面向量测的监视提升为面向一次设备运行状态的综合监视，为调度员提供基于设备基本量测的信息，如机组停复役、线路停运、线路充电、线路过载、高抗的投退、静止补偿器投退、变压器投退或充电、变压器过载、母线投退等，使调度员能够直观了解设备运行状态。

设备状态监视列表按区域、厂站、设备类型等条件分类显示，并统计状态开始时间、状态持续时间等结果。每种运行状态显示不同的颜色。

三、稳定断面监视

稳定断面监视主要为调度员和运行方式人员的断面定义和断面潮流在线监视功能，包括断面定义、断面在线监视、断面越限提示、断面导入等，同时稳定断面监视也可作为一种公共服务供其他应用调用。

断面定义需要相应的权限，调度员、运方人员等授权用户按需定义所关心的断面。断面定义的范围应包括：

（1）断面基本信息，包括断面名称、类型等；

（2）断面的生成规则，定义了断面值如何计算，例如 $C=A+B$，其中 C 为断面值，A、B 为量测值；

（3）断面的组成，即某些系统量测值；

（4）断面的限额，既可以是静态数值，也可以由简单的公式描述的限额规则。

断面潮流在线监视功能根据断面定义及实际的运行方式自动匹配相应的断面及限额，自动计算各潮流断面的实时功率值，并统计断面的负载情况。当断面越限时，可按预定义的显示方式明确提示，告警窗显示相应的越限信息。

四、故障跳闸监视

当发生开关跳闸和相关的事故总动作或保护动作时，结合相关遥测量，根据遥测和遥信组合校验结果，滤除坏数据，判断开关故障跳闸；在开关故障跳闸监视基础上，根据电网实时拓扑连接关系，判断出设备故障跳闸，使得调度员不再孤立地看待开关跳闸事件。故障类型包括机组故障、线路故障、母线故障等。

故障跳闸监视结果形成故障跳闸监视结果列表，采用事故推画面方式告警，并自动触发事故追忆。

第六节 告 警 功 能

告警是 SCADA 系统的一项重要功能，反映了电力系统的实时信息和系统本身的重要运行信息。告警发生后，依据事先定义的告警动作，进行推画面、语音、短信告警等；同时，告警信息被分类归档送入数据库，可按时间和类型分别进行检索。

一、告警类型

告警类型主要包括反映系统运行状态的重要事项，主要包括事故、遥信变位、遥测越限、厂站工况、保护动作、网络工况、系统资源等。除此之外，告警还包括用户操作的信息，例如：用户登录和退出、责任区修改、模型操作、告警抑制和确认等操作。每一个告警类型对应告警库中的一张告警登录表，每一个告警类型由 n 个告警状态组成，例如遥信变位有遥信变位合、遥信变位分等多个告警状态。

二、告警行为

告警动作是告警行为中最基本的要素，是指一些最具体的告警表现，例如语音报警、推画面报警、打印报警、中文短消息报警等。每个告警动作后面可以跟 n 个参数，例如语音报警后面可以跟 3 个语音文件名，即这个语音报警时，由 3 个语音文件拼接而成。

告警行为是一组告警动作的集合。当一个告警来到时，机器要发生一系列的告警动作（即告警行为）来提示用户。

三、告警方式

一个告警类型中的一个或者多个告警状态对应一个具体的告警行为，称为告警方式。通俗来讲，是指系统中发生一个重要事项（例如，某开关合闸）如何通知使用者（例如，采用语言告警通知使用者）。系统对常用的告警类型有一批预定义，定义了这些告警类型的默认告警行为及其行为的一些参数。如果使用者对这些告警类型的某些告警状态的告警行为有一些特殊要求，可以自定义告警方式。

四、告警流程

接收应用发过来的消息，对消息进行解包，从消息结构体中得到告警类型和告警状态。

根据告警类型、告警状态以及告警方式查默认告警方式定义表（或者自定义告警方式定义表）得到相应的告警行为。

通过查到的告警行为得到相应的告警动作，查告警动作的参数。

形成告警消息发给告警客户端。

告警事项存数据库。

第七节 其 他 功 能

数据采集应用是调度自动化系统最基本的应用，为上层电力系统分析应用提供了数据基础。除了前述主要功能外，下面对数据采集与监控应用的其他功能作一概述。

一、事故追忆

事故追忆（PDR）主要用于记录系统发生的异常情况和事故发生的顺序，以便事后进行查看、分析和重演。系统检测到预定义的事故时，自动记录事故时刻前后一段时间的所有稳态实时数据，以数据断面及报文的形式存储一段时间（缺省 8 天），以备未来重演事故前后系统的实际状态。事故追忆功能既可以由预定义的触发事件自动启动，包括设备状态变化、测量值越限、计算值越限、测量值突变、逻辑计算值为真以及操作命令等，也可以人工启动。

二、历史数据处理

历史记录数据包含采集数据、人工置数、计划数据以及运算数据。用于历史记录的典型数据库点有全网发电总加、全网负荷总加、各局厂发供电总加、各局厂发电量、频率等。历史记录数据为负荷预报、各种日/月/年报表、历史趋势曲线等提供数据源。历史趋势曲线以直观的方式显示变化趋势，统计数据可用棒图显示。

三、报表

报表功能用于统计、归类各种实时、历史数据和信息，并支持打印和网上发布。报表功能具备丰富的编辑手段，能够生成各种图文并茂的图形报表。

第八节　总结与展望

本章对数据采集应用的主要功能做了详细描述，数据采集应用实现了对电力系统的实时运行状态数据的采集、存储和显示，它是调度中心的"眼"和"手"。近年来电网规模的扩大，对数据采集应用的处理容量和实时性提出了更高的要求，分布式集群、并行计算等先进的 IT 技术逐步被应用到调度自动化系统中。控制中心与变电站间的通信协议 IEC 60870 有逐步被 IEC 61850 取代的趋势，面向 IEC 61850 需要进一步研究的重要任务是建立从数据库到过程的统一建模以及与 IEC 61970 的数据模型协调一致，从而有可能建立从变电站到控制中心的无缝通信体系。

参 考 文 献

[1]　于尔铿，刘广一，周京阳. 能量管理系统［M］. 北京：科学出版社，2001.
[2]　吴文传，张伯明，孙宏斌. 电力系统调度自动化［M］. 北京：清华大学出版社，2011.
[3]　王士政. 电力系统控制与调度自动化（第二版）　［M］. 北京：中国电力出版社，2012.

第四章

电网控制技术

电网控制技术主要包括自动发电控制（Automatic Generation Control，AGC）和自动电压控制（Automatic Voltage Control，AVC）两大系统。两者的主要功能是以电网调度控制系统支撑平台与其他应用提供的电网稳态数据、运行方式、调度计划等数据为基础，通过调节系统机组出力和无功补偿装置、变压器分接头等设备，对系统的联络线功率、频率与电压进行控制，保证其处于计划范围内，从而实现电网的安全、稳定、经济运行。

第一节 自动发电控制

一、功能及意义

自动发电控制（AGC）是建立在电网调度自动化系统中最重要的有功频率控制功能。它通过控制调度区域内发电机组的有功功率，使本区域的机组发电出力跟踪负荷的变化，以满足电力供需的实时平衡。AGC 的主要目标是维持系统频率与额定值的偏差在允许的范围内，以及维持对外联络线净交换功率与计划值的偏差在允许的范围内[1]。

目前省级调度自动化系统均已具备 AGC 功能。通过 AGC 的运用，在获得以高质量电能为前提的电力供需实时平衡、更加严格有效地执行互联电网之间的电力交换计划、进一步减轻运行管理人员的劳动强度等方面，都具有十分重要的现实意义。

二、基本原理

电力系统正常运行时需维持有功功率平衡，平衡方程为

$$P_G - P_L = P_{Loss} \qquad\qquad (4-1)$$

式中：P_G 为发电机组总出力；P_L 是系统总负荷；P_{Loss} 是系统有功损耗。

电力系统的负荷是时刻变化的，一般将变化的负荷分量分为三种。第一种是变化周期在 10s 以内、变化幅度较小的负荷分量；第二种是变化周期在 10s 至几分钟之间、变化幅度较大的负荷分量；第三种是幅度大、变化周期很缓慢的持续变动负荷分量。

与三种变化的负荷分量相对应，电力系统的有功功率平衡及频率调整也分为一、

二、三次调频。第一种负荷分量由于周期较短且幅值较小，应由发电机组的调速器自动调节，称为一次调频；第二种负荷分量由于周期稍长且幅值较大，则通过控制发电机组的调频器来跟踪，称为二次调频（即 AGC）；第三种负荷分量因其周期长且幅值大，则需要根据负荷预测、确定机组组合并安排发电计划进行平衡，通常称为三次调频（即经济调度）。

1. 静态负频特性

电力系统负荷的变化将引起系统频率的变化，而系统频率的变化又会引起负荷功率的变化，这种负荷功率随系统频率变化的特性称为静态负频特性。对于不同性质的负荷，相应的负频特性也会有所不同，负频特性系数计算公式为

$$K_L = \frac{\Delta P_L}{\Delta f} \tag{4-2}$$

式中：ΔP_L 为负荷变化量；Δf 为频率变化量。

2. 静态功频特性

发电机组中通常装有调速器，当系统负荷发生变化时，在调速器的作用下，可以确定地分配有功功率，维持频率在较小范围内变化。另外在频率变化时，负荷的静态负频特性对维持频率也会起一定的作用。由调速器和负荷的静态负频特性调节系统频率称为一次调频。

发电机组的静态功频特性系数计算公式为

$$K_G = \frac{1}{\sigma_G} = -\frac{\Delta P_G}{\Delta f} \tag{4-3}$$

式中：ΔP_G 为发电机组的有功功率变化量；Δf 为频率变化量；σ_G 为调差系数；负号表示当系统频率下降/上升时，发电机出力将上升/下降。

3. 系统频率特性

综合考虑发电机组的静态功频特性和负荷的静态负频特性，设系统负荷增加 ΔP_L，引起系统频率降低 Δf，则发电机组和负荷两者作用后的系统平衡方程式为

$$\Delta P_L = -\sum_{i=1}^{n} K_{Gi} \Delta f - K_L \Delta f \tag{4-4}$$

式中：n 为系统中发电机组的总数。

由此可见，系统频率变化不仅与负荷变化有关，还与发电机组的静态功频特性及负荷的静态负频特性有关。取电力系统频率特性系数为

$$K_S = \sum_{i=1}^{n} K_{Gi} + K_L \tag{4-5}$$

则式（4-4）可表示为

$$\Delta f = -\frac{\Delta P_L}{K_S} \tag{4-6}$$

4. 频率调节过程

电力系统调频调节过程如图 4-1 所示。

初始状态下系统负荷 P_L 与发电出力平衡时，系统频率为 f，运行于 a 点。当负荷

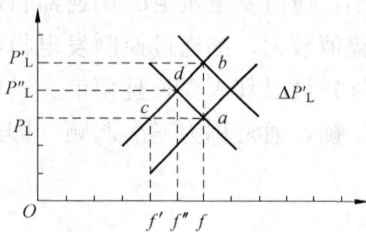

图 4-1 电力系统频率调节过程

增加 $\Delta P'_L$ 时，负荷的静态负频特性曲线向上平移，系统负荷变为 P'_L，运行点瞬间由 a 移到 b。由于惯性，此时发电机组调速器尚未动作，出力仍为 P_L。所以系统频率将下降，沿负荷的频率特性曲线向下达到平衡，运行点由 b 移到 c，此时系统频率为 f'。之后在发电机组调速器的作用下，发电机组出力增加，沿机组的静态功频特性曲线，运行点从 c 向 d 移动，并与负频特性曲线相交于 d，达到新的平衡。此时系统负荷为 P''_L，系统频率为 f''。这一过程就是一次调频，这显然是一个有差调节过程，所以当负荷增加很大时，频率可能会降低到不可接受的程度。

如果在发电机组的调频器作用下，将发电机组的静态功频特性曲线向上平移与负频特性曲线在系统负荷为 P'_L 时相交于 b 点，则所对应的频率就可恢复到原来的 f，达到供需平衡，从而实现了无差调节。这一过程就是二次调频，即 AGC。

三、控制方法

1. 区域控制偏差

区域控制偏差（area control error，ACE），反映了电力系统供需实时平衡关系的计算结果。正的 ACE 值被认为是过发电，而负的 ACE 值被认为是欠发电。AGC 的控制模式有三种，ACE 的计算方法随 AGC 的控制目的不同而变化。

当 AGC 采用联络线和频率偏差控制（tie-line load frequency bias control，TBC）时，同时检测频率和联络线交换功率偏差，ACE 反映本区域内的负荷变化，计算方法为

$$ACE = 10B(f - f_0) + (I - I_0) \tag{4-7}$$

式中：B 为区域频率偏差系数（MW/0.1Hz），实际中通常取为系统频率特性系数 K_S；f 和 f_0 分别为实测频率和额定频率（Hz），I 和 I_0 分别为联络线实际功率和区域计划净交换功率（MW）。

当 AGC 采用恒定频率控制（Flat Frequency Control，FFC）时，目标是维持系统频率恒定，对应 ACE 的计算方法为

$$ACE = 10B(f - f_0) \tag{4-8}$$

当 AGC 采用恒定联络线交换功率控制（Flat Tie-line Control，FTC）时，目标是维持联络线交换功率的恒定，对应 ACE 的计算方法为

$$ACE = (I - I_0) \tag{4-9}$$

2. 时差校正与无意电量偿还

AGC 在控制过程中，应及时纠正系统频率偏差产生的时钟误差和净交换功率偏离计划值时所产生的无意交换电量。

用于控制的 ACE 在计算时需要考虑时差校正和无意交换电量校正。时钟误差作为量测量可从数据采集与监视控制系统（Supervisory Control and Data Acquisition，SCA-

DA）获取，时差校正所采取的方法是在 ACE 的计算公式中，引入一个频率偏移量 Δf_0。无意交换电量由 AGC 程序按时段（结合无意交换电量的考核时段，如 30min）进行的累计，校正无意交换电量的方法是在 ACE 的计算公式中，引入一个交换计划的偏移量 ΔI_0。

综上，以 TBC 控制方式为例，考虑时差校正和无意电量偿还的 ACE 计算方法为

$$ACE = 10B(f - f_0 + \Delta f_0) + (I - I_0 + \Delta I_0) \tag{4-10}$$

3. 平滑滤波

电力系统的频率和联络线交换功率是时刻变化的，从 ACE 计算出来的值是原始值，具有很大的随机性，将其按傅里叶级数展开，可知原始 ACE 是由一系列不同频率的分量组成，其频谱很宽。分析这些分量，可知频率越高的分量，其幅值越小；峰突越尖锐，衰减越快。由于电力系统的响应速率有限，要求 AGC 紧紧跟随这些变化是不可能的，所以需要对原始 ACE 进行滤波，以达到平滑控制目的。平滑 ACE 计算公式如下

$$SACE(t) = \gamma \cdot ACE(t) + (1 - \gamma) \cdot SACE(t-1) \tag{4-11}$$

式中：ACE 为原始值；$SACE$ 为平滑后的 ACE 值；γ 为平滑系数；t 为本周期 ACE 计算时间；$t-1$ 为上周期 ACE 计算时间。

4. 区域调节功率

确定了用于控制所需的 ACE 后，就需要调度本区域中参与 AGC 调节的发电机组，调整其有功出力来消除偏差，这首先需要根据 ACE 计算区域调节功率。

AGC 的区域调节功率计算方法为

$$P_R = -G_P S_{ACE} - G_I I_{ACE} \tag{4-12}$$

式中：G_P 为比例增益系数；G_I 为积分增益系数；S_{ACE} 为平滑滤波后的 ACE 值；I_{ACE} 为当前考核时段（如 10min）累计的 ACE 积分值。

式（4-12）中等号右侧的负号则表示，ACE 为负值时，应增发功率；ACE 为正值时，应减少功率。

5. 控制对象

AGC 的控制对象是电厂控制器（plant controller，PLC），AGC 下发控制命令给 PLC，由 PLC 调节机组的有功出力。一个 PLC 可以由一个或多个机组构成，以方便实现单机控制、全厂控制和多个电厂的集中控制。

6. 机组控制模式

机组控制模式由基点功率模式和调节功率模式组合而成。其中，基点功率模式包括：

（1）实时功率：机组的基点功率取当前的实际出力；

（2）计划控制：机组的基点功率由电厂或机组的发电计划确定；

（3）人工基荷：机组的基点功率为当时的给定值；

（4）实时调度：机组的基点功率由实时调度模块提供；

（5）等调节比例：将该类机组的总实际出力按相同的上（下）可调容量比例进行分配，得到各机组的基点功率；

（6）负荷预测：机组的基点功率由超短期负荷预报确定，这类机组承担由超短期负

荷预报预计的全部或部分负荷增量；

（7）断面跟踪：机组的基点功率由断面的传输功率确定，用来控制特定断面的传输功率；

（8）遥测基点：机组的基点功率是指定的实时数据库中某一遥测量，或计算量，或其他程序的输出结果。

调节功率模式包括：

（1）不调节：任何时候都不承担调节功率；

（2）正常调节：任何需要的时候都承担调节功率；

（3）帮助调节：在帮助区或紧急区时承担调节功率；

（4）紧急调节：只在紧急区时才承担调节功率。

7．控制策略

在 AGC 的控制过程中，需要划分控制区段，表示 ACE 的严重程度，并制定与之相适应的控制策略。如图 4 - 2 所示：

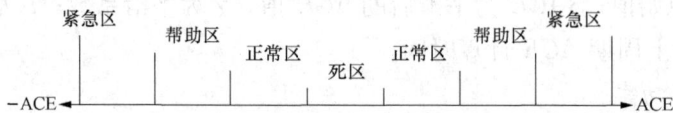

图 4 - 2 ACE 控制区段

ACE 控制区段与控制策略为：

（1）死区：在此区段 ACE 很小，发电机组不作任何调节。

（2）正常区：在此区段 ACE 较小，参与正常调节的发电机组动作。

（3）帮助区：在此区段 ACE 较大，参与正常调节和帮助调节的发电机组动作，若调节能力不足时，部分参与紧急调节的发电机组进行辅助调节。

（4）紧急区：在此区段 ACE 过大，所有参与调节的发电机组动作，若调节能力仍不足，部分不调节的发电机组立即参与进行辅助调节。当偏差消除之后，参与辅助调节的发电机组重新跟踪基点功率。

为保证 AGC 平滑稳定地实现电力供需的实时平衡，避免在减小 ACE 的过程中出现过调或欠调，可结合按频率偏移程度划分区段的方法进行控制，如图 4 - 3 所示：

图 4 - 3 频率偏移控制区段

频率偏移控制区段与控制策略为：

（1）松弛区：在此区段频率偏差很小，当 ACE 小于等于给定死区值时，不调整发电机组出力；当 ACE 大于给定死区值时，为防止无意电量偏差增大或频率偏差反向，可调整机组出力使 ACE 向相反方向变化，直到小于给定松弛区值。此时只需参与正常调节的发电机组动作。

（2）正常区：在此区段频率偏差较小，当 $ACE \cdot \Delta f < 0$，为保证 ACE 对频率的帮助作用可不调整机组出力；当 $ACE \cdot \Delta f > 0$，且 ACE 大于给定死区值时，调整机组出力使 ACE 与频率偏差符号相反。参与正常调节的发电机组立即动作，若调节能力不足，可令部分参与帮助调节的发电机组进行辅助调节。

（3）紧急区：在此区段频率偏差较大，当 $ACE \cdot \Delta f < 0$，为保证 ACE 对频率的帮助作用可不调整机组出力；当 $ACE \cdot \Delta f > 0$，调整机组出力使 ACE 与频率偏差符号相反。所有参与调节的发电机组立即动作，若调节能力仍不足，部分不调节的发电机组立即参与进行辅助调节。当偏差消除之后，参与辅助调节的发电机组重新跟踪基点功率。

8. 新能源控制

风电/光伏等新能源接入电网的技术规定中明确指出：风电场/光伏电站需具备根据电力调度部门的指令来控制其输出有功功率的能力。所以电网 AGC 需能够对所辖风电场/光伏电站进行有功功率控制。遵循清洁能源优先调度，以及多接纳清洁能源发电等原则，风电/光伏的控制策略如下：

（1）当区域调节功率向下调节时，若常规电源下备用足够，只下调常规电源机组出力，若下备用不足时再考虑弃风/弃光；

（2）当区域调节功率向上调节时，若风电/光伏有上调的空间，优先增加风电/光伏出力，然后再增加常规电源机组出力；

（3）若某时段电网存在风电/光伏受限状态时，小幅减少常规电源机组出力，同时等比例增加风电/光伏出力，直至受限解除或接近常规电源下备用极限。

9. 机组功率分配

为保证 AGC 的调节效果，需将区域调节功率合理地分配到参与 AGC 调节的发电机组中。AGC 机组的目标出力是基点功率与调节功率之和，其中基点功率由机组的基点功率模式确定；调节功率由机组的调节功率模式和 AGC 控制区段共同确定。

将区域调节功率分配到各参与调节的 AGC 机组时，可遵循以下分配原则：

（1）根据分配因子（如：人工给定的分配因子、机组的调节速率等），将区域调节功率按比例分配到各参与调节的机组；

（2）根据排序指标（如：机组的调节速率、机组的可调容量比例等），将参与调节的机组按上下调节方向分别排序，并按机组可承担的最大调节功率顺序选择机组参与调节功率分配。

10. 控制命令校核

在发出控制命令之前，要进行一系列校验，以保证机组运行的安全性：

（1）机组反向延时校验：机组在响应了某一控制命令后，必须经过一个指定的时间延时后，方能发出反向控制命令。

（2）控制信号死区校验：当控制信号小于指定死区时，控制信号被抑制，未承担的调节量分配到其他机组。

（3）机组响应控制命令校验：如果机组未响应上次的控制命令，本次控制命令暂不下发，未承担的调节量分配到其他机组。

（4）最大调节量校验：如果控制命令对应的调节增量大于给定的最大调节量，限制在最大调节量上，未承担的调节量分配到其他机组。

（5）机组运行限值校验：将控制信号限制在机组可调容量限值上，未承担的调节量分配到其他机组。

（6）机组禁止运行区域校验：当机组目标出力落入禁止运行区域时，分析其他 AGC 机组的调节能力，决定是否可以不穿越禁止运行区域，必须穿越时快速穿过，禁止落点在禁止运行区。

（7）增（减）出力闭锁校验：当机组的目标出力增加或减少时，若此时机组被置为增或减出力闭锁，则相应控制命令暂不下发，未承担的调节量分配到其他机组。

（8）稳定断面重载或越限校验：根据稳定断面传输功率相对于机组出力的灵敏度信息，限制某些机组出力的上或下调节方向，当机组目标出力与被限制调节方向一致时，则相应控制命令暂不下发，未承担的调节量分配到其他机组。

四、控制标准

1. A/B 标准

理想情况下，ACE 应保持为零，这事实上是不可能的。正常情况下，ACE 应周期性地过零，以保证 ACE 减少到最小，并希望 ACE 的平均值小于一定的限度。为评价 AGC 对联络线净交换功率及系统频率偏差的控制性能，北美电气可靠性理事会早在 1973 年就提出区域控制标准（A/B），并被广泛采用。该标准以减小 ACE 作为评价区域控制性能的依据，包含正常和扰动情况两组两个标准（A 和 B）。A 标准定义了 A1 和 A2 两个准则：

（1）A1 准则：每十分钟内 ACE 至少过零一次；

（2）A2 准则：每十分钟 ACE 的平均值必须保持在区域负荷变化率的限值以内。

区域负荷变化率的计算公式为

$$L_d = 0.025\Delta L + 5 \text{（MW）} \tag{4-13}$$

式中：ΔL 指控制区域在冬季或夏季高峰时段，日小时负荷最大变化量，或指控制区域在一年中，任意十个小时电量变化量（增或减）的平均值；5 为经验系数，根据区域负荷取 0～10。

当电力系统发生负荷扰动时（区域负荷变化率$\geq 3L_d$ 被认为扰动），希望 ACE 能够尽快地减小，以消除扰动的影响。因此 B 标准定义了 B1 和 B2 两个准则：

（1）B1 准则：十分钟内 ACE 必须返回到零；

（2）B2 准则：一分钟内 ACE 必须向减小方向变化。

违反 A/B 标准所占用的时间被称为不合格时间。按 A/B 标准进行评价，控制合格率必须达 90% 以上，其计算公式为

$$\text{控制合格率} = \frac{\text{AGC 功能投运时间} - ACE \text{ 不合格时间}}{\text{AGC 功能投运时间}} \times 100\% \tag{4-14}$$

但是，A/B 标准在实际控制过程中仍存在明显的缺陷：

（1）A/B 标准除了在定频率控制和定频率与联络线净交换模式中，ACE 的算法以代数的形式反映了电力系统的频率偏差程度之外，并没有直接针对频率偏差的控制效果作为评价区域控制性能的依据；

（2）A1 准则要求 ACE 经常过零，本来控制的主要目的是保证频率的质量，但 A1 准则不论频率偏差如何，为使 ACE 减少并在十分钟内过零，将迫使发电机组出力做出无益于缓解系统频率偏差的调节，在一些情况下增加了发电机组的无谓调节；

（3）A2 标准要求严格按 L_d 控制 ACE 的十分钟平均值，然而在某控制区域发生事故时，与之相联的控制区域在未修改交换计划前，难以提供较大的支援。

2. CPS 标准

因为 A/B 标准并不完美，北美电气可靠性理事会在总结 A/B 标准的运行经验之后，针对其存在的缺陷，于 1996 年推出了新的控制性能标准（Control Performance Standard，CPS）。CPS 以减小电力系统频率偏差作为评价区域控制性能的基本判据，充分考虑了 ACE 对系统频率的补益作用，因此国外电力系统很快便采用了这一标准。

CPS 包含 $CPS1$ 和 $CPS2$ 两个评价指标：

（1）$CPS1$ 标准：在给定期间，控制区域的 ACE 的一分钟平均值与一分钟频率偏差 Δf 的平均值的乘积，除以十倍的频率偏差系数 B，应小于年实际频率与标准频率偏差一分钟平均值的均方差 ε_1^2。

（2）$CPS2$ 标准：在一小时六个时间段，控制区域的 ACE 的十分钟平均值，必须控制在限值 L_{10} 以内。

$CPS1$ 标准计算公式为

$$\frac{\sum(ACE_{AVR} \cdot \Delta f_{min})}{-10nB} \leqslant \varepsilon_1^2 \qquad (4-15)$$

式中：ε_1 为前一年实际频率与标准频率偏差一分钟平均值的均方根；ACE_{AVR} 为控制区域的 ACE 的一分钟平均值；n 为分钟数；B 为控制区的系统频率系数（MW/0.1Hz），带负号；Δf_{AVR} 为每分钟频率平均值。

$CPS2$ 标准计算公式为

$$\begin{cases} ACE_{10AVR} \leqslant L_{10} \\ L_{10} = 1.65\varepsilon_{10}\sqrt{(-10B)(-10B_s)} \end{cases} \qquad (4-16)$$

式中：ε_{10} 为前一年十分钟频率偏差（与给定基准频率）的均方根；B 为控制区的系统频率系数，带负号；B_s 为互联电网总的系统频率系数，带负号。

按 CPS 标准进行评价时，要求 $CPS1 \geqslant 100\%$，$CPS2 \geqslant 90\%$。评价时的计算公式分别为

$$\begin{cases} CF = \frac{\sum(ACE_{AVR} \cdot \Delta f_{AVR})}{-10nB\varepsilon_1^2} \\ CPS1 = (2-CF) \times 100\% \end{cases} \qquad (4-17)$$

$$CPS2 = \frac{给定期间合格\ ACE_{10AVR}数}{给定期间全部\ ACE_{10AVR}数} \times 100\% \qquad (4-18)$$

第二节 省级电网自动电压控制

一、功能及意义

电压水平与无功功率紧密相关，合理的无功功率分布，对于提高电压质量、降低网损至关重要。功率在输电线路上的传输会引起电压的偏移

$$\Delta U = \frac{PR + QX}{U_N} \tag{4-19}$$

式中：ΔU 表示电压偏移量；P 和 Q 分别是线路上传输的有功功率和无功功率；R 和 X 是线路的电阻和电抗；U_N 是额定电压。

由式（4-19）可知，在固定线路阻抗参数的情况下，电压偏移只与有功功率和无功功率有关。由于省级电网管辖的输电线路电压等级较高，$R \ll X$，因此输电线路上的有功功率对电压偏移造成的影响远不及无功功率，所以合理的配置无功补偿容量可以有效减小输电线路的电压损耗，达到改善电压质量的目的。

线损是网损的主要组成部分，线损的大小直接影响着网损的高低。线损的计算公式为

$$\Delta P = \frac{\Delta U^2}{R} \tag{4-20}$$

式中：ΔP 为线路的有功损耗；ΔU 为线路的电压降；R 为线路电阻。

由式（4-20）可知，线损与线路的电压降正相关，降低线损的方法是减小线路的电压降。而由式（4-19）可知，可以通过合理配置无功补偿容量来减小线路电压降，所以优化电网的无功潮流分布，是减小线损和网损的有效方法。

自动电压控制（AVC）是电网调度实施电压无功闭环控制的重要技术手段。它是通过实时采集电网运行数据，在线分析电网电压无功运行状况，在此基础上对相应的无功电源给出调整策略，从而使电网尽可能地运行在最优无功电压状态或附近，实现电网无功功率分层分区就地平衡、提高电压质量、降低网损等目的。

AVC 控制的无功电源主要有发电机、变压器、电容电抗器、静止无功补偿器、静止无功发生器等。其中发电机、静止无功补偿器、静止无功发生器可连续调节，属连续无功设备，且无功调节速度快；变压器、电容电抗器只能离散调节，属离散无功设备，调节速度偏慢。

二、电压无功控制特点

我国省级电网的主网架呈环状结构，西北地区各省多以 330kV 电压等级形成环状电网，其他省级电网多以 220kV 电压等级形成环状电网，部分省级特大城市以 500kV 电压等级形成环网。由于闭环运行的环状电网运行方式灵活多变，所以省级电网的潮流方向也不固定。

省级电网电压无功控制方式遵循"分层分区、就地平衡"的原则。其中分层平衡主要是指各电压等级维持自身的无功功率就地平衡,即 500(750)kV 电网、220(330) kV 电网、110kV 及以下电网各自维持无功功率就地平衡。减少无功功率跨电压等级大范围远距离传输,尤其避免无功功率由低电压等级网络流向高电压等级网络。至于分区平衡的概念主要是指全省电网部分区域之间呈电气弱耦合状态,无功关联灵敏度较小,彼此之间的无功功率支援能力较低。所以这些区域只需保证本区域内的无功功率平衡即可,这样既能保证全网无功功率的就地平衡,也避免了无功功率的远距离传输[3]。

三、控制模式

目前省级电网 AVC 的控制模式主要有二级控制模式和三级控制模式两种。

1. 二级控制模式

二级控制模式以调度 AVC 主站作为控制的第二级,进行统一决策后将控制方案下发到厂站端的 AVC 子站进行一级控制。这种模式结构简单清晰,易于实现,没有分区的概念,而是将全局无功优化的结果直接下发给各厂站实施闭环控制,但对状态估计、通信采集、最优潮流的收敛性等依赖性较强。

2. 三级控制模式

三级控制模式以中枢节点和控制分区为基础,其中每个控制区域中至少含有一个中枢节点,且任意两个控制区域彼此间呈现电气弱耦合状态。调控中心的 AVC 主站作为控制的第三级,进行全网统一优化后,将各控制区域的中枢节点电压指令下发给第二级电压控制层。第二级电压控制层由各个控制区域组成,每个控制区域内都装设二级电压控制器,二级电压控制器接收 AVC 主站的指令后,将指令分解并发送至各厂站端的 AVC 子站执行,目标是跟踪第三级控制层下发的中枢节点电压目标值。厂站端的 AVC 子站是第一级控制的执行者,负责执行二级电压控制器下发的控制命令,自动调节本厂站内的无功设备来跟踪指令。显然,每一控制层都承担着各自的任务,下层接受上层的指令作为本层的控制目标,同时向更下一层发出控制目标。

这种控制模式降低了对状态估计等基础数据的依赖性,但结构复杂,建设成本较高。另外,这种控制模式默认控制区域划分方式是固定不变的,但随着电网运行方式和网架结构的不断变化,先前彼此解耦的控制区域间的电气联系可能会发生改变,所以这种"硬分区"方式难以长时间的保持良好的控制效果。

3. 软三级控制模式

由于我国电网建设发展迅速,网架结构变化较快,传统的"硬分区"三级电压控制模式难以有效应用。因此,国内有学者提出了在线"软分区"的三级电压控制模式。

这种控制模式与传统的三级电压控制模式相比,最大的区别在于分区方式不再是固定不变的,而是根据电网实时拓扑结构和运行状态,在线进行电网控制区域的解耦划分。同时,将第二级电压控制功能移植到 AVC 主站,有效避免了为建设多个二级电压控制器而带来的高昂成本。由于这种控制方式可以实时在线追踪电网的拓扑结构变化,又能够节约建设成本,因此可以有效解决传统三级电压控制所带来的问题。

四、策略体系与模型

无论 AVC 采用何种控制模式，为保证实时控制的可靠性，都必须具备多种控制策略，每种控制策略对应着不同的数学模型，各种控制策略相互补充从而形成完整的控制策略体系。

1. 二级控制模式策略体系

当省级电网采用二级控制模式时应至少具备全局电压无功优化和无功灵敏度校正两种控制策略。通常以电压无功优化控制为主，无功灵敏度校正控制为备用。

采用全局电压无功优化控制时需基于状态估计结果，此时以提高电网运行的经济性作为优化目标，以保证电网运行的安全性作为约束条件，实现全网电压无功的综合优化，目标函数通常为网损最小，可以表述如下

$$\min f(\boldsymbol{U}, \boldsymbol{\theta}, \boldsymbol{B}, \boldsymbol{T}, \boldsymbol{Q}_{\mathrm{G}}) \tag{4-21}$$

约束条件为

$$\begin{cases} P_{\mathrm{G}i} - P_{\mathrm{L}i} - \displaystyle\sum_{j \in S_{\mathrm{N}}} P_{ij}(\boldsymbol{U}, \boldsymbol{\theta}, \boldsymbol{B}, \boldsymbol{T}) = 0 & i \in S_{\mathrm{N}} \\[2mm] Q_{\mathrm{G}i} - Q_{\mathrm{L}i} - \displaystyle\sum_{j \in S_{\mathrm{N}}} Q_{ij}(\boldsymbol{U}, \boldsymbol{\theta}, \boldsymbol{B}, \boldsymbol{T}) = 0 & i \in S_{\mathrm{N}} \\[2mm] \underline{Q}_{\mathrm{G}i} \leqslant Q_{\mathrm{G}i} \leqslant \overline{Q}_{\mathrm{G}i} & i \in S_{\mathrm{G}} \\[2mm] \underline{U}_i \leqslant U_i \leqslant \overline{U}_i & i \in S_{\mathrm{N}} \\[2mm] \underline{B}_i \leqslant B_i \leqslant \overline{B}_i & i \in S_{\mathrm{C}} \\[2mm] \underline{T}_i \leqslant T_i \leqslant \overline{T}_i & i \in S_{\mathrm{T}} \end{cases} \tag{4-22}$$

式中：U_i、θ_i、$P_{\mathrm{G}i}$、$Q_{\mathrm{G}i}$、$P_{\mathrm{L}i}$、$Q_{\mathrm{L}i}$ 分别表示节点 i 的电压幅值、电压相位、有功功率注入量、无功功率注入量、有功负荷、无功负荷；B_i 为并联补偿设备 i 的并联电纳；T_i 为变压器有载调压分接头 i 的变比；S_{N} 为所有网络拓扑点的集合；S_{G} 为所有发电机端拓扑点的集合；S_{C} 为所有补偿设备的集合；S_{T} 为所有变压器有载调压分接头的集合。

由于全局电压无功优化要基于状态估计结果，当状态估计可信度低或不收敛时，求解该模型极可能没有可行解。若短时间无可行解，尚可维持原控制策略，但若时间过长，必须启动其他的控制策略以保证 AVC 的实时性。此时通常采用基于无功灵敏度校正的控制策略。具体的办法是基于 SCADA 量测及无功灵敏度结果进行电压校正控制，如果电网中母线电压没有越限，且运行电压限值范围内，则维持原 AVC 策略运行；否则启动校正控制策略以使母线电压相对靠电压限值中间区域运行。数学模型的目标函数可描述为

$$\min f(\Delta \boldsymbol{Q}_{\mathrm{G}}, \Delta \boldsymbol{U}) \tag{4-23}$$

约束条件为

$$\begin{cases} \Delta \boldsymbol{Q}_G = \boldsymbol{B} \Delta \boldsymbol{U} \\ \Delta \underline{Q}_{Gi} \leqslant \Delta Q_{Gi} \leqslant \Delta \overline{Q}_{Gi} & i \in S_G \\ \Delta \underline{U}_i^c \leqslant \Delta U_i \leqslant \Delta \overline{U}_i^c & i \in S_N \end{cases} \qquad (4-24)$$

式中：目标函数可以是以最小的无功调整量将越限电压校正合格。$\boldsymbol{B}$ 为灵敏度矩阵，它是由潮流计算中导纳矩阵各元素虚部构成的矩阵；$\Delta \boldsymbol{Q}_G$ 为电源总无功功率注入变化量；$\Delta \boldsymbol{U}$ 为各节点电压变化量；$\Delta \underline{U}^c$ 和 $\Delta \overline{U}^c$ 为压缩后的节点电压限值；S_N 为所有拓扑点的集合；S_G 为所有机端拓扑点的集合。该控制策略可有效保证电网电压的安全性，虽无法兼顾经济性，但作为最主要的后备控制方法可以提高 AVC 的整体可靠性。

当无功灵敏度校正仍长时间无可行解时，各厂站转为就地控制模式，利用 AVC 子站跟踪各自的计划电压值。

2. 三级控制模式策略体系

省级电网三级电压控制模式的 AVC 策略体系同样也应由全局电压无功优化和无功灵敏度校正两种策略构成。但由于控制模式不同于二级控制，所以三级电压控制模式的策略体系也与二级控制有所不同，具体如下：

正常时，第三级控制层基于状态估计进行全局电压无功优化计算，计算模型与式（4-21）和式（4-22）相同，然后将各分区中枢母线电压的优化目标值下发到第二级控制层中，第二级控制层通过无功灵敏度校正计算将具体控制指令下发到本分区内的第一级控制层，由第一级控制层调整无功设备状态来跟踪本分区的中枢母线目标电压。但若第三级控制层的全局电压无功优化不收敛，则无法提供各区域中枢母线优化电压目标值。若第三级控制只是短时失效，则第二级控制可维持原策略运行。但若长时间失效，第二级控制须舍弃原策略，转为根据本分区中枢母线的电压计划值与实际值的偏差实施无功灵敏度校正控制，使中枢母线电压跟踪计划值运行。特殊情况下（如通信中断等），各厂站转为就地控制模式，跟踪各自的计划电压值。

五、上下级协调

为发挥大电网资源优化配置的优点，充分利用各级电网的无功资源，有必要在各级调度机构间进行电压无功协调控制。我国电力调度机构分为五级，依次为国家电力调度控制中心（简称国调）；跨省、自治区、直辖市的区域电力调控分中心（简称分调或网调）；省、自治区、直辖市级电力调度控制中心（简称省调）；省辖市级电力调度控制中心（简称地调）；县级电网调度控制中心（简称县调）。省级电网进行电压无功协调控制，省调可以与上级网调进行网省协调，也可与下级地调进行省地协调。

1. 网省协调

网省协调是指网调 AVC 与省调 AVC 间的协调优化控制，其实质是要进行不同电压等级电网的协调优化，实现无功功率的分层分区、就地平衡。我国西北地区网调管辖 750kV 电网，省调管辖 330kV 电网，其余区域网调管辖 500kV 的输电网络，省调管辖 220kV 电网。

网调和省调的调度边界在 750/500kV 主变压器的中压侧, 可将其作为网省协调关口。网省调 AVC 在关口的协调目标是合理充分运用网省调各自掌握的无功调节资源, 在电压合格的基础上实现网省边界的无功流向合理分布, 从而降低网损。

网省间的协调变量采用 750/500kV 主变压器的 330/220kV 侧母线电压和该侧无功功率。网省协调的控制流程为:

(1) 省调 AVC 实时计算每个关口主变压器中压侧可增加无功容量和可减少无功容量, 并将其上送到网调 AVC 主站。

(2) 省调 AVC 实时上送每个关口主变压器中压侧母线电压的上下限值。

(3) 在网调侧, 进行 750/500kV 电网无功优化, 优化模型中将省调实时上送的关口主变压器中压侧无功可调量作为无功调节手段, 与网调直接控制的厂站一起参与优化; 同时将各省调实时上送的关口主变压器中压侧母线的电压上下限值增加到优化模型的约束条件中, 从而得到 750/500kV 电网电压无功最优分布。网调 AVC 根据优化计算得到的协调关口无功目标值, 计算关口协调的无功上下限, 并下发给省调 AVC。

(4) 在省调 AVC 中, 将网调下发的协调关口无功上下限值作为无功优化控制的约束条件, 进行控制策略的计算, 保证给出的 330/220kV 电网的电压无功最优分布与网调所期望的关口无功相匹配。

上述模式体现了网省间"双向互动"的上下级协调模式, 一方面体现在控制信息的交互: 网调给出的关口无功上下限是基于省调 AVC 上送的可调能力而计算得出的, 确保了省调 AVC 有能力跟踪网调指令; 省调 AVC 也不仅是被动执行网调指令, 其向网调实时上送 330/220kV 母线电压的允许限值范围, 网调在进行 750/500kV 电网优化时, 可以同时保证 330/220kV 母线电压的水平; 当网调无功资源不足时, 可通过网省协调指令要求省调 AVC 进行主变压器中压侧电压调整, 协助网调调压; 另一方面体现在控制的结果: 当省调 330/220kV 电网无功资源充足时, 满足网调无功优化的控制目标, 减少电压等级间不合理的无功流动; 当省调 330/220kV 电网无功资源不足时, 网调 AVC 可以通过对 750/500kV 电网的无功控制协助省调 AVC 调压。

2. 省地协调

省地协调是指省调和地调 AVC 间的协调优化控制。与网省协调相同, 省地协调通常选择协调关口的无功功率和母线电压作为协调变量, 但协调关口的选择与省地调度边界有关。我国西北地区各省调管辖 330kV 电厂和变电站, 地调管辖 110kV 变电站, 所以协调关口通常选为 330kV 变电站中压侧。而在其他地区省调多管辖 220kV 电厂和 220kV 变电站的高压侧母线, 地调管辖 110kV 变电站和 220kV 变电站的高压侧母线以下设备, 所以此时协调关口选为 220kV 变电站高压侧。具体的协调控制流程如下[4]:

(1) 地调 AVC 统计各关口下辖供电区域内可投/切电容器及电抗器的总容量, 并通过预算确定当前的安全补偿范围, 并将总补偿能力及安全补偿范围实时上传至省调 AVC, 同时向省调 AVC 上报所希望的关口电压范围。

(2) 省调 AVC 根据地调上报的总补偿能力、安全补偿范围、希望的关口电压范围, 通过全局电压无功优化实时计算省地关口交换无功范围及期望的补偿器投切方向, 并下发给地调 AVC，必要时可协助地调进行调压以满足地调的调压需求。

（3）地调 AVC 接受省调 AVC 的协调指令，根据省调 AVC 下达的补偿方向及关口无功范围，控制相应关口下辖电网内的电容器和电抗器，以满足关口无功范围的控制要求，从而实现省地 AVC 间双向互动的协调优化控制。

考虑到地调的电压无功调节方式主要是电容电抗器的投切和变压器分接头挡位的调整，所以省地协调除保证省地两级电网电压合格、无功合理外，还需避免省调的协调指令造成地调离散设备频繁调节。所以省调 AVC 需使所给出的期望补偿器投切方向具有一定的稳定性，以减少地调离散设备的频繁动作。

六、新能源控制

近年来，以风能为代表的新能源得到迅猛发展，集群并网和功率送出已经成为我国风电开发的主要模式。但由于风电的随机波动性，且可控性较差，对电网电压无功造成的不利影响随着其渗透率的增加而日益显著。为解决这一问题，需提升完善 AVC 的控制策略。

1. 预防控制

风电的不确定性可能会引起相应的母线电压发生变化。如果母线电压水平靠近电压限值运行，则母线电压可能会随着风功率波动而发生越限，这种不必要的越限是应该避免的。因此在进行电压控制时应对电压限值进行一定的压缩，使母线电压与电压限值保持一定距离。可考虑将电压无功控制与风功率预测分析技术相结合，利用风功率变化趋势实施电压的预防控制。在风电功率爬坡/滑坡时段，电压有下降/上升趋势，较易出现电压越下限/上限的情况，应适当提高相应电压下限/上限的压缩量，以保证电网的电压质量，提高电压合格率。对于风功率变化相对平稳的时段，电压幅值变化小、速度慢，电压限值的压缩量可适当减小，增大算法求解的可行域空间，实现优化风电并网区域的无功潮流，降低有功损耗。

具体的方法是根据超短期风功率预测结果，滤除小幅波动，对风功率变化趋势进行分析，以 5~15min 为时间尺度，辨识风功率大发/低发/中发的时段以及风功率爬坡/滑坡/平稳的变化趋势。在风功率爬坡或大发时段，由于电压有下降的趋势，所以可以适当加大母线电压下限的压缩量，避免电压水平过分靠近电压下限运行，同时应闭锁减少无功出力、降低变压器分接头挡位的控制命令；在风功率滑坡或低发时段，由于电压有上升的趋势，所以可以适当加大母线电压上限的压缩量，避免电压水平过分靠近电压上限运行，同时应闭锁增加无功出力、提升变压器分接头挡位的控制命令；在风功率平稳或中发时段，由于电压的波动幅度并不显著，相对比较平稳，所以没必要加大电压上限或下限的压缩量，但应使电压尽量靠近压缩后的电压限值的中间区域运行。

通过上述方法可以主动寻找潜在的电压越限量，并进行预防控制，能从本质上提高电压的合格率。

2. 多无功源协调

风电区域内可供 AVC 管理无功资源种类较多，AVC 的控制过程事实上是各种无功调节设备共同作用的结果，而不同的无功调节设备其响应速度存在一定差异。通常对电容器、电抗器、变压器分接头等离散无功设备的调节是通过遥控命令实现的，调节速率较慢，响应时间较长，多用于"粗调节"；而对风机、SVC、SVG 等连续无功设备的调节是通过遥调命令实现的，调节速率较快，响应时间较短，多用于"细调节"。

通常，在风功率趋势变化时段，风电区域的无功需求变化较大，此时多依靠响应速度慢的离散无功设备，若离散无功设备能够满足风功率变化时段的无功功率需求，则连续无功设备无需进行大幅度的无功调整，只需发挥其调节速度快的特点来跟踪风功率波动即可。若离散无功设备所提供的无功补偿不足或过补时，连续无功设备需要发挥其可精细调节的特点，进行无功功率的校正。在风功率趋势平稳时段，风电区域的无功需求变化也相对平稳，此时应尽量避免离散无功设备的调节，而是利用连续无功设备的响应能力跟踪风功率的波动。

另外，当风电区域的无功资源不足以维持风电场并网点电压水平时，主网内的传统无功源应给予无功支援，与风电区域内的无功源相互协调配合，稳定并网点电压水平，减少并网线路上的无功功率传输。

3. 有功与无功的协调

风电并网区域的有功功率和无功功率有着紧密的耦合关系。风电功率外送需要吸收一定的无功功率，而随着风电送出功率的增大，并网点电压逐渐降低，无功功率的需求量也逐渐增加。这就降低了并网区域的电压稳定裕度，制约了风电功率的有效送出。通常，风电送出区域的静态电压稳定极限水平与无功补偿容量有关，补偿容量越大，功率输送能力也越大，临界崩溃电压也越高。所以，要提高风电功率的送出能力，稳定并网点电压，应提供足够的无功支撑。

AVC 在进行电压无功控制时，应充分结合当前的风功率送出水平。当送出有功水平较高时，应增加无功补偿，防止电压大幅下降引发电压失稳或风机低电压脱网；当送出有功水平较低时，应适当减少无功补偿，以防止电压过高引发风机高电压脱网。但是，一般当风电送出功率较高时，增加一定容量的无功补偿引起的电压变化，要比风电送出功率较低时增加相同容量的无功补偿引起的电压变化大。所以，当风电送出功率较大时，AVC 进行电压无功控制应多利用风机、SVC、SVG 等连续无功设备进行小幅度的精细调节，防止电压大幅变化；而当风电送出功率较低时，AVC 进行电压无功控制可多利用电容电抗器，在有效改变电压水平的同时，也为连续无功设备留有一定的无功备用容量。

第三节　地区电网自动电压控制

一、电压无功控制特点

地调 AVC 与省调 AVC 的控制目标相同，都是维持电压合格、无功分布合理。但由于地区电网与省级电网在网架结构、运行方式、无功资源、无功管理等方面存在着较大的区别，所以地调 AVC 和省调 AVC 在诸多方面还存在很大的差异，下面以典型电网为例分别介绍。

在网架结构方面，通常省级电网负责管辖 220kV 电网，以环网接线为主。而地区电网是辐射状网络，以 220kV 母线为电源点，经过变压器向中低压侧的 110、35、10kV 电网供电，中低压侧网络之间没有电气连接，如图 4-4 所示。通常地区电网是以 220kV 变电站起点形成辐射状的供电区域（简称供区），若 220kV 变电站内主变压器并列运行，则以整个 220kV 变电站为单位形成 220kV 供区；若站内主变压器分裂运行，则以 220kV 主变压器为单位形成 220kV 供区。各供区只在 220kV 母线侧相连，220kV 以下开环运行，电气耦合关系较弱，所以各供区之间的无功功率支援能力有限。地区电网这种以供区为单位的辐射状电网结构为电压和无功功率控制进行了物理分区，只要各供区能够满足自身的无功功率平衡，就自然满足了全网无功功率分层分区、就地平衡的要求。

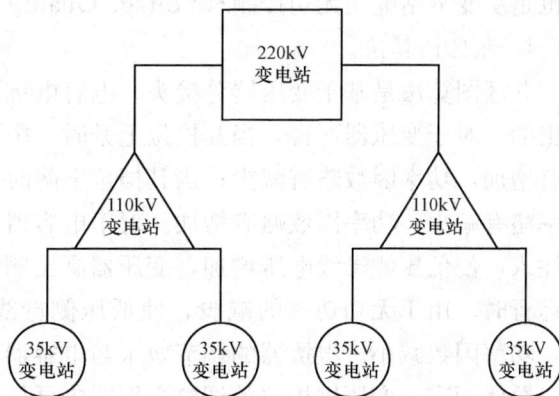

图 4-4　地区电网结构图

在运行方式方面，省级电网的潮流流向不是固定的。而地区电网的潮流方向是由高电压等级流向低电压等级，即由 220kV 侧逐级流向 10kV 侧。为不影响地区电网有功功率的传输，并且减少有功功率传输过程中的损耗，线路上的无功功率应尽可能小，理想的情况下线路上的功率因数尽量趋于 1。而且若省调没有明确的无功功率注入要求，不得发生无功功率从低电压等级流向高电压等级这种无功倒送的情况。

在无功资源方面，省级电网主要调节发电机无功，没有调节次数的限制，且可精确调节，响应速度快。而地区电网主要调节变压器分接头挡位、电容电抗器等离散设备，响应速度较慢，且连续两次调节有最短时间间隔的限制，全天内也有最大调节次数的限制。所以地调 AVC 无法也没有必要在每个控制周期内都给出控制指令，这就要求地调 AVC 能够利用无功设备有限的调节次数，以最合理的控制指令组合方式满足地区电网电压无功控制的要求。

在无功管理方面，省级电网负责功率传输和资源优化配置，所以对降低网损的要求较高。而地区电网直接面对电力用户，所以重点关心低压侧电压质量和 220kV 变电站高压侧的功率因数。通常地区电网电压无功控制的首要原则是保证低压侧母线电压合格，其次是保证 220kV 变电站高压侧功率因数的要求，由于地区电网无功设备的调节成本较高，所以在以上两点得到满足的基础上，才考虑进行降低网损的控制。

二、控制模型算法

地调 AVC 主要控制电容电抗器的投切和变压器分接头挡位的升降。除了要保证母线电压合格和无功功率平衡外，还要尽量减少设备的调节次数，遵循电容电抗器循环投切的原则，合理组合变压器调档指令和电容电抗器投切指令，而这些目标主要依靠 AVC 的模型算法来实现。地调 AVC 常用的算法主要有全局电压无功优化算法、灵敏度算法、专家规则算法，其中全局电压无功优化算法和灵敏度算法均与省调 AVC 相同，详见本章第二节相关内容，这里不再赘述。本节重点介绍专家规则算法。

专家规则算法在地调 AVC 中应用最成熟、最广泛的是九区图算法和十七区图算法，这也是从变电站电压无功控制（Voltage Quality Control，VQC）中演变发展而来的。

1. 九区图算法

九区图算法是基于变压器分接头、电容电抗器的调节对电压和无功功率的影响规律得出的。对于变压器而言，当其挡位上升时，中低压侧母线电压升高，高压侧无功功率略有增加，功率因数略有减少；当其挡位下降时，中低压侧母线电压降低，高压侧无功功率略有减少，功率因数略有增加。对于电容器而言，当其投入运行时，由于无功功率的注入，使低压侧母线电压增加，变压器高压侧无功功率减小，功率因数增加；当其退出运行时，由于无功功率的减少，使低压侧母线电压降低，变压器高压侧无功功率增加，功率因数减小。电抗器的调节效果与电容器正好相反。

总体而言，变压器挡位的调整主要对中低压侧电压影响较大，而对功率因数的影响相对较小。电容电抗器是调节功率因数的主要手段，同时其投切也对母线电压产生影响。

九区图算法根据电压和功率因数（无功功率）运行状态进行划分，按照合格、越上限、越下限的范围将电网运行状态划分为 9 个区间，如图 4-5 所示：

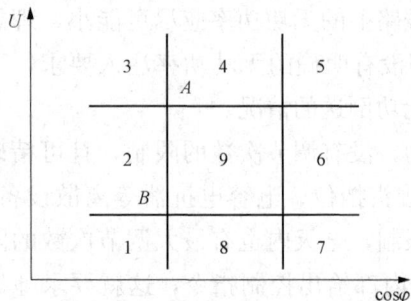

图 4-5 九区图算法

区间 1：系统状态为电压低、功率因数低。在这种状态下，投电容器将提高功率因数、并将升高电压。上调分接头挡位也可升高电压，但可能恶化功率因数。通过上调分接头挡位和投电容器都可升高电压，但投电容器还可补偿无功功率。如有可投的电容器，并投电容器后功率因数向合格的方向调节，则投电容器，否则上调分接头挡位升压。

区间 2：系统状态为电压合格、功率因数低。在这种状态下，可考虑投电容器。如有可投的电容器，并投电容器后功率因数向合格的方向调节，则投电容器。否则可以考虑下调分接头挡位来提高功率因数。

区间 3：系统状态为电压高、功率因数低。在这种状态下，如投电容器，电压将升高，进一步破坏电压不合格的程度，所以应下调分接头挡位来降电压。

区间 4：系统状态为电压高、功率因数合格。在这种状态下，首先考虑下调分接头进行降压，其次考虑切电容来降压。

区间 5：系统状态为电压高、功率因数高。在这种状态下，切电容器可降低功率因数、并可降低电压。下调分接头挡位可降压，但可能恶化功率因数。通过下调分接头挡位和切电容器都可降低电压,但切电容器还可平衡无功。如有可切的电容器,并切电容器后功率因数向合格的方向调节,则切电容器,否则下调分接头挡位降压。

区间6:系统状态为电压合格、功率因数高。在这种状态下,可考虑切电容器。如有可切的电容器,并切电容器后功率因数向合格的方向调节,则切电容器。否则可以考虑上调分接头挡位来减少功率因数。

区间7:系统状态为电压低、功率因数高。在这种状态下,如切电容器,电压将降低,进一步破坏电压不合格的程度。所以应上调分接头挡位升电压。

区间8:系统状态为电压低、功率因数合格。在这种状态下,首先考虑上调分接头挡位进行升压,其次考虑投电容来升压。

区间9:系统状态为电压合格、功率因数合格。在这种状态下,是运行目标状态。

九区图算法由于未考虑无功功率调节对电压的影响及电压调节对无功功率的影响,实际应用时会造成振荡、设备频繁动作的现象。例如,运行点在4区中A点附近,其电压越上限,按照控制策略,应先下调分接头挡位使电压降低,若已在最低挡,则切电容器。因为A点的功率因数接近下限,所以若无法调节变压器分接头,则只能切电容器。此时虽然电压可降为正常值,但功率因数也会随之下降,运行点有可能进入2区。而根据2区的控制策略,又要投电容器升高电压。这样,运行点就又有可能回到4区中点A附近,导致AVC不停地进行电容器投切的反复操作,使运行点在4区和2区之间来回振荡。同理在2区中B点附近,功率因数越下限。如没有电容器可投,则下调分接头挡位,则此时运行点有可能进入1区。根据1区的控制策略,由于无电容器可投,则只能上调分接头挡位,使得变压器在2区和1区之间反复的进行升降挡操作。

可见,虽然九区图原理清晰、简单易行,但可能会造成设备的频繁操作,运行过程中出现调节"振荡"现象,影响电网和设备的安全运行。

2. 十七区图算法

为了克服采用九区图算法可能对设备造成的调节"振荡"、调节次数多等问题,可对九区图进行改进,将控制区间继续细分,设立若干个"振荡"区间,在运行过程中,避免电压和无功功率落入其中。十七区图就是在九区图的基础上改进而来的,将2、4、6、8区间中靠近电压和功率因数限值的部分划分出来,分别作为单独的区间,运行时避免进入。如图4-6所示。

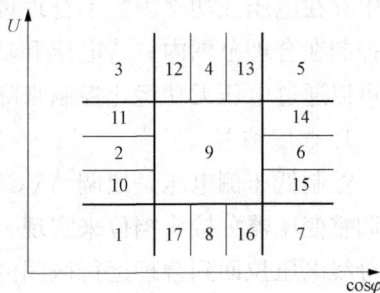

图4-6 十七区图算法

十七区图算法以电压优先为原则,即首先保证母线电压在合格范围内,同时尽量满足功率因数的要求。如果电压和功率因数不能同时达到要求时,则以保证电压合格为主。在具体的控制策略中,区间1~9的控制策略与九区图中的控制策略相同,其余区间控制策略如下:

区间10:系统状态为电压正常但偏低、功率因数越下限。在这种状态下,应考虑投入电容器。

区间 11：系统状态为电压正常但偏高、功率因数越下限。在这种状态下，可先下调分接头挡位，若功率因数仍然越下限，则再投入电容器。

区间 12：系统状态为电压越上限、功率因数正常但偏低。在这种状态下，应优先考虑下调分接头挡位，再考虑退出电容器。

区间 13：系统状态为电压越上限、功率因数正常但偏高。在这种状态下，应优先考虑退出电容器，再考虑下调分接头挡位。

区间 14：系统状态为电压正常但偏高、功率因数越上限。在这种状态下，应考虑退出电容器。

区间 15：系统状态为电压正常但偏低、功率因数越上限。在这种状态下，可先上调分接头挡位，若功率因数仍然越上限，则再退出电容器。

区间 16：系统状态为电压越下限、功率因数正常但偏高。在这种状态下，应优先考虑上调分接头挡位，再考虑投入电容器。

区间 17：系统状态为电压越下限、功率因数正常但偏低。在这种状态下，应优先考虑投入电容器，再考虑上调分接头挡位。

为了体现控制中电压优先的原则，还可以对区间 10、11、14、15 的控制策略做出改进。若当对功率因数越限的校正控制会导致电压越限，则不进行任何操作。这样可进一步减少设备调节次数、避免调节"振荡"现象的发生。

三、控制策略体系

与省调 AVC 一样，地调 AVC 也必须具有完备的控制策略体系，以保证控制策略能够可靠生成，满足实时控制的要求。但由于地调 AVC 与省调 AVC 在实现方式上有诸多不同，所以其策略体系方面也存在差异。

地调 AVC 基于状态估计进行控制策略计算，若状态估计不可用，则直接基于 SCADA 量测信息进行九区图或十七区图的策略计算。若状态估计结果可用，且电网运行中存在电压或功率因数不合理现象，则基于灵敏度分析的校正控制，将电压和功率因数控制在合理范围内。若电压和功率因数均未越限，且与控制限值之间留有一定裕度，则可以通过电压无功优化控制来降低网损[5]。

1. 电压控制

控制低压侧电压是地调 AVC 的首要任务，对电压的调节可以通过投切电容电抗器或调整变压器分接头挡位来实现。当母线电压越限时，通过灵敏度分析算法，找到可以将母线电压拉回到合理运行区间的设备，并从中挑选出最合适的设备进行控制。常用的规则如下：

(1) 若发生电压越限的母线所在供区内同时存在功率因数越限的情况，且与电压越限方向相同，则首先考虑通过投切电容电抗器的方式校正电压，这样可以同时满足对功率因数校正的要求，只有在无电容电抗器可调时，才考虑通过调整变压器分接头挡位来校正电压。

(2) 若供区内功率因数越限方向与母线电压越限方向相反，则首先考虑通过调整变压器分接头挡位的方式校正电压，否则会使功率因数越限加剧，当无变压器可调时，才考虑通过调节电容电抗器来校正电压。

（3）若供区内不存在功率因数越限的情况，则既可以通过调整变压器分接头挡位的方式来校正电压，也可以通过投切电容电抗器的方式来校正电压，但要保证校正后不引起新的功率因数越限。

（4）若电压越限发生在 220kV 变电站，则优先考虑通过投切电容电抗器的方式校正电压，若无电容电抗器可调或调节后会导致功率因数越限，则再考虑通过调节 220kV 变压器分接头挡位的方式校正电压，当多台 220kV 变压器并列运行时要同步调挡。

（5）若电压越限发生在非 220kV 变电站，则优先考虑通过调节本站的电容电抗器或变压器进行电压校正，此时需闭锁本供区 220kV 变电站的变压器，以免发生重复调节或反向调节的现象。若本站内无设备可调，则只能通过调节本供区内 220kV 变电站的变压器进行电压校正，但若引起本供区内其他变电站母线电压越限，则不予调节。

2. 功率因数控制

控制 220kV 变电站功率因数是地调 AVC 的另一任务，其优先级仅次于对低压侧母线电压的控制。功率因数控制主要依靠投切电容电抗器来实现，调节变压器分接头挡位虽也能微小改变无功功率，但其作用主要体现在优化无功潮流分布方面。当 220kV 变电站功率因数越限时，需根据待校正的无功功率大小选择容量匹配的电容电抗器进行控制，但也应遵循一定的规则，具体如下：

（1）首先选择站内的电容电抗器进行控制，由于其灵敏度最高，可以减少无功补偿的损耗。若站内的电容电抗器均不可控或调节后会导致电压越限，则再考虑选择本供区内其他变电站的电容电抗器进行控制。

（2）若存在功率因数或电压水平不理想的变电站，且该变电站自身期望的调节方向与 220kV 变电站功率因数校正方向一致，可优先选择该变电站内的设备进行控制。

（3）若电容电抗器的投切会引起新的母线电压越限，可考虑应用变压器调挡和电容电抗器投切的组合指令进行控制。如当投切电容电抗器时将导致母线电压越上限时，则可先使变压器分接头挡位下调一档，再进行投切。

（4）若 220kV 变电站功率因数合格，可考虑对本供区内其他变电站的功率因数进行校正，使其尽量趋近于 1，同时避免出现无功功率倒送或引发新的越限。

（5）若同时存在功率因数越限和电压越限的情况，由于电压控制优先，应尽量用变压器调挡的方式校正电压，再通过投切电容电抗器的方式校正功率因数。若校正越限电压是以投切电容电抗器的方式实现，则在进行功率因数校正计算时应计及已投切成功的电容电抗器容量。

3. 电压无功优化

电压无功优化在地调 AVC 中的优先级最低，只有当电压和功率因数都合格，且与限值边界留有一定裕度时，才进行优化控制降低系统网损。这主要是由于地区电网可控的无功资源主要是离散设备，有调节次数和调节时间间隔的限制，若经常进行无功优化控制可能会使设备因动作次数过多而闭锁，当电网发生电压或功率因数越限时无法进行校正的情况。所以地区电网无需每个周期都进行电压无功优化控制，通常只需在负荷趋势发生变化时进行一次优化计算，调整电网无功潮流分布即可。

四、上下级控制

地区电网负责承接省级电网和县级电网，其电压无功的上下级控制通常是指与省级电网的省地协调控制，以及与县级电网的地县协调控制或地县一体化控制。省地协调控制详见本章第二节第五部分"上下级协调"中省地协调部分，这里主要介绍地县协调控制和地县一体化控制。

1. 地县协调

地县协调方法与省地协调方法相似。在地县协调控制中，通常选择 220kV 变电站的中压侧作为协调关口。考虑到县级电网的有功负荷通常不高，为明确体现地县两级电网的无功功率交换，协调变量可选为 220kV 关口变电站的中压侧无功功率和中压侧母线电压。

县调 AVC 将其运行状态、关口无功补偿容量、所希望的关口电压范围等数据上传至地调，地调 AVC 综合县调上传的信息进行计算，并将地县关口交换无功功率范围及期望的无功补偿调节方向下发给县调。县调 AVC 根据地调的协调指令，结合自身安全及经济性需要确定电压无功控制策略。

其中，地县 AVC 信息交互可采用数据转发或文本文件传输的方式实现。协调周期可设为 3～5min。当双方通信时间超出一定范围时，可认为信息交互中断，地调 AVC 和县调 AVC 退出协调并各自运行，待通信正常后恢复协调控制。

2. 地县一体化

实施电压无功地县协调控制的前提条件是地调和县调都建设有 AVC 主站，但由于县调技术力量薄弱、调度自动化水平低，所以 AVC 应用尚未普及。更为现实的方法是实施电压无功的地县一体化控制，这不但起到了节约建设投资、减少运行成本的作用，还解决了县调维护力量薄弱的问题，而且也符合"大运行"体系建设的要求。

地县一体化的电压无功控制就是将地区电网和县级电网管辖的厂站由地调 AVC 主站进行集中控制，这对地调 AVC 提出了更高的要求，需要其能够实现如下功能：

（1）集中优化计算，分区监视控制，分区管理考核。

（2）将地调对县调的电压无功管理考核方法落实到 AVC 核心算法中，提高考核范围内各县调管辖厂站的电压无功水平。

（3）当地调与县调内部网络中断时可人工干预，能将县调监控工作站切换到当地网络，通过备用方法实现其辖范围内电网的电压无功控制。

（4）地县级调度能够统一建模、统一维护。各县调根据自身的调度权限监控并维护各自的 AVC 模型，地调享有最高权限，可对全网的 AVC 模型进行监控和维护。

（5）操作界面支持多用户管理，一个用户对应一级调度，每个用户具有相应的操作权限，能够分用户进行画面展示和告警。其中地调享有最高权限，各县调按其管辖范围划分情况设置权限。

第四节 总 结 与 展 望

我国电网朝着以特高压为骨干的坚强智能电网不断发展，电网互联日益紧密、新能源接入规模不断扩大，这都对新时期的电网运行控制技术提出了新的要求；同时，以大数据、云计算、柔性直流输电技术、同步相量量测单元（PMU）等为代表的新技术、新设备的出现，也将会导致电网控制技术的一次新的飞跃。

一、基于 WAMS 的电压稳定与协调控制

随着我国特高压交直流互联大电网的建设，以及大规模新能源集中并网发电，电力系统的运行特性非常复杂，电压稳定及其优化控制问题日益突出。电力系统复杂的动态特性可能使无功电压问题发生得相当突然，这就要求对电力系统运行状态进行连续的监视，同时要求快速识别电压稳定薄弱区域并进行优化控制。这就要求其所应用的运行数据必须具备时间上同步性和空间上广域性。而这两个要求是 SCADA 系统及其远程测控终端（Remote Terminal Unit，RTU）所不能满足的，必须依靠更加先进的电力系统监控和测量技术。近来受到广泛关注的广域测量系统（Wide Area Measurement System，WAMS）及其终端的同步相量测量单元（Phasor Measurement Unit，PMU）恰好弥补了 SCADA 的不足。RTU 更新时间一般为 3～5s，而 PMU 的更新速率至少为 1/30～1/25s，且功角测量设备的 A/D 转换的采样是按 GPS 标准时钟同步进行，从时间性和同步性上完全可以满足实时电网电压稳定性在线评估和优化控制需要。

在未来的研究中，可根据 WAMS 的这些特点，把实时电网电压静态稳定性分析评估与实时无功电压优化控制结合起来。针对基于广域信息的电力系统电压控制新体系展开研究，在实现无功最佳分布的同时，使系统的稳定性及安全性得到提高。

二、AGC 与 AVC 的协调控制

现有对电网运行控制的研究，都是基于有功与无功功率解耦的假设，AGC 与 AVC 相互割裂并不考虑两者之间的协调问题。在系统的实际运行中，有功功率与无功功率并非完全解耦，尤其在某些重载情况下，AGC 与 AVC 的控制指令之间会相互影响，可能会带来控制指标下降、反复调节控制设备等不利于系统安全性和鲁棒性的后果。可见，AGC 与 AVC 不能作为两个完全独立的闭环控制系统同时作用于一个实际的电力系统，否则 AGC 与 AVC 之间的相互作用必然会影响各自指令的执行效果，甚至可能引发安全性问题。与此同时，AGC 与 AVC 的自动协调控制也符合智能电网整合各种智能设备和控制系统的发展趋势。所以有必要前瞻电网未来的发展，计及有功频率与无功电压之间的耦合关系，改进常规的控制算法，实现 AGC 与 AVC 的协调优化控制，充分利用系统的可调资源和控制自由度，最大限度地改善电网运行的安全性、经济性和电能质量。

参 考 文 献

[1] 电力系统调频与自动发电控制 [M]. 北京：中国电力出版社，2005.

[2] 电力系统电压和无功功率自动控制 [M]. 北京：中国水利水电出版社，2013.

[3] 于汀，王伟. 湖南电网电压协调控制方案 [J]. 电网技术，2011，35 (4)：82-86.

[4] 于汀，郭瑞鹏. 基于负荷预测的地区电网电压无功控制方案 [J]. 电力系统保护与控制，2012，40 (12)：121-124.

第 五 章

网 络 分 析

网络分析是智能电网调度控制系统实时监控与预警类应用的核心子应用，一方面网络分析综合利用电力系统广域全景信息进行在线全局跟踪和前瞻性分析，对电网当前运行方式及未来运行方式下的安全水平做出多维度评价、预警及调整建议，另一方面对电网实时运行的生数据加工处理，描述电网的实时运行全景信息，为电网控制、暂态稳定分析、调度计划、调度运行辅助决策等应用提供准确的电网模型、实时潮流、调节灵敏度等实时运行方式数据，以便实现智能化的预想故障分析、电网安全控制和安全约束调度，提高电网运行的安全性和经济性。

网络分析各功能模块及数据逻辑关系见图 5-1。网络分析包括实时运行模式和研究模式两种运行模式。当前，网络分析主要有以下功能模块：网络拓扑分析、状态估计、调度员潮流、静态安全分析、灵敏度分析、短路电流计算、可用输电能力、在线外网等值和安全约束调度。其中：网络拓扑分析是网络分析的最基本的功能模块，从模型管理读取电网模型和设备参数，并根据实时监控与智能告警发送的遥信状态，进行拓扑分析，将电网的物理模型转化为计算模型，为状态估计及其他应用提供可与网络方程直接关联的母线模型。状态估计基于网络拓扑分析生成的计算模型，并从实时监控与智能告警读取支路功率、注入功率和母线电压等遥测信息，进行状态估计计算，去伪存真得到准确的遥信、遥测和设备参数，为网络分析其他应用、电网自动控制、在线动态稳定分析、调度运行辅助决策、调度员培训模拟、运行分析与评估、调度计划类应用等提供实时数据断面，或存入 CASE 管理，以供后续研究分析所用。调度员潮流、灵敏度分析、静态安全分析、短路电流计算、可用输电能力、在线外网等值和安全约束调度各应用分别从状态估计读取在线实时电网模型，或从 CASE 管理读取历史电网模型，进行各方面的网络分析计算，并把计算结果传送至运行分析与评估、调度计划类应用，同时把典型数据断面存入 CASE 管理，以供后续仿真分析所用。未来随着电网运行需求和应用的发展，网络分析的功能有可能进一步扩展。

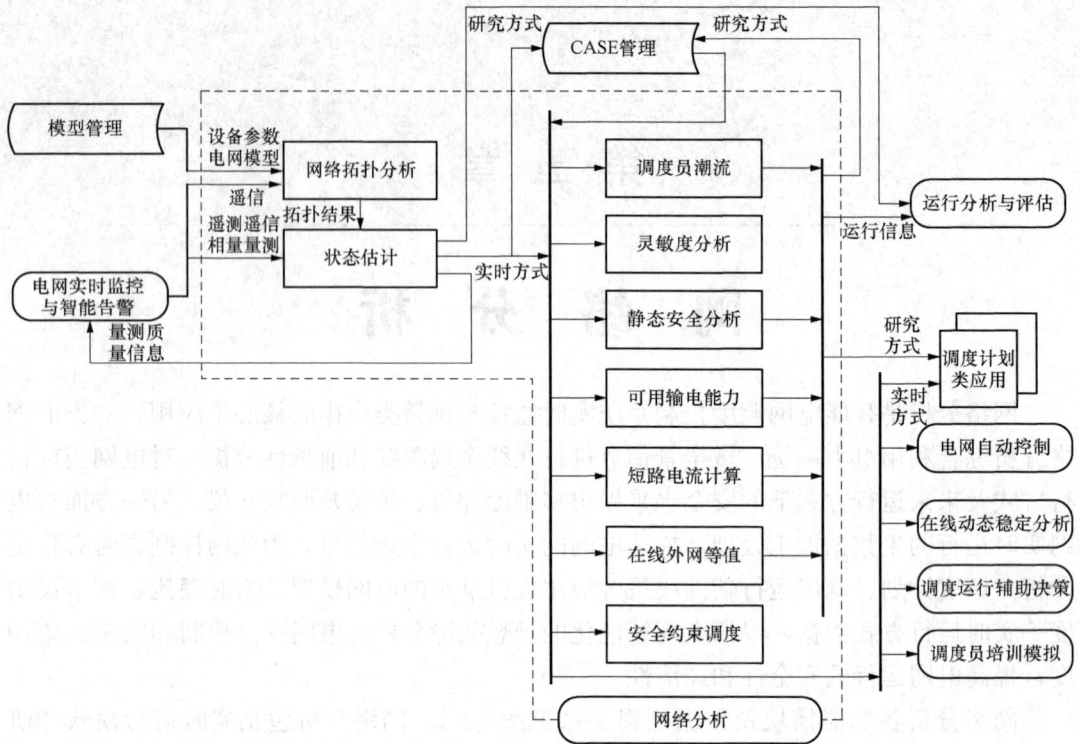

图 5-1　网络分析功能模块及数据逻辑关系图

第一节　网 络 拓 扑 分 析

网络拓扑分析是智能电网调度控制系统中诸多在线分析软件功能实现的基础，根据断路器和隔离开关的运行状态，将电网的物理模型转化为计算模型，建立网络母线模型和电气岛模型，并提供给其他应用和功能模块使用。

一、网络拓扑分析的基本概念

结点模型也称为物理模型，它是对网络的原始描述，是拓扑分析的分析计算对象。母线模型也称为计算模型，是拓扑分析的分析结果，它与网络方程联系在一起。结点号和结点名具有永久性，而母线号随开关、刀闸状态变化而变化，因此母线模型也随开关、刀闸状态而变化。

网络拓扑分析又称网络结线分析，就是根据开关刀闸状态和网络元件状态由电网的结点模型分析生成电网的母线模型的过程。常用术语如下：

网络元件：开关、机组、负荷、电容器或电抗器、变压器和线路等均称为网络元件。其中变压器、线路和开关等称为双端元件，而且变压器和线路又称为串联支路；机组、负荷、电容器或电抗器等称为单端元件，又称为并联支路。

结点：是网络元件的连接点，元件通过相互公共的结点连接成电网。

逻辑支路：指的是开关元件，在连接的两结点之间或是零阻抗（闭合时），或是无穷大阻抗（开断时），因此结线分析得到的计算模型中已不存在开关。

保留元件：所有非逻辑支路和对地支路在计算模型中被保留下来，其中包括零阻抗支路。

零阻抗支路：阻抗为零的特殊支路，在计算模型中用于隔离母线。

母线：是被闭合逻辑支路联系在一起的结点集合，即保留支路的连接点。

元件的开/合状态：如果保留元件的端点不与其他保留元件连接，称此端点为开断状态。双端元件的两端各有独立的开/合状态标志，单端元件只有一端有此标志。

有效的子网：由闭合支路连接起来的母线集合，并包含发电机、电压调节母线和负荷。

母线的死/活状态：如果一个母线不是有效子网的一部分，称其处在死状态。而每个处在活状态的母线都有一个而且只有一个电压。

结点的死/活状态：属于活母线的结点称为活结点，死/活主要用于表现结点和元件所附母线的特征。

主母线：当逻辑支路（开关）全部闭合时建立的母线（编号）称为主母线。这些母线编号在结线变化中永不消失，如果母线分裂，将分裂出的母线分配新的编号（标以非主母线），而母线合并时保留主母线，消去非主母线。引入主母线标志主要是希望一系列的开关操作之后，开关状态恢复到原来状态，母线模型也能恢复到原来模型，即各厂站的主母线编号能相对固定。

母线—元件关联表：这是结线分析结果的一个链表，给出了母线和各元件的关系。

元件的退出/恢复：一个保留元件的退出，意味着将此元件从网络中取走，即开断该元件的各端点。而元件的恢复，还需要用当时的开关状态分析其结线方式。即元件的退出和恢复均不改变其原来的开关状态。利用元件的退出和恢复功能允许定义网络模型时少定义一些开关，或者在单线图上少描述一些开关。例如线路、机组、负荷等不用开关直接联在电网上，可以用退出功能将其从网络上断开，而且这比操作开关更简明。

二、拓扑分析基本算法

（1）基本步骤。电力系统网络拓扑分析，包括两个基本步骤：

厂站母线分析：根据开关的开/合状态和元件的退出/恢复状态，由结点模型形成母线模型。功能是分析某一厂站的某一电压级内的结点由闭合开关连接成多少个母线，其结果是将厂站划分为若干个母线。

系统网络分析：分析整个电网的母线由闭合支路连接成多少个子电网（电气岛），每个子电网是有电气联系的母线的集合，计算中以此为单位划分网络方程组。电力系统正常运行时一般属同一个子电网（未解列状态）。

（2）常用算法。目前拓扑分析的研究多数是搜索法和矩阵法这两大类拓扑分析方法，其中最容易想到也是应用最广泛的是搜索法及其各种变形，它主要通过搜索某一个结点与其相邻结点之间的关系进行分析，根据搜索原理的不同，又分为深度优先搜索和广度优先搜索，广度优先搜索算法只对每个结点访问一次，具有较高的搜索效率，因此更具实用和推广价值。搜索法采用"堆栈"原理——后进先出的搜索逻辑，也称为"老鼠钻迷宫"技术。

利用堆栈原理搜索某一母线所含有结点的过程如下：

1）将各结点和各开关置以未搜索标志；

2）由某一结点出发，将此结点置于堆栈第一层；

3）进栈：通过结点—开关表中未搜索之闭合开关找到未搜索之结点，将其置于下一层堆栈中，并对开关和结点作搜索过的标志；

4）退栈：某一结点已无未搜索之闭合开关，或未搜索闭合开关对端已无未搜索结点，则退一层堆栈；

5）退回到出发结点（即第一层堆栈）继续退栈时结束搜索过程，完成了一个母线的搜索过程。

重复以上过程，直至形成每个厂站的所有母线，则完成厂站母线分析。系统网络分析与厂站母线分析的过程一致，只是将结点换为母线，将开关换为两端支路（变压器、线路、零阻抗支路等）。

（3）局部拓扑分析。上面介绍的搜索逻辑适合于任何网络结线方式，其搜索操作次数与其搜索范围（结点数）的平方成比例增长，如果电网物理模型发生任何形式的变化，都要进行全网拓扑分析，势必会花费很长时间。因此在网络拓扑变化不大的情况下，可以考虑进行局部拓扑分析，缩小搜索范围，以提高计算效率，局部分析可以从以下几个方面进行考虑：

1）厂站母线分析的结点搜索范围限制在某一级电压范围内；

2）元件的切除/恢复不产生母线数的变化，不必重新进行母线分析；

3）利用原有结线分析成果，某一开关的状态变化，仅分析该开关所属电压级内的结点。

三、功能特点

为满足网络分析各应用的在线分析以及其他实用化要求，网络结线分析软件需具备可靠性、方便性和快速性等特点。

（1）可靠性：对任何形式的实际电气结线（例如：带旁路的双母线配置、倍半开关结线方式、环形母线结构等）均能正确处理为计算模型。因为，网络结线分析的错误必然会带来网络分析错误，而在实际操作中结线分析错误更可能带来电气事故和人身伤亡。

（2）方便性：对使用人员来说希望尽量直观而简单。例如：拓扑着色，对不带电的网络用暗色表示，带电部分用明亮颜色显示，而且能随负荷的大小改变其明亮程度；对一个设备（机组、负荷、变压器和线路等）来说不一定操作一个一个的开关去开断它，只规定切除或恢复此设备即表示有关开关的操作；随着开关的动作母线数在变化，希望编出的母线号对各个厂站基本固定，对分裂出的母线分配新的编号，当再合并时能消去新编号，而不消去老编号。即经过一系列开关操作后开关回到原来状况时，网络结线（母线编号）也能恢复原状。

（3）快速性：结线分析是各种运行方式的出发点，希望尽可能快速。有人提出将结线分析直接放在 SCADA 功能之中，随开关状态变化立即改变结线模型。结线分析过程属于搜索排队法，其运算次数随搜索元件数平方增长，故缩小搜索范围是技术关键，事实上一个开关的动作不会影响别的厂站的结线，而且进一步分析可发现在一个厂站内不会影响其他电压级的结线。

第二节　状　态　估　计

状态估计功能模块根据网络接线的信息、网络参数和一组有冗余的模拟量测值和开关量测状态，求取母线电压幅值和相角的估计值，检测可疑数据，辨识不良数据，校核实时量测量的准确性，并计算全部支路潮流，为电力系统的可观测部分和不可观测部分提供一致的、可靠的电网潮流解。状态估计维护一个完整而可靠的实时网络状态数据，为其他运行分析软件和功能模块提供实时运行方式数据。

一、状态估计的基本概念

状态估计是电网调度自动化系统信息处理阶段的核心，是电网调度自动化系统中其他网络分析软件的实时数据源，是负责将可用的冗余信息（直接量测值及其他信息）转变为电力系统当前状态估计值的实时计算机程序和算法。

状态估计的概念由 F. C. Scheweppe 首次完整提出。20 世纪 70 年代状态估计处于理论研究阶段；80 年代状态估计开始逐步得到实际应用，部分电力调度中心安装了状态估计应用软件；90 年代状态估计得到了大量应用，几乎每一个大型电力调度中心都安装了状态估计应用软件。现在，随着电力系统的迅猛发展，状态估计已经成为现代调度控制中心最重要的基石之一。

专家分析认为，1987 年纽约大停电和 2003 年美加大停电的主要原因之一，是由于当时关键地区的状态估计程序运行不正常，调度员没有得到正确的电力系统状态信息所致，这充分反映了状态估计的重要性。在电力市场环境中，由于电力市场必须依赖可靠的电力系统状态信息进行实时电价计算，状态估计的重要性也得到了很大的提升。

在一个典型的现代电网调度自动化系统中，状态估计与其他应用之间的数据交换可参见图 5-1。作为网络分析最为核心的应用功能，根据电网冗余量测信息，分析计算出一个完整而可靠的实时网络状态数据，为其他应用和功能提供实时运行方式数据。另外，还可利用稳态运行数据和动态运行数据进行混合状态估计计算。

状态估计从电网实时监控与智能告警应用获取电网实时稳态数据（包括遥测、遥信和量测质量等数据）以及电网实时动态数据（包括相量量测、量测质量等数据），从网络拓扑分析功能获取网络拓扑结果。

状态估计结果可以保存为 CASE，提供给其他应用和功能；向调度计划类应用，主要是实时调度计划提供电力系统实时运行方式；向电网自动控制应用，主要是电压自动控制提供电力系统实时运行方式；向在线安全稳定分析、调度运行辅助决策、调度员培训模拟应用提供电力系统实时运行方式；向运行分析与评价应用提供软件运行信息和计算结果；向调度员潮流、静态安全分析、可用输电能力、短路电流计算、在线外网等值等功能提供电力系统实时运行方式。

二、电力系统实时网络模型和网络拓扑分析

网络模型的建立和网络拓扑分析是状态估计的基础。电力系统的网络模型是由网络的范围、拓扑结构和电气元件参数值决定的。网络模型的拓扑范围包括内部电力系统加所有与内部系统直接相联的系统，及其对内部电力系统可能有较大影响的其他系统。

网络拓扑分析的作用是确定电力网络的连接关系，并且建立量测量和网络模型的对应关系。网络拓扑分析非常重要，是所有网络分析级软件（如状态估计、调度员潮流、安全分析等）都要调用的公用模块。网络拓扑分析对状态估计结果的影响很大，如果网络拓扑处理出现错误，不论是遥测或人工输入造成的，将会造成状态估计出现严重错误。

状态估计所用电力网络实时拓扑模型，主要包括两种：

第一种为经典模型，采用的网络拓扑模型是母线/支路模型（潮流模型），其中隐含地假定基于母线—设备/开关—装置的物理级模型，已由网络拓扑程序成功的处理完毕，所得到的模型是精确的，多数状态估计采用这一模型。

第二种为广义网络拓扑模型，采用的网络模型是母线—设备/开关—装置模型，基于上述模型的状态估计称为广义状态估计，可实现经典状态估计难以实现的开关状态估计等功能。这种模型存在网络规模增大的缺点，尚没有得到广泛应用。

网络建模的难点是外部网络建模问题。为此，IEEE 特别成立了外部系统建模问题特别工作组，发表了外部系统建模问题的技术发展报告，其中详细分析和比较了外网建模的几种方法，对网络建模工作具有指导意义。

为了使用母联开关上的功率量测信息，并对其上流过的功率进行估计与计算，人们提出了零阻抗支路的概念。

三、电力系统状态估计算法

状态估计计算是电力系统状态估计的核心，可分为静态状态估计和动态状态估计，静态状态估计主要包括加权最小二乘法、快速分解法、量测量变换的状态估计算法等，动态状态估计主要采用卡尔曼滤波的递推算法。下面介绍三种基本的状态估计算法：

（1）加权最小二乘状态估计算法。这是最早发展起来的电力系统状态估计算法，是电力系统状态估计的基本算法。

令 x 代表与电力系统模型相关的 n 维状态向量，令 z 代表 m 维量测向量，在系统

的网络接线、支路参数和量测系统均给定的条件下，非线性量测方程如下

$$z = h(x) + \upsilon \tag{5-1}$$

其中，$h(x)$ 是 x 的 m 维非线性量测函数，由导纳矩阵 Y 和基尔霍夫定律确定。υ 是 m 维量测误差向量，期望为零，方差为 δ^2 的正态分布随机矢量。

给定 z，状态估计值 $\hat{x}$ 定义为使目标函数 $J(x)$ 最小的值，见式（5-2）

$$J(x) = [z - h(x)]^T R^{-1} [z - h(x)] \tag{5-2}$$

其中，R^{-1} 为权矩阵，且 $R_i = \delta_i^2$。

状态估计迭代修正方程，见式（5-3）

$$\Delta \hat{x} = (H^T R^{-1} H)^{-1} H^T R^{-1} \Delta z \tag{5-3}$$

（2）快速分解状态估计算法。状态向量由两部分组成：母线电压幅值和母线电压相角。量测量也可分为两类：支路有功功率和母线有功注入量；支路无功功率和母线无功注入量、电压幅值。其中，有功功率主要与电压相角有关，而无功功率主要与电压幅值有关。快速分解状态估计算法以有功功率误差作为修正电压相角的依据，以无功功率误差作为修正电压幅值的依据，把有功功率和无功功率迭代分开来进行，由于把 $2n$ 阶的线性方程组变成了两个 n 阶的线性方程组，使状态估计计算在计算量和内存方面都有改善。快速分解状态估计算法再将雅克比矩阵常数化，进一步大幅减少了计算量，提高了计算速度。以上特点使有功、无功解耦的快速分解状态估计算法得到了快速的发展。目前国内采用较多的状态估计算法就是快速分解状态估计算法。

快速分解法状态估计的修正方程见式（5-4）和式（5-5）

$$V_0^2 (-B_a)^T R_a^{-1} (-B_a) \Delta \theta = (-B_a)^T R_a^{-1} \Delta z_a \tag{5-4}$$

$$V_0 (-B_r)^T R_r^{-1} (-B_r) \Delta V = (-B_r)^T R_r^{-1} \Delta z_r \tag{5-5}$$

求解电力系统加权最小二乘状态估计和快速分解状态估计的标准方法是迭代法方程法。为了提高算法的稳定性，在求解式（5-4）和式（5-5）过程中，引入正交变换。

算法特点：对于一般系统而言，该算法收敛性好，估计质量高。但在某些病态条件下，法方程法收敛慢、有时甚至发散。

（3）动态状态估计（DSE）算法。与静态状态估计算法不同，基于扩展 Kalman 滤波（extended kalman filter，EKF）的动态状态估计（dynamic state estimation，DSE）算法，不仅给出了当前系统状态的估计值，而且给出了下一时刻系统状态的预报值。其估计结果，既反映了最新的量测值，又考虑了前一时刻得到的预报值。从理论上讲，动态状态估计算法是最优的状态估计算法。但在实际应用中，动态状态估计算法的使用遇到了两个障碍：首先是系统的建模问题，系统模型既要简单，又要足以描述系统的动态特性；其次是计算的复杂性问题，动态滤波过程计算复杂，耗时较多。由于动态状态估计算法本身存在以上问题，加上静态状态估计算法基本能够满足实际应用的要求，直接阻碍了动态状态估计算法的发展。

但动态状态估计算法并没有停止发展的脚步，这是由于动态状态估计具有状态预报功能，不仅对系统的分析、控制、预防及校正等方面有帮助，还有助于提高系统的可观

测性分析、不良数据辨识和拓扑错误辨识能力。

需要注意的是，这里所讲的动态与电力系统中传统意义的动态不同，实际上进行的是一种考虑时间变化的准稳态状态估计计算。

四、可观测性分析

状态估计能否进行取决于系统中是否适当分布了足够的量测。若量测情况足以进行状态估计，则认为网络是可观测的，否则是不可观测的。可观测分析的任务包括：①确定系统是否是可观测的；②若系统是不可观测的，有两种处理的方法：一种是通过确定系统中的可观测岛，对不可观测的部分，通过选择最小数目的伪量测，使不可观测变为可观测，另一种是只对可观测的区域进行状态估计。两种方法各有优劣，在各调度中心投入运行的状态估计程序中也均有使用。第一种方法可保证得到全网的状态估计结果，但不可观测区域可能对可观测区域的状态估计结果产生不良影响；第二种方法可以避免不可观测区域对可观测区域的不良影响，但只能得到网络可观测部分的状态估计结果，其结果用于潮流计算等网络分析计算软件时也有天然的局限性。

现有三种可观测性的分析方法：拓扑法、数值法及混合法。拓扑法通过寻找量测网络的一个最大满秩森林型结构（forest）来判断网络的可观测性，若该最大满秩森林型结构是一个生成树（spanning tree），则量测网络是可观测的，否则是不可观测的。该法采用图论方法进行可观测性分析，根据量测的类型和位置进行分析，无需浮点计算，不受舍入误差的影响。数值法利用判断状态估计量测雅克比矩阵及相关增益矩阵的秩进行可观测性分析，需要进行浮点计算，但可用状态估计计算的部分子程序。而混合法是拓扑法和数值法的综合。

五、不良数据处理

自从 Schweppe 提出状态估计基本算法以后，在存在不良数据的情况下如何保证状态估计结果的正确性，就成为一个突出的问题。

早期出现的技术之一是在迭代中通过改变权重抑制不良量测的方法，后来据此提出了检测与辨识的思想。判断某次量测采样中是否存在不良数据的程序功能称为不良数据检测。通过检测确知量测采样中存在不良数据后，确定不良数据具体测点位置的程序功能称为不良数据辨识。

量测错误可分为严重错误和明显错误。第一类错误通常在状态估计计算迭代前的预校核即可检测出来。第二类错误较危险，可能导致估计结果偏离实际，这一类错误是不良数据处理的主要对象。明显的不良量测可分为：单个或多个不相关不良量测、多相关不良量测。

不良数据检测可通过目标函数、加权残差和正则化残差进行检测，绝大多数采用正则化残差方法检测，不良数据辨识方法包括残差搜索辨识法、非二次准则辨识法、零残差辨识法和估计辨识法，对坏数据的处理通常采用剔除、变权和修正等措施实现坏数据的准确估计。单个或多个不相关不良量测的处理较为简单，容易取得较好的效果。多相关不良数据的处理则较为困难。

六、参数估计

网络参数估计的方法主要分为两类：①基于残差灵敏度的方法：此类方法使用传统的状态变量，在状态估计完成后通过残差灵敏度（残差和量测误差之间的关系）进行参数估计。②增加状态变量的方法：这种方法将可疑参数作为独立变量增加到状态变量中，一起参与估计。具体又分两种处理办法：法方程法和 Kalman 滤波法。

在 Schweppe 提出状态估计概念的文章中，提到了诸如变压器分接头位置等未知或错误模型参数的问题。但一般假设状态估计中所用的模型参数是正确无误的。

进行参数估计的主要问题是计算所需量测信息不足。这样常常难以区分参数错误和量测错误。

七、拓扑错误辨识

在实时的电力系统运行监视中，特别是考虑拓扑（支路或母线连接关系）和量测错误时，在存在不良数据的情况下，如何保证得到正确的网络拓扑和系统运行状态，是最具挑战性的问题之一。

拓扑错误主要包括：支路拓扑错误，即支路对应开关状态与支路的实际运行状态不一致；厂站拓扑错误，即母线刀闸状态错误，导致变电站的计算母线数或母线与支路的连接情况发生错误。

拓扑错误可以通过量测值与估计值之间的差值的大小检测出来。许多研究者使用 WLS（weighted least square）状态估计结果检测拓扑错误，但多数研究者假设量测中没有错误。另一种方法是将可能存在拓扑错误的部分，用物理模型表示，将通过断路器的有功、无功功率作为新增的状态变量，一起参与估计。

尽管在拓扑错误辨识方面已经取得了一定成绩，但利用状态估计结果进行辨识的方法并没有得到广泛的应用，主要由于额外增加了计算工作量，会导致状态估计的再次计算，另外辨识结果不理想也是一个重要原因。

实际采用的拓扑错误辨识方法，通常是在状态估计前，根据专家经验形成的判断规则来识别和纠正拓扑错误。随着智能变电站的建设和发展，拓扑错误辨识可以在子站进行，充分利用子站海量量测信息，以准确辨识拓扑错误，一方面提高了辨识准确度，另一方面降低了主站分析计算压力。

八、状态估计的鲁棒性

特殊情况下的病态条件，会导致状态估计无法得到理想的估计结果。如何避免这一情况，提高状态估计的鲁棒性，是状态估计研究中的一个热点问题。在提高状态估计的鲁棒性方面存在两种思路，一是对常用的加权最小二乘状态估计算法进行改进，二是采用新的目标函数提高鲁棒性。

（1）加权最小二乘状态估计。解算电力系统加权最小二乘状态估计的标准方法是迭代法方程法。特殊情况下的病态条件，根据经验，一般与选用相差悬殊的加权因子、存在大量注入量测及存在与正常支路相连的小阻抗支路等情况有关。所有这些问题均与平方形式的增益矩阵（$H'H$）有关。

解决加权最小二乘状态估计的数值病态条件问题有两个思路：一是避免采用平方形式的增益矩阵（$H'H$），二是将虚拟量测（不需要量测的信息，如开关站的零注入）按等式约束处理。主要有四种方法：

1）正交变换法。为了电力系统状态估计的数值稳定性和计算高效性，采用正交化（QR 分解）方法。该方法的缺点是稀疏性不好。人们采用 Givens 变换进行正交化变换，使得在稀疏增益 Jacobian 矩阵三角分解中，稀疏性可以保存。

2）混合法。混合法包括两个步骤。第一步是对 H 进行正交化变换，第二步是用前代、回代求解法方程。是半正交变换—半法方程的方法。

3）带等式约束的法方程法。该法将虚拟量测（零注入）从量测集合中分离出来，按等式约束处理。此时，状态估计问题变为满足等式约束 $c(x)=0$ 的加权最小二乘问题。该法的缺点是，迭代方程的系数矩阵不再是正定矩阵，在进行矩阵的三角因式分解时必须小心处理。

4）Hachtel 增广矩阵法。该法在带等式约束的法方程法的基础上，将残差作为独立变量处理，与 Δx 和 λ 同时求解，其系数矩阵也不是正定的。

比较四种方法，正交变换法的数值稳定性最好，但计算工作量大，存储要求高，不便于有效利用快速解耦技术；法方程法的数值稳定性差；综合考虑数值稳定性、计算效率和实施方便性，混合法和 Hachtel 方法比较好。

（2）其他估计准则的状态估计。WLS 状态估计的估计准则是最小化加权残差平方和，因此估计结果对不良数据很敏感。通过选择不同的估计准则，可以减少不良数据的影响。加权最小二乘估计准则外，主要的其他估计准则的状态估计［又称抗差（Robust）状态估计］包括非二次准则状态估计、加权最小绝对值（WLAV）状态估计、LMS（least median of squares）状态估计和 LTS（Least Trimmed Squares）状态估计。

其中，又以 WLAV 状态估计的研究最为活跃。WLAV 状态估计采用加权残差的绝对值代替加权残差的平方和，以排除大误差量测值的影响。一般使用线性规划方法求解，但存在计算时间长、内存占用大的问题。

九、基于相量量测的状态估计

近年来，相量量测装置（phasor measurement unit，PMU）的发展十分迅速，如何有效利用 PMU 提供的量测信息已成为各电力公司普遍关心的问题。状态估计是电力系统分析的实时数据基础，研究 PMU 量测信息对状态估计的影响具有重要的意义。

PMU 与传统量测装置不同，PMU 不仅提供了电压、电流的幅值量测，而且提供了电压、电流的相角量测。PMU 提供的不是单一的量测量，而是一组量测量。一般情况下，在某节点配置了 PMU，就可以得到该节点的电压相量量测，以及该节点所有邻接支路的电流相量量测。

如果在电力系统的所有节点均装设 PMU，则系统各节点电压的幅值和相角将能直接测得，从而使 EMS 中的状态估计量测完全成为状态测量，Phadke 博士探讨了这种测量全部节点电压相量并测量全部或部分支路电流相量条件下的状态估计问题，提出了线性状态估计的概念。

线性状态估计的优点：①状态量可以直接计算得到；②增益矩阵 G 是稀疏的常数矩阵，大多数情况下是实数，只在网络拓扑变化时才发生变化；③计算速度很快。

由于价格和技术两方面的原因，目前乃至相当长一段时间内，不可能在系统的所有节点均装设 PMU，也不大可能实现系统状态"线性可观测"的 PMU 配置方案，一种比较合理的应用方案是把 PMU 的测量值与 SCADA 原有的测量值构成混合量测系统一起用于状态估计，从而提高网络的可观测性及状态估计的精度。但遗憾的是，目前工程应用的效果并不理想。

十、状态估计的其他问题

（1）考虑时滞影响的状态估计。国内外在进行电力系统状态估计时，往往忽略量测时滞的影响，这在仅用本地状态量和模拟量进行状态估计的情况下是可以接受的，因为此时的通信延时通常在 10ms 以下。随着互联电力系统规模和复杂度的不断增加，随着电力市场的持续发展，需要大规模的网络模型来保证互联电力系统的可靠性。这些大规模的运行模型通常包括几个控制区，状态估计借助专用通信连接从这些控制区得到实时数据，通信延时可能高达几十毫秒至数百毫秒以上不等。这种情况下通信延时对状态估计的影响有必要加以考虑。

（2）分布式状态估计。随着电力市场的发展，有必要进行大规模的状态估计计算，以确保电力互联网络的安全运行。在多个处理器上进行分布计算会变得越来越重要。

典型的分布式状态估计将电力互联网络分为若干区域，采用边界匹配，重合迭代的方法进行状态估计计算。具体方法是每个区域的量测量通过远动装置分别传送到各地区的计算机中，并进行本区域的状态估计迭代计算，相邻区域在每次迭代中都交换边界变量，并为下次迭代计算修正变量。在每次迭代中，中心计算机负责监视各区域收敛的情况，若各区域均满足收敛标准，则中心计算机通知各区域整个互联区域收敛。

（3）配电网状态估计。进行配电网状态估计是一个越来越现实的问题。该问题的主要困难在于配电网的结构特点和量测不足问题。

第三节 调度员潮流

调度员潮流功能模块实现实时方式和各种假想方式下电网运行状态的分析功能，在网络拓扑模型基础上，根据给定的节点注入功率及母线电压计算出各母线的状态量（电压幅值和相角），并计算出全部支路潮流。

一、调度员潮流的基本概念

调度员潮流是进行电力系统在线分析的基础功能模块。调度员可以利用调度员潮流软件模拟电网实时运行状态，可以对电网进行的各种调整、操作和假想运行方式进行分析计算，基于不同的数据源，调度员潮流的运行模式分为实时态、研究态等，调度员潮流需要有灵活变化和修改运行方式的能力，要求算法收敛性好，调度员使用方便，需要将算法、数据库管理、图形界面、软件任务调度等有机结合，其实用化功能很多，不是一个单纯的潮流计算软件，调度员潮流模块中完成出力调整、运行方式改变等操作后形成的断面还可供静态安全分析、可用输电能力、短路电流计算、灵敏度计算、在线安全稳定分析与预警等应用作为研究方式断面使用。

电力系统潮流计算是调度员潮流的核心，潮流计算属于稳态分析范畴，是研究电力系统稳态运行情况的一种基本电气计算，是电力系统运行分析和规划设计中最常用的工具，围绕计算的收敛性、计算速度和使用方便性等问题潮流技术发展经历了漫长的历史。

计算机出现之前，采用交流计算台和直流计算台模拟实际电网进行潮流仿真分析。

1956 年 J. B. Ward 和 H. W. Hale 揭开了用数字计算机分析潮流的历史，提出采用节点导纳阵的高斯赛德尔法，但该法有大规模系统迭代次数过多、有时不收敛的缺点。

20 世纪 50 年代末，出现了采用节点阻抗矩阵的高斯赛德尔法，收敛性得到改善，但占用内存较大。

1959 年，出现了牛顿法（即牛顿—拉夫逊法的简称，Newton - Raphson），该法无疑是最有效的解法，其优点是在解的某一邻域内，迭代过程具有二次收敛特性，这样使潮流计算不随网络规模而增加其迭代次数。20 世纪 60 年代初就有人提出了解潮流问题的牛顿法，但雅可比矩阵元素随母线数的平方增加，其因子分解计算量随母线数的立方而增长，在当时的计算机条件下难以实用。

1967 年，W. F. Tinney 提出了最优次序三角分解的稀疏矩阵技术，使直接解潮流修正方程组的计算量和雅可比矩阵因子表的元素量随系统规模接近线性增加，从而克服了牛顿法潮流的致命弱点，大大提高了计算速度，由此牛顿法登上了潮流舞台，至今仍是主流，基于牛顿法发展形成的快速分解法，不仅具有较好的收敛性，而且计算速度非常快，得到了广泛应用。

二、潮流计算问题的节点类型

（1）PQ 节点。这类节点给出的参数是该点的有功功率和无功功率（P，Q），待求量为该点的电压向量（V，θ）。通常将变电所母线作为 PQ 节点。当某些发电厂的出力 P、Q 给定时，也作为 PQ 节点。在潮流计算中，系统中的大部分节点都属于这类节点。

（2）PV 节点。这类节点给出的运行参数为该点的有功功率 P 及电压幅值 V，待求量是该点的无功功率 Q 及电压向量的角度 θ。这种节点在运行中往往要有一定可调节的无功电源，用以维持给定的电压值。因此，这种节点是系统中可以调节节点电压的母线，通常选择具有一定无功储备的发电厂母线作为 PV 节点。当变电所有无功补偿设备时，也可以作为 PV 节点处理。

（3）平衡节点。在潮流计算中，平衡节点只有一个。对这个节点，我们给定该点的电压幅值，并在计算中取该点的电压向量作为参考轴，相当于给定该点电压向量的角度为零度。因此，对这个节点给定的运行参数是 V 和 θ，故也称为 Vθ 节点。对平衡节点来说，待求量是该点的有功功率 P 及无功功率 Q，整个系统的功率平衡由这一节点来完成。平衡节点一般选择在调频发电厂母线比较合适，但在计算时也可以按照其他原则来选择，有时为了提高导纳法潮流程序的收敛性，选择出线最多的发电厂母线作为平衡节点。

根据网络拓扑特点以及发电机和负荷分布特点，为了提高潮流算法收敛性和稳定性，也可以设置多个平衡节点，以分摊网络中的不平衡功率。

三、潮流基本模型

电力系统中静止元件如变压器、输电线、并联电容器、电抗器等可以用 R、L、C 所组成的等值电路来模拟，由这些静止元件所连成的电力网在潮流计算中可以看作是线性网络，并用相应的导纳阵或阻抗矩阵来描述。因此，此线性网络部分，其节点电流与电压之间的关系可以通过节点方程来描述。

然而系统中的发电机和负荷提供的是注入功率，在潮流计算中发电机和负荷都作为非线性元件来处理，必须利用节点功率与电流之间的关系，建立非线性功率方程来求解潮流问题。

潮流方程即母线注入功率方程

$$P_i = U_i \sum_{j=1}^{j=n} U_j (G_{ij}\cos\delta_{ij} + B_{ij}\sin\delta_{ij}) \tag{5-6}$$

$$Q_i = U_i \sum_{j=1}^{j=n} U_j (G_{ij}\sin\delta_{ij} - B_{ij}\cos\delta_{ij}) \tag{5-7}$$

式中：n 为系统节点数；P_i、Q_i 为节点 i 的有功和无功注入；G_{ij}、B_{ij} 为节点 i 和 j 之间的互电导和互电纳；U_i、δ_i、U_j、δ_j 为节点电压的幅值和相角；δ_{ij} 为节点 i、j 之间的相角差。

潮流计算时，一般节点为 PQ 节点，其有功 P、无功 Q 为给定的，节点电压为待求量。另外，根据电力系统的实际运行情况，还设置 PV 节点及平衡节点。PV 节点的无功 Q 可在一定范围内调节，以维持电压幅值不变；平衡节点的有功 P 可以调节，以使得系统有功平衡，每个网络至少有一个平衡节点。但是，对 PV 节点，若其无功在计算中已经越限，则需要将其转换为 PQ 节点进行计算，即 PV－PQ 转换。

四、牛顿法潮流计算

牛顿法是解非线性方程式的有效方法。这个方法把非线性方程式的求解过程变成反复对相应的线性方程式的求解过程，通常称为逐次线性化过程，这是牛顿法的核心。其实现过程是在解的某一邻域内的某一初始点出发，沿着该点的一阶偏导数——雅可比矩阵方向，通过迭代计算，逐步向真解靠近，直到状态量修正量或功率不平衡达到收敛标准，即得到了非线性方程组的解，因为越靠近解，偏导数的方向越准，收敛速度也越快，所以牛顿法具有二阶收敛特性。

潮流方程的残差形式见式（5－8）和式（5－9）

$$\Delta P_i = P_i - U_i \sum_{j=1}^{j=n} U_j (G_{ij}\cos\delta_{ij} + B_{ij}\sin\delta_{ij}) \tag{5－8}$$

$$\Delta Q_i = Q_i - U_i \sum_{j=1}^{j=n} U_j (G_{ij}\sin\delta_{ij} + B_{ij}\cos\delta_{ij}) \tag{5－9}$$

对式（5－8）和式（5－9）进行泰勒级数展开，并取一次项，即可得到潮流计算的线性修正方程组，写成矩阵形式，见式（5－10）

$$\begin{bmatrix} \Delta P \\ \Delta Q \end{bmatrix} = \begin{bmatrix} \dfrac{\partial P}{\partial \theta} & \dfrac{\partial P}{\partial U} \\ \dfrac{\partial Q}{\partial \theta} & \dfrac{\partial Q}{\partial U} \end{bmatrix} \begin{bmatrix} \Delta \theta \\ \Delta U \end{bmatrix} \tag{5－10}$$

牛顿法包括极坐标形式和直角坐标形式，二者不影响算法收敛性和准确性，以上为极坐标形式，直角坐标在此不再赘述。

五、快速分解法潮流

快速分解潮流计算，通过解耦降低矩阵计算维数，通过雅可比矩阵常数化实现一次潮流计算中，仅需要一次因子分解，进而大大提高计算速度。

（1）有功无功解耦计算的实现，假设

$$\frac{\partial P}{\partial U} = 0 \tag{5－11}$$

$$\frac{\partial Q}{\partial \theta} = 0 \tag{5－12}$$

（2）雅可比矩阵常数化实现。

假设支路首末端相角差的正弦函数约等于 0，余弦函数约等于 1。

$$\sin\theta_{ij} \approx 0 \tag{5－13}$$

$$\cos\theta_{ij} \approx 1 \tag{5－14}$$

在高压输电网中，假设支路电阻远远小于支路电抗

$$\frac{R}{X} \ll 1 \tag{5-15}$$

通过以上简化处理，可以将极坐标形式的牛顿法转化为

$$\Delta P = B' \Delta \theta \tag{5-16}$$

$$\Delta Q = B'' \Delta U \tag{5-17}$$

其中，B' 系数矩阵常用 $-\dfrac{1}{x}$ 建立，并忽略所有接地支路，B'' 是导纳矩阵的虚部，不包括 PV 节点。

六、直流潮流

直流潮流算法用于快速计算电网有功潮流分布。给定节点注入有功功率 P_i，直流潮流利用式（5-18）计算节点电压相角 θ

$$B_0 \theta = P_i \tag{5-18}$$

式中：B_0 使用 $1/X$ 为支路导纳建立起来的 $N-1$ 阶节点导纳矩阵。计算出节点电压相角 θ 后，支路 (i, j) 的有功潮流就可以计算如下

$$P_{ij} = \frac{\theta_i - \theta_j}{x_{ij}} \tag{5-19}$$

直流潮流不需要迭代，计算速度快，在需要研究有功潮流分布的场合广泛应用。

七、功能特点

在计算机计算潮流之初，使用卡片、纸带和打印机与使用者交流信息，完全失去了直观感觉，目前潮流计算的实现都是通过高性能计算机编程实现，能够对大规模复杂电网进行快速分析计算。在应用计算机潮流之前，分析人员主要用交流计算台和直流计算台，他们属于物理模型系统，电力系统各元件按相似原理均有其对应的模拟元件，在这样系统上调整潮流有一种直观把握潮流的感觉，但是操作麻烦、计算规模受限，无法对大规模电网进行仿真分析。调度员潮流集计算机潮流计算软件和交流计算台的优点于一身，不仅能够实现对大规模复杂电网进行快速高效计算，而且能够像在交流计算台上直观、灵活多样地在单线图上调整运行方式，并快速触发计算，使调度员和规划人员能够快捷、方便地获得运行方式调整或电网发电、负荷变化下的潮流转移和电压分布情况。数据来源的多样化、灵活变化与修改运行方式的能力、良好的收敛性及辅助分析功能、形象而方便地检查、监视与调整结果的能力，所有这些技术综合起来形成了调度员潮流。

随着电网快速发展以及稳态分析理论和计算机技术的发展，电力系统调度自动化对调度员潮流的实用化要求的进一步提高，新问题和新技术不断交替出现，在交直流混联电网的潮流算法、含多端柔性直流输电的潮流算法、三相不对称潮流计算、考虑谐波影响的潮流计算、动态潮流计算、分布并行技术等方面，调度员潮流需要进一步完善，以适应调度自动化需求。

第四节　静态安全分析

静态安全分析功能模块用于评估电力系统中的某些元件（包括线路、变压器、发电机、负荷、母线等）或元件组合发生故障时，对电力系统安全运行可能产生的影响，计算可能引起系统元件越限的故障发生时系统的运行状态，对整个电网的安全水平进行评估，对电网安全运行可能构成威胁的故障，如线路过载、电压越限、系统解列和频率越限等进行警示，以评价这些故障对系统安全运行的影响。

一、静态安全分析的基本概念

电力系统的安全性就是保持不间断的供电，即不失去负荷。在实用中可以更确切地用正常供电情况下，能否保持潮流及电压幅值在允许限值范围内来表示。如果电力系统运行中不发生突然性故障或者其他预料之外的运行状况，也就是说系统中有足够的发电容量可以满足所有的用电需求，同时有足够坚强的输电网络将电力送至负荷端，那么安全问题当然无需考虑。然而，由于种种原因，电网中的任何元件都可能发生故障，比如遭受雷击，杆塔被冰雪压垮，保护整定错误等。当某一个或几个元件因为某种原因发生故障时，会改变功率的平衡并将部分负荷转移加载到其他元件上。如果这些原来正常工作的元件不能处理多分配的负荷就会引起新的故障和再一次的负荷重新分配，从而引发连锁的过负荷故障，并最终导致电网的大面积瘫痪和大规模停电事故。目前，为了充分挖掘系统的潜力，提高系统的运行效益，电力系统中不少设备运行在接近极限的状态，若初始故障发生在带有大量负荷的元件上时，其相邻元件不能处理这些负荷的可能性更大，也就更加容易引发连锁故障。当然，视负荷的重要程度，偶尔或个别的负荷供电中断，有时也是可以接受的。

实际上，现代电力系统的运行能够承受所有主要故障的冲击，但这并不能保证系统是百分之百安全可靠的。对系统安全性的分析，提高系统运行的安全性，就成为电力系统调度部门在调度过程中必须进行的一项重要工作。

对系统安全性的分析，涉及系统故障后的稳态行为和暂态行为，相应地安全分析也分为静态安全分析和动态安全分析两个领域。本节仅讨论电力系统的静态安全分析，考虑事故后稳态运行情况的安全性，研究系统中的元件开断是否引起支路有功潮流及母线电压越限，如果出现越限，就要采取相应的校正控制策略消除越限，保证系统的正常运行。

电力系统运行过程可以用一组大规模的非线性方程组和微分方程组以及不等式约束方程组来描述。其中微分方程组描述电力系统动态元件（如发电机和负荷）及其控制的规律，而非线性方程组用于描述电力网络的电气约束，不等式约束方程组用于描述系统运行的安全约束。其中稳态部分的数学模型可以用下面的等式约束条件和不等式约束条件来描述：

（1）系统中各节点的有功、无功功率的供需条件必须平衡，称之为功率平衡约束条

件或载荷约束条件，属于等式约束

$$g(x) = 0 \qquad (5-20)$$

式中：x 为状态变量，一般选择节点电压幅值和相角。

（2）在具有合格电能质量的条件下，有关设备的运行状态应处于其运行限值范围内，称之为运行约束条件，属于不等式约束

$$h(x) \leqslant 0 \qquad (5-21)$$

不等式约束主要分析节点电压幅值、支路有功潮流和支路无功潮流等是否在容许的范围内。

为了更好地分析电力系统静态安全分析的功能，通常引用下列四种状态来描述系统的运行条件：

1）安全正常状态（secure normal state）；

2）不安全正常状态（insecure normal state）；

3）紧急状态（emergency state）；

4）待恢复状态（restorative state）。

一般来说，电力系统如果在数量上和质量上，都满足了用户的用电需求，就可以认为系统处于正常的运行状态。具体来说，电力系统同时满足式（5-20）和式（5-21）的等式约束与不等式约束，则称系统处于正常运行状态。

正常运行的电力系统在经受了一个合理预想事故集中各个事故的扰动之后，如果仍然处于正常运行状态，即满足式（5-20）和式（5-21）的两类约束，则称该系统处于安全正常状态。事故集中的预想事故主要有两类，支路故障和发电机故障，包括单一元件故障和几个元件故障的组合，如开断任一条支路，同时开断两条支路或同时开断一条支路和一台发电机等。合理的预想事故集是系统全部可能的事故集的一个子集，这一集合的组成，取决于下一个短时间段（5~10min）内，各预想事故可能出现的概率以及各事故导致后果的严重程度。预想事故集中包含的扰动越多，对系统的安全性要求就越严格。如果无限制的考虑所有可能的事故集，就有可能找不到一个所谓安全的电力系统，或者要求很大的经济代价。

反之，如果合理预想事故集中有任意预想故障使得原本正常运行的电力系统，不再满足式（5-21）的运行约束条件，则称此系统处于不安全正常状态，也称为预警状态。此时，系统仍能满足全部的负荷需求，各节点电压和支路潮流也没有越限，但是系统的安全裕度已经大为降低，易在特定的扰动下发生设备的过载现象。处于不安全正常状态的电力系统，应及时采取预防控制措施，使系统转变为安全正常状态，防止系统进入紧急状态。

对于满足等式约束但不满足不等式约束的运行状态，称为紧急状态。这表示虽没有出现大面积用户停电，但运行参数已越限。若不采取措施，运行情况将会进一步恶化，甚至造成系统崩溃。紧急状态可以是静态的，如设备过负荷或节点电压越限，通常允许有一定的过负荷持续时间，这种状态一般可以通过校正控制使系统回到安全状态；也可以是动态的，如系统频率越限，发电机转子间的角度分开，其容忍时间只有几秒钟，相

应的紧急控制也不得超过 1s。

处于紧急状态的电力系统，如果不及时或来不及采取某些措施，就有可能使系统运行条件恶化，甚至导致整个系统的瓦解。这时，系统的某些个别部分可能处于正常状态，但另一些部分却可能出现同时违反等式和不等式约束条件的情况。此时，称系统处于待恢复状态。

系统的四种运行状态以及相应的安全控制措施的相互关系如图 5-2 所示。

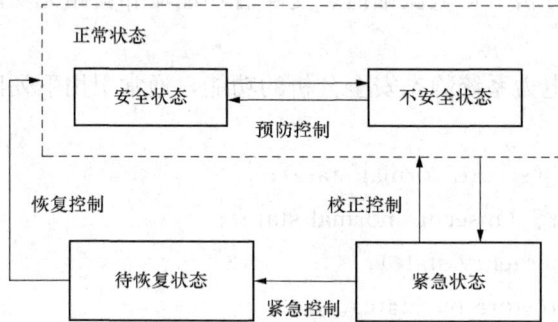

图 5-2 电力系统的四种运行状态及转换过程

目前紧急控制和恢复控制主要还是由调度员凭经验来做，通过计算机进行的主要是静态安全分析。

二、故障定义

前文已经提到，预想事故主要包括支路开断和发电机开断两类。这两类故障都会引起系统潮流的重新分配以及节点电压的变化。

调度人员需要知道哪些预想故障会引起潮流和电压的越限，这就需要进行安全分析的计算，而在安全分析计算之前，需要首先对预想故障进行定义。因为不可能对系统全部可能的事故集进行分析，所以故障定义的科学性是提高安全分析软件实用性的重要一步。

在早期的安全分析中，一般只进行 $N-1$ 扫描式的故障选择和分析，即分别开断系统的每个网络元件，计算其后的电网状态。这种机械地 $N-1$ 扫描方式在实用中由于效率过低而不受重视。随着电网规模的扩大和结构的变化，调度人员更重视的是多重故障分析，但若进行 $N-2$ 或 $N-3$ 扫描方式则计算量将按雪崩的方式扩展，在技术上是不现实的。

20 世纪 90 年代初出现了以预想故障集合方式代替 $N-1$ 扫描方式，其特点是能方便灵活地定义多重故障，因此是最实用的方式。预想故障集合是由有经验的调度人员和运行分析人员给出的，它包括各种可能的故障及其组合，并且可以规定监视元件及条件故障以自动产生复杂故障。运行中使用者可以激活感兴趣的故障组进行分析计算。

另外，稳控模型能模拟开断元件动作后，按电网实际规定必须执行的操作和措施。

静态安全分析在分析自动装置的动作情况时，自动将开断设备作为故障设备，来确定稳控装置的故障条件。在静态安全分析完成预想故障的分析计算后，根据系统初始断面潮流、开断前潮流、开断后潮流以及开断设备来判断是否满足稳控装置的动作条件，如果满足，则触发相应的动作策略，如切机、切负荷等，启动新的拓扑分析，在修改后的系统状态下，进行潮流计算，模拟系统的实际运行状况。

三、计算方法

在不具备网络分析能力的年代，电力系统安全措施主要是如何保证足够的旋转备用，而"足够"只是一个定性的概念，它为电力企业带来了沉重的经济负担。计算机潮流计算的发展为电力系统提供了网络安全分析能力，针对一个预想故障的潮流计算就是一次预想故障分析。

早期的安全分析一般采用交流潮流和直流潮流连续计算预想故障集合中各种故障，也就是依次分析预想故障集中的故障，得到故障后的潮流解并判定它对系统安全运行的影响。然而这种做法随着电力系统规模的扩大和预想故障数的增加而变得越来越不可能，到目前为止，安全分析的技术发展一直集中在如何减少分析的故障数和加快分析速度这两个关键点上。

静态安全分析属于实时在线应用，必须具备足够快的分析速度，才能给调度人员提供切实有效的帮助。为了实现这一目的，常采用下面三种方法：

（1）采用近似但非常快速的算法；

（2）选择重要的故障进行详细分析；

（3）利用多机、多核等并行计算技术提高计算速度。

近似快速的算法包括直流潮流方法、分布系数法等。这些方法可以得到每个故障的近似解，缺点是只能计算有功潮流，无法计算无功或电压幅值。

当需要提高精度，了解故障后的无功潮流和电压幅值时，就应当参与交流潮流计算的迭代求解，但计算时间会相应地增加，如支路开断模拟的补偿法和发电机开断模拟的计及系统频率特性的静态频率特性法。具体采用哪种方法进行取决于实际系统对计算精度和时间的要求。

目前安全分析算法一般分为两步：一是故障快速扫描（或故障筛选），快速判断出会对系统产生危害的故障，二是故障详细分析。故障扫描要求在不计算或少量计算的条件下，尽量准确地分析故障严重程度，希望不漏掉任何一个有危害的故障，又少处理无危害的故障。故障详细评估一般采用全潮流计算，但为了缩短时间也可以采用故障扫描中降低计算量和缩小计算规模的方法。

1. 故障快速扫描

故障快速扫描的算法一般分为间接法和直接法两种。间接法又称性能指标法或排队法。它利用某种性能指标（Performance Index）对故障严重程度排队，优点是快速，缺点是准确程度不高。直接法又称为筛选法，它求取故障后的近似潮流以评定其严重程度。近年来随着稀疏向量技术的日趋完善以及补偿法、快速前代和回代等算法的不断发展而逐步成熟。

故障扫描对速度要求高，常在实时潮流计算基础上，利用其中间结果和线性叠加原理，直接求出事故后的状态变量。

（1）支路开断模拟，包括直流法、分布系数法、补偿法以及灵敏度法等。

1）直流法最为简单快速，易于估算多重支路开断后的潮流，但结果不精确，且只能分析有功潮流。

2）补偿法是指当网络中出现支路开断时，可以认为该支路未被开断，而在其两端节点处引入某一待求电流增量（补偿电流），以此来模拟支路开断的影响。这样，就可以用原来的因子表来解算网络状态。补偿法可用于交流安全分析，但两条以上支路开断时就不具有速度优势了。

3）灵敏度法计算过程中的变量都是由正常潮流计算求出的，不必重新进行计算，所以计算速度较快，但精度较修改导纳阵后的常规潮流有所降低。

这里以一种基于直流模型和补偿法推导的分布系数法为例，介绍其应用过程。

根据高压电网（220kV 及以上输电网）的特性，经过假设和简化，得到直流潮流方程及其增量形式

$$P = B\theta \tag{5-22}$$
$$\Delta\theta = X\Delta P \tag{5-23}$$

式中：P 为节点注入功率列相量；θ 为节点电压相角列相量；B 为系数矩阵；X 为 B 的逆矩阵。

假设支路 k 故障，如果在其两端节点 n，m 分别增加虚拟电源 ΔP_n，ΔP_m，当注入的功率分别与从支路两端流出的功率相等时，系统的状态与支路断开后的状态是相同的，如图 5-3 所示。

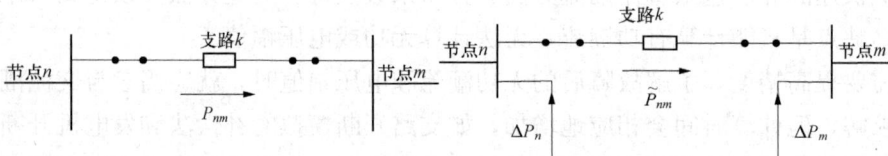

图 5-3　以注入功率等效线路故障

可以求得

$$\Delta P_n = \left[\cfrac{1}{1 - \cfrac{1}{x_k}(X_{nn} + X_{mm} - 2X_{nm})} \right] P_{nm} \tag{5-24}$$

设支路 l 两端节点分别为 i、j，在节点 n、m 分别注入 ΔP_n、ΔP_m 后，引起节点 i、j 的功率变化为

$$\Delta P_{ij} = \cfrac{\cfrac{x_k}{x_l}(X_{in} - X_{jn} - X_{im} + X_{jm})}{x_k - (X_{nn} + X_{mm} - 2X_{nm})} P_{nm} = d_{l,k} P_{nm} \tag{5-25}$$

$d_{l,k}$ 即为支路 k 开断对支路 l 的开断分布因子。单支路开断时的开断分布因子 $d_{l,k}$ 分母为零时，表示支路 k 开断时系统解列。系统解列是比较严重的故障，需要进行分岛

计算。

（2）发电机开断模拟，包括直流法、发电量转移分布系数法、广义发电量分布系数法以及计及系统频率变化的发电机开断模拟。

1）直流解法简单快速，但精度较差。

2）发电量转移分布系数描述了发电机有功变化量与支路潮流变化量间的关系。发电机开断要由平衡节点提供增量予以平衡，系统中发电量的不断变化，会给开断分析带来不便。

3）广义发电量分布系数法能在不同的系统发电水平下，求出因发电机开断而对各线路潮流所带来的影响。

4）计及系统频率变化的发电机开断模拟，考虑了因发电机有功功率的失去而由频率变化所致的影响，提高了计算精度，但相应地增加了计算用时。

这里以一种改进的发电量转移分布系数为例，简单介绍应用的过程。

发电量转移分布系数（generation shift distribution factor，GSDF）定义了由于发电机有功输出功率变化引起的支路潮流变化量。当节点 i 的发电机有功功率变化了 ΔP_i，引起的支路 l 潮流变化量为 Δf_l，则发电机输出功率转移分布因子 $a_{l,i}$ 为

$$a_{l,\,i}=\frac{\Delta f_l}{\Delta P_i}=\frac{1}{x_l}(X_{ni}-X_{mi}) \tag{5-26}$$

式中：X_{ni}，X_{mi} 为 X 矩阵中的元素；x_l 为支路 l 的电抗。

发电机开断时，要由平衡节点提供相应的增量予以平衡，多平衡机的发电量转移分布系数可以将不平衡功率分摊到多台机组。多个发电机功率同时变化时可采用叠加原理。假定节点 i 的机组开断后的损失量由系统的多个机组同时补偿，采用的方法是在剩下的所有机组中按照最大出力分配，因此，机组 j（$j\neq i$）的功率分配系数

$$\gamma_{ji}=\frac{P_j^{\max}}{\sum\limits_{k\neq i}^{k}P_k^{\max}} \tag{5-27}$$

式中：$P_k^{\max}$ 是机组 k 的最大有功出力。

此时，线路 l 的潮流

$$\tilde{f}_l=f_l^0+a_{l,\,i}\Delta P_i-\sum_{j\neq i}[a_{l,\,j}\gamma_{ji}\Delta P_i] \tag{5-28}$$

注意这个公式假设了没有机组出力达到最大值。在实际使用中，需要考虑机组出力限值。

2. 故障详细分析

在故障扫描过程中，筛选掉"无害"故障，保留了后果较严重的"有害"故障，对此要进行详细分析，以准确判别故障后系统潮流分布和危害程度。

实际上，需要详细分析的故障危险程度仍有差别，没有必要全部进行交流潮流分析。可进一步划分故障的性质，选择不同的潮流算法，如图5-4所示。

对于造成系统解列的故障及事先指定的故障，属于最严重的故障，通常进行全潮流

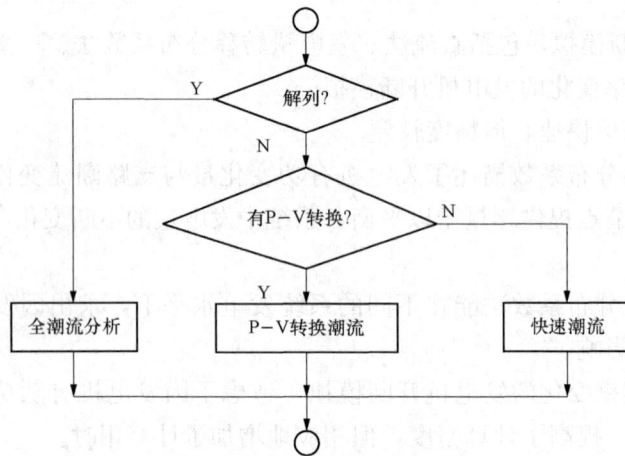

图 5-4 故障详细分析流程

分析，由网络结线分析开始、形成导纳矩阵、分解因子表及迭代修正解出完整的交流潮流。这样分析的精确度最高。

PV 转换潮流是指在实际系统中，某些故障（特别是发电机故障）可能会造成 P-V 母线维持不住规定电压的局面，这时需将 P-V 母线转换成 P-Q 母线，然后用一般潮流算法进行分析。

快速潮流方法中，如何避免完全重做因子分解以及利用子网潮流法减小计算范围是加快计算的关键。

（1）因子表修正法。大致有全部重新因子分解；补偿法修正；部分因子表修正 3种。全部重新因子化程序最为简单，但计算量太大而不可取；补偿法利用逆矩阵修改引理（IMML）由原来因子表解出新状态的解，这一方法更适合网络结构仅是暂时性修改，而且修改的多重数较小（小于 5）的情况，其计算速度也不是很快；部分因子表修正法利用稀疏向量技术仅对基态因子表作部分修改，计算量较小，适合用于故障分析。

常用的部分因子表修正方法有两种，一是直接对因子表进行修正，二是对因子表要改变部分的局部再分解。两种方法都可以大大提高网络方程修正计算的速度，得到了广泛应用，下面以因子表的局部再分解方法为例进行介绍。

快速分解法求解潮流的过程实际上就是用因子表中的元素对常数项向量运算的过程。从高斯消去过程可以看出，单个元件或少数几个元件的开断只影响到因子表的部分元素。在因子表分解过程中，当因子表中的某个元素发生变化时，仅影响因子表中相关行/列以下子矩阵中的部分行/列，部分重新因子化法充分利用了这一特点，避免了大量的不必要计算。

原网络矩阵 A 的因子分解写成分块矩阵形式

$$A = \begin{bmatrix} A_{11} & A_{12} \\ A_{21} & A_{22} \end{bmatrix} = \begin{bmatrix} L_{11} & 0 \\ L_{21} & L_{22} \end{bmatrix} \begin{bmatrix} D_{11} & 0 \\ 0 & D_{22} \end{bmatrix} \begin{bmatrix} U_{11} & U_{12} \\ 0 & U_{22} \end{bmatrix} \tag{5-29}$$

展开可得

$$A_{22} = L_{21} D_{11} U_{12} + L_{22} D_{22} U_{22} \qquad (5-30)$$

假设网络发生变化时，受影响的只是A_{22}，则变化后的网络矩阵可表示为

$$\widetilde{A} = A + \Delta A = \begin{bmatrix} A_{11} & A_{12} \\ A_{21} & \widetilde{A}_{22} \end{bmatrix} = \begin{bmatrix} L_{11} & 0 \\ L_{21} & \widetilde{L}_{22} \end{bmatrix} \begin{bmatrix} D_{11} & 0 \\ 0 & \widetilde{D}_{22} \end{bmatrix} \begin{bmatrix} U_{11} & U_{12} \\ 0 & \widetilde{U}_{22} \end{bmatrix} \qquad (5-31)$$

同理

$$\widetilde{A}_{22} = L_{21} D_{11} U_{12} + \widetilde{L}_{22} \widetilde{D}_{22} \widetilde{U}_{22} \qquad (5-32)$$

令$A'_{22} = L_{22} D_{22} U_{22}$，$\Delta A_{22} = \widetilde{A}_{22} - A_{22}$，$\widetilde{A}'_{22} = \widetilde{L}_{22} \widetilde{D}_{22} \widetilde{U}_{22}$。将式（5-32）与式（5-30）相减

$$\widetilde{A}'_{22} = A'_{22} + \Delta A_{22} \qquad (5-33)$$

于是，可以先利用原网络的因子表计算A'_{22}，然后加上导纳矩阵变化的部分ΔA_{22}，即可得到修正后的$\widetilde{A}'_{22}$，最后对$\widetilde{A}'_{22}$进行因子分解，就可以得到修正后的因子表$\widetilde{L}_{22}$、$\widetilde{D}_{22}$和$\widetilde{U}_{22}$。

（2）边界法。实际上，对大多数系统故障来说，故障的波及范围只是电网的一小部分，因此在进行潮流详细分析时，没有必要分析整个电网的潮流，仅分析某一子网的潮流就可以了。

边界法包括中心松弛法，自适应定界法等。这里介绍一种简单实用的定界方法。

以单一支路$k-m$开断故障为例，整个网络可以划分为3个子网络：N_1，N_2和N_3。其中N_1首先包含节点k和m，N_2和N_3分别为N_1的剩余子网和边界子网。

在直流模型下，可以推导，子网N_2内任意一条支路$p-q$两端节点的相角变化量均小于N_3边界节点相角变化量的最大值

$$|\Delta\theta_p - \Delta\theta_q| < |\Delta\theta_i - \Delta\theta_j| \qquad (5-34)$$

式中：i，j为N_3中的任意两个节点；$\Delta\theta_i$为N_3中最大；$\Delta\theta_j$为N_3中最小。

进一步

$$\Delta f_{pq}^{\max} x_{pq} = (\Delta\theta_p - \Delta\theta_q)^{\max} \qquad (5-35)$$

$$\Delta f_{pq} x_{pq} < |\Delta\theta_i - \Delta\theta_j| \qquad (5-36)$$

式中：$\Delta f_{pq}^{\max}$为支路$p-q$允许的最大潮流变化量。

于是可以做出如下判断：只要$|\Delta\theta_i - \Delta\theta_j|$小于$N_2$中任意支路的$\Delta f_{pq}^{\max} x_{pq}$，则认为$N_2$中的支路不会越限。如果此条件不满足，则需要扩展$N_1$子网，计算$N_3$中新的最大相角差$|\Delta\theta_i - \Delta\theta_j|$，并在新的$N_2$中重新检查上述条件是否满足，若满足，则子网的确定过程结束，只需计算$N_1 + N_3$子网即可。

应该指出，以上介绍的方法并没有严格的应用界限，如边界法既可以用于故障扫描，又可以用于故障的详细分析；补偿法也可以用于故障详细分析；因子表修正方法同样可用于故障扫描，提高精度，只是增加了计算时间，具体采用哪种方法还是取决于实际系统对计算精度和时间的要求。

第五节 灵 敏 度 分 析

灵敏度是利用系统中某些物理量的微分关系，来获得因变量对自变量敏感程度的方法。根据灵敏度大小，指导控制自变量的输入，达到控制因变量输出的目的。可根据灵敏度指标改善系统的安全性能，提高系统稳定裕度或经济性指标。

一、灵敏度分析的基本概念

针对系统的某一稳态断面，分析电网中发电机、负荷等功率发生微小变化时，线路功率、联络线功率、母线电压等状态量发生变化的情况，根据灵敏度分析结果，可调节发电机、负荷等可调变量的功率，达到控制线路功率、母线电压等状态量的目的。

灵敏度分析可以从状态估计或模型管理模块获取电网模型和参数进行实时计算，也可从状态估计或调度员潮流或 CASE 管理获取电网运行方式数据，运行方式可由用户设置，进行特定运行方式下的计算。灵敏度分析能够计算有功网损对机组有功出力的灵敏度（网损微增率）和罚因子、有功网损对机组无功出力的灵敏度、有功网损对负荷无功功率的灵敏度、有功网损对无功补偿装置的灵敏度，为电力系统有功经济运行，无功优化提供基本数据；能够计算支路有功对机组有功出力的灵敏度、支路无功对机组无功出力的灵敏度、支路有功对负荷有功功率的灵敏度、支路无功对负荷无功功率的灵敏度、支路无功对无功补偿装置的灵敏度，为系统的安全运行提供基础数据；能够计算母线电压对机组无功出力的灵敏度、母线电压对机端电压的灵敏度、母线电压对负荷无功功率的灵敏度、母线电压对无功补偿装置的灵敏度、母线电压对变压器抽头的灵敏度为电压控制提供控制依据；能够计算输电断面有功对机组有功出力的灵敏度、输电断面有功对负荷有功功率的灵敏度、支路有功功率对多机组多负荷有功联合调整的灵敏度、断面有功对多机组多负荷有功联合调整的灵敏度，为断面潮流控制、机组群功率控制提供决策依据，灵敏度分析结构示意图见图 5-5。

灵敏度计算与其他模块间的联系日益紧密，AGC、AVC、静态安全分析、可用输电能力计算、在线安全稳定分析与预警等应用都可从灵敏度应用获取各类灵敏度计算结果，也可调用灵敏度分析的内部函数进行二次开发。

灵敏度的计算方法包括摄动法和解析法。摄动法使自变量发生微小变化，计算变化后的潮流，获得系统新的运行状态，通过因变量和自变量增量的比值得到灵敏度；解析法利用潮流平衡方程和因变量与自变量之间的关系方程，对方程进行线性化处理，通过微分表达式对变量间的关系进行推导得到灵敏度。

摄动法由于借助于潮流计算，能够模拟系统运行的真实情况，可认为是灵敏度的"真实结果"，可以用来验证其他方法的正确性，但由于需要反复计算潮流，计算时间较长，该方法常用于对计算速度要求不高的离线计算。解析法则对功率方程做了线性化处理，某些情况下为提升计算速度对模型进行了简化，虽其计算结果不像摄动法那么准确，但也已满足调度控制领域实用化水平要求，由于其对模型的简化，其计算速度具有

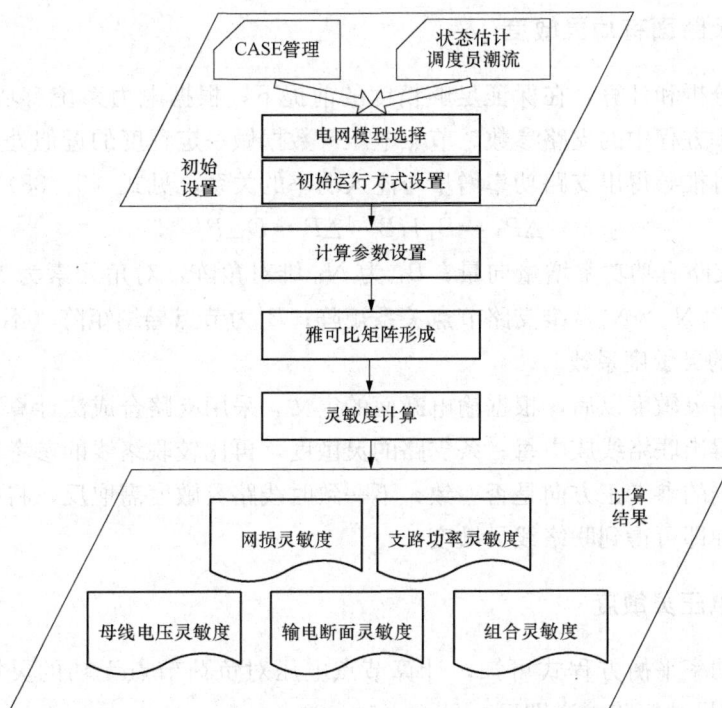

图 5-5　灵敏度分析结构示意图

明显优势，是应用最为广泛的计算方法。摄动法较容易理解，不需要推导公式，参考基本概念部分的内容就可理解各种灵敏度如何计算，以下仅介绍如何用解析法计算相关灵敏度，其中支路无功对机组、负荷无功及无功补偿装置的灵敏度由于应用较少，不再介绍。

二、有功网损对有功及无功的灵敏度

有功网损 P_{loss} 可表示为全网各节点注入功率 P_i 之和，注入功率可表示为网络状态变量角度 θ 与电压 U 的函数，因此有功网损与 θ、U 的关系见式（5-37），其中 n 为节点数，f_i 为功率方程。

$$P_{loss} = \sum_{i=1}^{n} P_i = \sum_{i=1}^{n} f_i(\theta, U) \tag{5-37}$$

假设有功增量仅影响角度，无功增量仅影响电压，平衡节点电压及角度为定值，通过网损对角度及网损对电压的关系方程，以及节点功率与角度和电压的关系方程联合推导可得到网损与有功和无功的灵敏度。有功网损对节点有功的灵敏度为雅可比矩阵中有功对角度的偏导数矩阵求逆转置后与网损对角度的偏导数向量相乘。有功网损对节点无功的灵敏度为雅可比矩阵中无功对电压的偏导数矩阵求逆转置后与网损对电压的偏导数向量相乘。

三、支路及断面有功灵敏度

为了便于分析和计算，在保证足够精度的前提下，根据电力系统有功功率的特点，对支路有功功率方程中的支路参数、节点电压等数据做一定程度的近似处理，即所谓的"直流假设"，可推导得出支路功率增量与注入功率的关系，见式（5-38）

$$\Delta P_b = B_b H B'^{-1} \Delta P = D \Delta P \tag{5-38}$$

式中：ΔP_b 为支路有功功率增量向量；B_b 为 N_b 维对角阵，对角元素为支路导纳；N_b 为支路数；H 为 $N_b \times N_{n-1}$ 维支路节点关系矩阵；B' 为节点导纳矩阵（不含平衡节点）；D 即为计算出的灵敏度系数。

在获得线路灵敏度以后，根据输电断面的定义，采用支路合成法计算联络线族灵敏度。即先计算得出联络线族中每一条支路的灵敏度，再比较联络线的参考正方向与线路灵敏度计算依据的参考正方向是否一致，不一致时线路灵敏度需取反，将处理后的各线路灵敏度值相加即可得到联络线灵敏度。

四、母线电压灵敏度

依据节点功率平衡方程式可知，计算节点电压对负荷节点无功的灵敏度，只需对 PQ 节点形成的导纳矩阵求逆即可，见式（5-39）。

$$\Delta U = -L^{-1} \Delta Q \tag{5-39}$$

求负荷节点电压对发电机节点无功的灵敏度，需将发电机节点设定为 PQ 节点增广至原始的潮流方程中，获得新的 PQ 节点修正方程式，进而求得负荷电压对发电机节点无功灵敏度

$$\Delta Q = \left[\frac{\partial \Delta Q_D}{\partial U_D^T}\right] \Delta U_D + \left[\frac{\partial \Delta Q_D}{\partial t^T}\right] \Delta t = 0 \tag{5-40}$$

负荷节点电压对变压器变比 t 的灵敏度，可依据式（5-40）解得。

第六节 短路电流计算

短路电流计算功能模块用于计算电网发生各种短路故障和断线故障后的故障电流、各支路电流和全网电压分布，对断路器的遮断容量进行校核，检查继电保护定值是否满足电网不同运行方式的需求，为设计规划选择电力设备提供参考。

一、短路电流计算的基本概念

短路电流计算模块主要用于计算电网在预定状态下发生各种类型的预定短路故障后的故障电流以及各个支路的电流和电压分布，并对开关的遮断容量进行校核，确定是否能满足电网不同运行方式的要求，为设计规划进行电力设备的选择提供参考。短路电流计算作为网络分析应用的功能模块之一，针对正常情况下三相对称运行的电力网络在发生各种短路和断线故障时出现的瞬时不对称运行状态进行分析计算；通过对电网各个节

点的短路故障进行扫描计算，得到电网各个开关的最大短路电流，并据此对开关遮断容量进行校核。

一种典型的短路电流计算模块结构如图 5-6 所示。短路电流计算用于模拟、研究用户指定的预想故障状态、故障位置和故障条件下电力系统行为，计算故障后各支路电流和母线电压，校核断路器的遮断容量。短路电流应用采用两种计算使用方式，包括实时态下执行的"母线扫描开关校核"方式和非实时态下执行的"故障设置分析计算"方式。前者是基于实时控制序列的方式来实现，能按可配置的指定时间周期获取最新的状态估计结果，对电网所有母线发生三相或单相短路故障的情况进行逐个扫描计算，并用计算得到的母线短路电流来对其关联开关的遮断容量进行校核，从而实现对电网所有重要开关短路时遮断容量校核的过程；后者表示在确定的电网模型和断面数据下进行人工设置故障——可以是多点、多类型的多重故障，然后启动对故障情况下的电网计算，并对计算得到的节点电压和支路电流情况进行分析的过程。对设置的各种故障计算短路电流和短路容量。在未来方式下，短路电流计算软件还可以用来研究电网规划状态下的短路电流情况，为电网建设提供重要的参考依据。

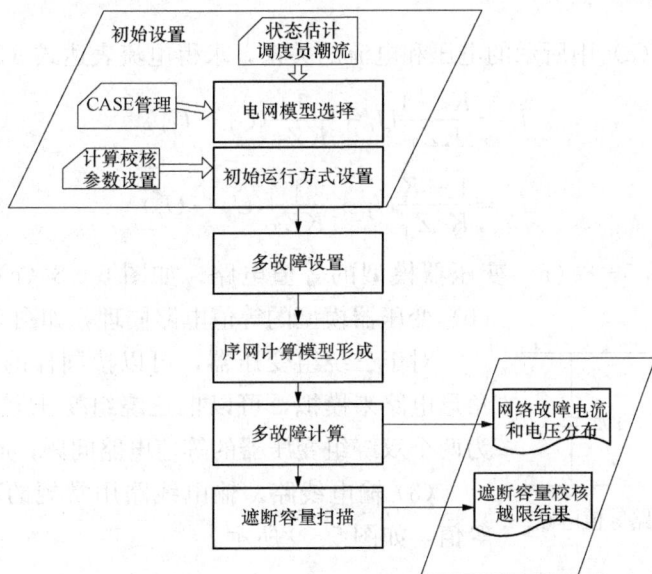

图 5-6　短路电流计算模块结构示意图

二、元件的模拟等值电路

（1）发电机。由于一般情况下发电机的电阻小于其电抗的 0.05 倍，即 $R < 0.05X$，所以在实际计算中，可以不计电阻的影响，并假设发电机的电势标幺值为 1.0（即为额定值），这样发电机就可等值为如图 5-7 所示的等值电路。

（2）变压器。对于双绕组变压器，在不计变压器励磁回路的情况下，一台实际的变压器可以用其漏抗串联一台无损耗的理想变压

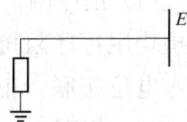

图 5-7　发电机的等值电路

器来模拟，如图5-8（a）、（b）所示。其中（a）、（c）为接入理想变压器阻抗归算到低压侧的情况，（b）、（d）为接入理想变压器阻抗归算到高压侧的情况。

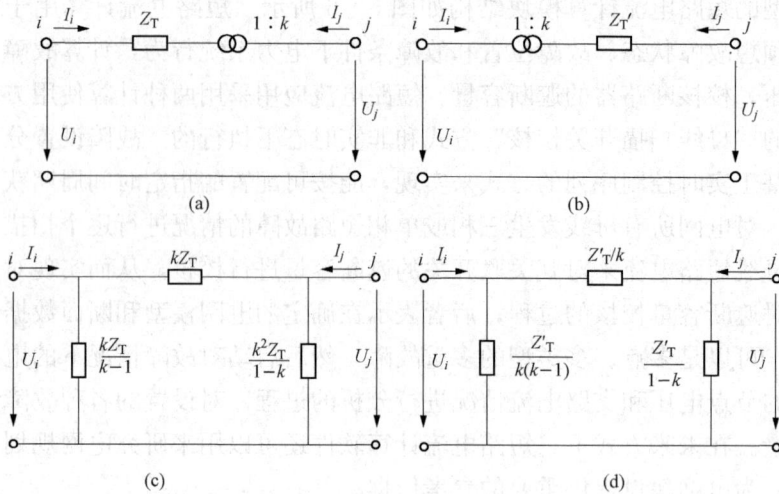

图5-8 变压器的等值电路

根据图5-8（a）中所示的电压和电流的关系，求得电流表达式（5-41）如下

$$\dot{I}_i = \frac{K-1}{KZ_T}\dot{U}_i + \frac{1}{KZ_T}(\dot{U}_i - \dot{U}_j)$$

$$\dot{I}_j = \frac{1-K}{K^2 Z_T}\dot{U}_j + \frac{1}{KZ_T}(\dot{U}_j - \dot{U}_i)$$

$$(5-41)$$

由此式可得图5-8（a）变压器模型的等值电路，如图5-8（c）所示。图5-8（b）变压器模型的等值电路同理，如图5-8（d）所示。

对于三绕组变压器，可以按同样的原理以星形或三角形电路来模拟，可以把三绕组变压器的等值电路转变为两个双绕组变压器的等值电路问题，此处不再赘述。

（3）输电线路。输电线路用常规的π型等值电路来等值，如图5-9所示。

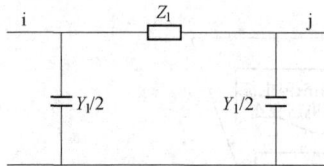

图5-9 输电线路等值电路

三、序网模型的形成

实际电力系统中的短路故障大多是不对称的，序网模型是不对称故障分析计算的基础，基于对称分量法将三相电量分解成三序电量，将每个元件的三序等值电路分别连接即构成三序网络。

（1）正序网。正序网络通常用以计算三相电路的网络，流过正序电流的全部元件的阻抗均用正序阻抗表示。但在不对称短路时，短路点的电压不等于零，所以短路点不能与零电位相联。正序电势就是发电机电势。

（2）负序网。负序电流在网络中流经的元件与正序电流完全相同。因此，组成负序网络的元件与组成正序网络的元件也完全相同，只是各元件的阻抗要用负序参数表示。

其中发电机及各种旋转电机的负序阻抗与正序阻抗不同，而其他静止元件的负序阻抗均等于正序阻抗值。发电机的负序电势等于零。

（3）零序网。在零序网络中，发电机的电势等于零。同时由于发电机及负荷一般经过三角形接法的变压器与系统相连，所以在系统发生不对称故障时，零序电流不流经发电机及负荷，因此一般短路电流计算时零序网络中不包括发电机及负荷。零序电流实际上是一个流经三相电路的单相电流，经过地或与地连接的其他导体（如地线、电缆包皮），再返回三相电路中，它所流经的路径与正序电流所流经的路径截然不同。在形成零序网络时，只能把有零序电流流过的元件包含进来，而不流过零序电流的元件则应当舍去。

四、模型和算法

电力系统发生故障的瞬间，其网络方程为

$$Y^{(f)}U^{(f)}=I^{(f)} \tag{5-42}$$

式中：$U^{(f)}$ 为故障时网络节点的三序电压列向量；$I^{(f)}$ 为故障时网络节点的三序注入电流列向量；$Y^{(f)}$ 为故障时网络节点的三序导纳矩阵。

由于故障瞬间发电机的次暂态电势 E'' 不能发生突变，其等值电流源的电流 I''_G 也不能突变，所以故障时网络节点三序注入电流 $I^{(f)}$ 等于故障前网络节点三序注入电流 $I^{(0)}$，即：$I^{(f)}=I^{(0)}$。由于导纳矩阵具有可叠加性，所以故障时网络节点三序导纳矩阵 $Y^{(f)}$ 可以由正常三序导纳矩阵 $Y^{(0)}$ 和故障修改导纳矩阵 $\Delta Y^{(f)}$ 叠加而成

$$Y^{(f)}=Y^{(0)}+\sum_{k=1}^{n_f}\Delta Y_k^{(f)} \tag{5-43}$$

式中：n_f 为故障重数。每重故障都可以找到一个修改导纳矩阵 $\Delta Y^{(f)}$。修改导纳矩阵 $\Delta Y^{(f)}$ 取决于故障地点和故障类型。

式（5-42）是一组线性方程。若系数矩阵 $Y^{(f)}$ 和常数项 $I^{(f)}$ 已知，解方程就可以求得网络节点三序电压 $U^{(f)}$，由各节点的三序电压和各支路的三序阻抗就可以计算出各支路的三序电流，从而可以计算出各节点的三相电压和各支路的三相电流。这种故障的计算方法，关键在于计算修改导纳矩阵 $\Delta Y^{(f)}$，因此称为修改导纳矩阵法。

求解方法：可以将式（5-42）线性方程组中的系数矩阵即导纳矩阵预先进行三角分解形成因子表，然后只需进行前代和回代运算即可求出各节点的三序电压。

第七节　可用输电能力

可用输电能力功能模块用于计算实时和未来一段时间的基态或 $N-1$ 条件下区域联络线、大电厂出线断面、重要线路或断面的有功潮流及其输送能力。

一、可用输电能力的基本概念

可用输电能力（available transfer capability，ATC）用来评估实时和未来一段时间电网的额外输电能力。因此，ATC 的计算值需要按要求的时间进行更新。根据对网络

输电能力预测时间的长短，ATC 的计算分为在线计算和离线计算。

一般来说，预测时间愈长，不确定因素对 ATC 的影响越大。为了保证 ATC 的计算值在商业应用可接受的范围内，同时减少计算量和节约计算时间，离线 ATC 计算一般采用概率性模型，在线 ATC 计算时一般采用确定性模型。

在线 ATC 计算在特定的电网状态下，根据网络参数、发电机出力变化范围、负荷功率变化范围、各类安全约束和灵敏度，在线计算区域间在某种负荷增长模式下的最大可用输电能力；形成以某一区域间安全条件下最大输电为目标的优化模型，通过快速的优化计算，得到当前网络状态下区域间最大输电能力所对应的发电机出力调整策略。充分利用现有电网资源，在确保安全的基础上提高联络线断面的电力传输能力。

可用输电能力功能结构示意图如图 5－10 所示。

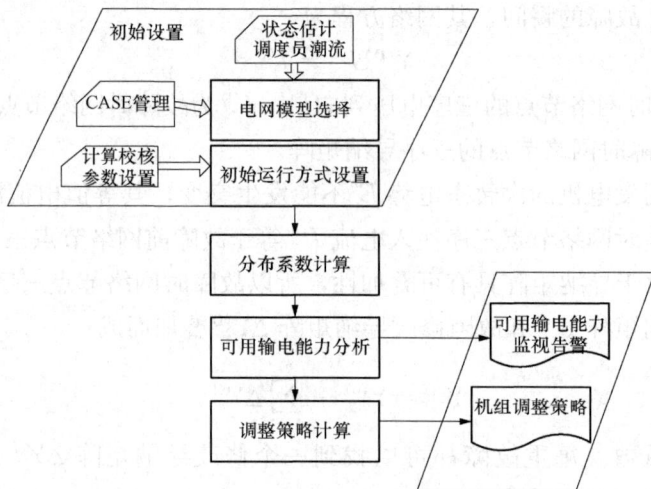

图 5－10　可用输电能力结构示意图

可用输电能力根据系统运行数据、网络拓扑结构、设备参数、发电机约束、支路和断面约束等，计算在基态和 $N-1$ 条件下，某种负荷增长模式下的联络线、大电厂出线断面、重要线路或断面的有功潮流及输送能力。根据网络参数、发电机出力变化范围、负荷功率变化范围、各类安全约束和灵敏度，在线计算区域间在某种负荷增长模式下的最大可用输电能力；得到当前网络状态下区域间最大输电能力所对应的发电机出力调整策略。充分利用现有电网资源，在确保安全的基础上提高联络线断面的电力传输能力，为电网调度的经济运行提供可靠的辅助策略。

二、可用输电能力算法

对于电力系统可用输电能力的研究主要从以下三个方向展开：实用化的模型，计算速度，不确定性因素的考虑。

随着电力系统发展的需要和计算技术软、硬件水平的提高，ATC 的研究逐步采用更加实用化的数学模型。传统的 ATC 计算仅仅考虑线路热稳定极限和节点电压上下限，随后逐步增加电压稳定约束、暂态稳定约束以及小扰动稳定约束。考虑电压稳定约束的

ATC 计算一般采用潮流轨迹算法（包括重复潮流、连续潮流）或者稳定约束的最优潮流（stability-constrained optimal powerflow，SCOPF）算法。ATC 的计算依赖于许多因素：发电机和输电设备的工作状态、基本运行条件（经济调度，故障后恢复措施等）、ATC 的源节点和汇节点的位置、负荷水平等。实际运行中这些因素都具有相当的不确定性，概率 ATC 研究正逐步计及越来越多的不确定性因素，所求得的 ATC 概率密度函数更加接近实际情况。随着电力系统互联和电力市场的进一步发展，人们对可用输电能力 ATC 的研究将不断深入，一方面，ATC 计算模型将更加接近系统实际运行情况，包括负荷模型的完善、各种安全稳定约束的考虑以及大量不确定性因素的计及等；另一方面，在保证 ATC 计算精度的前提下，计算速度的提高是 ATC 能够在线应用的保障，各种近似简化模型的采用、新数学方法的引入以及并行计算方法的发展都将使得 ATC 计算的准确性与快速性达到新的平衡。

（1）基于确定性模型的在线 ATC 算法。主要包括线性规划法、连续潮流法（CPF）、最优潮流法（OPF）、分布系数法、遗传算法。另外也可以利用在线系统传输容量估测软件包（TRACE），该软件包是美国电科院（EPRI）组织并联合一线电力公司于 1996 年后期开发出来的，它也是第一个可用于实际系统的 ATC 应用软件。该软件包根据网络分析应用的实时状态估计数据计算给定路径上的 ATC 和 TTC（系统在满足各种安全性与可靠性要求下的输电能力），以优化系统中的电能交易。软件中内嵌的预想故障快速捕捉程序具有识别紧急预想故障的能力，因此非常适合在线 ATC 的计算。

（2）基于概率性模型的 ATC 算法。离线 ATC 计算中，需要考虑数目庞大的不确定因素，若逐一地考虑不确定因素的影响，计算时间难以满足实时系统应用的要求。因此，一般基于概率性模型研究离线 ATC 的计算。目前主要有三种算法：

1）随机规划法：考虑了 3 种不确定性因素，发电机故障、输电线路故障、负荷预测误差。前两种不确定性因素是服从两点分布的随机变量，负荷预测误差是服从正态分布的随机变量。计算 ATC 时，首先用带补偿的两阶段随机规划算法（two-stage stochastic programming with recourse，SPR）将离散变量连续化；然后基于 SPR 的计算结果，用机会约束规划（chance constrained programming，CCP）处理连续变量，求得概率意义下的 ATC。该方法涉及了概率潮流的计算、离散变量和连续变量的处理，计算速度不够理想。

2）枚举法：将系统状态枚举和优化算法结合计算 ATC。由于枚举法的指数时间特性使得这类方法无法用于大系统的 ATC 研究。

3）蒙特卡罗模拟法：这类算法是将蒙特卡罗模拟法和优化算法结合求解 ATC，是对枚举法的改进。蒙特卡罗模拟法能方便地处理电网中数目庞大的不确定性因素，且计算时间不随系统规模或网络连接复杂程度的增加而急剧增加，因此该算法非常适合大系统离线 ATC 的研究。

第八节 在线外网等值

在线外网等值功能模块实现上下级调度之间的联合网络等值，上级调度实现各下级调度的外部网络的在线静态等值，下级调度支持外网等值模型的接入及处理。

一、在线外网等值的基本概念

在线外网等值（online external-network equivalence，OE-NETEQ）可以化简大规模的互联网络，保留分析人员关心的网络部分；同时，在线外网等值使上级调度可以为下级调度生成更准确的边界等值模型。在网络分析应用中，外部网络的实时信息一般不传送到本地系统，但实际上，外部系统的状态对内部系统的分析有重要影响。因此，将由上级电网生成的外网等值模型接入下级电网，可以使下级网络分析应用计及外部系统的影响。在线外网等值结构示意图见图 5-11，主要包括两方面功能：上级调度生成外网等值模型和下发，下级调度接收外网等值模型和进行模型拼接。

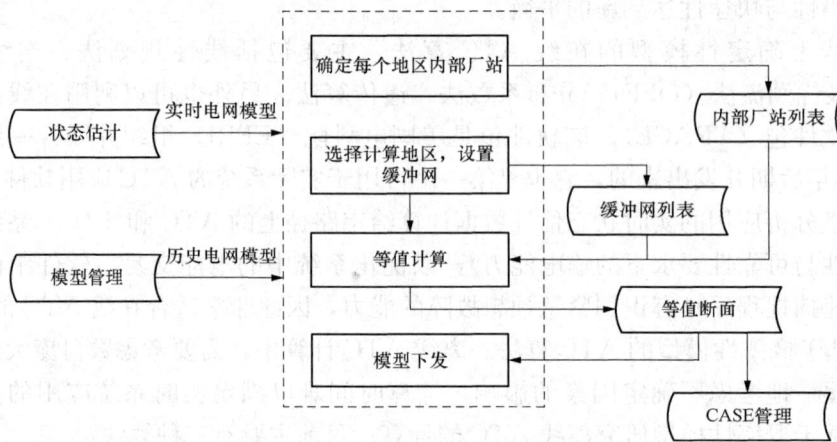

图 5-11　在线外网等值结构示意图

通过外网等值，上级调度根据相对完整的互联电网建模，利用在线外网等值功能为下级调度生成并下发外网等值模型，为下级调度运行分析提供更准确的边界等值模型和运行方式数据。下级调度支持外网等值模型的接入及处理，采用外网等值模型拼接，可以使下级调度中心各高级应用分析计算时计及外部系统影响，这对调度工程师分析边界电网潮流转移有着重要的意义。

二、确定网络边界

（1）网络边界划分。网络设备分类如图 5-12 所示。研究区域是指用户关心的网络部分，网络等值前后内部系统不发生变化。外部区域是指用户不关心的网络部分，可以对其进行网络化简，外部区域包括缓冲网络、边界母线和外部系统，外部系统在等值后将从系统中消除。缓冲网络主要是指与内部厂站电气距离较近、其厂站内的扰动对内部厂站影响较大的部分厂站。在等值计算过程中，将缓冲厂站作为内部厂站处理，保留其详细的网络结构，不做等值；将内部厂站和缓冲厂站以外的厂站做等值处理。保留缓冲厂站的优点是能更详细地模拟外部网络对内部系统扰动的响应。

（2）缓冲区的搜索技术。采用广度优先搜索算法，以厂站为单位，若某个外部或边

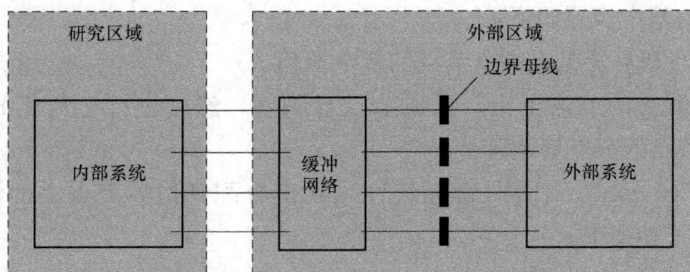

图 5-12 网络设备分类示意图

界厂站与内部厂站之间有通过线路相连时，则将该厂站纳入缓冲厂站。将以上缓冲厂站定义为一级缓冲。在一级缓冲的基础上再一次搜索缓冲厂站，得到二级缓冲，以此类推可以得到多级缓冲厂站。

三、Ward 等值

在迄今发展的各种计算外网等值的算法中，大体分为拓扑法和非拓扑法两类。非拓扑法又称识别法，它只要求内部系统的实时测量数据，就能估计出外部等值。但这一方法要求在识别周期内，假定外部系统处于静态状态，如果发生较显著的负荷变化或线路开合，原则上就要重新处理，从而限制了它的应用，所以目前的趋势大多致力于拓扑法的发展研究，在众多的拓扑算法中，Ward 等值方法最为成熟，在实际中的应用也最为广泛。

对于线性系统来说，Ward 等值是一种严格的等值方法。

设互联系统可以用一组线性方程式描述，采用节点电压法可列为式（5-44）。

$$[Y][\dot{U}] = [\dot{I}] \tag{5-44}$$

根据网络边界的划分，电网节点分为三类：

（1）子集 $\{I\}$ 为内部系统的节点集合；

（2）子集 $\{B\}$ 为边界系统的节点集合；

（3）子集 $\{E\}$ 为外部系统的节点集合。

前两者也就是互联系统中拟保留的节点集合，而后者则是拟消去的节点集合，于是式（5-44）可写成分块矩阵的形式，见式（5-45）。

$$\begin{pmatrix} Y_{EE} & Y_{EB} & 0 \\ Y_{BE} & Y_{BB} & Y_{BI} \\ 0 & Y_{IB} & Y_{II} \end{pmatrix} \begin{pmatrix} \dot{U}_E \\ \dot{U}_B \\ \dot{U}_I \end{pmatrix} = \begin{pmatrix} \dot{I}_E \\ \dot{I}_B \\ \dot{I}_I \end{pmatrix} \tag{5-45}$$

消去外部系统的节点子集，就等价于消去式（5-45）中的变量 $[\dot{U}_E]$。

如果全网是在某一基本情况下进行等值，由于已知该情况下的初始电压，则外部系统注入功率分配到边界节点上的注入功率增量 $\Delta\dot{S}$ 可通过式（5-46）计算求得。

$$\Delta\dot{S} = (\mathrm{diag}[\overset{*}{\dot{U}}_B])[Y_{BE}][Y_{EE}]^{-1}\left[\left(\frac{\dot{S}_E}{\dot{U}_E}\right)^{*}\right] \tag{5-46}$$

Ward 等值的基本步骤如下：

（1）确定全网基本情况下各个节点的复电压值。

（2）确定拟消去的节点子集，形成节点导纳阵，然后进行三角化简（Gauss 消去法），得到边界节点的节点导纳阵。

（3）根据式（5-46）计算外部系统注入功率分配到边界节点上的注入功率增量，加到边界节点注入功率上。

第九节 安全约束调度

安全约束调度功能模块能够通过调整发电机功率，达到解除或预防网络中的线路或联络线断面越限，保障系统安全运行的目的。

一、安全约束调度的基本概念

电力系统的主要运行目标，就是在安全经济的条件下，不间断地满足用户的电力供应。对在正常状态下的电力系统进行静态安全分析，只要有一个预想事故使得系统不满足运行不等式约束条件，如发生电压越限、电流越限等情况，就称该系统处于不安全正常状态，那么，下一步就是要确定：应当采取怎样的措施才能使系统恢复到正常的安全状态。这就是所谓的安全约束最优化中的一个问题。这个问题的基本任务，就是在满足某一个最优目标下，通过系统可控变量的再安排来移去潜在的约束的违限现象，通常也称之为预防性再安排或预防控制。

安全约束调度功能结构示意图如图 5-13 所示。安全约束调度从静态安全分析、状态估计、调度员潮流获取电网模型和参数，并根据用户设定的运行方式进行计算；能够在系统出现线路电流或联络线传输功率越限的情况下进行发电出力的调整，消除越限，能够在系统出现线路电流或联络线传输功率重载的情况下进行发电机出力的调整，预防越限；能够由用户设定目标函数、可控变量、约束条件，灵活控制优化模式，适应实时调度分析，研究性调度分析等各种工作方式；能够提供操作便捷的查询界面，查询调整前后的潮流结果，调整策略，越限或重载的支路或断面灵敏度结果等丰富的信息；能够设定安全约束调度功能与 AGC 是否闭环，闭环模式下可自动获取最新的断面信息及AGC 机组信息，以 AGC 机组限值作为控制变量限值，形成控制策略发送给 AGC。

二、安全约束调度运行模式

安全约束调度包括实时模式和研究模式两种，既可以独立使用，也可以包括在别的应用软件中使用。

（1）实时安全约束调度，分为实时安全约束调度（控制）和预防性安全约束调度（控制）两种应用方式。

实时安全约束调度过程如图 5-14 所示，当状态估计监测到有支路过负荷时启动实时约束调度，它计算出新的机组出力分配方案送到发电控制软件执行，以解除当时的

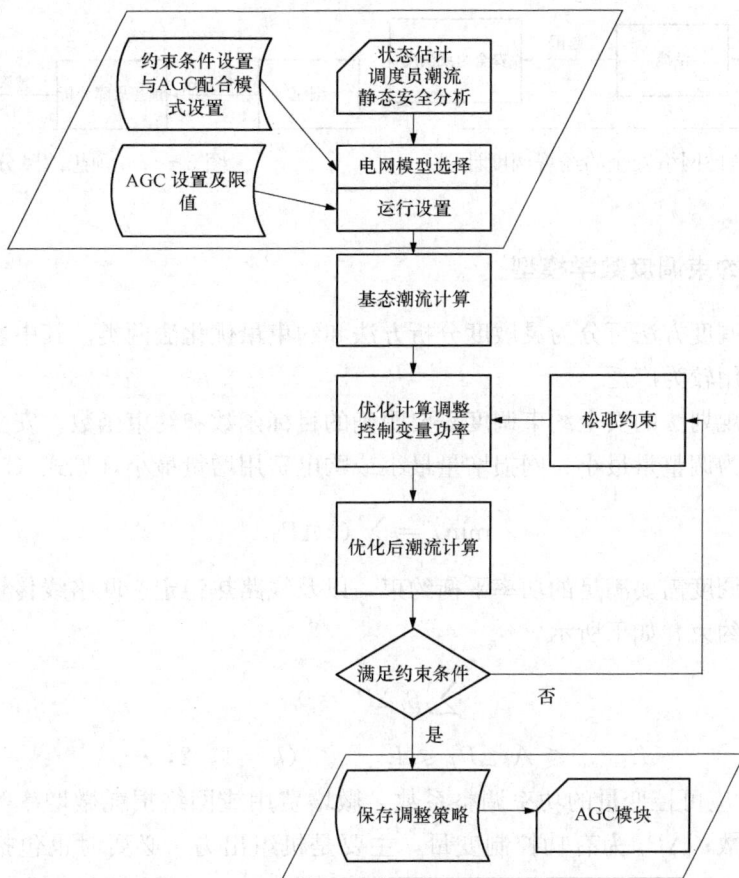

图 5－13　安全约束调度功能结构示意图

越限。

　　预防性安全约束调度过程如图 5－15 所示。状态估计未监视到有支路越限，但进行实时预想故障分析中发现有越限，此时调用安全约束调度提出预防性安全措施，通过发电控制使电力系统由警戒状态恢复到正常状态。

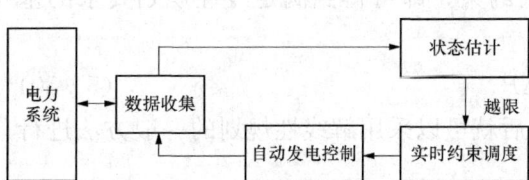

图 5－14　实时安全约束调度

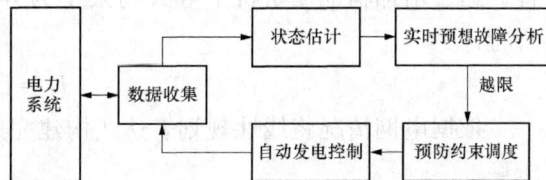

图 5－15　预防性安全约束调度

　　（2）研究型安全约束调度，主要应用于编制安全经济调度计划、分析未来运行方式和培训调度员等多种应用场合。编制安全约束调度的过程如图 5－16 所示。

　　分析未来运行方式的过程如图 5－17 所示，在对未来某一假想运行方式进行预想故障分析中出现越限时，可调用安全约束调度软件，校验是否有解除措施。

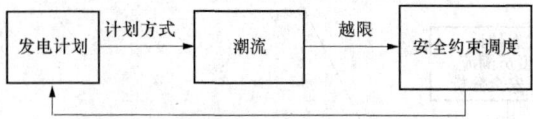

图 5-16　考虑网络安全的经济调度计划　　　　图 5-17　预想故障分析

三、安全约束调度数学模型

安全约束调度方法可分为灵敏度分析方法和约束最优化法两类。其中基于灵敏度的线性规划法应用较为广泛。

采用线性规划法的安全约束调度需要明确的目标函数和约束函数。安全约束调度的目标函数一般为调整量最小、网损增量最小或购电费用增量最小，见式（5-47）。

$$\min f = \sum_{i=1}^{m} C_i \Delta P_i \tag{5-47}$$

安全约束调度需要满足的功率平衡约束，以及线路热稳定、联络线传输功率、控制变量等不等式约束，如下所示

$$\sum_{i=1}^{m} \beta_i \Delta P_i = 0 \tag{5-48}$$

$$L_{k,\min} \leqslant A_k \Delta P_i \leqslant L_{k,\max} \quad (k=1, 2, \cdots) \tag{5-49}$$

式中：C_i 为对应可控变量的功率调整系数、微增费用或网络损耗微增率等各种与控制目标相关的系数；ΔP_i 为有功控制变量，主要是机组出力，必要时也包括负荷；β_i 为对应控制变量的网损修正因子，不考虑网损变化时 $\beta_i = 1$，考虑网损变化时 $\beta_i = 1 - C_i$；A_k 为灵敏度矩阵，其中反映支路电流约束的行向量为支路有功对控制变量灵敏度向量，反映联络线约束的行向量为联络线有功对控制变量灵敏度向量，或者为单位向量反应控制变量的变化范围；L 为限值，包括支路有功限值，联络线有功限值，控制变量限值。

利用线性规划求解时，不等式约束需要通过潮流情况分析进行化简，比如选取重载和越限线路、联络线作为约束方程，其中联络线约束取最有约束力的一端作为约束条件。通过增加辅助变量将不等式约束变为等式约束，即可得到满足线性规划要求的基方程。

$$L = B \Delta P \tag{5-50}$$

依据电网情况将线性规划表达式构建完成后就可以采用解线性规划的一般方法进行求解。

第十节　总　结　与　展　望

网络分析经历了几十年的发展，无论从理论研究和实际应用方面，都取得了丰硕的成果，积累了丰富的经验，随着智能电网调度控制系统的研发、示范应用以及推广，目前网络分析包括网络拓扑分析、状态估计、调度员潮流、静态安全分析、灵敏度分析、

短路电流计算、可用输电能力、在线外网等值和安全约束调度 9 个应用功能，为电网控制、暂态稳定分析、调度计划、调度运行辅助决策等应用提供准确的电网模型、实时潮流以及故障分析、灵敏度等在线分析结果，以便实现电网智能调控，提高电网运行的安全性和经济性。

随着特高压交直流建设、大量分布式新能源接入，PMU、多端柔性直流以及新型电力电子设备投运，计算机硬件和软件技术的快速发展，在线网络分析在建模、稳定性、计算精度和计算速度等方面都需要进一步提升完善，甚至研发新的应用功能。如，随着特高压的快速建设和发展，研究专门针对特高压交直流输电线路的在线分析技术，研究考虑多端柔性直流输电和分布式新能源接入的在线网络分析关键技术，研究引入PMU 量测的广域在线网络分析技术，基于精细化建模开展适用于未来电网的精细化在线网络分析研究工作，研究考虑时间维度的在线网络分析相关理论，另外随着计算机技术的发展，基于高性能网络硬件引入分布并行、云计算等技术，全面提升在线网络分析各应用计算速度，以满足智能调控实用化需求。

参 考 文 献

[1] 于尔铿，刘广一，周京阳，等. 能量管理系统（EMS）［M］. 北京：科学出版社，2001.

[2] F. C. Schweppe, J. Wildes, D. B. Rom. Power System Static – State Estimation, Part I – III IEEE Trans, PAS Vol 89 pp. 120 – 135，1970.

[3] 于尔铿. 电力系统状态估计［M］. 北京：水利水电出版社，1985.

[4] 李强. 基于 PMU 量测的电力系统状态估计研究［D］. 北京：中国电力科学研究院，2005.

[5] 陈珩. 电力系统稳态分析（第三版）［M］. 北京：中国电力出版社，2007.

[6] 张伯明，陈寿孙，严正. 高等电力网络分析（第 2 版）［M］. 北京：清华大学出版社，2007.

[7] 相年德，王世缨，于尔铿. 电力系统状态估计中的不良数据估计识别法　第一部分：理论和方法［J］. 清华大学学报（自然科学版），1979，04：1 – 19.

[8] 于尔铿，相年德，王世缨. 电力系统状态估计中的不良数据估计识别法　第二部分：检测系统［J］. 清华大学学报（自然科学版），1980，01：1 – 15.

第 六 章

预 测 技 术

预测技术是指对历史数据和各种相关因素进行定量分析，应用多种预测方法，实现对未来一定周期内的预测对象走势的精确预测。电网的科学调度离不开对未来状态的准确把握，我们需要依据水库来水情况制订水电计划，参考负荷预测制订检修计划，依据负荷预测和新能源发电预测制订发电机组启停和出力计划。本章所述的预测技术主要包括短期系统负荷预测、短期母线负荷预测、超短期系统负荷预测、超短期母线负荷预测和新能源发电能力预测等。

第一节 预测技术分类

预测是计划编制和调度决策的基础，科学的预测是提高调度精益化的保障。电力调度的主要工作是合理制订设备检修和运行计划、编制机组未来启停与出力计划，确保电力系统发用电平衡和电网安全经济运行，这些工作都依赖于对电力负荷、新能源和水库来水等对象的精确预测。

水库来水预测是在对历史和实时水文气象要素进行分析比对的基础上，结合气象因素的影响，提出多种数值预报方法，实现对水库来水的未来趋势和过程的预报，可分为洪水预报、日径流预报和中长期来水预报。水库来水预测将向水电调度提供各预测周期的入库流量预测结果。

短期系统负荷预测应能够对历史负荷和各种相关因素进行定量分析，找出历史负荷变化规律，量化分析负荷与气象等外界影响因素的关联关系，提出多种负荷预测方法，实现对次日至未来多日每时段系统负荷的预测。短期负荷预测将为检修计划、水电及新能源调度、发电计划、安全校核等应用提供预测结果。

超短期系统负荷预测在对历史系统负荷变化规律进行分析的基础上，利用多种分析预测方法，实现对未来 5min～1h 每时段系统负荷的精确预测。超短期负荷预测结果可供临时检修计划、日内和实时发电计划等应用使用。

短期母线负荷预测可对历史母线负荷以及各种相关因素进行定量分析，使用多种分析预测方法，实现对次日至未来多日每时段母线负荷的预测。短期母线负荷预测的结果提供至检修计划、发电计划和安全校核等应用。

超短期母线负荷预测可对历史母线负荷变化规律进行分析，提供多种分析预测方法，充分考虑运行方式变化的影响，实现对未来5min～1h每时段母线负荷的精确预测。超短期母线负荷预测结果供日内和实时发电计划、日内和实时安全校核等应用使用。

新能源发电能力预测可支持风电、光伏发电等新能源场站功率预测上报及全网新能源功率预测，提供多种预测方法，实现对短期和超短期未来各时段新能源可用发电能力的精确预测。新能源发电能力预测向发电计划、评估分析等应用提供新能源电场（站）发电能力预测结果。

各类预测功能及数据逻辑关系如图6-1所示。

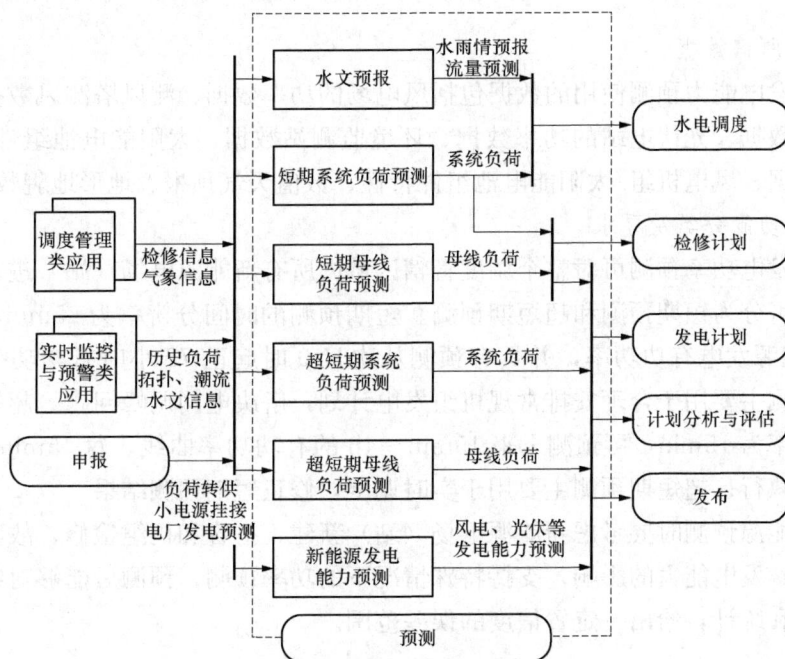

图6-1　各类预测功能及数据逻辑关系

第二节　新能源发电能力预测

一、基本概念

以风力发电和太阳能发电为主的新能源，其输出功率具有随机波动特征，大规模并入电网后，将给电力系统的生产和运行带来极大的挑战，因此迫切需要开展针对大规模新能源发电功率预测技术的研究。通过预测，风力发电和太阳能发电功率将从未知变为已知，其预测结果用途主要包括：

（1）调度运行人员可根据预测的风力发电和太阳能发电功率变化情况，合理安排应对措施，提高电网的安全性和可靠性。

（2）将风力发电和太阳能发电功率预测与负荷预测相结合，调度运行人员可以调整和优化常规电源的发电计划，合理安排系统备用，改善电网调峰能力，增加风电并网容量。

（3）降低因风电并网而额外增加的旋转备用容量，改善电力系统运行经济性，减少温室气体排放；

（4）根据风力发电和太阳能发电功率预测结果，可合理安排风电场/太阳能电站检修计划，减少弃风/弃光，提高新能源企业的盈利，增强风电/太阳能发电在电力市场中的竞争力。

二、新能源预测功能

1. 预测所需数据

新能源发电能力预测使用的数据包括风电场的功率数据、测风塔测风数据、风电机组运行状态数据、光伏电站的功率数据、环境监测站数据、太阳能电池组件/光伏电站运行状态数据、风电机组/太阳能电池组件特性、数值天气预报、地形地貌数据等。

2. 预测功能分类及要求

新能源发电功率预测可对整个调度管辖区域内所有新能源电场（站）进行预测，从预测周期上可分为短期预测和超短期预测。短期预测的时间分辨率为15min，可预测次日96点新能源发电有功功率，并具有预测从次日0时起至72小时有功功率曲线的能力；短期预测主要用于合理安排常规机组发电计划，解决电网调峰问题。超短期预测结果时间分辨率为15min，可预测未来15min～4h的有功功率曲线，每15min预测一次，并自动滚动执行；超短期预测主要用于实时调度，修正短期预测结果。

进行新能源预测时要考虑新能源电场（站）新建、扩容和机组检修、故障等对新能源电场（站）发电能力的影响，支持特殊情况下的功率预测；预测后能够对结果曲线进行误差分析和统计，给出一定置信度的误差范围。

三、预测方法

风力发电在新能源发电中占比较大，在我国发展很快。风电功率预测是根据已有的信息对未来的风电出力进行预测，它的预测精度直接影响到发电计划的优劣，进而影响到系统运行的经济性与可靠性。适用于短期风功率预测的方法主要分为三类，一是物理方法，二是统计方法，三是两者相结合的方法。现在应用比较普遍的是第三种方法，即根据历史统计信息以及数值天气预报的预测结果对未来风电功率进行预测。

（1）短期风电功率预测的物理方法。物理方法是指应用大气边界层动力学与边界层气象的理论将数值天气预报数据精细化为风电场实际地形、地貌条件下的风电机组轮毂高度的风速、风向，考虑尾流影响后，再将预测风速应用于风电机组的功率曲线，由此得出风电机组的预测功率，最后，对所有风电机组的预测功率求和，得到整个风电场的预测功率。物理法有如下特点：

1）不需要风电场历史功率数据的支持，适用于新建风电场；

2）可以对每一个大气过程进行详细的分析，并根据分析结果优化预测模型；

3）对由错误的初始信息所引起的系统误差非常敏感；

4）计算过程复杂、技术门槛较高。

应用物理方法进行风电功率预测时应考虑如下因素：

1）地形变化的影响。数值天气预报认为下垫面地形平坦，每一个计算网格只对应唯一的地形高程信息，不考虑网格内的地形起伏变化，而实际风电场往往存在明显的地形起伏，受此影响，边界层气流与湍流应力均要发生扰动，即相对于平坦地形出现偏差。以气流流过山包为例，近地面层气流由水平均一地形刚接触到山脚时，流线将以一定的迎角与山体接触，因山体表面高于上游水平下垫面，近地面气流就会有一个短暂的减速过程，并同时产生切应力的变化，气流开始越过山坡向风面的中部时，流线的密集将导致边界层内的气流加速，并使得静压力降低，产生更强的速度和切应力的扰动，到山顶处静压力降到最低值，此时风速达到最大。气流越过山顶流向背风坡时，流线逐渐辐散又使气流减速，而静压力逐渐上升并恢复正常，因此，背风坡区的流场常处于逆压流动的状态，如果山体坡度较大，背风坡将发生气流分离，形成空腔区，而空腔区的存在常导致较高的湍流区。

2）粗糙度变化的影响。粗糙度变化对气流的影响过程可描述为：气流从一种粗糙度表面跃变到另一种粗糙度表面的过程中，新下垫表面的强制过程将调整原有的风速廓线和摩擦速度。随着气流往下游的运行，新下垫面的强制作用逐渐向上扩散，因而在新表面上空形成一个厚度逐渐加大的新边界层。最后，空气层完全摆脱来流的影响，形成适应新下垫表面的边界层，在这个过程的初始和中期阶段形成的新边界层就称为动力内边界层，简称内边界层。经变化粗糙度扰动后，风廓线的特点主要表现为：当来流为中性大气时，内边界层层顶以上仍维持上游的对数风廓线的分布规律；而内边界层以内则为对应新的粗糙度与摩擦速度的风速廓线，整个风廓线表现为一种拼接关系。

3）尾流效应的影响。尾流指运动物体后面或物体下游的紊乱旋涡流，又称尾迹。该定义主要描述尾流对流体运动形态的影响。风电领域中，尾流除了指风流经风电机组后增加下风向湍流水平，改变风力机承受的载荷外，更重要在于描述风电机组从风中抽取能量后，风能得不到有效恢复，而在风电机组下风向的较长区域内风速显著降低的情况，这一现象被称为尾流效应（wake effect）。

尾流效应对风速的影响与风电机组的风能转换效率、风电机组排布、风电场地形特点、风特性等因素有关，一般来说，尾流效应带来的风电场年发电量损失大约在2%～20%。风电机组的风能转换效率越高、风能损失越多、下风向风速降低越显著。为了充分开发风能丰富区域的风能、增加风电场装机容量，风电机组间的距离应适当紧凑，在主风向方向上，风电机组间的距离较远，一般为7～10D（D为风力机叶轮直径），而垂直主风向方向，风电机组间的距离较近，一般为4～6D，根据尾流在下风向的流动特点，尾流效应在各个方向上对风电场输出功率的影响也不尽相同。

（2）短期风电功率预测统计方法。统计方法是指根据历史数据找出天气状况与风电场出力的关系，然后根据实测数据和数值天气预报数据对风电场输出功率进行预测。统计法具有如下特点：

1) 在数据完备的情况下，理论上可以使预测误差达到最小值；

2) 需要大量历史数据的支持，不适用于新建风电场，对历史数据变化规律的一致性有很高的要求；

3) 统计法的建模过程带有"黑箱"性。

短期风电功率预测常用统计方法包括神经网络算法和支持向量机算法等。

1) BP 神经网络算法。BP 神经网络（Back-propagation Neural Network）是指基于误差反向传播算法的多层前向神经网络，采用有导师的训练方式。它是 D. E. Rumelhart 和 J. L. McCelland 及其研究小组在 1986 年研究并设计出来的。多层前向神经网络具有如下特点：①能够以任意精度逼近任何非线性映射，给复杂系统的建模带来一种新的非线性的表达工具；②它可以学习和自适应未知信息，如果系统发生变化可以通过修改网络的连接值而改变控制效果；③分布式信息存储与处理结构，具有一定的容错性，因此构造出来的系统具有较好的鲁棒性；④多输入、多输出的结构模型，适合处理复杂问题。

BP 神经网络除输入输出节点外，还有一层或多层隐含节点，同层节点中没有任何连接。输入信号从输入层节点依次传过各隐含节点，然后传到输出节点，每层节点的输出只影响下一节点的输入。BP 神经网络整体算法成熟，其信息处理能力来自于对简单非线性函数的多次复合方法。

2) 支持向量机算法。支持向量机以统计学习理论为基础，具有简洁的数学形式、直观的几何解释和良好的泛化能力，它避免了神经网络中的局部最优解问题。与神经网络相比，支持向量机在防止过学习、运算速度和预测精度方面有一定的优越性。

(3) 超短期风功率预测方法。对超短期风电功率预测来说，它是采用实测风速、风向作为输入量，利用统计算法外推实测数据，获得风电场输出功率在 0～4h 的预测值。由于实测数据中已经包含了风速、风向的波动信息，因此超短期功率预测可以较准确预测功率的波动过程，在 0～4h 内的预测精度明显高于短期预测。超短期预测要求风电场配备实时测风塔。超短期预测主要采用时间序列分析方法和小波分析方法。

1) 时间序列分析方法。时间序列分析是根据观测到的时间序列数据，应用统计方法建立相应数学模型来预测未来发展趋势。它的基本原理：一是承认功率变化的延续性。应用过去数据，推测风电场功率的发展趋势。二是考虑到功率变化的随机性，考虑到可能受偶然因素影响，为此要利用统计方法对数据进行处理。时间序列预测反映趋势变化、周期性变化、随机性变化三种实际变化规律。主要包括线性时间序列模型（AR-MA 模型等）和非线性时间序列模型（门限模型，ARCH 和 GARCH 模型，双线性模型等）。

2) 小波分析方法。小波分析是将信号分解成一系列小波函数的叠加，而这些小波函数都是由一个母小波函数通过平移与尺度伸缩得来的。直观上，用不规则的小波函数来逼近尖锐变化的信号要比光滑的正弦曲线好，同样，信号局部的特性用小波函数来逼近要比光滑的正弦函数好。小波分析中的小波函数起到关键的作用。其中最古老的小波函数是哈尔（Haar），还有一些著名的小波函数，比如墨西哥帽小波、Symlet 系列、

Daubechies 系列、Coiflet 小波系列等。

四、分析管理功能

新能源发电功率预测所含的分析管理功能包括数据统计、相关性检验、误差统计和预测考核四项。

数据统计功能是指：能对历史功率数据进行统计，包括数据完整性统计、频率分布统计、变化率统计等；能对历史测风数据、历史辐射数据、数值天气预报数据进行统计；能对新能源电场（站）运行参数进行统计，包括发电量、有效发电时间、最大出力及其发生时间、同时率、利用小时数及平均负荷率等。

相关性检验功能是指：能对历史功率数据、测风数据、辐射数据和数值天气预报数据进行相关性检验；能对相邻新能源电场（站）的功率数据进行相关性检验，对异常数据进行标识。

误差统计功能是指：能对任意时段的预测结果进行误差统计；能对各新能源电场（站）上报的预测曲线进行误差统计；误差统计指标包括均方根误差、平均绝对误差、相关性系数、最大预测误差等。

预测考核功能是指：能接收风电场上报的预测数据；能对风电场上报数据进行统计，并根据特定的考核指标及权值对风电场进行排名；考核指标宜包括准确率、合格率、上报率等。

五、与其他应用功能的关系

新能源发电能力预测向日前计划、安全校核等应用提供次日 96 点单个新能源电场（站）和区域新能源发电功率预测结果及一定置信度的误差范围；向实时发电计划功能和日内发电计划功能提供 4 小时内每 15min 的单个新能源电场（站）和区域新能源发电功率预测结果及一定置信度的误差范围；向计划分析与评估应用提供月误差统计及发电月报报表。

第三节　负荷预测基本概念与发展历程

一、基本概念

负荷一般指电力需求量或用电量，电力系统负荷预测是指根据系统运行特性、自然社会影响等因素，以历史数据为基础，通过一定的预测方法，确定未来一段时间内系统供用电负荷或母线负荷值。负荷预测是电力系统经济调度中的一项重要内容，是能量管理系统（EMS）的一个重要模块。电力系统的运行控制、计划决策等，如机组组合、经济调度、自动发电控制、检修计划、安全评估等，都受到未来负荷预测准确程度的影响。

从预测时间上进行划分，负荷预测可分为超短期、短期、中期和长期四类。一般来说，一小时以内的负荷预测为超短期负荷预测，在安全监视过程中，需要 5~10s 或 1~5min 的负荷预测，预防性控制和紧急状态处理需要 10min~1h 的负荷预测。日负荷预测和周负荷预测为短期负荷预测，分别用于安排日调度计划和周调度计划，包括确定机组启停、水火电协调、联络线交换功率、负荷经济分配、水库调度和设备检修等；月至年的负荷预测为中期负荷预测，主要是确定水库运行方式和设备大修计划等；在电源规划和网络发展时，需要数年至数十年的长期负荷预测。

从预测对象进行划分，负荷预测可分为系统负荷预测和母线负荷预测。系统负荷预测是指对某一电网的总体用电量进行预测，通过分析系统负荷与相关因素的关系，采用传统预测方法或智能化算法，根据负荷规律的特点，预测生成未来某一时间段的系统负荷预测结果。母线负荷可以定义为由变电站的主变压器供给一个相对较小的供电区域的终端负荷的总和，母线负荷预测以母线负荷为预测对象，其预测结果为电网提供假想潮流数据。

负荷预测最重要的指标是精度，提高负荷预测精度的关键是针对具体电网研究负荷变化模型和选择算法。负荷变化模型中主要影响负荷变化的因素有：负荷构成、负荷变化规律、气象变化的影响及负荷随机波动。

从负荷构成上进行划分，电力系统负荷一般可以分为城市民用负荷、商业负荷、工业负荷、农村负荷以及其他负荷等，不同类型的负荷具有不同的特点和规律。

（1）城市民用负荷主要来自城市居民家用电器的用电负荷，它具有年年增长的趋势，以及明显的季节性波动特点，而且民用负荷的特点还与居民的日常生活和工作的规律紧密相关。

（2）商业负荷主要是指商业部门的照明、空调、动力等用电负荷，覆盖面积大，且用电增长平稳，商业负荷同样具有季节性波动的特性。虽然商业负荷在电力负荷中所占比重不及工业负荷和民用负荷，但商业负荷中的照明类负荷占用电力系统高峰时段。此外，商业部门由于商业行为在节假日会增加营业时间，从而成为节假日中影响电力负荷的重要因素之一。

（3）工业负荷是指用于工业生产的用电，一般工业负荷的比重在用电构成中居于首位，它不仅取决于工业用户的工作方式（包括设备利用情况、企业的工作班制等），而且与各行业的行业特点、季节因素都有紧密的联系，一般负荷是比较恒定的。

（4）农村负荷则是指农村居民用电和农业生产用电。此类负荷与工业负荷相比，受气候、季节等自然条件的影响很大，这是由农业生产的特点所决定的。农业用电负荷也受农作物种类、耕作习惯的影响。

一个地区负荷往往含有几种类型的负荷，比例不同。

负荷变化受人们生产和生活规律影响，具有较强的规律性，同时受天气、特殊事件等诸多外界因素影响，又具有一定的随机性。进行负荷预测的主要任务就是尽可能充分挖掘负荷的内在规律性，降低预测误差。电力负荷具有较强的时间周期性，可以采用时间序列频域分析方法对历史负荷进行分析，获得反映历史负荷稳定程度的指标。

随着气象敏感负荷在总负荷中所占的比重越来越大，合理地考虑气象因素对负荷的影响是提高负荷预测精度的关键。气象因素对电力系统负荷预测的影响可以分为若干个不同层面，首先可以考虑气温、湿度、降雨、风力等单独的气象因素与负荷之间的关系；第二层次是考虑多个气象因素的综合对电力负荷的影响，比如考虑人体舒适度等综合气象指标；第三个层次是考虑气象因素的时间累计对电力负荷的影响，例如连续多日的高温负荷与单独某日的高温负荷应当差别对待。

二、负荷预测发展历程

负荷预测是电力系统的基本研究课题，几十年来国内外专家学者做了大量研究工作。在理论研究方面，为提升系统负荷预测精度，已尝试了各种可能的算法，如经典的线性外推法、线性回归法、时间序列法，以及相对新兴的模糊理论、人工神经网络、灰色模型法、专家系统法和混沌时间序列预测等。总结起来，这些方法主要可以分为两种类型：①仅利用负荷自身发展规律的方法，把电力负荷的历史资料作为一个时间序列来处理，并建立相关模型，如 ARMA 模型等；②负荷发展规律与气象因素相结合的方法，强调天气、湿度、温度、日照等对负荷的影响，并找出相互的映射关系，如人工神经网络模型等。在软件应用方面，国内电力负荷预测已从离线分析走到在线应用，短期负荷预测技术也经历了从过分依赖于调度员的运行经验到逐步实现自动化、智能化的改变。

近年来，随着安全约束机组组合（SCUC）的发展，需要母线负荷预测结果来计算潮流和安全约束的可能越限值。实际电力系统（包括发电和输电）在进行未来运行状态评估时，母线负荷预测是不可或缺的。同时，在预测系统输电负荷和可能的堵塞时也需要母线负荷预测。基于上述原因，近些年来，一些研究者在母线负荷预测领域做了大量的研究工作。有的文献提出将短期负荷预测的技术方法应用于母线负荷预测。还有文献建议应用变电站监控与数据采集系统（SCADA）获得的负荷数据作为母线短期负荷预测的研究数据资料，并将研究重点放在用户类型对变电站负荷预测的影响上。

国家电力调度控制中心于 2007 年 7 月召开母线负荷预测技术规范研讨会，正式启动母线负荷预测试点工作，之后国内母线负荷预测的研究呈现蓬勃发展的景象。中国电力科学研究院、清华大学等科研单位，突破了一系列母线负荷预测关键技术：如原始数据的智能化检测与处理、多元化的母线负荷预测模型、系统负荷预测与母线负荷预测的多级协调、母线负荷预测算法的自适应机制等。目前，基于国内智能电网调度控制系统基础平台（D5000）研发的母线负荷预测软件已在省级及以上电网得到大面积推广应用。

三、与其他应用功能的关系

负荷预测从电网实时监控类应用获取电网实时量测数据；从基础平台获取负荷历史数据和天气信息；从调度管理获取节假日、特殊事件等信息；从基础平台获取各区上报系统负荷预测结果。负荷预测向检修计划提供短期负荷预测结果，向日前发电计划和日前安全校核提供短期负荷预测和母线负荷预测结果；向自动发电控制提供超短期预测结果。

第四节 系统负荷预测

一、短期系统负荷预测

短期负荷预测充分考虑各种影响因素，包括季节变化、天气信息、特殊事故、重大活动等，自动和手动预测未来多日内指定日期的 96 点（00：15～24：00，每 15min 一个点）负荷曲线。短期负荷预测的算法包括：动平均法、线性外推、线性回归、指数平滑、BP 神经网络、时间序列、基于同类型日的负荷预测、基于新息的负荷预测算法等。

短期负荷预测模块可自动进行历史数据辨识和人工修正，在数据完备和正确的基础上，考虑相关因素的影响，利用成熟的短期预测技术对负荷进行分析和计算，并提供实用有效的预测算法和展示手段。针对节假日预测，使用的方法应区别于一般正常日，预测算法可以采用节假日倍比平滑法和逐点增长率法。以周为单位进行短期负荷预测时，在预测过程中要充分考虑周负荷的发展变化趋势。

1. 基本模型

电力负荷的特点是经常变化的，不但按小时变、按日变，而且按周变，按年变，同时负荷又是以天为单位不断起伏的，具有较大的周期性，负荷变化是连续的过程，一般不会出现大的跃变，但电力负荷对季节、温度、天气等是敏感的，不同的季节，不同地区的气候，以及温度的变化都会对负荷造成明显的影响。

电力负荷的特点决定了电力总负荷由以下四部分组成：基本正常负荷分量、天气敏感负荷分量、特别事件负荷分量和随机负荷分量。日负荷预测是预测未来 24 小时的负荷，建立如下基本的日负荷预测模型

$$P_1(t) = B(t) + W(t) + S(t) + V(t) \tag{6-1}$$

式中：$P_1(t)$ 为时刻 t 的总负荷；$B(t)$ 为时刻 t 的基本正常负荷分量；$W(t)$ 为时刻 t 的天气敏感负荷分量；$S(t)$ 为时刻 t 的特别事件负荷分量；$V(t)$ 为时刻 t 的随机负荷分量。

同超短期负荷预测相比，天气因素对于日负荷预测的影响要明显得多，如果预测日（明天）的天气条件和今天有很大的区别，那么明天的负荷和今天就有相当程度的差异。另外，特别事件负荷分量属于非常规负荷变动，只有先预测出预测日特别事件出现的时刻和对负荷的影响程度后，才能修正预测负荷，最终得到准确的预测负荷值。

（1）基本正常负荷分量。基本正常负荷分量，是指负荷变化有规律并排除天气影响的分量，一般其包含趋势项和周期项。日负荷预测时，趋势项是针对日平均负荷而言，将历史上一段日平均负荷，按时序画在一张图上，可以看出日平均负荷略有波动，总体看来逼近于一条斜率接近于零的直线，如图 6-2 所示。那么用这一条直线的延长线就可以预测以后的日平均负荷，实际上日平均负荷在较短时间内的增长，可近似以直线表

示，而在较长时间内的变化，可近似以平方增长趋势表示，故趋势项 $\bar{y}(t)$ 一般表示为

$$\bar{y}(t) = \sum_{i=0}^{m_1} a_{i+1} t^i \qquad (6-2)$$

其中 m_1 为阶次，$m_1 = 1$ 表示直线趋势。

周期项是表示，在原负荷序列 $y(t)$ $(t = 1, 2, \cdots, n)$ 去掉趋势项序列 $\bar{y}(t)$ $(t = 1, 2, \cdots, n)$ 以后，剩余序列 $p(t) = y(t) - \bar{y}(t)$ $(t = 1, 2, \cdots, n)$ 的周期变化特性，如图 6-3 所示，周期项 $p(t)$ 可分解为傅里叶级数。

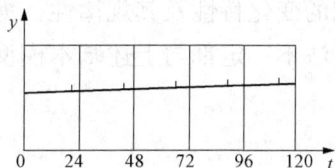

图 6-2　负荷分量的趋势项　　　　图 6-3　负荷分量的周期项

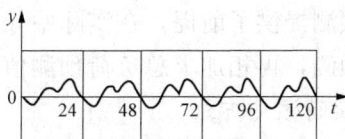

（2）天气敏感负荷分量。天气敏感负荷分量，是指天气变化对系统负荷造成的影响。影响负荷的天气敏感因素，有温度、湿度、风力、阴晴等，实际应用中多数只考虑温度因素。

日负荷预测时，建立天气敏感负荷基本模型，首先取若干天负荷记录、温度记录，把负荷看成是温度的函数，这些记录一般如图 6-4 所示。此处，负荷一般对应日最大负荷（或日平均负荷），温度对应日最高温度（或日平均温度）。它分为三段，当温度低于某值 T_w 时，即低温状态，保温负荷增大，因此随着温度下降，负荷增加；当温度高于某值 T_s 时，降温负荷增加，因此，随着温度升高，负荷增加；而在气温不高不低之时，即处于 T_w 和 T_s 之间时，负荷和气温变化几乎无关。

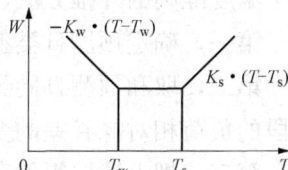

图 6-4　温度与负荷的函数

那么，天气敏感负荷分量（W）基本模型，可用三段直线表示

$$W = \begin{cases} K_s(T - T_s) & T > T_s \\ -K_w(T - T_w) & T < T_w \\ 0 & T_w \leqslant T \leqslant T_s \end{cases} \qquad (6-3)$$

其中，T_w 和 T_s 是两个临界温度，K_s 和 K_w 对应两个斜率。

（3）特别事件负荷分量。特别事件负荷分量指的是特别电视节目、重大政治活动等对负荷造成的影响。要从含有特别事件的历史负荷数据中，找出其规律性，即确定特别事件负荷分量，必须确定特别事件将发生的时刻、对负荷的影响程度，通常用因子模型来描述。因子模型又可分为乘子模型和叠加模型两种。

1）乘子模型，是用一乘子 k 来表示特别事件对负荷的影响程度，k 一般接近于 1，那么特别事件负荷分量为

$$S(t) = B(t)k \qquad (6-4)$$

2）叠加模型，是直接把特别事件引起的负荷变化值 $\Delta L(t)$ 当成特别事件负荷分量，即

$$S(t) = \Delta L(t) \qquad (6-5)$$

（4）随机负荷分量。上述各分量的数学模型，都不适合于随机负荷分量。实际上，对于给定的过去一段时间的历史负荷记录，提取出基本正常负荷分量，天气敏感负荷分量和特别事件负荷分量后，剩余的残差即为各时刻的随机负荷分量，可以看成是随机时间序列。

日负荷预测的基本模型，反映了日负荷预测的变化特性及其规律性，为寻求适当的方法做负荷预测提供了前提，在实际中，各种方法不一定都与上述基本模型一样，对各个分量分别预测，再相加求总负荷预测值。

2. 短期负荷预测方法

常用的短期负荷预测方法有如下几种：

（1）趋势外推法。趋势外推法就是根据负荷的变化趋势对未来负荷情况做出预测。电力负荷虽然具有随机性和不确定性，但在一定条件下，仍存在着明显的变化趋势，例如农业用电，在气候条件变化较小的冬季，日用电量相对稳定，表现为较平稳的变化趋势。这种变化趋势可为线性或非线性，周期性或非周期性等。

基于温度准则的外推方法是趋势外推法的一种，对于日负荷预测来说，工作日和休息日负荷曲线差别明显，其次，天气因素，特别是温度对负荷有较大的影响，由此采用基于温度准则的外推方法，其步骤如下：

第一，确定预测日类型是工作日还是休息日；

第二，取和预测日同类型的过去若干天负荷并分别归一化，归一化即得到每个预测时段的负荷相对峰谷差的变化情况；

第三，把上述取得的若干天负荷归一化系数平均，得到该类型预测日的日负荷变化系数；

第四，读取预测地区该预测日的最高温度和最低温度；

第五，根据最小二乘法可拟合获得历史负荷数据和历史温度的关系，从而可以计算出预测日的最大负荷和最小负荷；

第六，根据最大和最小负荷，以及平均归一化系数，计算预测日每个预测时段的负荷。

（2）时间序列方法。时间序列法是一种最为常见的短期负荷预测方法，它是针对整个观测序列呈现出的某种随机过程的特性，去建立和估计产生实际序列的随机过程的模型，然后用这些模型去进行预测。它利用电力负荷变动的惯性特征和时间上的延续性，通过对历史数据时间序列的分析处理，确定其基本特征和变化规律，预测未来负荷。时间序列可划为自回归（AR）、动平均（MA）、自回归—动平均（ARMA）、累计式自回归—动平均（ARIMA）、传递函数（TF）几类模型，其负荷预测过程一般分为模型识别、模型参数估计、模型检验、负荷预测、精度检验预测值修正 5 个阶段。

1）自回归模型（AR）。自回归模型 AR 描述的过程是它的现在值可由其本身的过

去值的有限项的加权和及一个干扰量 $a(t)$（假定为白噪声）来表示，即

$$y(t)=\phi_1y(t-1)+\phi_2y(t-2)+\cdots+\phi_py(t-p)+a(t) \qquad (6-6)$$

模型的阶数 p 和系数，由过去的历史值通过模型辨识和参数估计决定。

2）动平均模型（MA）。动平均模型 MA 描述的过程是它的现在值可由其现在和过去的干扰量的有限项加权和来表示，即

$$y(t)=a(t)-\theta_1a(t-1)-\cdots-\theta_qa(t-q) \qquad (6-7)$$

同样，模型的阶数 q 和参数，由过去的历史值通过模型辨识和参数估计决定。

3）自回归—动平均模型（ARMA）。自回归—动平均模型 ARMA 是把它的现在值看成是它的过去值的有限项的加权和及其现在和过去干扰量的有限项和的叠加，即

$$y(t)=\phi_1y(t-1)+\cdots+\phi_py(t-p)+a(t)-\theta_1a(t-1)-\cdots\theta_qa(t-q)$$

$$(6-8)$$

同样，模型的阶数 p、q 和参数，由过去的历史值通过模型辨识和参数估计决定。

式（6-6）~式（6-8）定义的时间序列模型 AR、MA、ARMA 都用来描述一个平稳随机过程，应用这些模型时，对于时间序列起始点不作任何规定，这意味着在所研究的过程中，无论抽取哪一段，它的平均值和方差是不变的。

4）累积式自回归—动平均模型（ARIMA）。如果这个时间序列是非平稳过程，首先必须抽取出平稳随机因素，这可通过差分运算把 $y(t)$ 由非平稳随机序列变成一个平稳随机序列。差分后的平稳随机序列同样可看成 AR、MA、ARMA 过程。

假如一个非平稳时间序列 $y(t)$，它按固定的周期 T 呈现有规律的变动，那么每个时间点的值都与超前 T 的 $y(t-T)$ 的值进行差分运算，那么它就变成平稳时间序列了。对于某些含周期项的时间序列，一次差分后仍然含有周期项，这就要进行多次差分，即进行 D 次差分。

时间序列方法的在线计算量较大，特别是样本量大时，对于极短时间的预报，会遇到速度问题。

（3）人工神经网络（ANN）方法。神经网络是一门交叉学科，神经网络是由大量的简单神经元组成的非线性系统，每个神经元的结构和功能都比较简单，而大量神经元组合产生的系统行为比较复杂，它具有较强的学习能力、变结构适应能力、计算能力、复杂映射能力、记忆能力、容错能力及各种智能处理能力。

人工神经网络反映了人脑功能的若干基本特性，但是它仅仅是人脑功能的某种模仿、简化和抽象。在人工神经网络的研究领域中，有代表性的网络模型已达数十种。随着应用研究的不断深入，新的模型也在不断推出。目前，研究和应用最多的是以下四种基本模型和它们的改进型，即 Hopfield 神经网络、多层感知器、自组织神经网络和概率神经网络。

在电力系统负荷预测中，应用最多的是带有隐层的前馈型神经网络，它通常具有输入层、输出层和若干隐层，单隐层结构如图 6-5 所示。

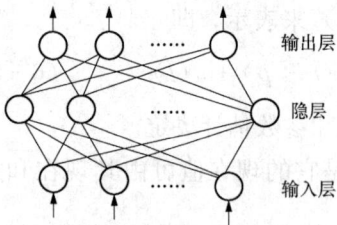

图 6-5 单隐层结构图

假如某一前馈型神经网络有 m 层，每一层有若干个神经元，利用层间神经元的传递函数，可以求出网络总输入 $y_1^{(0)}$，$y_2^{(0)}$，…，$y_{N1}^{(0)}$ 与输出 $y_1^{(m)}$，$y_2^{(m)}$，…，$y_{Nm}^{(m)}$ 之间的关系式。实际上，代表输入输出的有关信息主要分布在神经元之间的连接上，不同的连接强度反映不同的输入输出关系。

前馈型神经网络，即多层感知器的有趣的特性之一是它可以学习或训练，学习或训练的过程实质是给定输入和希望输出，不断地调整权重，在训练过程中，各权重都收敛到一确切值，以便每一输入向量都会产生一输出向量，调节权重所遵循的规则就是训练算法。对多层感知器，误差反传训练算法（BP 算法）是目前最简单、最实用的一种，其实质是一种梯度算法。

神经网络理论利用神经网络的学习功能，让计算机学习包含在历史负荷数据中的映射关系，再利用这种映射关系预测未来负荷。该方法具有很强的鲁棒性、记忆能力、非线性映射能力以及强大的自学习能力，因此有很大的应用市场，但其缺点是学习收敛速度慢，可能收敛到局部最小点，并且知识表达困难，难以充分利用调度人员经验中存在的模糊知识。

（4）回归分析方法。回归分析（regression analysis）是确定两种或两种以上变数间相互依赖的定量关系的一种统计分析方法。如果涉及的变量仅有两个，则称这种为单元回归分析；如果涉及的变量多于两个，则称为多元回归分析。在从事回归分析时，不论变量个数多少，需择定其中之一变量为因变量，而把其余诸变量当作自变量，然后依据给予的多组自变量和因变量资料，及诸自变量和因变量的关系，建立回归方程式，其形式为各种代数函数、超越函数或者两者的混合形式。这种回归方程式如果属于线性的，即因变量为诸自变量的一次代数形式，则称为线性回归方程式，否则称为非线性回归方程式。回归方程求得后，若给予自变量的值，即能代入式中估算因变量的值。

回归分析法根据负荷过去的历史资料，建立可以分析的数学模型，对未来的负荷进行预测。利用数理统计中的回归分析方法，通过对变量的观测数据进行分析，确定变量之间的相互关系，从而实现预测。

在负荷预测时，应用最多的是多元线性回归分析，而单元线性回归分析可看作是其特例，在处理非线性回归方程问题时，通常应用变量转换把问题转化为线性回归问题。因此，在回归分析中，只需熟悉线性回归方程之解法，非线性回归问题可迎刃而解。

现假设有 m 组观察量，每组有 n 个变量，见表 6-1。

表 6-1　　　　　　　　　　　　　　　m 组观察量列表

因变量	自变量
y_1	y_{11}，y_{12}，…，y_{1n}
y_2	y_{21}，y_{22}，…，y_{2n}
$\vdots$	$\vdots$
y_m	y_{m1}，y_{m2}，…，y_{mn}

设它们的内在关系是线性的，因变量的估计值为 $\hat{y}_i$，则

$$\hat{y}_i = a_0 + a_1 x_{i1} + a_2 x_{i2} + \cdots + a_n x_{in} \quad (i=1, 2, \cdots, m) \tag{6-9}$$

写成矩阵形式为

$$\hat{Y} = XA$$

其中

$$Y = \begin{bmatrix} \hat{y}_1 \\ \hat{y}_2 \\ \vdots \\ \hat{y}_m \end{bmatrix} \quad X = \begin{bmatrix} 1 & x_{11} & x_{12} & \cdots & x_{1n} \\ 1 & x_{21} & x_{22} & \cdots & x_{2n} \\ \vdots & \vdots & \vdots & & \vdots \\ 1 & x_{m1} & x_{m2} & \cdots & x_{mn} \end{bmatrix} \quad A = \begin{bmatrix} a_0 \\ a_1 \\ \vdots \\ a_n \end{bmatrix} \tag{6-10}$$

A 为待求的 $n+1$ 个回归系数，利用最小二乘法，使观察值 Y 与估算值 $\hat{Y}$ 的残差平方和最小，可得正规方程，解正规方程可求出回归系数。

采用线性回归分析法进行负荷预测的关键是确定和负荷相关的因素，即找出负荷与相关因素之间的相关关系式，若预测时期诸因素的预测值已知，则预测时期负荷即可由该式预测出来。

二、超短期负荷预测

超短期负荷预测是一个实时预测模块，提供未来 4 小时的超短期负荷预测以及扩展 24 小时的超短期负荷预测结果。

超短期系统负荷预测使用的数据包括历史系统负荷数据、节假日和特殊事件定义等数据。其中历史系统负荷数据与预测负荷的统计口径应保持一致。历史系统负荷数据的获取频率为 5min。此外，软件应具备数据不更新和异常变化等多种坏数据判别能力，自动识别历史数据异常，并提供坏数据提示和自动修正功能，以及坏数据人工修正功能。通过实时量测辨识，修正当日实际量测中的异常数据，再将修正后的数据应用到超短期预测过程中。超短期预测的结果还可以通过上传的分区超短期结果合成，也可以通过上传的超短期母线负荷预测结果合成。

1. 基本模型

超短期负荷预测，特别是未来 10min 的负荷预测，一般都不考虑气象因素的影响，事实上气象变化对负荷的影响，主要表现在温度改变引起负荷变化，但是温度变化是缓慢的，所以它对负荷的影响一般不会突变；当以负荷历史记录作为负荷预测的资料时，温度的影响实际上就已包含在负荷的历史记录中了。

超短期负荷预测模型，必须能够反映负荷在短时间内的变化规律。而在一天中前后极短的时间内，比如十分钟内的负荷变化，呈现上升趋势、下降趋势或水平趋势的情况都有，并且上升和下降变化的快慢又大都不同，这样看来，未来十分钟的负荷变化值，随不同时刻变化多样，规律似乎很难掌握。但是应该认识到，在极短的时间内，预测时刻的负荷值，一定是在当前时刻负荷值的基础上的发展变化。如图 6-6 所示，t_2 时刻

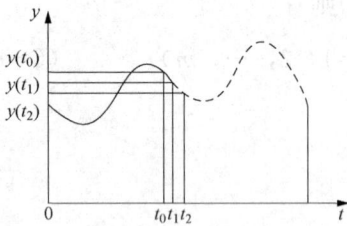

图 6-6 日负荷曲线

负荷值 $y(t_2)$ 一定是在 t_1 时刻负荷值 $y(t_1)$ 基础上叠加一个变化量，即

$$y(t_2) = y(t_1) + \Delta y \qquad (6-11)$$

在当前时刻负荷值已知的情况下，如果能知道预测时刻负荷的变化趋势及变化值 Δy，那么问题就解决了。

如何获取短时间内负荷变化的趋势及变化值，是问题的关键。解决的途径，只能求助于负荷的历史记录，负荷除了具有明显的随机变化特性外，另一个明显的特性是负荷的周期性。一般说来，相似日相同时段负荷曲线变化不大，而最近数个同类型日的相同时段内，负荷变化更呈现总体相近变化规律。

如果负荷变化非常有规律，那么同类型日对应相同时段内负荷趋势及变化值都相近。当然，这是理想的情况，实际上，针对上例中的五天，可能有一天负荷在 t_1 至 t_2 时段内呈现相反变化趋势，比较坏的情况是有两天的变化趋势同另三天的变化趋势相反，在这种负荷变化随机性大的情况下，只能采取折中方法，取多数天一致的变化趋势为预测负荷的变化趋势。

这样，超短期负荷预测，因为预测时间短，那么在当前时刻 t_1 到预测时刻 t_2 里的负荷变化可以看作是线性模型，即

$$y(t) = a + bt \qquad (6-12)$$

其中，b 是指变化趋势，由历史负荷记录获得。

2. 超短期负荷预测方法

(1) 线性外推法。不同类型的日期，其负荷变化规律差别较大，根据我国目前五天工作制情况，可以分为工作日和休息日两类，工作日指星期一至星期五，休息日指星期六、星期日及节假日。若再细分可把星期一和星期五单独提取出来，星期一上午负荷和其他工作日上午负荷变化规律差别稍大；星期五下午负荷和其他工作日下午负荷变化规律差别稍大。合理的选择预测相似日是提高负荷预测效果的有效途径，可以从日特征量、日前趋势相似度以及这两者的综合三个角度分析，进行相似日的选取，进而提高负荷预测的准确度。

设当前时刻为 t_1，若对于未来十分钟负荷预测，一步预测的时间间隔 Δt 等于 $10\min$，预测时刻为 $t_2 = t_1 + \Delta t$，过去时刻为 $t_0 = t_1 - \Delta t$。记和预测日最近的五个同类型日中，其第 i 天 t_1 时刻负荷值为 $y(i, t_1)$ ($i = 1, 2, \cdots, 5$)，第 i 天 t_2 时刻负荷值为 $y(i, t_2)$ ($i = 1, 2, \cdots, 5$)，第 i 天 t_0 时刻负荷值为 $y(i, t_0)$ ($i = 1, 2, \cdots, 5$)。

假定在上述时间段内，这五天负荷具有相近的变化趋势，若有某一天不同，需进行预处理。运用线性外推法的求解步骤如下：

1) 首先计算同一时刻，上述五天负荷的平均值：$Y(t_0)$，$Y(t_1)$，$Y(t_2)$；

2) 然后用点 $[t_0, Y(t_0)]$、$[t_1, Y(t_1)]$ 和 $[t_2, Y(t_2)]$ 来拟合负荷变化曲线 $y(t)$，即

$$y(t) = a + bt \tag{6-13}$$

这里取 $t_0 = 1$，$t_1 = 2$，$t_2 = 3$，由最小二乘方法拟合，得到系数 a 与 b。

3）求解预测日的预测时刻负荷值 $y(t_2)$ 为

$$y(t_2) = y(t_1) + \Delta y = y(t_1) + b\Delta t \tag{6-14}$$

（2）模糊聚类。聚类问题是一个古老的问题，是伴随着人类产生和发展不断深化的一个问题。人类要认识世界就必须要区分不同的事物，聚类就是把具有相似性质的事物区分开加以分类。经典分类学往往是从单因素或有限的几个因素出发，凭经验和专业对事物分类。这种分类具有非此即彼的特性，同一事物归属且仅归属所划定类别中的一类，这种分类的类别界限是清晰的。随着人们认识的深入，发现这种分类越来越不适用于具有模糊性的分类问题，如把人按身高分为高个子的人、矮个子的人、不高不矮的人。如何判别特定的一个人的类别便产生了经典分类学解决不了的困难。模糊数学的产生为上述软分类提供了数学基础，由此产生了模糊聚类分析。

应用普通数学方法进行分类的聚类方法称为普通聚类分析，而应用模糊数学方法进行分析的聚类分析称为模糊聚类分析。1965 年 L. A. Zadeh 创立了模糊集合论不久，E. H. Ruspinid 于 1969 年引入了模糊划分的概念进行模糊聚类分析。I. Gitman 和 M. D. Levine 提出了单峰模糊集方法用于处理大数据集和复杂分布的聚类。1974 年 J. C. Bezdek 和 J. C. Dunn 提出了模糊 ISODATA 聚类方法。随着模糊数学传入我国，模糊聚类分析也传入我国。其应用领域已包括天气预报、气象分析、模式识别、生物、医学、化学等诸多领域。

模糊聚类方法可用于寻求超短期负荷预测的历史相似日。在聚类过程中，首先将各个样本看作只有一个样本的分类，计算各分类之间的距离，将距离最近的 2 个样本合为一类。然后计算新的分类之间的距离，再将距离最近的 2 个类合为一类。这样每计算一次，总的分类数就减少一个，直至满足分类个数为止。

第五节　母线负荷预测

一、基本概念

母线负荷预测包括短期母线负荷预测和超短期母线负荷预测。超短期母线负荷预测自动预测未来四小时每时段的电网各节点负荷变化情况，短期母线负荷预测获得次日至未来多日每时段的母线负荷预测值。

母线负荷预测的结果采用自动预测和上报合成两种方式，同时对两种预测结果进行考核分析，并对考核分析结果进行发布。自动预测方式是指：母线负荷预测应用依据电网实时量测数据、网络拓扑结构、天气信息、分区母线负荷预测结果、短期及超短期系统负荷预测结果、检修计划等信息，通过数据辨识和数据分析功能对历史数据进行修正和还原处理后，进行短期和超短期母线负荷预测得到母线负荷预测结果。上报合成方式是指：网省公司依据《母线负荷预报数据交换规范》以 E 文本方式报送母线负荷预测结果，母线负荷预测应用将各预测值汇总合成后保存在历史数据库中。

母线负荷预测向检修计划提供短期母线负荷预测结果，向日前发电计划和日前安全校核提供短期母线负荷预测结果，向电压自动控制提供超短期负荷预测结果。

二、主要功能

母线负荷预测应用应具备的主要功能包括负荷建模、数据管理、数据辨识、数据分析、预测功能、考核分析等。

1. 负荷建模

建立规范的负荷模型是母线负荷预测工作的前提和基本保证。母线负荷预测用于获得未来潮流计算中各计算母线上的负荷类注入量。这些负荷注入量，物理上表现为与下级电网的线路关口、主变压器关口量测。

（1）电网模型获取。母线负荷预测使用的电网模型来源于电网调度控制系统，通过基于 IEC 61970（DL/Z 890）标准或基于国网 E 语言标准的电网模型获取。

（2）负荷组的定义。负荷组是负荷模型中的基本实体，负荷组可以连接到单个电力元件测量值，例如变压器测量值，或者连接到负荷元件测量值的总集合中。

（3）母线负荷的定义。母线负荷预测中的"母线"并不是指物理母线实体，而是指负荷统计关口与节点。母线负荷是一个逻辑概念，但其总与具体的物理设备关联，并具有明确的物理意义。

（4）母线负荷模型的建立。母线负荷基本模型是树状结构的，可以描述为分区、厂站、母线负荷的层次关系，其定义依据源自电网模型。

（5）母线负荷的数据统计。母线负荷采用状态估计和 SCADA 数据作为数据源。数据源中的母线日负荷数据采用日 96 点负荷的格式进行存储。

（6）母线负荷建模范围。网省调母线负荷预测的范围应涵盖调度管辖范围内所有220kV 变电站主变压器高压侧、电厂升压变压器中压侧。

2. 数据管理

母线负荷预测需要的数据主要包括历史 SCADA 量测、状态估计实时数据、检修信息、气象信息、地调上报相关信息等，母线负荷预测应用应提供相应的数据录入和保存功能，并提供方便合理的展示手段。主要数据管理功能包括：

（1）负荷模型管理：能提供母线负荷及其相关所属厂站、分区的模型信息查询功能。

（2）气象数据管理：提供实测和预测气象数据的人工输入或自动接入功能。

（3）检修信息管理：系统能够从数据平台和其他接口获取检修信息，并提供历史和未来检修信息的查询功能。

（4）地调上报信息管理：能通过门户系统和平台获取地调上报的信息，包括负荷转供、电站接入方式、拉闸限电等信息。

（5）负荷数据管理：支持对预测和实际母线负荷多层次对象的查询，可以采用曲线、表格等形式展现，并提供方便的调整手段。

通过构建负荷、电量、气象环境、负荷特性、典型曲线、电网参数、拓扑信息等全方位的数据管理体系，可为后续的海量数据挖掘、母线负荷分析与预测打下坚实基础。

3. 数据辨识

负荷的历史样本数据是预测未来负荷的基础，实际的母线负荷样本数据中总是不可避免地包含有各种坏数据，这些坏数据的存在显然会影响最终的预报精度。因此在母线负荷预测应用中，样本数据的预处理非常重要。坏数据通常由以下原因造成：一是自动化系统故障，如数据采集系统中某一数据通道的暂时性中断，这将造成数据不真实；二是类似某些大工业负荷的突发性偶然波动等特殊事件，使得数据的本来规律被各种"假象"覆盖；三是统计口径不同带来的误差。因此在进行母线负荷预测前，应采用多道工序保证收集的数据合理可靠，为后续预测的分析建模打下基础。具体包括：

（1）提高采样频率，对母线负荷样本数据作短时间维度的校验。

（2）综合 SCADA 采集和状态估计的结果，利用多数据源互校验。

（3）利用对长时间维度的历史负荷分析，对坏数据进行检测和剔除。

4. 数据分析

充分收集基础资料，进行负荷特性和相关因素的分析，是进行母线负荷预测必要的准备工作。负荷需求变化受诸多因素影响，如地区经济发展水平、能源供应方式、用电结构、电价水平、气候变化、需求侧管理政策等，使得负荷变化呈现非平稳的随机过程。因此，研究各影响因素与电力负荷之间的关联性，寻求适应性好的算法，一直是此方面的研究重点。

（1）对母线负荷重要性分级：不同的母线负荷对系统潮流的影响程度是不同的，尤其是对关心的稳定断面的影响是不同的，一些母线负荷尽管误差已经相对比较小，但由于对潮流影响非常灵敏，其微小的波动，往往会导致稳定断面较大的影响，这些母线负荷理当重点关注和分析。

（2）负荷特性分析：提供最大负荷、最小负荷、平均负荷等历史统计信息的分析功能，能够按照日、月、年查询对比分析结果，支持纵向、横向多方式的对比分析功能。

（3）负荷稳定度分析：对历史数据进行分析，从时段和负荷水平两个联合维度上建立预测误差的分布规律，对其进行统计分析，最终用量化指标给出某负荷在某个时间区域内的规律性的稳定程度。

（4）相关性分析：负荷相关性分析主要是利用序列的相关性分析原理，以两条母线的一段实际负荷数据作为分析的目标，计算两者之间及其各种特征值的相关性。通过相关性分析一方面为预测人员提供母线负荷变化相关性的直观结果；另一方面也为后续的预测和偏差修正提供基础数据以及预测校验的方法。

（5）对气象因素的分析：分析负荷与季节变化的关系，分析母线负荷与日最高、最低温度的关系。在诸多影响因素中，气象对电力负荷的影响具有更突出的规律性，一般说来，用电负荷与日平均气温和日最高气温的关系最密切，其相关特征十分明显。电网负荷与降水的相关性不如与气温的相关性大，并且降水量对电网负荷的影响具有一定的滞后性。电力负荷与相对湿度成反比。电力负荷与气压在各季节均有一定的相关性，但相关系数不确定。

5. 预测功能

（1）短期预测功能：能够应用多种预测算法，利用历史样本数据，预测出未来一段时间内指定日期 96 点（15min 间隔）或指定时段的系统所有母线有功负荷和无功负荷。

（2）超短期预测功能：参考系统超短期负荷预测方法，考虑其与短期负荷预测的差别，结合母线负荷预测特点以及时间序列分析技术，实现自动与滚动运行超短期预测功能。

（3）预测过程可以自动周期地执行，也可以由用户随时唤醒启动。

（4）能够灵活设置各种节假日的日期和影响天数，同时在预测过程中充分考虑工作日、周末和节假日等日类型的差异对负荷预测结果的影响。

（5）对预测结果进行分析。能够提供预测结果的参考信息，包括可疑预测结果列表、负荷不平衡信息表等。

（6）预测结果的干预。预测最终结果可以通过多种形式和手段进行调整。系统负荷预测结果调整后，能自动调整相关母线负荷预测结果，以保证与系统负荷预测结果之间的平衡。

（7）考虑检修计划对预测结果的影响。母线负荷预测应用从数据平台或 OMS 系统获取检修计划后，再利用网络拓扑分析功能，计算出未来日期 96 个断面的拓扑连接关系，获取所预测的母线负荷的带电情况。

（8）考虑小机组挂接变化情况的影响。对于小机组，有总量处理和分量处理两种处理办法。总量处理是结合系统负荷预测结果，从总量上扣除小机组的出力计划，使得母线负荷总加量上不再含有小机组的负荷，再在预测结果上增加小机组发电计划；分量处理则是建立小机组挂接模型，由地调负责上报挂接点情况，根据挂接点定义重新生成样本负荷数据，预测结束后，对挂接点扣除相关小机组计划，形成预测结果。

（9）考虑站内、站间、区域间负荷转供问题。通过门户系统或 OMS 等其他平台，实现地县调对转供信息的上报，在省调侧利用上报的最新转供信息对历史数据进行还原、更新和保存，在预测结束后利用转供信息再对预测结果进行调整。

6. 考核分析

母线负荷预测的误差是通过历史母线负荷预测值及其相应的实际值比较得到的。不同地区不同季节的母线负荷预测误差会随着时段、负荷值等因素的变化而有较大的不同。对误差产生的原因进行分析以及对负荷预测误差的分布概率进行统计，能够使得母线负荷预测工作人员更好地了解其历史上预测误差的统计规律，以便更加合理地安排生产计划、分析系统安全，并能更好地认识到未来母线负荷可能存在的不确定性趋势。

（1）误差计算功能。根据母线负荷预测的误差统计方法，分别对省调预测结果、地调上传结果进行误差分析和计算。统计分区母线负荷预测历史日、月、年度预测的准确率、合格率和运行率。

（2）误差分析功能。能对预测结果进行误差分析计算，对预测结果做出评价，分析大误差点产生原因。

（3）误差概率分析和统计功能。通过对负荷进行横向和纵向划分，细致地描述出不同母线负荷特性下的预测误差分布规律。在预测误差统计的基础上分析得到概率性母线负荷预测及其不同置信度下的负荷区间包络线，通过对负荷预测值的概率性描述，可以清晰地反映预测的不确定性，有利于做好事前的预估工作。

三、短期母线负荷预测方法

常用的短期母线负荷预测方法有如下几种：

1. 分布因子法

首先由系统负荷预测取得某一时刻系统负荷值，然后将其分配到每一母线上。国内经常使用"分布因子法"称呼此类预测方法。

以该思路进行母线负荷预测的步骤是：

（1）确定母线负荷预测用的分配模型；

（2）确定或维护负荷分配模型参数；

（3）对指定的时间，根据系统负荷（预测值）计算各母线负荷。

母线负荷模型中比较简单的是比例分配模型，但由于负荷变化在地域上和在负荷类型上的不一致性，需要构造随时间变化的模型，如图6-7所示。

（1）树状常数负荷模型。将对应于预测计划的系统负荷分配到每一母线负荷，一般采用多层树状结构的模型。系统负荷对应于树干，母线负荷对应于各枝条的末端。

最简单的模型是将上一级负荷按比例（在各时段为常数）分配到下一级负荷。这种模型一般用在很小的系统中和最底层的母线负荷预测中。

以图6-8所示的最简单负荷树为例，先对各负荷规定一个标准负荷值，将其相加就构成上一级负荷区的标准负荷，可按各负荷对上一级负荷的标准负荷之比，分配负荷预测值。各母线无功负荷可以按固定功率因数计算出来，即

图6-7 母线负荷预测示意图   图6-8 树状常数负荷模型示意图

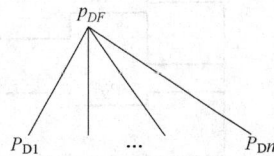

$$P_{Dk} = K_{Dk} P_{DF} \quad (k = 1, 2, \cdots, n) \tag{6-15}$$

$$K_{Dk} = \frac{P_{Ok}}{\sum_{j}^{n} P_{Oj}} \quad (k = 1, 2, \cdots, n) \tag{6-16}$$

式中：P_{Dk}为母线k负荷预测值；K_{Dk}为母线k负荷的分配系数（常数）；P_{DF}为上一级

负荷预测值，如果是最上级就是系统负荷预测值；P_{Qk}为母线k负荷标准值（通常取日或周的峰荷）；k为母线序列号。

常数模型只适合于上下级负荷曲线变化一致的情况，如图6-9所示。

（2）考虑负荷区域不一致的模型。大型电力系统地域广阔，不同地域之间负荷曲线形状有较大的差别，这时可采用按区域划分的负荷树状模型，如图6-10所示。

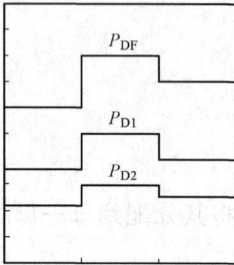

图6-9　树状常数负荷模型分配示例　　　　图6-10　按区域划分的负荷树状模型

在这一模型中，最高层为系统负荷P_{DF}，第二层为区域负荷P_{Vj}，第三层为母线负荷P_{Dk}。

在P_{DF}到P_{Vj}之间采用随时间变化的分配系数$K_{Vj}(t)$，即

$$P_{Vj}(t) = K_{Vj}(t) \times P_{DF}(t) \tag{6-17}$$

如图6-11所示的两个区域，区域1的负荷曲线与区域2的负荷曲线与上一级曲线完全不一致。在P_{Vj}到P_{Dk}之间仍可以采用常数型的分配系数。

（3）考虑负荷类型不一致的模型。系统中大工厂、矿山居民区和商业区均可能有自己的负荷变化规律，它们往往与地区无关，这时可采用按负荷类型划分的负荷树状模型，如图6-12所示。

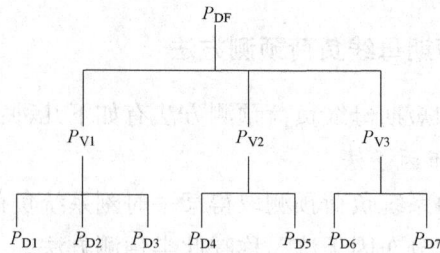

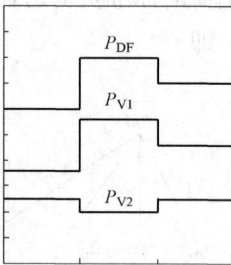

图6-11　按区域划分的负荷模型分配示例　　　图6-12　按负荷类型划分的负荷树状模型

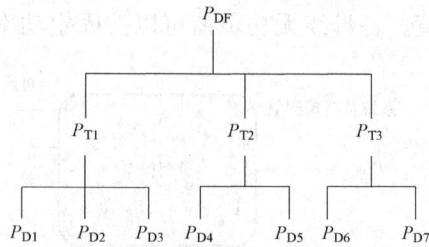

在这一模型中，最高层为系统负荷P_{DF}，第二层为类型负荷P_{Ti}，第三层为母线负荷P_{Dk}。

在P_{DF}到P_{Ti}之间采用随时间变化的分配系数$K_{Ti}(t)$，即

$$P_{Ti} = K_{Ti}(t) \times P_{DF}(t) \tag{6-18}$$

如图6-13所示的两负荷类型示例，类型1为固定负荷，类型2为变化负荷。它们

与上一级曲线也不一致，采用随时间变化的分配系数可以拟合这种不一致关系。在 P_{Ti} 到 P_{Dk} 之间仍可以采用常数型的分配系数。

（4）混合负荷模型。对一个大型电力系统，可能需要考虑负荷类型和地区两种不一致性，可以将以上三种模型混合构成复杂树状模型，如图 6 - 14 所示。

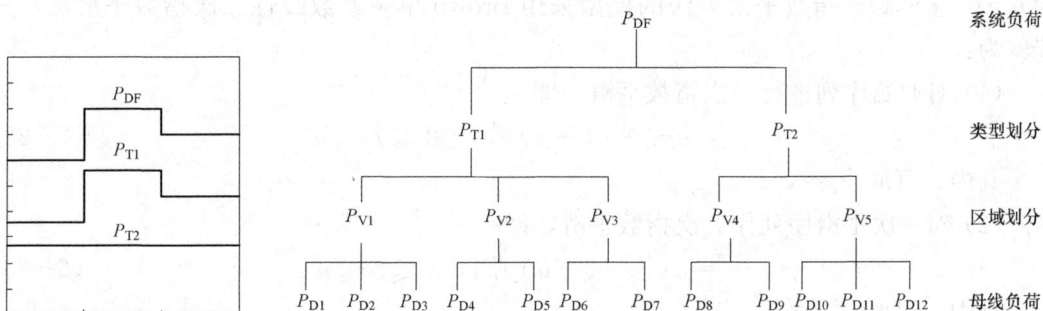

图 6 - 13　按负荷类型划分的
负荷模型分配示例

图 6 - 14　混合负荷模型树

在这一负荷树中，第一层为系统负荷，第二层是负荷类型（如工业、商业、居民、混合等），第三层是地域划分（如地区、变电站等），第四层是母线负荷。

在系统负荷 P_{DF} 到类型负荷 P_{Ti} 之间采用随时间变化的分配系数；在类型负荷 P_{Ti} 到区域负荷 P_{Vj} 之间采用随时间变化的分配系数，也可以采用常数；在区域负荷 P_{Vj} 到母线负荷 P_{Dk} 之间一般采用常数分配系数。这种模型准许在一个变电站的两类负荷分开预报，以改善精度。

2. 线性回归算法

影响短期预测精度的可观测量很多，包括当日温度、当日的星期值及是否为节假日等，同时还有一些不可测量的量，如节假日影响等。为简化模型，首先考虑对可测量的值进行最优回归分析，然后在适当的时候通过特定的模糊函数以附加值的形式进行小范围修正。

线性回归主要就是根据过去的随机特性的母线负荷记录进行拟合，得到一条确定的曲线，然后将此曲线外延到适当时刻，就得到该时刻的母线负荷预测值。

线性回归的拟合数据都是时间的函数，用 X 表示母线负荷，则它作为时间的线性函数，可以表示为

$$X_t = f(X) = a + bt_i + e_i \tag{6-19}$$

其中 X_t 是一个正态分布的随机变量，它的平均值为 $a + bt_i$，而 e_i 是随机干扰。

当观测的数目为 N 时，可以得到方程的唯一解为

$$\hat{a} = \bar{x} - \hat{b}\bar{t} \tag{6-20}$$

$$\hat{b} = \frac{\sum_{i=1}^{N} t_i x_i - N\bar{t}\bar{X}}{\sum_{i=1}^{N} t_i^2 - N\bar{t}^2} \tag{6-21}$$

3. 指数平滑算法

指数平滑是一种序列分析法，其拟合值或预测值是对历史数据的加权算术平均值，并且近期数据权重大，远期权重小，因此对接近目前时刻的数据拟合得较为精确。

一般用于预测的是二次指数平滑法。设时间序列为 y_1，y_2，…，y_n，取平滑系数为 a（$0 \leqslant a \leqslant 1$）。指数平滑方法的模型采用 Brown 单一参数线性二次指数平滑法，其步骤为：

（1）对原始序列进行一次指数平滑，即

$$y'_t = ay_t + (1-a)y'_{t-1}, \ 2 \leqslant t \leqslant n \tag{6-22}$$

其中，可取 $y'_1 = y_1$。

（2）对一次平滑序列作二次指数平滑，即

$$y''_t = ay'_t + (1-a)y''_{t-1}, \ 2 \leqslant t \leqslant n \tag{6-23}$$

其中，可取 $y''_1 = y'_1$。

（3）对最末一期数据，计算两个系数得

$$a_n = 2y'_n - y''_n \tag{6-24}$$

$$b_n = \frac{a}{1-a}(y'_n - y''_n) \tag{6-25}$$

建立预测公式为

$$\hat{y}_{n+i} = a_n + b_n i \tag{6-26}$$

其中 $i \geqslant 1$，为自 n 以后的时间序号。

运用指数平滑需要的数据序列相对比较长，要求至少具备 30 天以上的同期历史数据，也就是说在考虑同类型日的情况下，至少需要 4 个月的历史数据。因此在历史数据不足的情况下，指数平滑的预测效果不佳。但在数据稳定，干扰较少，预测距离短的情况下，其精度相对较高。

4. 组合预测方法

母线负荷预测是一个随机的非平稳过程，由许多独立的随机分量组成，但能寻找到大部分影响母线负荷预测的规律，从而为实现有效的预测奠定了基础。与系统负荷预测相比较而言，母线负荷的供电区域比较小，其负荷构成相对简单而且负荷的性质比较稳定，负荷的变化相对平稳，具有较强的规律性，因此能够找到较为准确的预测模型。

尽管存在多种各具特点的预测算法，但单个预测模型可能导致预测结果的片面性和不精确性，而且负荷的变化规律难以用单一的数学模型来描述，在实际运行系统中主要采用综合预测模型来有机地组合各种算法模型，可有效地提高预测精度。

综合预测模型通过建立数学上最优模型进行预测，尽量使其与数据相匹配，使预测误差最小，以达到较好的预测结果。目前，综合预测模型主要有两大类：

（1）通过对历史数据的拟合来确定综合模型的权重，目标是使得加权后的虚拟预测序列与历史负荷序列之间的拟合残差和最小。如果预测模型对历史数据拟合得好，则其预测的精度必然高。但是当负荷变化的随机性较大时，由于存在过拟合问题，对历史数据拟合精度最高的权重组合，其预测结果的精度未必理想。

（2）通过评价各算法的预测效果来确定权重。该类模型不以历史数据拟合为优化目标，它考虑了负荷的随机性特点。从几率的角度出发得到每种方法在综合模型中的权重。

实际应用中可以采用基于预测决策思想的综合模型，根据各地实际情况遵循以下准则建立短期负荷预测模型。准则1：对历史数据的最高拟合精度。这个目标与每个数学模型中的最优目标是一致的。准则2：与未来经济发展的协调性。该因子如包括未来工业结构的政府规划和经济发展将会不同程度影响预测结果等。准则3：各预测方法对实际状况的适应性。不同的预测方法适用于不同的区域。准则4：预测结果的可信度。

组合预测模型是对同一个系统的不同母线负荷预测使用多个不同预测模型的线性组合，在一定条件下能够有效地改善模型的拟合能力和提高预测精度。利用组合预测模型进行母线负荷预测可以将各个模型和母线负荷有机地组合在一起，综合各个模型的优点，提供更准确的预测结果。组合预测模型为

$$\hat{Y} = FW \qquad (6-27)$$

其中，$\hat{Y} = [y_1, y_2, \cdots, y_n]^{\mathrm{T}}$，为地区母线组合预测值；$F = [f_n]_{n \times n}$ 为不同方法的预测结果；$W = [w_1, w_2, \cdots, w_n]^{\mathrm{T}}$，为各种预测方法的权重。

四、超短期母线负荷预测方法

1. 分布因子法

该方法是基于超短期系统负荷预测结果的分布因子法。由超短期系统负荷预测取得某一时刻的预测值，按照分配系数分配到系统中的每一母线负荷上。各母线的分配系数考虑工作日、休息日、节假日的负荷类型特性，以及"近大远小"的原则选择5个相似日，排序后考虑与预测日的运行模式的近似度等相关信息确定各天的权重，再将这5天的历史值进行加权平均获得分配系数。

2. 线性外推法

线性外推法根据母线历史负荷在相同时间段内的变化规律进行。因此确定的超短期母线负荷预测模型，是一种改进型的线性外推算法，即认为在当前时刻到预报时刻的母线负荷变化可以看作是线性模型。超短期母线负荷预测可以采用和超短期系统负荷预测类似的线性外推方法。

3. 负荷趋势预测法

在超短期母线负荷建模的基础上，根据最近10个相似历史日的负荷 $y(i, t)$（$i = 1, \cdots, n; t = 1, \cdots, T$），首先获取历史日的样本变化率。计算各点母线负荷变化率的计算式如下

$$\Delta y_{it} = (y_{i+1, t} - y_{it}) / y_{it} \qquad (6-28)$$

由式（6-29）可以得到每日各点的负荷变化率，由此可对其进行统计求取平均负

荷变化率为

$$\Delta y_{tav} = \sum_{i=1}^{n} \Delta y_{it} / n \qquad (6-29)$$

式中，n 为选取历史负荷的天数。

在得到用于预测的平均日负荷变化率的基础上，利用负荷数据的当前值，即可进行未来时刻的超短期母线负荷预测，计算式为

$$\hat{y}_{i+1, t} = y_{it}(1 + \Delta y_{tav}) \qquad (6-30)$$

基于负荷趋势的超短期母线负荷预测的计算速度相对更快，具有一定的精度。

第六节　总　结　与　展　望

本章主要介绍了电网调度中所涉及的各类预测技术。目前国内负荷预测和新能源发电预测经过长期的技术积累，中国电科院等科研单位已开发了各类预测软件，并在国内各级调度机构得到广泛应用。短期和超短期的系统负荷预测精度和母线负荷预测精度基本能够满足电网实时和日前调度的需要，新能源发电能力预测的精度也在不断提高。这些预测软件的进步，为节能发电调度和电力市场的工作提供了一个良好的数据基础，有助于提高各应用单位的调度精细化管理水平。

未来预测技术的发展主要有三个方向：一是需要进一步加强新能源预测的精度，提高对预测规律性的掌握；二是拓展负荷预测的预测周期，完善周负荷预测、开发月度负荷预测软件，为周/月度机组组合工作提供数据基础；三是结合用电信息、数值天气预报信息等数据，利用大数据分析技术，开发新型负荷预测模型，有效提升系统负荷预测和母线负荷预测精度。

参　考　文　献

[1]　于尔铿，刘广一，周京阳，等. 能量管理系统 [M]. 北京：科学技术出版社，1998.

[2]　刘晨晖. 电力系统负荷预报理论与方法 [M]. 哈尔滨：哈尔滨工业大学出版社，1987.

[3]　张立明. 人工神经网络的模型及其应用 [M]. 上海：复旦大学出版社，1992.

[4]　赵燃，陈新宇，陈刚. 母线负荷预测中的自适应预测技术及其实现 [J]. 电网技术，2009，33 (19).

[5]　康重庆，夏清，沈瑜，等. 电力系统负荷预测的综合模型 [J]. 清华大学学报，1999，39 (1)：8-11.

[6]　莫维仁，张伯明，孙宏斌，等. 短期负荷综合预测模型的探讨 [J]. 电力系统自动化，2004，28 (1)：30-34.

[7]　M. Espinoza, C. Joye, R. Belmans, and B. De Moor. Short-term load forecasting, profile identification, and customer segmentation: A methodology based on

periodic time series. IEEE Trans. Power Syst., vol. 20, no. 3, pp. 1622 - 1630, Aug. 2005.

[8] Nima Amjady, "Short - Term Bus Load Forecasting of Power Systems by a New Hybrid Method" IEEE Trans, On Power Systems, Vol. 22, No. 1, February 2007.

[9] 康重庆，夏清，刘梅. 电力系统负荷预测［M］. 北京：中国电力出版社，2007.

第 七 章

调 度 计 划 技 术

调度计划概念范畴很广，从业务上来说，主要包括申报发布、预测、检修计划、短期交易管理、水电调度、发电计划、考核结算及计划分析与评估等应用；从时间上来说，跨越月度、周、日前、日内和实时；从调度模式上来说，调度计划是一个多级调度协调运行的过程。

第一节 调 度 计 划 概 述

调度计划结合各类短期预测信息，综合考虑电力系统的经济特性与电网安全，实现电网运行经济性与安全性的协调统一，是电网调度生产中的重要环节，是保障电网安全稳定和经济运行、实现资源优化配置的重要基础。

调度计划类应用的逻辑框图如图7-1所示，其核心是发电计划制订，通过合理确定电网未来运行方式，为电网安全、经济、节能运行提前做好规划。

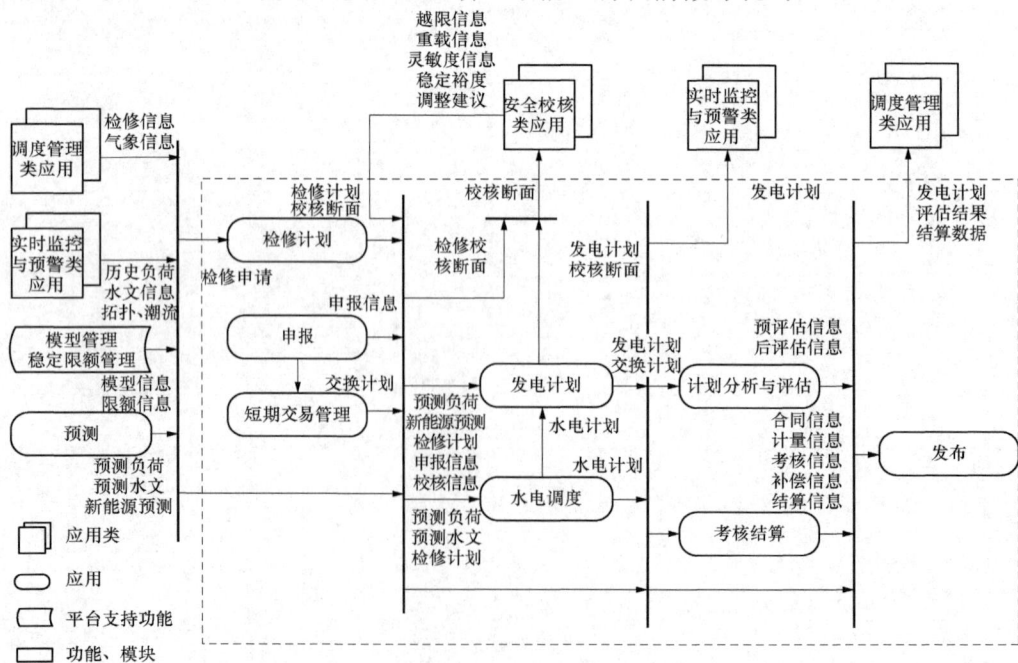

图 7-1　调度计划类应用逻辑框图

138

调度计划类应用与智能电网调度控制系统其他应用的关系为：调度管理类应用为调度计划类应用提供检修信息和气象信息，实时监控与预警类应用为调度计划类应用提供历史负荷、拓扑和潮流信息，模型管理和稳定限额管理应用为调度计划类应用提供模型和限额信息，预测应用为调度计划类应用提供系统负荷预测、母线负荷预测、水文预测和新能源预测，安全校核类应用为调度计划类应用提供越限、重载、灵敏度、稳定裕度和调整建议等信息；调度计划类应用为安全校核类应用提供校核断面，调度计划类应用为实时监控与预警类应用提供发电计划，调度计划类应用为调度管理类应用提供发电计划、评估结果和结算数据。

一、调度计划所含应用

调度计划类应用主要包括申报发布、检修计划、短期交易管理、水电调度、发电计划、考核结算和计划分析与评估等应用。

调度计划各相关业务流程如下：

（1）首先从日前负荷预测获取未来选定时间范围内各时段的系统负荷需求预测、母线负荷需求预测及水电量预报（或水电计划），并获取相应的网间联络线交换计划、设备（机组、线路和变压器等）检修计划，调度台短期交易计划、地调新能源和小电源发电计划。此外，要获取电厂经营申报信息（燃料库存、发电计划建议等）。

（2）三公调度模式下，在上述计划原始数据信息的基础上，还需要获取机组中长期（年度、月度）电量计划和已完成发电量累计。

（3）计划编制：计算次日以及未来多日的分时段调度计划，根据日前电力负荷预测、日前网间计划、电厂数据申报和各种备用需求，考虑设备检修、月度电量计划、月度累计发电量、机组安全、燃料库存、污染物排放等约束条件，以发电成本最低、煤耗最小或者购电费用最低为目标，安排各机组未来各日分时段的机组启停计划、出力计划和辅助服务计划。

（4）安全校核：对形成的机组调度计划进行预想故障分析，包括基态安全校核分析、N−1安全校核分析和预定义故障集安全校核分析。如果发现有元件越限，则重新编制发电计划，直到满足电网安全约束。

（5）计划发布：将形成的发电计划发布给相应的电厂、调度员，以及上下级调度计划系统。

（6）保护管理：根据校验后的发电计划和电网潮流方式，设置相应的保护定值。

（7）计划执行：电厂、调度员按照日计划启停机组，执行发电计划。

（8）执行跟踪：根据电厂实际发电情况，考核计划偏差、统计奖惩电量。

（9）计划评估分析：比对分析多个计划方案的机组总发电量变化、机组各时段电量分配比例变化、机组收益变化、全网购电费用变化、节能减排效果等指标。

二、短期交易管理

短期交易是指月内多日、日内多时段区域间和省间双边交易。短期交易管理应用用于实现短期双边交易的组织、交易决策、审批和交易合同管理。短期交易管理应用主要包括交易管理和合同管理功能。

交易管理功能获取双边交易意愿，并将预交易计划送安全校核类应用进行校核，根据校核结果和交易调整建议，组织交易双方签订交易合同。

合同管理功能集中管理双边交易电子化合同，包括与其他市场成员签订的合同和组织市场成员之间签订的合同。合同管理功能包括电子签名（印章）管理、合同模板管理、电子证书管理等。

在具体数据流程和功能上，以交易管理为例，其从申报发布应用获取各交易方初步达成的交易意愿申报，包括预成交电量、电价、典型曲线等信息，若短期交易采用集中撮合模式，则需要获取包含购售电意愿的竞价信息，从安全校核类应用获取校核越限、重载、灵敏度、稳定裕度和调整建议信息；向安全校核类应用提供交易结果，向发电计划应用、计划分析与评估应用、数据申报与信息发布应用提供交换计划。

三、数据申报

数据申报功能实现对调度对象申报的注册信息、运行信息、竞价信息等的接收、验证和处理，支持严格的身份认证和申报信息配置。在具体数据流程和功能上，其从基础平台获取电网模型及限额信息；向预测应用提供运行申报信息，向短期交易管理应用提供竞价信息，向发电计划应用提供注册申报信息、运行申报信息和竞价申报信息。

四、检修计划

检修计划是根据系统负荷预报和母线负荷预报，合理分配设备检修计划方案，确保设备检修要求和发供电可靠性，避免集中高负荷期检修，优化检修效益。检修计划以一定的目标安排计划周期内每个时段（周、月）的机组和输电设备的检修计划，根据选择的设备对象自动生成相应的检修内容。检修计划是编制调度计划的输入数据。检修计划配合发电计划通过安全校核后才能生效。

检修计划应用包括年度、月度检修计划、周检修计划、日前检修计划和临时检修四个功能。检修计划应用支持检修计划的统一管理，综合考虑电力电量平衡和电网安全约束，实现对年度、月度、周、日前等不同周期检修计划的动态滚动调整和优化安排；针对设备临时检修，实现日前检修计划的及时调整。

在具体数据流程和功能上，以日前检修计划为例，其从调度管理类应用获取日前检修申请，从实时监控与预警类应用获取拓扑潮流信息，从安全校核类应用获取校核越限重载、灵敏度、稳定裕度和调整建议信息，从预测应用获取系统负荷预测、母线负荷预测信息，从周检修计划功能获取周检修计划，从临时检修功能获取设备临时检修信息；其向安全校核类应用提供检修计划校核断面；向水电及新能源调度应用、发电计划应用、计划分析与评估应用、数据申报与信息发布应用提供日前设备检修计划。

五、水电调度

水电调度是实现水电与计划相关的资料管理、调洪演算、水电优化调度，在确保大坝安全的前提下，充分运用水库的调蓄能力，寻求科学合理的联合优化运行策略，优化协调供水、发电和防洪之间的关系。水电调度应用主要包括中长期水电调度、短期水电调度、超短期水电调度、调洪演算等功能。

以中长期水电调度为例，其根据水库中长期来水预测结果，运用水库的调蓄能力，采用优化理论与方法，以日、旬、月为时段，制订年度或月度水库（群）调度运行计划。在具体数据流程和功能上，中长期水电调度从预测与短期交易管理应用获取水库中长期来水预测和负荷预测信息，从实时监控与预警类应用获取水电站运行信息；向发电计划应用、数据申报与信息发布应用提供中长期水电发电计划，向分析与评估应用提供中长期水电发电计划和水库运行方案。

新能源调度实现风电、太阳能光伏等新能源的调度与计划相关信息整理和调度方案优化，包括中长期新能源调度、短期新能源调度和超短期新能源调度三个功能。

中长期新能源调度功能应能对历史风速、太阳辐照度和历史功率等数据进行统计分析，实现对新能源月度、年度发电量的预测，并据此制订新能源的中长期调度计划；短期新能源调度功能应能根据新能源日前预测和负荷预测结果，考虑预测误差和联络线功率限制，给出次日 96 点新能源发电调度控制曲线；超短期新能源调度功能应能根据新能源超短期预测、负荷预测结果和常规机组调峰能力限制，给出 0～4h 新能源发电调度控制曲线。

六、发电计划

发电计划应用满足三公调度、节能发电调度或电力市场等多种模式，实现从日前到日内、实时的发电计划编制和滚动修正，实现国调、分调和省级调控中心多级发电计划的协调优化。发电计划应用采用安全约束机组组合（SCUC）、安全约束经济调度（SCED）核心计算模块，综合考虑电力电量平衡约束、电网安全约束和机组运行约束，实现发电计划（包括机组组合计划和出力计划）的集中优化编制。

发电计划应用主要包括年度、月度、日前、日内和实时发电计划。在具体数据流程和功能上，以日前发电计划为例，其采用 SCUC/SCED 核心模块，实现次日至未来多日各时段的发电计划集中优化编制，支持周期自动计算和人工启动计算。日前发电计划功能主要包括优化目标管理、约束条件管理、数据校验与预处理、初始计划编制、安全约束发电计划编制（SCUC/SCED）等子功能。

七、评估分析

计划分析与评估应用通过对各类应用数据的集中汇总，采用数据挖掘等先进分析手段，实现对调度计划业务各环节和全过程的定量分析评估，实现分析评估结果对调度计划业务的反馈提升。计划分析与评估应用主要包括预分析评估和后分析评估功能。

预分析评估功能主要包含检修计划预分析评估和发电计划预分析评估。检修计划预分析评估实现对同一周期不同检修方案间的安全裕度进行对比分析，定量分析各相关因素对检修计划的影响；发电计划预分析评估实现对同一周期不同发电计划方案间的安全裕度和经济性进行对比分析，定量评估各相关因素对不同调度目标、不同主体的影响。后分析评估功能应能实现调度计划与实际执行效果之间的量化对比分析和跟踪评估。后分析评估包含对负荷预测、水库来水预测、检修计划、发电计划、水电方案和考核结算等业务的后分析评估。

在具体数据流程和功能上，以预分析评估为例，其从数据申报与信息发布应用获取注册申报、运行申报、竞价申报信息，从预测应用获取负荷预测、水文预测和新能源发电能力预测信息，从检修计划应用获取设备检修计划，从短期交易管理应用获取交换计划，从水电及新能源调度应用获取水电及新能源发电计划和防洪方案，从发电计划应用获取日前、日内和实时发电计划，从考核结算应用获取合同等信息；向调度管理类应用、数据申报与信息发布应用提供预分析评估结果。

八、考核结算

考核结算应用根据各类合同、计划和采集到的实际执行信息，实现各类结算主体的结算电量统计、运行情况考核、有偿辅助服务补偿，以及各类结算主体的电量结算。考核结算应用主要包括电能量计量、并网电厂运行考核、辅助服务补偿、结算管理四个功能。

电能量计量功能根据关口表计增量电量和表底电量采集信息，按照结算要求计算各周期关口计量电量，主要实现电量数据转换、统计分析和网损分析。并网电厂运行考核功能根据调度计划信息、电网运行信息、机组运行信息和电能量计量信息，对电厂运行行为进行考核，主要实现安全管理考核、黑启动考核、调度管理考核、非计划停运考核、发电计划考核、AGC考核、一次调频考核、无功调节考核、调峰考核、检修管理考核、技术指导与管理考核等功能。辅助服务补偿功能根据调度计划信息、电网运行信息、机组运行信息和电能量计量信息，对调度对象提供的有偿辅助服务进行补偿，主要实现调峰补偿、旋转备用补偿、AGC补偿、有偿无功补偿、黑启动补偿等功能。结算管理功能根据电能量计量信息、年度合同、月度合同、短期交易合同、实时交换计划、实时发电计划，以及电网实时运行信息，实现各成员的上网电量、结算电量计算，以及电量结算等功能。

在具体数据流程和功能上，以电能量计量为例，其从基础平台获取电网模型信息和计量实时信息，从实时监控与预警类应用获取拓扑潮流信息；向调度管理类应用提供关口计量时段电量和汇总电量，向计划分析与评估应用提供关口计量时段电量和汇总电量，向并网电厂运行考核功能、辅助服务补偿功能、结算管理功能、数据申报与信息发布应用提供关口计量时段电量和汇总电量。

九、信息发布

信息发布功能按照设定规则，向调度对象及时发布授权范围内的各类调度计划信息，实现调度对象对发布信息的及时公平访问，支持严格的身份认证和发布信息配置，私有信息发布和公共信息发布。

在具体数据流程和功能上，其从基础平台获取电网模型及限额信息，从预测应用获取预测结果，从检修计划应用获取设备检修计划，从短期交易管理应用获取交易结果和交换计划，从水电及新能源调度应用获取水电及新能源发电计划和防洪方案，从发电计划应用获取日前、日内和实时发电计划，从考核结算应用获取考核、补偿和结算结果，从计划评估分析应用获取预评估结果和后评估结果；向调度对象提供调度计划相关信息。

第二节 发电计划发展过程

一、发电计划演化历程

发电计划是调度计划的核心应用，发电计划编制是电网调度生产中的重要环节，是保障电网安全、稳定、优质、经济生产运行的重要基础。电力系统运行特点决定了发电计划的安排是一个持续滚动的过程，需要进行各周期持续动态优化，包括年度计划、月度计划、日前计划、日内计划和实时计划。不同周期内的计划具有不同的作用与功能，年度计划注重于统筹安排和风险控制，月度计划注重于逐级分解和适时调整，日前计划注重于精确落实和电网安全，日内实时计划注重于偏差消除和可靠控制。

发电计划编制方法主要包含如下几种方式：

1. 人工编制

人工编制采用离线计算的方式，利用 EXCEL 等简单工具，一般仅能考虑发电负荷的平衡。人工编制的特点是由计划编制人员直接修改电厂或机组出力曲线，虽灵活但效率低下；人工编制系统一般为离线系统，与 EMS 及自动化平台割裂，数据无法统一管理；难以考虑机组出力、爬坡、电量等在内的各类运行约束，难以综合考虑电网约束及进行多目标优化。

2. 优先次序法

优先次序法按照成本微增率阶梯曲线的形状，依次带负荷，本质上是等微增率算法的反映。该方法的特点是：逻辑简单，计算速度快，能够考虑系统平衡、机组上下限、爬坡等约束，但是难以处理电量约束和网络安全约束。

3. 拉格朗日松弛法

拉格朗日松弛法（Lagrangian Relaxation）在 20 世纪 80～90 年代应用广泛。其基本思想是把约束规划变为无约束规划，即利用松弛因子把各种约束条件写成目标函数惩罚项从而消去约束条件。拉格朗日松弛法计算速度快，相对于优先次序法能够处理电量约束，其最大的问题在于考虑复杂约束时，过多的乘子将恶化算法的收敛性，因而很难得到符合实际要求的最优解。

4. 线性规划法

线性规划（Linear Programming，LP）是运筹学中产生较早、应用广泛的一个分支。它是辅助人们进行科学管理的一种数学方法，研究线性约束条件下线性目标函数的极值问题。求解线性规划问题的基本方法是单纯形法。为了提高求解速度，又有改进单纯形法、对偶单纯形法、原始对偶方法、分解算法和内点法等。线性规划法一般用于求解经济调度问题。

5. 混合整数规划法

混合整数规划（Mixed Integer Programming，MIP）是指变量中既包含整数又包含非整数的数学规划问题，包括线性整数规划和非线性整数规划。混合整数规划法在物理模型上很适合求解机组组合问题，常用的求解方法有分支限界法（Branch and Bound）、割平面法（Cutting Planes）等。

2008 年以前，我国电网调度机构在编制发电计划时一般采用人工编制方法或者采用优化次序、线性规划等方法。这些方法可以统称为传统发电计划方法，在进行计划编制时存在如下问题：

（1）人工直接面向曲线，人员工作强度大，工作效率低下；

（2）无法实现海量信息高效整合，无法协调处理优化目标及各类约束，难以兼顾经济性和安全性；

（3）以考虑电力整体平衡及备用为主、无法根据网络情况合理考虑分区备用；

（4）缺乏母线负荷等外围数据支持，无法计算计划日潮流并提前预知风险，导致日前计划可执行性差，执行时依靠调度员经验临时调整，存在政策及电网安全风险。

2008 年以后，国家电网公司统一组织进行安全约束机组组合（SCUC）和安全约束经济调度（SCED）核心算法开发，中国电科院等科研单位在此核心技术上取得突破，实现了电网安全控制与经济调度的联合求解，全面提升了调度计划的精益化和安全性。

二、安全约束发电计划

电力系统的运行需要详细而周密的计划安排，以确保整个系统的安全性、经济性与节能性。在安全性方面需保障潮流的合理分布，确保元件的最佳运行状态，提前掌控未来系统的运行特性，做到安全问题可防可控。在经济性方面需保障各类机组"物尽其用"，使其充分发挥在系统中的合理作用，电厂运行的经济性得以发挥。在节能性方面需保障降低全网能耗水平，清洁能源优先发电。

美国加州电力危机带来了一系列重要教训，其中之一就是发电计划一定要考虑电力系统可靠性约束，特别是电网安全约束，由此提出了考虑电网安全约束的经济调度问题。在美国，安全约束机组组合（SCUC）和安全约束经济调度（SCED）已成为电力调度的两大核心应用软件。

安全约束发电计划是安全约束机组组合和安全约束经济调度的统称。安全约束机组组合定义为：在满足电力系统安全性约束的条件下，以系统购电成本最低等为优化目标，制订多时段的机组开停机计划。安全约束经济调度定义为：在满足电力系统安全性约束的条件下，以系统购电成本最低等为优化目标，制订多时段的机组发电计划。

SCUC 主要采用混合整数规划法（MIP），SCED 主要采用线性规划法（LP）。SCUC 主要用于解决机组组合问题，其要求的数据较 SCED 多，需要机组启停费用、机组启停曲线、最小开停机时间等信息。在我国，目前 SCUC 适用于对燃气机组或水电启停要求较多的环境，也适用于解决周及月度机组组合问题。

国外的日前市场例如美国，因具备日启停性能的燃气机组较多，日前市场以 SCUC 为主,但国内因常规大容量火电较多,对启停结果的持续性有一定要求,且 SCUC 对启停费用、启停约束、启停曲线等基础数据管理要求高,所以目前国内在日前应用上仍以 SCED 为主,SCUC 方面主要开展了周、月等较长周期的 SCUC 研究。目前国内外安全约束机组组合和安全约束经济调度的求解一般采用商业软件如 Lingo、CPLEX 等。

采用安全约束发电计划具有如下主要作用:一是电网安全防线前移,是提升电网安全防御水平的重要手段;二是互联大电网的计划编制问题复杂,人工经验难以协调优化所有因素;三是采用安全经济一体化经济调度算法,可以实现多目标、多约束、多时段耦合的发电计划优化,提升计划精益化水平和计划编制效率。

当前的 SCUC/SCED 主要基于直流潮流模型,将电力系统的物理特性转化为线性或非线性的解析表达约束,结合节能调度、三公等目标进行统一建模,采用成熟的数学方法求解,从而在满足系统安全约束的前提下达到目标最优。

安全约束机组组合重在确定满足电网安全约束和备用需求的机组组合计划,而对调度计划的要求则相对较低,只要满足电网安全和系统供需平衡即可,计算时间也相对较长。安全约束经济调度则是在已经确定的机组组合基础上,编制可以用于调度实际执行的发电计划。图 7-2 描述了以安全约束机组组合和安全约束经济调度为核心的发电计划功能和数据流程。

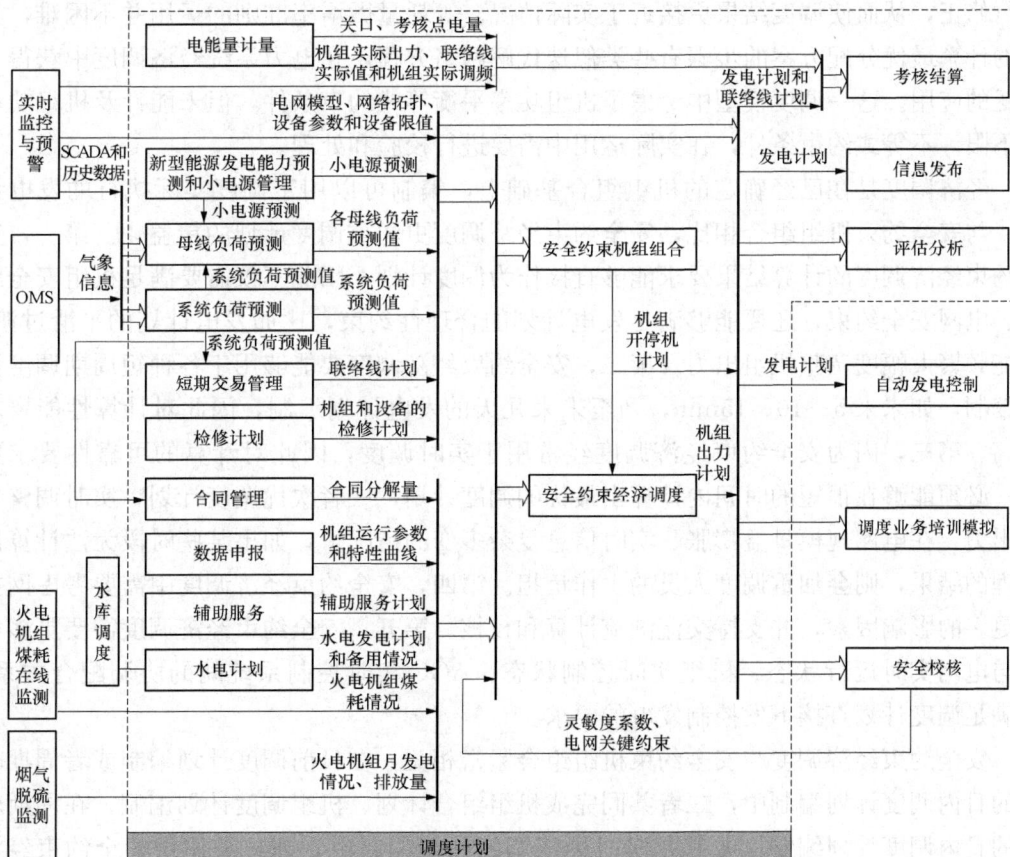

图 7-2　发电计划功能和数据流程

第三节 安全约束经济调度

一、经济调度综述

安全约束经济调度的数学本质是一个大规模、包含复杂的线性、非线性、非解析约束条件的数学规划问题；其物理本质是在考虑系统平衡、电网约束、机组运行约束条件以及实际运行约束条件下，优化决策发电计划。

自 1919 年提出电力系统中机组间有功出力最优分配的概念以来，电力系统经济调度问题取得了不断的发展。最早采用的"基本负荷法"是指效率高的机组满发，其余机组按效率由高到低依次分配负荷，显然，这种调度模式不能实现有功功率的最优经济分配。

1934 年 Steinberg 和 Smith 首次应用古典变分法导出了等耗量微增率公式，得到电力系统经济调度中著名的等耗量微增率准则，即：按相同的耗量微增率在发电设备或发电厂之间分配负荷，系统的总耗量最小。1952 年，Kirchmayer 和 Stagg 提出了著名的经典协调方程，在经济调度中成功考虑了系统网损的影响，用网损微增率对耗量微增率进行修正，从而使调度结果更接近于实际情况。等耗量微增率准则的运用并不困难，具体的计算最优分配方案的步骤有些类似迭代解网络方程，在电力系统经济调度中获得了广泛的应用。这一调度模型中考虑了机组功率平衡等式约束条件，但未能计及机组功率上下限等不等式约束条件，在实际运用中需要进行校验和处理。

经济调度是在已经确定的机组组合基础上，编制可以用于调度实际执行的发电计划。与安全约束机组组合相比，安全约束经济调度更注重调度计划的精益化。第一，安全约束经济调度的计算结果要求能够直接作为调度计划，因此不仅需要满足机组安全约束、电网安全约束，还要能够满足发电计划的合理性约束，比如发电计划的平滑过渡，不能频繁大幅度调整机组出力。第二，安全约束经济调度要能够用于各种短周期调度计划编制，如未来 5、10、15min，乃至未来几天的发电计划编制，因此对计算性能要求更高。第三，因为安全约束经济调度经常用于实时调度，因此对计算的可靠性要求更高，必须能够在很短的时间内计算出最优的调度计划，或者次优调度计划，实时调整机组出力，在电网规模日益膨胀、实时信息复杂多变的情况下，如果某些时段无法计算出合理的结果，则会加重调度人员的工作负担。第四，安全约束经济调度中需要考虑网损等更多的影响因素，并支持交流潮流计算和校核。第五，安全约束经济调度需要更多考虑与电网实时运行状态、机组实时控制状态、AGC 实时控制系统间的协调配合关系，以满足调度计划直接下发控制发电的要求。

安全约束经济调度与安全约束机组组合紧密相关，在日前调度计划编制或者周期较长的日内调度计划编制中，二者共同完成机组组合计划、机组调度计划编制，在周期较短的日内调度计划编制，尤其是实时经济调度计划编制中，则只需使用安全约束经济调度。

二、安全约束经济调度数学模型

1. 多模式优化模型

发电调度模式包括成本调度、节能发电调度、电力市场、三公调度等多种模式，研究不同的调度模式是为了建立适应多种模式的 SCED 优化模型，实现多种模式 SCED 在数学模型上的统一。

（1）节能发电调度模式。近年来，随着我国国民经济的发展，社会生产中的能源消耗越来越多，经济的可持续发展与能源现状的矛盾开始凸显。2007 年 8 月，发展改革委、环保总局、电监会和能源办联合下发了《节能发电调度办法（试行）》，提出了我国节能发电调度的改革方案。按照节能发电调度试行办法的规定，调度机构在制订发电计划时，应当以节能环保为目标，优先调用清洁能源和可再生能源发电，按能耗和污染物排放水平，由低到高依次调用化石类能源发电，最大限度地减少能源消耗和污染物排放。

节能发电调度模式要求根据负荷需求和节能要求，在确保电网安全稳定运行的前提下，优化发电方式，减少化石类燃料的耗用，确保节能减排目标任务的实现，促进社会经济又好又快发展。

节能发电调度下的 SCED，应当在保证电网安全的前提下，尽量安排可再生能源和清洁能源多发电，同时按火电机组的煤耗和污染物排放水平高低安排火电机组出力，满足电力供需平衡。因此，节能调度模式下，SCED 的目标函数应当是所有机组的发电能耗量 F 最低，即

$$\min F = \sum_{t=1}^{T} \sum_{i=1}^{I} \left[C_i(p_{i,t}) \right] \tag{7-1}$$

式中：T 为系统调度期间的时段数；I 为系统机组数；$C_i(p_{i,t})$ 为机组 i 在 t 时段的能耗；$p_{i,t}$ 为机组 i 在 t 时的有功功率。

（2）成本调度模式。成本调度模式要求在满足系统和机组的各种安全约束的前提下，以系统发电成本最低为目标，优化发电计划曲线。其目标函数为

$$\min F = \sum_{t=1}^{T} \sum_{i=1}^{I} \left[C_i(p_{i,t}) \right] \tag{7-2}$$

式中：T 为系统调度期间的时段数；I 为系统机组数；$p_{i,t}$ 为机组 i 在 t 时的有功功率；$C_i(p_{i,t})$ 为机组 i 在 t 时的发电费用，机组的发电费用曲线一般由机组煤耗曲线乘以煤价获得。

（3）电力市场模式。随着电力工业的不断发展，电源建设的日益完善，出现电力供过于求的局面，电力发展、调度公平与传统运行效率之间的矛盾日益凸显，在发达国家，这一矛盾主要体现在电源、电网建设投资过度引起的效率低下；在发展中国家，这一矛盾主要体现在国家为支持国民经济发展，而导致的电力发展资本负担过重，严重制约电力工业的继续发展。在这种情况下，很多国家以不同方式开始对电力工业体制进行

市场化改革，以解决全面管制下所暴露出的管理成本、投资、公平性等问题。

市场化改革的核心是对电力工业放松管制，以各种形式将发电、输配电和用电分离，形成多方利益实体的竞争化模式。电力市场化竞争的特点是放松管制之后，多方利益实体追求各自利益的最大化，同时也实现了社会效益的最大化。

电力工业市场化改革后，厂网分开，发电成本作为发电商的商业秘密，不再是公开的信息。在电力市场上，系统运行调度人员代表全体用户向发电商购电，SCED 的优化目标为购电费用最小，即

$$\min F = \sum_{t=1}^{T}\sum_{i=1}^{I}\left[\rho_i(p_{i,t})\right] \qquad (7-3)$$

式中：T 为系统调度期间的时段数；I 为系统机组数；$p_{i,t}$ 为机组 i 在 t 时的有功功率；$\rho_i(p_{i,t})$ 为机组 i 在 t 时的购电费用。

（4）三公调度模式。20 世纪 80 年代，我国出台了多渠道、多层次、多种形式的集资办电政策，开始允许独立的发电商上网发电，为保障独立发电商的经济利益，实行三公调度模式，也即计划电量发电调度模式。计划电量调度模式是指，各发电机组按机组容量平均分配发电利用小时数，满足电力系统供需平衡。2002 年开始实质性的电力体制改革，并逐步实现了厂网分开，但并没有随之全面实行电力市场竞争，而是延续计划电量调度模式，以平衡发电企业之间的利益关系，各电厂或机组的计划电量按照同一省级电网内的平均发电小时数确定。

三公调度是我国目前的主要调度模式，其核心目标是确保电厂年度合同电量的同步执行。电力调度机构多采用年计划分月，月计划分日方式，层层分解，形成理想进度的日生产计划，然后调度执行。

三公调度本质上是一个以年度电量为控制目标的电量调度模式，核心是电量计划执行的同步性，但计划编制却是一个精确的电力调度的过程。从数学角度看，三公调度是一个模糊、非量化的目标，进一步根据电力生产的特性，还包括以下数学内涵：

（1）在单个时段上，机组间出力均衡分配，同类机组间的出力分配避免随机性；

（2）在不同时段间，避免出现机组出力的剧烈波动和随机跳跃，保证机组出力的平滑调节；

（3）机组总发电量应尽可能接近理想目标电量，当存在偏差时，偏差电量在机组间均衡分配。

针对三公调度的这些特点，在国内的实践中常采用的方法一是构建新的数学模型，并在计算过程中增加其他的控制手段；二是根据电网运行的特点，合理地构建一组通用性的，反映机组三公电量进度的成本曲线，使成本优化模型可以适用于各种调度模式。

2. 机组成本模型

机组运行费用通常是机组出力的二次函数，而求解安全约束经济调度，将采用线性规划算法，需要建立严格的线性规划数学模型。首先需要对非线性的约束或目标进行离

散和线性化，下面简述机组运行费用的物理特点和离散线性化方式。

机组的基本能量特性曲线就是它们的输入输出关系曲线。常用的机组特性曲线有三种：

（1）标准煤耗量和发电功率的关系曲线，即煤耗特性曲线，或者费用特性曲线；

（2）单位煤耗量和发电功率的关系曲线，即单位煤耗特性曲线，或者单位费用特性曲线；

（3）微增煤耗量和发电功率的关系曲线，即煤耗微增率特性曲线，或者费用微增率特性曲线。

当采用费用作为衡量经济指标的单位时，将燃料耗量乘上燃料单位价格再加上其他费用就可以得到相应的费用特性曲线和费用微增率特性曲线。

在实际电力系统中，容量不同的发电机组煤耗特性差别是比较大的，容量相同机型不同的机组特性曲线也不相同，如凝汽式、背压式、抽气式机组等，即使机型容量全部相同的机组运行在不同的检修期时其各种特性曲线也不尽相同。机组煤耗特性曲线和煤耗微增率特性曲线的编制是一项非常复杂的工作，需要考虑众多因素并在大量试验的基础上根据数理统计理论来绘制。

应用线性规划法求解经济调度问题时要求目标函数是线性的，机组费用曲线有多段二次曲线、单段二次曲线、多段折线、单段折线4种情况。虽然二次曲线通常由机组测试数据拟合而成，对于单段或多段二次曲线形式的机组费用曲线，在直接调用线性规划算法时需要将其近似为多段线性折线来表示。

机组运行费用以二次曲线形式表示时可以写为式（7-4），即

$$F_{ci}^{conic}(P_i) = a_i + b_i P_i + c_i P_i^2 \quad (P_{i,min} \leqslant P_i \leqslant P_{i,max}) \tag{7-4}$$

式中，i 为机组序号；F_{ci}^{conic} 为机组运行费用二次曲线；P_i 为机组 i 的有功功率；a，b，c 为机组的燃料费用系数；$P_{i,min}$ 和 $P_{i,max}$ 分别为机组 i 的最小出力限值和最大出力限值。

一般而言，由于火电机组必须始终运行在其最小和最大出力限值之间，因此一旦开机，机组的运行费用值并不是从 0 开始的连续函数。此外，随着火电机组出力增大，单位煤耗率也会随之上升，这也就意味着，同一台火电机组的单位电能燃料费用是随着机组出力提高而增加的。通常情况下，不采用机组费用函数的二次曲线直接计算，而是将费用的二次曲线用分段线性折线来表示，如图 7-3 所示，假定将机组的费用函数分成 J 段折线，每段的区间对应的机组出力范围为 $[P_{i,min}, P_{i,1}^{con})$，$[P_{i,1}^{con}, P_{i,2}^{con})$，…，$[P_{i,J-2}^{con}, P_{i,J-1}^{con})$，$[P_{i,J-1}^{con}, P_{i,max}]$。

3. 多目标优化模型

发电计划的制订要同时满足电网安全、经济、节能、环保等多方面的要

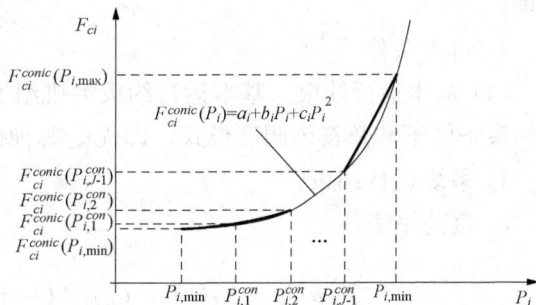

图 7-3 火电机组燃料费用函数曲线

求，不同的调度模式只是侧重点有所不同，系统应可支持多种优化目标并具备协调优化能力。

多目标协调一般有如下几种模式：一是各目标通过加权方式统一成单目标进行优化，例如可以把排放折合为成本来统一考虑；二是分级别逐次优化，例如在具备相同报价的机组间可以按照煤耗水平进行二次优化；三是通过目标和约束的相互转化来协调多目标优化。

以成本最小为例，SCED 的目标函数可表示为

$$\min(F) = k_1 \times F_1 + k_2 \times F_2 + k_3 \times F_3 \tag{7-5}$$

F_1 表示出力运行成本，即

$$F_1 = \sum_{t=1}^{T} \sum_{i=1}^{I} [C_{o,i}(P_{i,t})] \tag{7-6}$$

F_2 表示可调度负荷成本，即

$$F_2 = \sum_{t=1}^{T} \sum_{j=1}^{L} \{C_{l,j}[l(t)]\} \tag{7-7}$$

优化计算时，由于约束的相互矛盾，有时会造成部分网络约束无法消除，此时如果把母线负荷定义为可调度负荷，能够进行一定的调整，将有助于消除网络越限。

F_3 表示排放折合成本，即

$$F_3 = \sum_{t=1}^{T} \sum_{i=1}^{I} [C_{e,i}(p_{i,t})] \tag{7-8}$$

上述目标函数中的 F_2、F_3 项为选配功能，算法软件可通过设置参数 k_2、k_3，决定上述两目标项及其相关约束条件是否生效。

上述式中：$C_{o,i}(P_{i,t})$ 为机组 i 在 t 时的成本，根据需要可以选用机组煤耗、机组报价或者机组发电费用等，选用不同的成本可以适应不同的调度模式；$C_{l,j}[l(t)]$ 为 t 时切负荷 $l(t)$ 的成本；$C_{e,i}(p_{i,t})$ 为机组 i 在 t 时的排放折合成本；T 为系统调度期间的时段数；I 为系统机组数；L 为可调度负荷数；$p_{i,t}$ 为机组 i 在 t 时的有功功率。

按照加权方式进行协调优化时往往难以确定加权因子，对结果也难以量化分析，所以在实际情况中，常会根据具体模式的要求以某一目标为主，把其他目标作为约束来处理。

4. 约束条件

（1）基本运行约束。基本运行约束为机组发电、电网运行必须满足的基本条件，这些约束条件不涉及具体调度模式，即无论哪种模式下都必须考虑的约束条件。

1）系统运行约束。

a. 负荷平衡：

$$\sum_{i=1}^{I} p_{i,t} = p_d(t) + p_{tieline}(t) - l(t), \quad t = 1, 2, \cdots, T \tag{7-9}$$

式中：$P_{i,t}$ 为机组 i 在 t 时的有功功率；$p_d(t)$ 为 t 时的系统发电口径净负荷；$p_{tieline}(t)$

为系统在 t 时的联络线功率；$l(t)$ 为系统在 t 时的可调度负荷。

b. 旋转备用约束：

$$\sum_{i=1}^{I} \overline{r_i}(t) \geqslant \overline{p_r}(t) \tag{7-10}$$

$$\sum_{i=1}^{I} \underline{r_i}(t) \geqslant \underline{p_r}(t) \tag{7-11}$$

式中：$\overline{r_i}(t)$ 为机组 i 在 t 时提供的上调旋转备用；$\overline{p_r}(t)$ 为系统在 t 时的上调旋转备用需求；$\underline{r_i}(t)$ 为机组 i 在 t 时提供的下调旋转备用；$\underline{p_r}(t)$ 为系统在 t 时的下调旋转备用需求。

c. 调节（AGC）备用约束：

$$\sum_{i \in I_g} \overline{r_i'}(t) \geqslant \overline{p_r'}(t) \tag{7-12}$$

$$\sum_{i \in I_g} \underline{r_i'}(t) \geqslant \underline{p_r'}(t) \tag{7-13}$$

式中：$\overline{r_i'}(t)$ 为机组 i 在 t 时提供的 AGC 上调备用；$\overline{p_r'}(t)$ 为系统在 t 时的 AGC 上调备用需求；$\underline{r_i'}(t)$ 为机组 i 在 t 时提供的 AGC 下调备用；$\underline{p_r'}(t)$ 为系统在 t 时的 AGC 下调备用需求。

2）机组运行约束。

a. 发电机组输出功率上下限约束：

$$\underline{p_i} u_i(t) \leqslant p_{i,t} \leqslant \overline{p_i} u_i(t) \tag{7-14}$$

式中：$p_{i,t}$ 为机组 i 在 t 时的有功功率；$\overline{p_i}$、$\underline{p_i}$ 为分别表示发电机组 i 输出功率的上下限；$u_i(t)$ 为机组 i 在 t 时的开停状态。

b. 机组加、减负荷速率（ramp rate）约束：

$$\Delta_{i1} \leqslant p_i(t) - p_i(t-1) \leqslant \Delta_{i2} \tag{7-15}$$

式中：Δ_{i1}、Δ_{i2} 分别为机组 i 每时段可加减负荷的最大值。

3）电网安全约束。

a. 支路潮流约束：

$$\underline{p_{ij}} \leqslant p_{ij}(t) \leqslant \overline{p_{ij}} \tag{7-16}$$

式中：p_{ij}，$\overline{p_{ij}}$，$\underline{p_{ij}}$ 分别表示支路 i、j 的潮流功率及上下限。

b. 联络线断面潮流约束：

$$\underline{P_{ij}} \leqslant P_{ij}(t) \leqslant \overline{P_{ij}} \tag{7-17}$$

式中：P_{ij}，$\overline{P_{ij}}$，$\underline{P_{ij}}$ 分别表示联络线断面 i，j 的潮流功率及上下限。

4）机组固定出力。机组在特定时段内按照给定的发电计划运行，见式（7-18），在此特定时段内该机组不参与经济调度计算。

$$p_{i,t} = P_{i,t} \qquad (7-18)$$

式中：$p_{i,t}$ 为机组 i 在 t 时的有功功率；$P_{i,t}$ 为机组 i 在 t 时刻的出力设定值。

5）机组群出力约束：

$$\underline{p} \leqslant \sum_{i \in G_g} p_{i,t} \leqslant \overline{p} \qquad (7-19)$$

式中：G_g 为机组群；$p_{i,t}$ 为机组 i 在 t 时的有功功率；$\underline{p}$ 为机组群出力下限；$\overline{p}$ 为机组群出力上限。其中 $\underline{p}$ 和 $\overline{p}$ 可以表示成系统负荷预测的一个百分比。

6）分区电压支持：

$$\sum_{i \in Av} p_{i,t} \geqslant P_{v,t} \qquad (7-20)$$

式中：Av 为无功电压分区；$p_{i,t}$ 为机组 i 在 t 时的有功功率；$P_{v,t}$ 为分区电压支撑容量。

（2）经营性约束。经营性约束为特定调度模式下，或特定自然条件或社会条件下需要考虑的约束条件，这些条件依据不同场合的实际情况而定。

1）燃料约束：

$$\sum_{i \in I} \sum_{t=1}^{T} F(p_{i,t}) \leqslant F(T) \qquad (7-21)$$

式中：$F(p_{i,t})$ 为机组 i 的燃料消耗特性函数；I 为电厂或系统；$F(T)$ 为调度周期 T 的燃料约束；$p_{i,t}$ 为机组 i 在 t 时的有功功率。

2）机组群电量约束：

$$H_1(T) \leqslant \sum_{i \in I} \sum_{t=1}^{T} p_{i,t} \leqslant H_2(T) \qquad (7-22)$$

式中：I 为机组或机组群；$H_1(T)$、$H_2(T)$ 分别表示调度周期 T 的电量上下限约束，两者取相同的值时可以处理机组或机组群的固定电量约束；$p_{i,t}$ 为机组 i 在 t 时的有功功率。

3）合同约束：

$$\sum_{i \in I} \sum_{t=1}^{T} C(p_{i,t}) \geqslant C(T) \qquad (7-23)$$

式中：$C(p_{i,t})$ 为机组 i 的合同成分函数；I 为电厂；$C(T)$ 为调度周期 T 的合同电量约束；$p_{i,t}$ 为机组 i 在 t 时的有功功率。

4）环保排放约束：

$$\sum_{i \in I} \sum_{t=1}^{T} E(p_{i,t}) \leqslant E(T) \qquad (7-24)$$

式中：$E(p_{i,t})$ 为机组 i 的环保排放函数；I 为电厂；$E(T)$ 为调度周期 T 的排放约束。

工程应用中对发电计划优化算法的鲁棒性要求很高，要求算法在各种情况下都能够可靠收敛，并能够找到相应运行环境下的最优发电计划。安全约束经济调度优化模型中涉及的约束复杂，相互关联度大，有可能发生约束互相冲突的情况，因而建立可松弛的优化模型是保证算法鲁棒性和可靠性的重要条件，对于保障日前计划工作的正常开展具有重要意义。

在前述常规优化模型中，包括系统平衡约束、机组运行约束、电网安全约束等在内的各类约束都是强制性约束。如果某个约束无法满足，就会导致优化无解，这在实际生产中是不能允许的。通过对各类约束的分析，可以发现，约束的重要程度和灵活程度并不相同，有些约束比如电量、排放、平滑性等对系统安全运行短时间内并无大的影响，即便是安全性约束，在实际运行中，有时也允许短时越限运行。因此有必要在分析约束类型和特点的基础上，建立合理的分层分级松弛策略，通过不同松弛方式、不同松弛级别间的协调配合，不仅要保证可靠求出当前条件下的最优松弛解，而且能够向使用人员提供更多的有效信息，包括当前解的环境，矛盾约束的初步定位以及告警信息等，通过这些信息的反馈，电网调度人员能够感知电网未来运行情况，并促使其做出进一步的优化调整。

常用的松弛方式有如下几种：

1）约束式松弛：当约束条件间发生矛盾时，按照约束级别依次把约束条件放开不予考虑。

2）参数式松弛：有些约束条件具备多重限值，在需要的时候可以使用较宽松的限值。例如支路限值包括正常限值和短时限值，爬坡速率包括正常爬坡速率和紧急爬坡速率等。

3）惩罚式松弛：在约束条件中引入松弛变量，同时在目标函数中增加与越限量相对的罚函数。这种约束条件可称为软约束。各类松弛约束的惩罚函数一般通过多个数量级差异来区分，在同一类约束内部也可以通过惩罚因子设置松弛的内部优先顺序。

三、安全约束经济调度算法

SCED 是一个大规模、包含复杂的线性、非线性约束条件的数学规划问题，人们提出了各种优化算法进行求解。传统的经济调度求解方法是在优化过程中引入乘子，然后利用 Lagrange 松弛法迭代求解。该算法的最大问题在于，考虑复杂约束时，过多的乘子将使算法的收敛性恶化，很难得到符合实际要求的最优解。因此，国内外学者在此基础上积极引入各种优化求解算法试图解决经济调度问题，早期学者通过各类网络简化类算法求解，例如电路方法、网络规划算法等；部分学者利用各种经典的优化理论求解简化的经济调度问题，例如内点法、二次规划法、罚函数法以及利用动态规划求解等。随着智能优化算法的发展，大量新型的优化算法被引入到经济调度领域，例如：遗传算法、粒子群优化算法、多目标混合进化算法等，并取得了一定的成果。

在各种算法中，线性规划（linear programming，LP）算法计算速度快，收敛可靠，在实际系统得到广泛应用。通过将 SCED 模型线性化，采用 LP 求解，既保证了计算精度，又能满足实时调度应用对计算速度的要求。

线性规划是运筹学中产生较早、应用广泛的一个分支。它是辅助人们进行科学管理的一种数学方法，研究线性约束条件下线性目标函数的极值问题。它是运筹学的一个重要分支，广泛应用于军事作战、经济分析、经营管理和工程技术等方面，为合理地利用有限的人力、物力、财力等资源做出最优决策，提供科学的依据。

早在 20 世纪 30 年代，学者发表了《生产组织与计划的数学方法》，其中论述的就是线性规划问题。1947 年提出了单纯形法，其后在计算机上的成功实现使得应用线性规划解决的问题迅速增加。线性规划已广泛用于国防、经济、工业中。随着电子计算机技术的普及和发展，线性规划方法在实际应用中发挥着越来越大的作用。

线性规划的标准形式如下

max（或 min）$z = cx$，

使得 $\qquad\qquad\qquad\qquad Ax = b,$ (7 - 25)

$x \geqslant 0,$

$c = (c_1, c_2, \cdots, c_n)$ 为行向量，$x = (x_1, x_2, \cdots, x_n)^{\mathrm{T}}$，$b = (b_1, b_2, \cdots, b_m)^{\mathrm{T}}$ 为列向量，矩阵 A 为

$$A = \begin{bmatrix} a_{11} & a_{12} & \cdots & a_{1n} \\ a_{21} & a_{22} & \cdots & a_{2n} \\ \cdots & \cdots & \cdots & \cdots \\ a_{m1} & a_{m2} & \cdots & a_{mn} \end{bmatrix} \qquad (7 - 26)$$

A 称为约束变量的系数矩阵。

求解线性规划问题的基本方法是单纯形法，现在已有单纯形法的标准软件，可在电子计算机上求解大规模的线性规划问题。为了提高求解速度，又有改进单纯形法、对偶单纯形法、原始对偶方法、分解算法和内点法等。下面简单介绍求解线性规划的三种主要算法：单纯形法、对偶单纯形法、内点法。

1. 单纯形法

单纯形是求解线性规划问题的通用方法，是美国数学家 G. B. 丹齐克于 1947 年首先提出来的。它的理论根据是：线性规划问题的可行域是 n 维向量空间 R^n 中的多面凸集，其最优值如果存在必在该凸集的某顶点处达到。顶点所对应的可行解称为基本可行解。单纯形法的基本思想是：先找出一个基本可行解，对它进行鉴别，看是否是最优解；若不是，则按照一定法则转换到另一改进的基本可行解，再鉴别；若仍不是，则再转换，按此重复进行。因基本可行解的个数有限，故经有限次转换必能得出问题的最优解。如果问题无最优解也可用此法判别。

单纯形法的一般解题步骤可归纳如下：

（1）把线性规划问题的约束方程组表达成标准形式，找出基础可行解作为初始基础可行解；

（2）若基础可行解不存在，即约束条件有矛盾，则问题无解；

（3）若基础可行解存在，则根据最优性判别条件，判断该基础可行解是不是最优

解，若是，停止，完成求解计算；

（4）若该基础可行解不是最优解，则按 Bland 规则或改进 Bland 规则产生一个新的基础可行解；如此迭代，直到对应检验数满足最优性条件（这时目标函数值不能再改善），即得到问题的最优解；

（5）若迭代过程中发现问题的目标函数值无解，则终止迭代。

2. 对偶单纯形法

对于线性规划的最大值问题，都相应存在着一个特定的包含同样数据的最小值问题，也就是说，一个问题可以从两个不同的方面提出：一个方面是在一定的资源条件下，如何最合理地规划使用这些资源，使得完成的任务量最大；另一个方面是根据已确定的任务如何规划使用资源，使得消耗的资源为最少。这样的问题可以看作是从两个不同的角度对同一个问题所进行的分析与研究，是根据同样的条件与数据所构成的两个问题。它们之间的关系是相对的，通常称一个问题是另一个问题的对偶问题。如果把前者称为原始问题，后者就叫作对偶问题。反之，如果把后者称为原始问题，前者就叫作对偶问题，两者互为对偶，这就是线性规划的对偶性。

如果线性规划的原始问题和对偶问题中，一个存在有限最优解，那么另一个也有最优解，而且相应的目标函数值相等；如果任何一个问题目标函数值无上界，那么另一个问题就无可行解。

3. 内点法

1984 年，美籍印度学者 Karmarkar N K 提出了一种具有多项式时间特性的线性规划新算法，求解大规模优化问题时，其计算时间比单纯形法快得多。与单纯形法沿着可行域边界寻优不同，Karmarkar 算法是从初始内点出发，沿着最速下降方向，从可行域直接走向最优解。因此，Karmarkar 算法也被称为内点算法。由于 Karmarkar 算法在可行域内寻优，故对于大规模线性规划问题，当约束条件和变量数目增加时，迭代次数变化比较小，一般都稳定在一个范围里，收敛性较好，速度较快。单纯形法与内点法的优化过程比较见图 7-4。

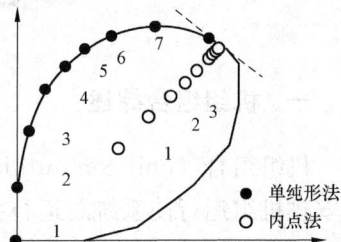

图 7-4 单纯形法和内点法
优化过程比较

内点法的基本思想是：选定一个内点解作为迭代过程的初始点，利用可行域的投影尺度变换，将当前的内点解置于变换后的可行域的中心；然后，在变换后的可行域中沿着目标函数最速下降方向的正交投影移动，获得新的可行内点，并通过投影尺度逆变换将新的可行内点映射到原来的可行域，作为新的迭代点。重复这一过程，直至求出满足一定精度的近似最优解。

四、安全约束经济调度功能流程

进入 SCED 后，用户可在几种模式（三公调度、成本调度和节能调度）中选择一种，选取相应需要考虑的约束即可开始自动计算，或按默认的约束和限值开始自动计

算。当出现计算不收敛或无可行解时可选择松弛策略进行再次求解。SCED 的功能流程
如图 7-5 所示。

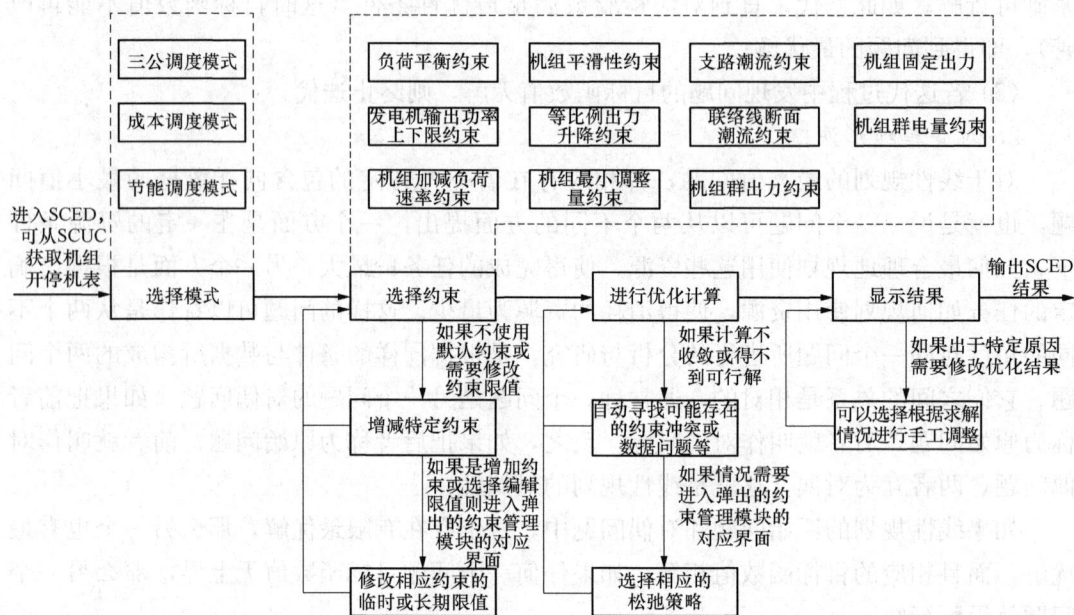

图 7-5　SCED 功能流程

第四节　安全约束机组组合

一、机组组合综述

机组组合（unit commitment，UC）是研究在保证系统安全运行的前提下如何合理
地安排机组运行使系统总运行费用最少，是电力系统经济调度的重要内容，也是负荷分
配、区域交换计划、自动发电控制、最优潮流的基础。

按照研究周期的长短，机组组合可以分为长期计划和短期计划，短期计划的研究周
期一般为日或周，需要考虑较多的约束，计算比较复杂，是机组组合的典型问题。通过
机组组合优化可以取得明显的经济效益，根据国内外的调度经验，一般机组组合的效益
可以达到 1%～2.5%。

大规模安全约束机组组合技术是调度计划应用的核心技术之一，也是保障日前发电
计划的安全性和经济性的关键。相对于传统意义上的机组组合，安全约束机组组合需要
获取负荷预测、检修计划、联络线计划和水电计划等模块的数据，根据不同调度模式的
要求，确定目标函数最小时的短期（日前、实时）机组启停机状态及出力。需要考虑的
约束条件除系统功率平衡约束、备用约束、机组出力上下限约束和速率约束、机组开停
机时间约束外，还必须考虑电网安全约束，能够消除支路和断面功率越界，保证网络安
全性。

根据《关于印发〈智能电网调度技术支持系统〉系列标准的通知》（国家电网科〔2011〕2005 号），中长期、日前和日内机组组合功能应满足以下基本要求：

（1）中长期和日前发电计划功能应能优化编制次日至未来多日每日 96 个时段（00：15～24：00）的机组组合计划和出力计划；

（2）日内发电计划功能应能优化编制范围为未来 1 小时至未来多小时每个时段的机组组合计划和出力计划。

自从机组组合问题产生以来，众多专家学者试验了大量的数学规划法方法用以求解该问题，如：优先次序法、动态规划法、网络流法、线性规划法、混合整数规划法、拉格朗日松弛法和各种智能方法等。其中优先次序法的研究始于 20 世纪 40 年代，该方法简单实用，计算速度快，但对有些约束，特别是与时间相关的约束难以处理。动态规划法的研究始于 70 年代中期，其本质是在所有的组合状态中搜索出最优解，但该方法计算量过大，实际应用时一般需要作近似和简化处理。拉格朗日松弛法的研究始于 70 年代末期，很多学者和电力工程师们不断对该算法进行改进和提高，使得拉格朗日松弛法在 20 世纪 80～90 年代得到广泛应用。

从 20 世纪 80 年代末期开始，首先在英国等国家出现的一种新型的电力工业运营方式，通过引入竞争，开放电力市场，彻底打破了电力行业原有的垄断经营体系，促进电力企业间的公平竞争，引发了一场电力工业一百多年发展历史中最为深刻的改革浪潮。电力市场的发展特别是日前市场的需求驱动了安全约束交易计划应用软件的发展。机组组合应考虑复杂大电网的运行约束条件，基于不同的调度运行模式，综合考虑市场参与者的报价、机组的煤耗特性、机组环保特性等因素，编制兼顾安全、经济、节能、环保的机组组合计划。因此，研究与开发适应新型发电调度方式、精细化考虑电网安全约束的机组组合理论与方法是电网调度和电力市场发展的必然选择。

对于电力市场环境下交易模型和算法的研究比较成熟的案例有，美国联邦能源监管委员会（FERC）于 2002 年 7 月发布的标准市场设计（Standard Market Design，SMD）。这里推荐采用基于混合整数规划法（Mixed Integer Programming，MIP）的安全约束机组组合程序（SCUC）编制发电计划，有些电网采用拉格朗日松弛法，个别电网采用线性规划法。计算安全约束机组组合后，每时段要用安全校核程序校验有无线路阻塞。如出现线路阻塞，则采用基于状态估计的分区边际电价（LMP）法（SMD 推荐）来消除阻塞，并出售金融输电权（FTR）以降低双边合同持有者的市场风险。

在美国，随着区域输电组织（RTO）规模的不断扩大，给电力系统优化计算以及电力系统分析带来很多新的技术挑战。对机组组合、安全校核等问题的求解要求越来越高：需要有较高的计算精度、较快的计算速度，并且要能够求解大规模电力系统。如 PJM RTO 现有 1082 台机组，几万条母线，采用 MIP 法计算 24 个时段的 SCUC 需要 2 小时，新英格兰的 SCUC 约需半小时。另外，早期的电力市场支持系统与 EMS 是分开的，在运行中发现有时二者的网络模型不一致，也产生一些问题。例如 ERCOT 的 EMS 系统和电力市场运营系统由不同厂商提供，为保持电网模型的一致性，ERCOT 花费了大量的人力和物力进行不同系统间电网模型的转换，目前 4000 母线的电网模型在不同系统间的转换耗时 3 个多小时。因此，第二代电力市场运营系统与 EMS 软件紧密协调，增加了软件规模和复杂程度，比常规 EMS 要复杂得多。随着计算机硬件和软件的发展以及线性规划方法的成熟，MIP 方法取得了很大进展。如 AREVA 公司改进了混合整数规划法，以其为核心的 SCUC 程序现已运行在美国 PJM 日前电力市场中。MIP 方法的最大优点是可以方便地处理各种约束条件，尤其是时间约束。在求解 UC 问题时，很多很难处理的约束条件，应用 MIP 法可以直接处理。

我国对机组组合和经济调度的研究从 20 世纪 60 年代开始，主要在华北和东北电网做了大量的工作。1982 年，国内第一套微机版经济调度软件在京津唐电网投入运行，对安全经济地制订发电计划起到了积极的作用。目前，我国已独立开发出安全约束机组组合、安全校核等大规模电力系统优化和分析算法，在算法精度、计算规模、计算速度等方面与国外系统和研究成果相当。

二、安全约束机组组合数学模型

1. 非线性特性的混合整数线性化

基于混合整数规划求解 SCUC，需要建立严格的混合整数线性规划的数学模型。首先需要对非线性的部分进行离散和线性化。机组组合的目标是降低系统运行费用，包括运行费用、维护费用和启停机费用等。机组运行费用通常是机组出力的二次函数，而机组启机费用通常是停机时间的非线性函数，下面简述机组启机费用的物理特点和离散线性化方式。

（1）启机费用特性曲线。机组的启机费用包括汽轮机启动费用和锅炉启动费用两部分。汽机的启动煤耗费用主要来源于暖管，克服转子的机械摩擦和建立转子机械旋转能量。由于汽轮机热容量很小，可以假定其启动费用与时间无关、为一常数。锅炉的情况比较复杂。由于锅炉的热容量很大，从锅炉点火开始然后产生蒸汽，给锅炉通气加温加压，一直到锅炉各个部分加热到稳态状态都需要消耗能量。根据统计，在锅炉冷却后重新生炉所需煤量可能达到满载时两小时的煤耗量，甚至更多。机组的启机费用与机组停机时间是相关的，如图 7-6 所示。

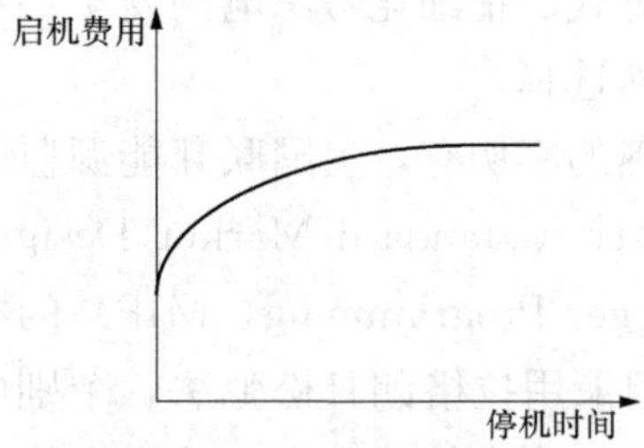

图 7-6 机组启机费用与停机时间曲线图

机组启机费用的函数表达式为

$$S_{on} = S_{on,0}(1 - e^{-\frac{t}{\tau}}) + KG \tag{7-27}$$

式中：S_{on} 为机组的启机费用；$S_{on,0}$ 为锅炉由冷却状态启动时所需费用；KG 为汽机启机费用；τ 为锅炉冷却时间常数；t 为停机时间。

可以看出，机组启机费用是一个与停机时间相关的指数曲线，在计算机组组合时精确计及启机费用有时会非常复杂，在不同情况下可以将启机费用做不同程度的处理：在计算精度要求不高的情况下可以将启机费用处理为一个恒定的常数；在更细致的处理中可以将机组启机费用处理为热态启机、温态启机、冷态启机三种不同的启机情况；也可以仅分为冷启机和热启机两种。

（2）机组启机费用特性曲线的分段折线化。机组启机费用特性曲线如图 7-7 所示。

将启机费用表达为多段线性表达式时，可以用式（7-28），即

$$S_{on,i,t} = \begin{cases} C_{on,i,1}, & (0 < t_{off} \leqslant t_1) \\ C_{on,i,2}, & (t_1 < t_{off} \leqslant t_2) \\ \cdots & \\ C_{on,i,T}, & (t_T < t_{off}) \end{cases} \quad (7-28)$$

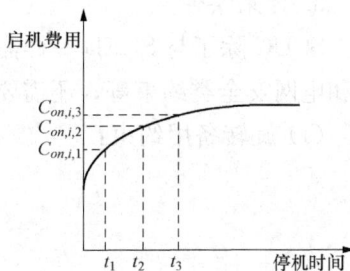

图 7-7　机组启机费用特性曲线图

式中：t_{off} 为停机时间；t_1、t_2、t_3、$\cdots$、t_T 为各段对应的停机时间；T 为总段数；$C_{on,i,1}$、$C_{on,i,2}$、$\cdots$、$C_{on,i,T}$ 为各段对应的启机成本。

2. 目标函数

SCUC 的目标函数可表示为

$$\min(F) = k_1 \times F_1 + k_2 \times F_2 + k_3 \times F_3 + k_4 \times F_4 \quad (7-29)$$

F_1 表示出力运行成本，即

$$F_1 = \sum_{t=1}^{T} \sum_{i=1}^{I} \{C_{o,i}[p_i(t)]\} \quad (7-30)$$

F_2 表示启机成本，即

$$F_2 = \sum_{t=1}^{T} \sum_{i=1}^{I} \{S_i[x_i(t-1), u_i(t)]\} \quad (7-31)$$

F_3 表示可调度负荷成本，即

$$F_3 = \sum_{t=1}^{T} \sum_{i=1}^{L} \{C_{l,i}[l(t)]\} \quad (7-32)$$

F_4 表示排放折合成本，即

$$F_4 = \sum_{t=1}^{T} \sum_{i=1}^{I} \{C_{e,i}[p_i(t)]\} \quad (7-33)$$

式中：$C_{o,i}[p_i(t)]$ 为机组 i 在 t 时的运行成本（费用）；$S_i[x_i(t-1), u_i(t)]$ 为机组 i 有状态变化时，从 $t-1$ 时段到 t 时段的开机成本（费用）；$C_{l,i}[l(t)]$ 为 t 时切负荷 $l(t)$ 的成本；$C_{e,i}[p_i(t)]$ 为机组 i 在 t 时的排放折合成本；T 为系统调度期间的时段数；I 为系统机组数；L 为可调度负荷数；$p_i(t)$ 为机组 i 在 t 时的有功功率；$x_i(t)$ 为机组 i 在 t 时的连续开停机时间，$x_i(t) > 0$ 表示连续开机时间，$x_i(t) < 0$ 表示连续停机时间；$u_i(t)$ 为机组 i 在 t 时的状态，$u_i(t) = 1$ 表示开机，$u_i(t) = 0$ 表示停机。

为实现全局寻优，在处理多目标建模时，采用归一化处理，把多目标分别按统一的计量单位折合进来（如煤耗、成本等），此时式中权重系数 k_1、k_2、k_3、k_4 等都取 1，在特定时候也可通过调整每个目标的权重系数来控制优化的侧重方面。除了以上各项目标外，SCUC 还可以根据实际系统情况在目标函数中考虑别的辅助服务如 AGC 备用成

本等。通过以上目标建立方式，理论上可以得到系统的全局最优解（具体与建模方式导致的收敛性有关）。

3. 约束条件

SCUC 除了与 SCED 一样需要考虑发用电平衡约束、机组功率上下限、爬坡速率约束和电网安全类约束等，还需要考虑如下约束条件：

（1）旋转备用约束：

$$\sum_{i=1}^{I} \overline{r_i}(t) \geqslant \overline{p_r}(t) \tag{7-34}$$

$$\sum_{i=1}^{I} \underline{r_i}(t) \geqslant \underline{p_r}(t) \tag{7-35}$$

式中：$\overline{r_i}(t)$ 为机组 i 在 t 时提供的上调旋转备用；$\overline{p_r}(t)$ 为系统在 t 时的上调旋转备用需求；$\underline{r_i}(t)$ 为机组 i 在 t 时提供的下调旋转备用；$\underline{p_r}(t)$ 为系统在 t 时的下调旋转备用需求。

（2）最小运行时间和最小停运时间约束：

$$\sum_{n=t}^{t+T_i^{\min\_on}-1} U_i(n) \geqslant T_i^{\min\_on}[U_i(t)-U_i(t-1)] \tag{7-36}$$

$$\sum_{n=t}^{t+T_i^{\min\_off}-1} [1-U_i(n)] \geqslant T_i^{\min\_off}[U_i(t-1)-U_i(t)] \tag{7-37}$$

式中：$U_i(t)$ 为机组 i 在时段 t 的开停状态；$T_i^{\min\_on}$ 为机组 i 的最小运行时间；$T_i^{\min\_off}$ 为机组 i 的最小停运时间。

（3）最大开停次数：

$$\sum_{t=1}^{T} \beta_{i,t} \leqslant N_S \tag{7-38}$$

式中：N_S 为调度期内最大开停次数。

（4）可用状态（检修、最早开机时间）约束：

$$u_i(t)=0, \quad 如果 t \in T_r \tag{7-39}$$

式中：T_r 为检修时间区间，或为最早开机时间前的停机时间区间（主要用于发布机组组合结果时，机组有足够的时间开机）。

（5）机组固定启停方式，见式（7-40）。用于表示机组在特定时段内的可用状态，包括必开和必停。在此特定时段内两类机组不参与机组组合计算。

$$u_i(t)=U_i(t) \tag{7-40}$$

式中：$U_i(t)$ 为机组 i 的启停方式设定值（运行或停止）。

（6）分区备用约束：

$$\sum_{i \in Ar} r_i(t) \geqslant R_{Ar} \tag{7-41}$$

式中：A_r 为有功备用分区；R_{Ar} 为分区备用约束限值。

4. 算法建模流程和原则

通过以上的建模方案，可以将 SCUC 这么一个物理问题转化为一个混合整数规划的数学问题，再调用算法包求解此数学问题。建模方案好坏的区别，不仅仅局限于用数学反映物理问题的正确性上，评判一个模型优劣的依据还需通过计算收敛性、计算速度、计算精度、可计算规模、精细化程度、可维护性和可拓展性等方面来评判。

图 7-8 为 SCUC 的建模求解整体流程图，求解时，首先建立一套变量组，能够涵盖机组组合问题所需要关心的各类变量，如半连续变量机组出力，布尔型变量机组开停状态，连续型变量机组运行费用、机组开机费用、机组停机费用等。变量组的维度通常是二维（即机组和时段，有时也存在三维变量组，如在描绘机组的分段折线关系时），根据具体建模思路还可设计一批辅助变量，如布尔型变量机组开机变化状态、机组停机变化状态等。变量组的定义方案和类型设置并不唯一，它们是整个建模方案的出发点，会对后续的建模方式产生影响。

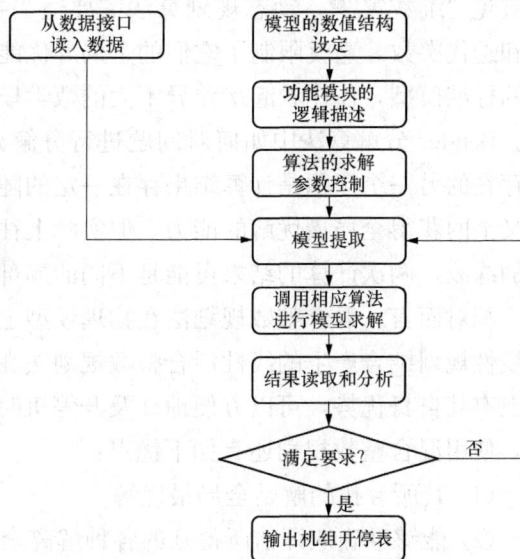

图 7-8 SCUC 整体流程图

变量构建完成之后就是变量之间的挂接和映射，如机组出力和分段折线机组运行费用的映射关系实现等。

接下来就是构造各类约束，构造原则如下：

（1）能够正确地把物理问题转化为相应的数学问题；

（2）能够减少模型构建时可能的冗余及冲突，提高计算的收敛性；

（3）综合物理背景和所调用的算法特点优化模型的构建，提高求解速度和结果能达到的精度；

（4）在构建模型的过程中优化内存的使用，在相同的软硬件环境下能大幅提高模型的计算规模；

（5）能够更精细化地考虑各类约束，按需要可把约束细化到各机组和各时段，同时使整个模型具有足够的灵活性和拓展性，以确保能在后续阶段加入更多的约束。

三、安全约束机组组合算法

常用机组组合问题求解算法包括穷举法、优先顺序法、动态规划法、拉格朗日松弛法、混合整数规划法和智能算法等。

优化方法的寻优策略大致可分为解析、枚举、随机三类，线性规划、非线性规划这类算法采用的是基于解析思想的寻优策略，动态规划以及 Bender 分解可以看作是基于枚举策略的寻优方法，遗传算法则是采用随机搜索策略优化算法的代表。基于解析性质分析的算法利用了具体问题的特点进行寻优，效率高，但这类算法对数学模型的形式要求也较高，对非凸非线性规划问题只具有局部寻优能力。基于枚举和随机搜索的算法对发电成本曲线或报价曲线的处理能力较强，且在理论上可以得到全局最优解，但是这类算法往往效率较低，且当机组数目较多时，动态规划和遗传算法可能出现"维数灾"。为避免"维数灾"❶，动态规划算法需要适当控制迭代步长，遗传算法也要控制种群规模和迭代次数，这就限制了它们的全局寻优能力。动态规划方法的另一个问题是没有统一的标准模型，往往看起来差异不大的数学模型采用动态规划求解时需要不同的处理技巧。Bender 分解算法中如何对问题进行分解处理也需要不同的处理技巧。随机搜索算法存在的另一个问题是计算结果存在一定的随机性，也就是说，虽然这种算法有着概率意义上的获得全局最优解的能力，但实际上往往得到的是局部最优解，并且由于寻优策略的缘故，两次计算的结果可能是不同的局部最优解。

相对而言，混合整数规划法在物理模型上比较适合求解机组组合问题，和发展成熟的线性规划结合产生的线性混合整数规划法在求解大规模多约束的电力系统机组组合问题上有其自身优势，可以方便地计及开停机时间约束、网络安全约束等约束条件。除此外，使用混合整数规划还有如下优点：

(1) 其所寻找的解是全局最优解；

(2) 能够准确地评估所得到的各种解离全局最优解的距离；

(3) 更能够适应 SCUC 问题中各种复杂逻辑的建模。

1. 混合整数规划法

在一个数学规划中，如果它的全部自变量为整数时，则称这个规划为整数规划；如果仅要求部分自变量为整数，则这个数学规划称为混合整数规划；如果这些整数仅限于取整数 0 和 1 时，称这样的规划为 0—1 规划。机组组合问题就是混合整数 0—1 规划问题。从 1958 年 R. E. Gomory 提出求解线性整数规划的割平面算法以后，整数规划逐渐成为一个独立的数学规划分支。近年来，随着组合优化的不断推进，将图论、组合论、线性整数规划等理论密切地联系起来，使整数规划有了新的发展。

在探寻整数规划求解的思路上，由于线性规划（LP）的求解已经有了比较成熟、有效、统一的算法（即单纯型法），对于线性整数规划（IP）的求解，人们自然想借助单纯型法。其模型为

(IP) $\qquad$ Max $\quad f = C^T x \quad x = (x_1, x_2, \cdots, x_n)^T$ $\qquad$ (7-42)

使得 $\qquad\qquad\qquad\qquad Ax \leqslant b$

$x_i \geqslant 0$，且 $x_i \in Z$，$i = 1, 2, \cdots, n$（Z 为整数集合）

(LP) $\qquad$ Max $\quad f = C^T x \quad x = (x_1, x_2, \cdots, x_n)^T$ $\qquad$ (7-43)

---

❶ 维数灾（curse of dimensionality）：通常指在涉及向量计算的问题中，随着维数的增加，计算量呈指数倍增长的一种现象。

使得 $$Ax \leqslant b$$
$$x_i \geqslant 0, \quad i=1, 2, \cdots, n$$

模型 LP 是将 IP 中的取整约束条件（$x_i \in Z$，$i=1, 2, \cdots, n$）舍去之后得到的，可以将 LP 认为是对 IP 问题的一种松弛。

将 IP 问题表述为

可行域：$S=\{x \mid Ax \leqslant b, x_i \geqslant 0$，且 $x_i \in Z$，$i=1, 2, \cdots, n\}$，最优解 x^*，最优值 f^*。

将 LP 问题表述为

可行域：$\tilde{S}=\{x \mid Ax \leqslant b, x_i \geqslant 0, i=1, 2, \cdots, n\}$，最优解 $\tilde{x}$，最优值 $\tilde{f}$。

可以证明得到如下结论：

(1) $S \subset \tilde{S}$；

(2) 若 LP 问题没有可行解，则 IP 问题也没有可行解；

(3) $f^* \leqslant \tilde{f}$；

(4) 若 $\tilde{x} \subset S$，则 $\tilde{x}$ 也是 IP 问题的最优解。

对于求解极小值的 IP 问题，式 $f^* \leqslant \tilde{f}$ 则改为 $f^* \geqslant \tilde{f}$，对于整数线性规划问题的求解，分支限界法由于结构简单、收敛较快等优点，在实际计算中被采用较多，国外不少商业软件如 Lingo 90、CPLEX 等多采用此算法。

分支限界法的基本思想是：设 IP 问题的最优解为 x^*，最优值为 f^*，先将 IP 问题对应的松弛问题 LP0 的可行域 $\tilde{S}$ 划分为一系列的子域 $\tilde{S}_k$，$k=1, 2, \cdots, p$，子域的一个边界为整数（此步骤为分支步骤），在子域 $\tilde{S}_k$ 上求解 LPk，对于最大值问题，LPk 解的函数值 $\tilde{f}_k$ 是 f^* 的一个上界，IP 任意可行点的函数值 f 是 f^* 的一个下界（此步骤为限界步骤），利用上下界，能够判断出某些子域不可能含有 x^*，并将这样的子域舍去，然后继续划分可能包含 x^* 的子域，在子域分解过程中，上界非增，下界非减，经过有限次的分解后，便可求得 IP 问题的最优解 x^*。

简单地说，就是不断分解 LPk 的可行域，利用 f^* 的上下界，判断出可能包含 x^* 的子域和不可能包含 x^* 的子域，舍去不包含的子域，不断缩小包含 x^* 的子域，有限步后定能求出 x^*。

2. 割平面法

分支限界法经常结合割平面法（cutting planes）来求解混合整数规划问题。割平面法通过增加约束来减少搜索可行域。常用的割平面有哥莫瑞割集（Gomory cut）、背包割集 GUB Covers、Flow Covers、Cliques、ImpliedBounds、Mixed Integer Rounding 和 Disjunctive 等。

下面以哥莫瑞割集（见图 7-9）为例阐述，设可行域 S 为
$$S=\{(x, y) \mid x+y \geqslant 1.5, x \geqslant 0, y \in Z\} \tag{7-44}$$
由图 7-9 可知该可行域中有一个极点（0，1.5），但是该极点并不在可行域（$y \geqslant$

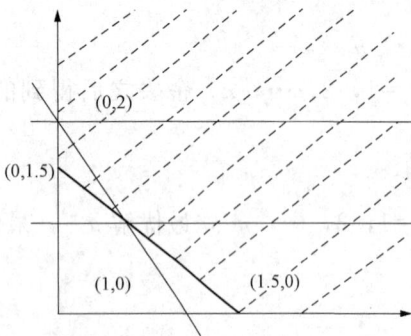

图 7-9 哥莫瑞割集示意图

1.5 且 $y \leqslant 1.5$ 且 $y \in Z$）之中，是个无效的极点。此时加上一个割平面 $2x + y \geqslant 2$，该割平面分别与 $y \geqslant 2$ 和 $y \leqslant 1$ 相交，增加这个割平面以后，增加了两个可行域中的极点（0，2）和（1，0），去掉了部分不可行域及该不可行域中的极点（0，1.5），这将有利于进一步的搜索最优解。

四、安全约束机组组合功能流程

进入 SCUC 后，用户可在几种模式（三公调度、成本调度和节能调度）中选择一种，如果是成本调度和节能调度则可选择是否考虑开机费用，选取相应需要考虑的约束即可开始自动计算，也可按默认的约束和限值开始自动计算。当出现计算不收敛或无可行解时可选择松弛策略进行再次求解。SCUC 的功能流程如图 7-10 所示。

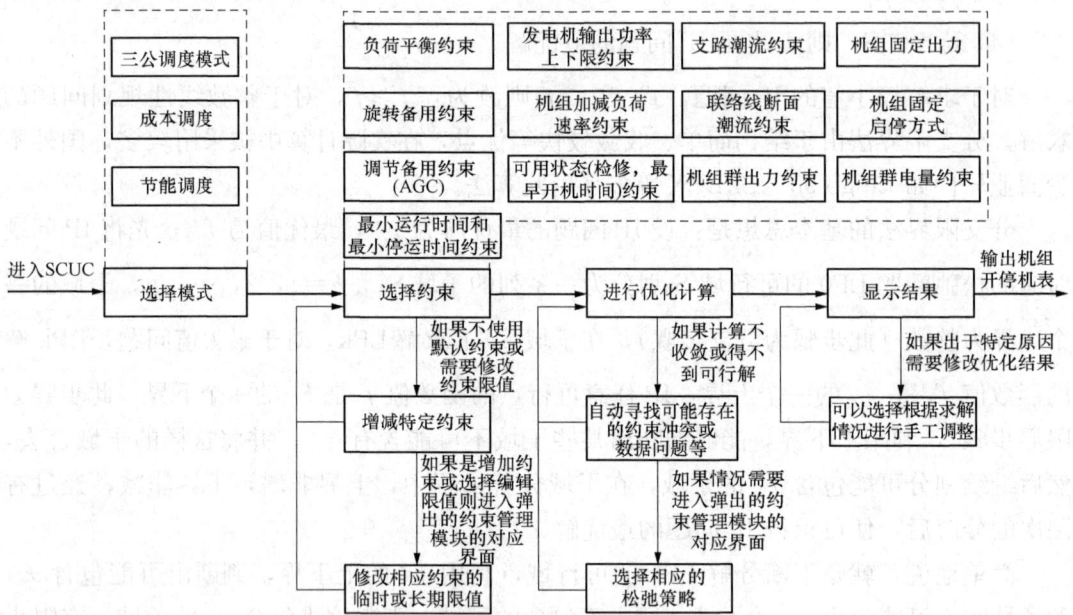

图 7-10 SCUC 功能流程

第五节　多级多周期发电计划

一、多周期发电计划

电力系统发电调度面临着一系列风险，主要包括：

（1）计划执行风险：能源构成、负荷需求、来水变化等外围因素使得计划安排不确定性增加，传统调度计划管理缺乏连贯性，需通过多时序衔接配合及时感知变化信息并做出相应调整。

（2）系统安全风险：传统上以临时性、经验型控制直接干预实时发电出力曲线控制风险的方式比较粗糙，缺乏预见性和继承性。

（3）政策及经营风险：三公调度、节能发电、电力市场等多模式对调度计划编制的适应性提出了较高要求，需建立灵活、统一、高效的技术支撑手段保障业务的正常开展。

这就要求在电网调度运行时建立全过程风险管理体系，提前感知电网运行风险和三公政策风险，实现预防和预控，有效规避实时调度运行风险。同时，智能发电计划应能实现更大空间范围和更长时间范围内的电力资源优化配置，因此需要建立包含中长期、日前、日内、实时的闭环发电计划系统，实现各周期发电计划的紧密衔接和协调优化。

多周期发电计划的时序协调见图 7-11。

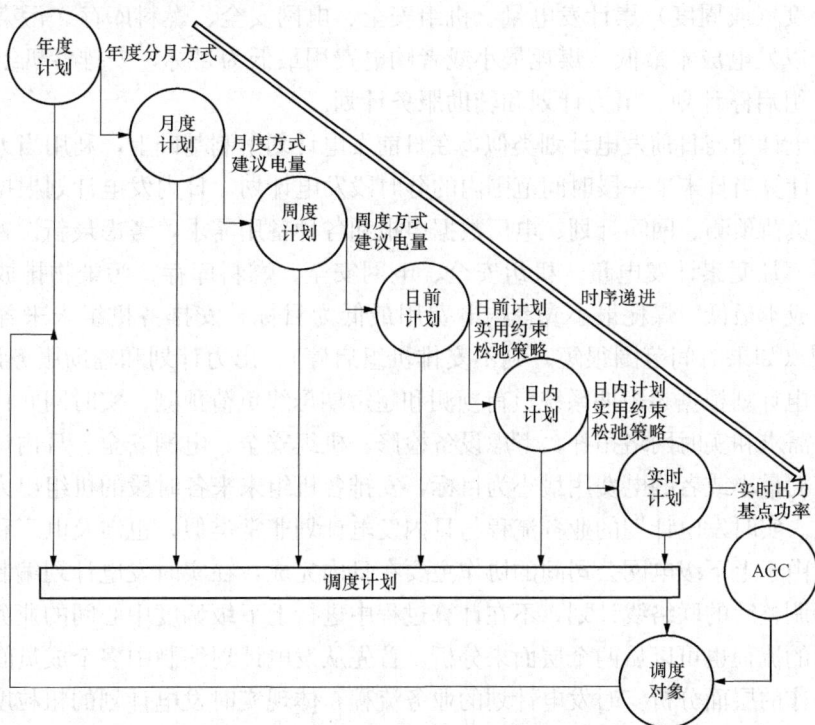

图 7-11 多周期发电计划的时序协调

年度电力电量平衡的主要功能是在年前给出次年分月的电量平衡计划，年度电力电量平衡计划将作为月度计划编制的基础。年度计划分解本质上是一个优化计算问题，其核心目标是确保所有电厂的月度电量分配率在时间和空间上偏差的总体情况最小，以确保电厂具有充分的生产调整能力，有利于规避月度计划的执行风险。

月度计划编制的主要功能为根据年前所制订的月度调度计划，考虑最新相关信息的变化，精确调整次月系统中所有电厂的电量计划并提供典型出力曲线，相应评估未来若干个月的电力电量供需平衡与发电完成情况，并提供反映年度合约调整与合约执行风险的预警信息，以适应最新的环境变化，确保次月的电力电量平衡。月度计划编制包含月度机组组合功能，月度机组组合根据月度电力电量平衡的结果，给出次月系统内所有机组的开停机方案、各日发电量与每日关键时段（一般为峰平谷）的出力点，并形成日调度曲线，以确保次月各日各时段的电力电量平衡。

周度计划编制的主要功能为根据年度或月度计划结果，考虑最新相关信息的变化，精确调整次周系统中所有电厂的电量计划、典型出力曲线和可组合机组开停计划，确保次周的电力电量平衡、网络安全预控和执行风险控制。周度计划编制包含周度机组组合功能，周机组组合根据周度电力电量平衡的结果，给出次周系统内所有机组的开停机方案、各日发电量与每日各时段（峰平谷、24 或 96 时段）的出力点，并形成日调度曲线，以确保次周各日各时段的电力电量平衡。

日前发电计划用于计算次日以及未来多日的分时段发电计划，根据日前电力负荷预测、日前网间计划、电厂数据申报和各种备用需求，考虑设备检修、月度（或周度）电量计划、月度（或周度）累计发电量、机组安全、电网安全、燃料库存、污染物排放等约束条件，以发电成本最低、煤耗最小或者购电费用最低为目标，安排各机组未来各日分时段的机组启停计划、出力计划和辅助服务计划。

日内发电计划与日前发电计划类似，在日前发电计划编制基础上，利用当天获取到的最新信息，计算当日未来一段时间范围内的分时段发电计划。日内发电计划根据当日获得的最新电力负荷预测、网间计划、电厂数据申报和各种备用需求，考虑最新设备检修、月度电量计划、月度累计发电量、机组安全、电网安全、燃料库存、污染物排放等约束条件，以发电成本最低、煤耗最小或者购电费用最低为目标，安排各机组未来各时段的机组启停计划（如果时间范围很短，则不安排机组启停）、出力计划和辅助服务计划。

实时发电计划根据超短期系统负荷预测和超短期母线负荷预测、实时网间计划、电厂申报、备用需求和实时网络拓扑，考虑设备检修、机组安全、电网安全、日内计划、实际出力，以煤耗最小或者购电费用最小为目标，安排各机组未来各时段的机组出力计划和辅助服务计划。实时发电计划的业务流程与日内发电计划非常类似，也涉及电厂和调度中心多个部门，由于上下级电网公司间的协作主要在日内完成，在实时发电计划编制中，将直接使用最新调整后的联络线计划，不在计算过程中进行上下级调度中心间的业务迭代。实时发电计划的流程也可以从两个层面来分析，首先从发电计划编制中多个成员间的数据交换和业务协作的层面分析实时发电计划的业务流程，体现实时发电计划的粗粒度流程；其次是从发电计划编制评估计算层面分析实时发电计划编制的内部流程，体现细粒度流程。

计划周期越长，对生产的指导性越强，但预测的精度越差，对电网控制的参考越弱；周期越短，则对电网运行的预测精度越高，对电网控制的参考越强，但对未来的生产安排指导越差。调度周期由长及短是对调度计划逐步精化的过程，长周期调度计划是短周期的调度计划编制的重要依据，短周期调度计划是长周期调度计划的修正和执行。不同周期调度计划并行进行，共同合成向电厂发布的最新执行计划。短周期的计划要反映和贯彻长周期计划的目标和策略，长周期计划的制订要考虑短周期计划执行的要求。长短周期计划相互协调，分级控制，逐层精确。

二、多级协调发电计划

在我国当前的电力调度结构中，国调中心负责区域电网间联络线、跨区域大型水火电厂直接调度。分中心负责跨区联络线的分解和跨省联络线的编制。省级调度中心负责本省机组计划和出力计划的制订。

交直流大电网一体化调度计划编制难度很大，常规的处理方法有协调优化和整体优化两种。

1. 协调优化方法

首先编制含特高压电网的国调发电预计划，将计划结果（含联络线计划）下发，各网省根据特高压电网发电计划进行本地发电计划编制工作，计算结束后将发电计划上报，国调根据各区域电网的运行情况和运行指标（如区域电力供需平衡、系统边际煤耗、节点边际电价）等信息，重新计算国调特高压电网发电计划，并将结果再次下发，循环迭代，直到达到设定的指标为止，如全网边际煤耗一致或全网节点边际电价相同等。

该方法的优点是迭代计算区域电网发电计划，可以趋近目标的最优值。同时，分别计算各区域发电计划降低了全网发电计划的计算难度。此外全网优化不可能考虑最全面和最细致的各种约束，而协调优化可以得到满足各类约束的全网优化结果。缺点是迭代计算模式存在不确定性，迭代次数过多会影响计划流程和计划生成时间，不利于整个计划流程的实施，此外本方案涉及国网各省公司之间的发电计划的多次交互，需要传递的数据较多，对数据传递机制有较高要求。

2. 整体优化方法

核心思想是在编制国调发电计划时采用包含特高压电网的"三华"电网的网络模型，根据各网省调上报的信息，进行发电计划的编制计算。上报信息可以为各地发电计划和负荷预测信息，此时国调仅计算直调电厂计划；也可以仅上报负荷预测信息，此时需要计算全网发电计划，将非直调电厂计划下发作为参考。如果网络规模过大影响优化计算，可以将系统简化等值，按电气距离、煤耗特性、负荷特性等技术指标合并电厂、负荷和网络模型，将大网络等值为一个较小的网络模型（或为若干个大节点）。

第六节　大规模新能源接入下的发电计划

一、背景概述

随着大规模新能源的迅猛发展，新能源发电占总发电比重越来越大。间歇性电源的接入给电网安全经济运行提出新的挑战，电力系统由传统的"一组可控电源跟随一组可预测的负荷"确定性模式逐步演变成为"多组随机变量的平衡"强随机耦合模式，系统调峰需求和调峰容量加大，传统的发电调度运行方法和模式难以适用，电力系统的安全稳定受到威胁，很大程度制约着我国新能源电力的开发和使用。

风速和日照的随机性和间歇性直接影响风电和光伏电厂的有功输出，间歇性能源发电的波动性、预测精度和运行方式会对电网的安全经济运行产生影响，涉及电网安全性、环保性、节能性以及经济性以及调频、备用安排和调用。大规模的间歇性能源接入给传统的调度计划与安全校核带来很多新的不确定因素，给电网安全稳定运行带来很大挑战。同时我国电源结构与欧美等国差别较大，火电所占比重较高，调峰能力不足；储能能力不足；负荷中心与能源中心分布不均衡；且国内风能、光伏等资源的分布和开发都相对比较集中，大范围消纳和大规模外送面临较大压力。如何在满足系统安全约束的基础上，充分发挥现有电网结构的功率输送能力，尽量消纳清洁能源，成为电网调度运行亟待解决的问题。

近年来，世界各国为应对新能源并网带来的影响进行了不同程度的研究和开发，新的手段和方法被引入来对含大规模新能源电力系统的发电优化调度和安全校核进行研究，描述新能源出力的随机特性并对其进行建模，从而制订科学合理的发电调度计划，最大限度地优化和安排使用多种资源，达到资源优化互补，减少和避免"弃风""弃光"等现象，实现含大规模新能源电力系统的安全稳定运行。欧洲在新能源领域的研究主要集中于大型并网风电场以及相关技术的研究，美国纽约州的 NYISO 正在研究在实时市场的安全约束经济调度（SCED）中如何通过评估风电的经济报价，来调度风电的输出功率，并建立针对风电和其他新能源的特殊市场规则，保证大规模电力系统新能源接入后的可靠运行。中国国家电网公司颁布了相应的技术规定，对风电场的有功功率、无功功率、电压范围、电压调节、低电压穿越、运行频率及电能质量等信息进行严格的技术规范，为风电场接入大电网提供良好的基础，同时国内在风功率预测、新能源接入下的概率潮流分析和优化调度等领域也取得很多成果。

二、间歇式能源随机性分析

由于受风速、光照等多种因素的影响，风电、太阳能等间歇式能源功率预测较难，间歇式能源功率主要特性体现在其波动性、功率预测误差特性及反调峰特性上，这也是对电力系统机组组合影响最为明显的三个特性。

风电受风速、风向、温度、湿度等大气条件及地理环境影响显著，其功率输出会呈现出典型的波动性，而这种波动性类似于电力系统中的负荷，一方面时间尺度较短，多为秒或分钟级的，另一方面这种波动是随机的。

风电功率预测起始于对风电场所在地的气象预测，考虑到气象预测的不精确性以及功率计算模型或功率预测模型的不精确性，风电功率预测必然存在一定的误差。

电力系统负荷峰值一般出现在白天，而谷值一般出现在凌晨，风电功率受气象条件影响明显，其峰值与谷值大多数情况与电力系统负荷恰好相反，此即风电的反调峰特性。在中国，风电反调峰特性在冬季尤为明显，这一方面受我国气象条件影响，冬季风大，风电出力处于高水平，另一方面，冬季由于供暖需要，电力系统中热电联产机组增加，处于必开状态的机组将明显增多，使电网接纳风电能力下降。此外，国内风电多为大规模基地式集中发展，输电通道建设相对滞后也会造成局部地区"窝电"现象，这将增强风电反调峰特性对电力系统所带来的影响。光伏发电电量主要受气候条件影响，发电稳定性不高，调节能力薄弱，功率预测误差较大，大规模集中接入时会给电网调度和电网安全运行带来很大压力。

三、基于大规模新能源不确定性的优化调度模型

基于对间歇性能源随机性的认识，国内外学者就机组组合问题的建模展开了大量研究工作。在建模过程中，根据所考虑因素的不同，计及大规模新能源不确定性的机组组合问题通常划分为计及不同优化目标、计及不同约束的单目标或多目标优化问题。考虑的目标函数包括总运行费用、备用容量费用、环境成本、购电成本等，考虑的约束条件除了常规电力电量平衡、备用约束、机组最小启停时间约束、机组出力约束、爬坡率约束、网络安全约束外，还包括环境极限约束、系统风险约束等。

模糊建模是一种调度计划中常用的考虑随机因素的方式。模糊建模考虑的不确定性因素主要是各时段风电场的有功出力，目标函数中因此包含了模糊变量。模糊建模的关键在于确定模糊变量的隶属函数，隶属函数的确定目前还没有一套成熟有效的方法，基本上是根据试验或者经验来确定。梯形隶属函数与人们研究不确定性问题的思考方式相近，可以采用这种类型的函数来考虑负荷的随机性。风电场的随机性和负荷的随机性在某种程度上具有相似性，风电场有功出力和调度周期内总耗量成本的隶属函数可以采用梯形函数来表示，即

$$\mu_1(P_{f,m,h}) = \begin{cases} 0 & P_{f,m,h} \leqslant P^1_{f,m,h} \text{ 或 } P_{f,m,h} \geqslant P^4_{f,m,h} \\ \dfrac{P_{f,m,h}-P^1_{f,m,h}}{P^2_{f,m,h}-P^1_{f,m,h}} & P^1_{f,m,h} \leqslant P_{f,m,h} \leqslant P^2_{f,m,h} \\ 1 & P^2_{f,m,h} \leqslant P_{f,m,h} \leqslant P^3_{f,m,h} \\ \dfrac{P_{f,m,h}-P^4_{f,m,h}}{P^3_{f,m,h}-P^4_{f,m,h}} & P^3_{f,m,h} \leqslant P_{f,m,h} \leqslant P^4_{f,m,h} \end{cases} \tag{7-45}$$

$$\mu_1(F) = \begin{cases} 1 & F \leqslant F_1 \\ \dfrac{F_2-F}{F_2-F_1} & F_1 \leqslant F \leqslant F_2 \\ 0 & F \geqslant F_2 \end{cases} \tag{7-46}$$

式中：$P^i_{f,m,h}$ 为风电场隶属度参数，是决定隶属度函数形状的关键，一般可以由风电场输出功率的历史数据确定；F_2 为最大可以接受的发电成本，可以根据优化计算前的成本来确定，设 ΔF 是期望节约的最大成本，则可令 $F_1=F_2-\Delta F$。

设 ψ 为所有隶属函数中对应的最小值，它可以用来表示决策者满意的程度，因而将其称为满意度指标，这样，原问题就等价为求取满意度指标 ψ 最大值问题。

概率密度函数描述是另一种调度计划中常用的考虑随机因素的方式。以三参数 Weibull 风功率预测模型为例，将模型的位置参数设定为风场所在地最小风速，则风速概率密度为

$$f(v_w) = \frac{c}{b}\left(\frac{v_w-v_0}{b}\right)^{c-1} \exp\left[-\left(\frac{v_w-v_0}{b}\right)^c\right] \tag{7-47}$$

式中：v_w 为迎风风速；v_0 为位置参数，一般为风场最低有效风速；b（$b>0$）为尺度

参数，反映风电场的平均风速；c（$c>0$）为形状参数。

参数 b，c 可由平均风速 μ_v 和标准差 σ_v 计算得到，即

$$c = \left(\frac{\sigma_v}{\mu_v}\right)^{-1.086} \tag{7-48}$$

$$b = \frac{\mu_v}{\Gamma(1+1/c)} \tag{7-49}$$

其中 Γ 为一 Gamma 函数。

根据机组功率特性和风速概率建立风力发电机组功率随机模型。一般可以认为在切入风速 v_{ci} 至额定风速 v_r 区间呈线性关系，则有

$$P_w = \begin{cases} 0 & v \leqslant v_{ci} \\ k_1 v + k_2 & v_{ci} \leqslant v \leqslant v_r \\ P_r & v_r < v \leqslant v_{co} \\ 0 & v > v_{co} \end{cases} \tag{7-50}$$

式中 P_w、P_r 分别为机组实际输出有功功率和额定有功功率；$k_1 = \dfrac{P_r}{v_r - v_{ci}}$，$k_2 = -k_1 v_{ci}$，$v_{co}$ 为切出风速。

由上式反映的风电机组有功功率特性及风速概率密度函数就可以构建出风电有功输出概率分布函数。由随机变量的函数分布可求出风力发电有功功率概率密度。下面按不同风速区间分三种情况给出：

（1）当 $v_0 \leqslant v \leqslant v_{ci} \bigcup v_{co} \leqslant v$，$P_w = 0$

$$P(P_w = 0) = \int_{v_0}^{v_{ci}} f(v)\mathrm{d}v + \int_{v_{co}}^{\infty} f(v)\mathrm{d}v = 1 - \exp\left[-\left(\frac{v_{ci}-v_0}{b}\right)^c\right] + \exp\left[-\left(\frac{v_{co}-v_0}{b}\right)^c\right] \tag{7-51}$$

（2）当 $v_{ci} \leqslant v \leqslant v_r$，$0 < P_w < P_r$

$$F(P_w) = \int_{v_0}^{v_{ci}} f(v)\mathrm{d}v + \int_{v_{ci}}^{\frac{P_w-k_2}{k_1}} f(v)\mathrm{d}v \tag{7-52}$$

$$f(P_w) = F'(P_w) = \frac{\alpha}{\beta}\left(\frac{P_w-a}{\beta}\right)^{\alpha-1} \exp\left[-\left(\frac{P_w-a}{\beta}\right)^\alpha\right]$$

式中，$a = k_1 v_0 + k_2$，$\beta = k_1 b$，$\alpha = c$。

（3）当 $v_r \leqslant v < v_{co}$，$P_w = P_r$

$$P(P_w \geqslant P_r) = \int_{v_r}^{v_{co}} f(v)\mathrm{d}v = \exp\left[-\left(\frac{v_r-v_0}{b}\right)^c\right] - \exp\left[-\left(\frac{v_{co}-v_0}{b}\right)^c\right] \tag{7-53}$$

基于风电有功功率概率密度推导，可进一步利用置信水平将其转换到调度计划模型中。

综合国内外的研究来看，当前基于大规模新能源不确定性数学模型主要集中在模糊决策、多概率场景分析和概率密度函数描述、风险管理和区间建模等几个方向：基于模糊理论建模的优点是可以使得所建立的含风电场经济调度结果充分反映调度决策者的意识，但主观性过强，难以给出客观的调度决策方案。多概率场景分析的优点在于其可以

较方便地转化为确定性模型，以便一定程度上借鉴现有确定性理论和模型，缺点在于基于场景的随机模型在进行调度优化时，优化问题的解对场景树的选择较为敏感，一方面，场景的生成技术决定了生成场景的全面性，即是否覆盖所有可能；另一方面，场景的简化技术决定了保留场景有效性，即保留场景是否是原始场景集具有代表性的子集；另外，问题求解的计算成本，随保留场景的数量增加而增加，保留场景数量为多少较为适宜（既能保证问题解的精度，又能不使计算代价过高），场景分析需要协调准确性和描述成本的矛盾，需要引入场景选择和消除等研究，当考虑多个风电场时，该方法的场景数将急剧上升，同时由于场景分析没有确切的解析表达，对决策结果的风险无法量化分析与评估。基于间歇性能源不确定性的概率建模方法可以定量地描述间歇性电源功率的概率分布特性，较模糊建模方法能够更加准确客观地处理间歇性能源不确定性引起的问题，但是基于概率形式直接求解难度较大，目前的研究往往通过对概率形式的转化进行求解，概率密度函数描述方法能给出不确定性的准确数学表达方式，但建模困难，在现有整数—连续耦合变量的情况下又引入了随机—确定耦合变量，其求解和分析困难。

第七节 总 结 与 展 望

调度计划是电网安全稳定运行、资源高效优化配置的关键因素和保证电网安全运行的前提和基础性手段，通过安全约束发电计划等应用，综合考虑安全、节能、经济等各种因素，能够实现大范围内的资源优化配置，提升调度部门驾驭大电网的能力。调度计划类应用能够在电力系统调度运行层面对发电资源进行优化调度，满足系统的调峰、备用、功率需求和网络约束，满足机组的各类运行约束，提升机组的运行综合能效，并应对未来负荷的不确定性和新能源发电的波动性，从而提升系统调度运行的安全性、经济性和节能性。本章简要介绍了调度计划所含各类应用的基本功能和关联关系，在此基础上针对其核心应用发电计划作了进一步阐述，对安全约束机组组合、安全约束经济调度、多级多周期发电计划和大规模新能源接入下考虑不确定因素的发电计划等关键技术方向适当展开说明。

展望未来调度计划的发展，可能在如下方面取得发展和突破：全网资源统筹优化配置能力进一步提升、交直流混联大电网的安全经济调度运行水平不断提高、新能源并网消纳能力的深入挖掘、调度计划数学模型和求解算法的精确性和效率的进一步提高、与用户互动程度的深入化、大数据和云计算对调度计划带来平台和计算支撑能力的提高、对各类市场行为的支持能力提升、对不同调度模式的适应性进一步提高等。

参 考 文 献

[1] 于尔铿，刘广一，周京阳，等. 能量管理系统 [M]. 北京：科学技术出版社，1998.
[2] 张智刚，夏清. 智能电网调度发电计划体系架构及关键技术 [J]. 电网技术，2009，33 (20)：1-8.

[3] 胡泽春, 王锡凡, 张显, 等. 考虑线路故障的随机潮流 [J]. 中国电机工程学报, 2005, 12 (24)：26-33.

[4] 谢毓广. 计及网络安全约束和风力发电的机组组合问题的研究, 上海交通大学, 2011.3, 博士学位论文.

[5] 许丹, 李晓磊, 丁强, 等. 基于全网统筹的联络线分层优化调度 [J]. 电力系统自动化, 2014, 38 (2)：122-126.

[6] 刘斌. 大规模风电及储能系统并网下机组组合研究 [D]. 北京：中国电力科学研究院, 2009.

[7] 袁铁江, 晁勤, 吐尔逊·伊不拉音, 等. 面向电力市场的含风电电力系统的环境经济调度优化 [J]. 电网技术, 2009, 33 (20)：131-135.

[8] 陈海焱, 陈金富, 段献忠. 含风电场电力系统经济调度的模糊建模及优化算法 [J]. 电力系统自动化, 2006, 30 (2)：22-26.

[9] 马瑞, 康仁, 姜飞, 等. 考虑风电随机模糊不确定性的电力系统多目标优化调度计划研究 [J]. 电力系统保护与控制, 2013, 41 (1)：150-156.

[10] Wang L F, Singh C. Tradeoff between risk and cost in economic dispatch including wind power penetration using particle swarm optimization [C]. International Conference on Power System Technology, Chongqing, China, 2006：1-7.

[11] 熊虎, 向铁元, 陈红坤, 等. 含大规模间歇式电源的模糊机会约束机组组合研究 [J]。中国电机工程学报, 2013, 33 (13)：36-44.

[12] 艾欣, 刘晓, 孙翠英. 含风电场电力系统机组组合的模糊机会约束决策模型 [J]. 电网技术, 2011, 35 (12)：202-207.

[13] 孙惠娟, 彭春华, 易洪京. 大规模风电接入电网多目标随机优化调度 [J]. 电力自动化设备, 2012, 32 (5)：123-128.

[14] 雷宇, 杨明, 韩学山. 基于场景分析的含风电系统机组组合的两阶段随机优化. 电力系统保护与控制, 2012.

[15] 向萌, 张紫凡, 焦茜茜. 多场景概率机组组合在含风电系统中的备用协调优化. 电网与清洁能源, 2012, 28 (5)：61-69.

第 八 章

安 全 校 核

第一节 概 述

在 20 世纪 60 年代初期，过程控制计算机成为电力系统运行的有力工具，其主要目的是谋求电力系统的经济运行，在 20 世纪 60 年代及 70 年代初，北美电力系统发生了两次大停电事故，它促使人们把电力系统运行的安全性作为优先考虑的问题。从 20 世纪 60 年代以来，人们在电网的安全监视、偶然事件评估、未来预防控制以及优化消除阻塞等各个领域均开展了大量的研究与开发工作。

从 20 世纪 80 年代以来，世界范围内掀起了电力工业改革的浪潮，其主要目的是打破垄断、开放电网，形成自由竞争的电力市场。比较典型的市场模型如北欧电力市场、英国电力市场、澳大利亚电力市场、美国 PJM 电力市场等。由于市场模型、政治体制、技术发展状况等众多因素的差异，世界各国的电力市场采用了不同的阻塞管理方案，一般来说主要分为分区定价法、交易消减法、最优潮流法三类。目前，国外（如美国）已有实用化的安全校核和阻塞管理软件投入运行。但是，其阻塞管理方式需要成熟的市场机制作为支持，与我国调度模式的需求有比较明显的差别。

过去一段时间，我国电网在制订日计划时偏重于考虑机组年度、月度发电任务的完成，多采用未计及支路安全约束的经济调度分配方案。短期和实时安全校核由于依靠日计划专业人员和调度专业人员的经验判断完成，缺少必要的安全校核功能作为技术支持和保障，效率不高、准确性也很难把握，安全校核方式仍比较粗放。

随着我国坚强智能电网建设工作的深入开展，我国电网正在发展成为世界上电压等级最高、技术水平最先进、资源配置能力最强的电网，电网的形态和运行特性发生重大变化，电网调度运行的技术水平和复杂程度越来越高。这对电网调度驾驭大电网、进行大范围资源优化配置的能力以及电网调度一体化运行管理水平和信息化、自动化、互动化水平提出了新的更高的要求。

同时，随着世界范围内电力市场的逐步引入与推广，中国的电力也已经逐步向电力市场转化，相应地，电力系统中安全与经济的概念也在发生着深刻的变化。而电力市场条件下，系统的安全性因素不但没有削弱，反而变得更加复杂，这是因为限制系统能否运行在最经济状态的往往是安全因素。

安全校核类应用对检修计划、发电计划和电网运行操作（临时操作、操作票）等调度计划和调度操作，进行全面的安全稳定校核，包括静态安全、动态稳定和电压稳定等方面，并在校核完成后进行辅助决策和裕度评估计算，提出对调度计划和调度操作中安全稳定问题的调整建议和电网重要断面的稳定裕度，如图 8-1 所示。

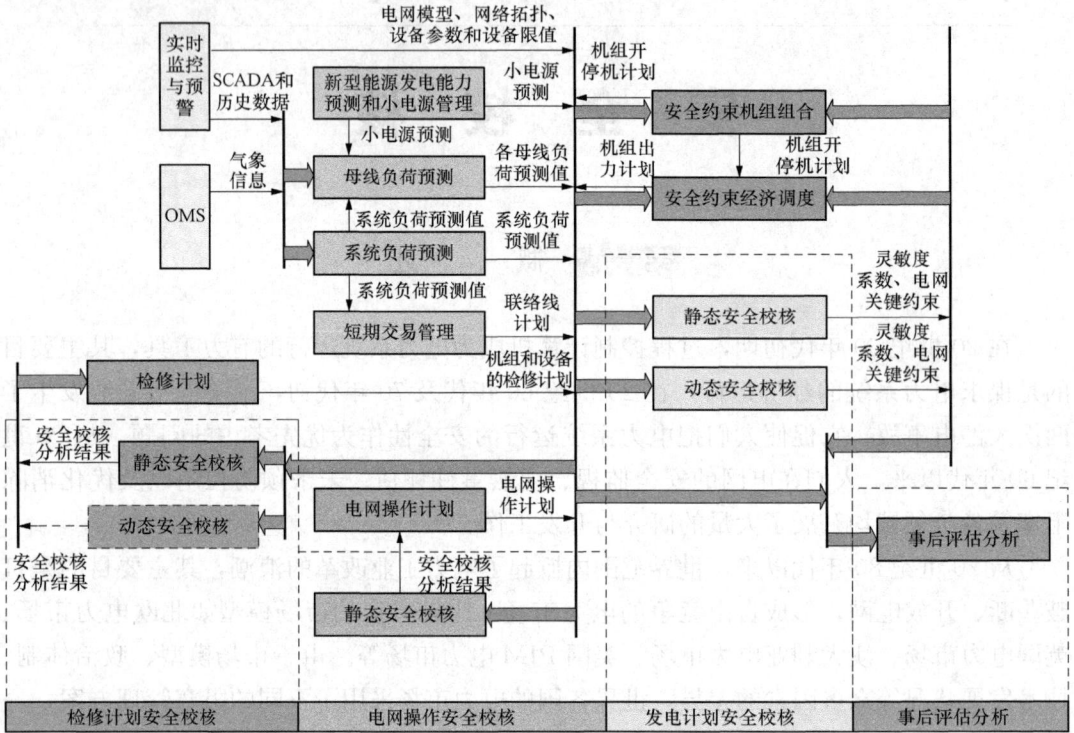

图 8-1 安全校核类应用示意图

安全校核通过与安全约束机组组合、安全约束经济调度、母线负荷预测、设备检修计划等应用功能结合，使发电计划、检修计划等的编制过程充分考虑各类约束，既符合电网安全要求，又能充分挖掘电网的经济潜力，进一步提高计划的可操作性。

安全校核所需的基础数据涉及电力系统的安全Ⅰ区、Ⅱ区和Ⅲ区，由不同的业务部门维护，这就需要调度中心各部门之间以及各级调度中心之间进行密切的协调配合和精细化分工，以保证各类数据合理以及数据间的匹配。在合理利用各类计划数据的基础上，针对不同的校核模式和内容，智能生成未来方式的待校核断面，以此为基础，形成准确的分析结果，给计划和调度人员提供辅助分析决策。

第二节 智能断面生成

安全校核断面智能生成功能在平台统一管理的物理模型基础上，根据设备状态管理信息进行校核断面的电网拓扑分析，动态形成各校核断面的计算拓扑结构，结合发电计划、短期交易计划、系统负荷预测和母线负荷预测形成电网校核断面的潮流运行数据，对各类数据进行智能整合，形成可进行交流潮流或直流潮流计算的适应不同类型安全校核需求的校核断面潮流。

校核断面智能生成是安全校核的重要功能，直接影响到后续各类安全校核分析的准确性和可信程度，是安全校核应用实用化的基础。

一、数据整合

随着国家特高压电网建设，我国电网逐步发展为以特高压主网架连接的一体化电网，各级电网之间的联系进一步增强，客观上要求作为一个整体一体化运行。特高压骨干网架具有长距离、大容量送电能力，改变了目前电力电量以网省自我平衡为主的模式，在全网范围内更大限度地优化配置资源。新形势下国、分（国调分中心）、省三级调度中心联系日益紧密，为了更精确地掌握电网未来运行的安全稳定水平，并清晰掌握电网的薄弱环节，调度系统要适应特高压电网运行的新特点，电网的安全校核工作必须满足一体化需要。电网模型的统一、计划数据的校验及共享是多级调度一体化安全校核协调运行的基本保证。

1. 统一模型

多级调度协调安全校核，首先需要统一的电网模型。各调度中心根据各自调度管辖范围在智能电网调度控制系统中建立电网模型，上级智能电网调度控制系统负责建立下级各系统的边界模型，下级调度将整个区域的电网模型通过 CIM/E 文件上传至上级调度系统，上级调度系统通过模型拼接功能，将下属各区域模型拼接整合成整体，同时下级调度向上级调度转发遥信遥测等实时数据，供上级调度实现对电网的监控和全区域实施在线分析计算。上下级调度中心之间通过模型拆分/合并实现上下级调度系统间的模型数据信息联动。

各调控中心安全校核基于统一的实时电网模型，根据设备的检修计划进行电网拓扑分析，动态生成各校核断面的电网拓扑，实现各级调度安全校核计算模型的统一。

2. 统一数据

安全校核是针对电网的未来运行方式进行潮流计算、安全分析、稳定分析以及辅助决策。各调度中心要保证安全校核的顺利开展，首先应该生成并汇总本调度区域内的各类计划数据，即横向数据的集成。这些数据包括发电计划、分省总交换计划、系统负荷预测、母线负荷预测、设备状态计划、输电断面限额及组成成员，简称七大类数据。安全校核各类计划数据由不同的业务部门进行维护，数据分布于不同的安全分区。数据的横向集成需要各个相关的业务部门遵循统一的数据格式和传输方式，将数据传送至安全校核应用。如图 8-2 所示为静态安全校核与其他应用的关系以及数据逻辑关系。

为了实现多级电网协调安全校核，还需要具备数据的纵向贯通。多级调度中心间共享的计划类数据同样包括系统负荷预测、母线负荷预测、分省总交换计划、分机组调度计划、设备状态计划、输电断面限额、输电断面组成元件。

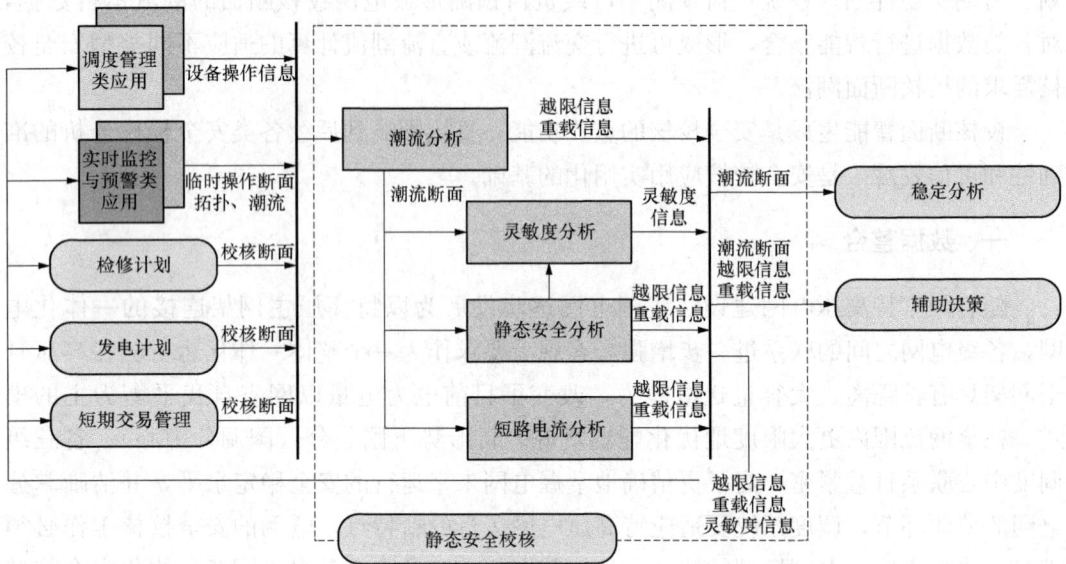

图 8-2　静态安全校核应用与其他应用间的关系

各调控中心根据《国网省三级调度纵向数据交换机制规范》上报七类数据。同时，各调控中心在平台商用数据库按照规范格式建立系统负荷预测表、母线负荷预测表、分省总交换计划表、输电断面限额表、输电断面组成元件表、分机组调度计划表、设备停电计划表等 7 张表作为数据同步的基础。各地调度系统统一使用简单邮件服务和商业库同步功能，实现数据的自动上传下发。根据纵向数据交换规范，由各省调向分调、国调报送，用于国调、分调和省级调度三级调度的安全校核工作。数据流程图如图 8-3 所示。其中断面限值及成员组成，一般由调控中心根据电网运行稳定规程制定，安全校核可由安全 I 区实时断面监控获取。各调控中心在横向集成中可能略有差异。

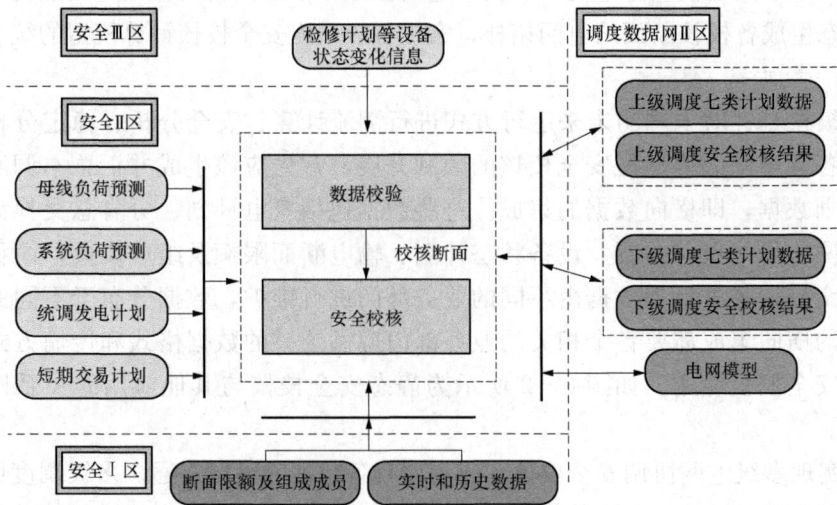

图 8-3　数据流程图

按照每日安全校核工作安排，各级调度中心分别在每日上午、下午分两次报送本级调度中心管辖范围内的次日调度计划七类数据，设备名称应与电网模型中的名称一致。若遇节假日，需上报节假日及节后工作日第一日的调度计划数据，相应时刻与平日相同，这样就能保证完成节假日及节后第一日的安全校核。

以日前计划静态安全校核为例，对数据类型和要求说明如下：

（1）系统负荷预测：各级调度预测调管范围内的次日至未来多日每时段系统负荷，预测内容为被预测日的 96 点（00：15—24：00，每 15min 一个点，下同）系统预测负荷。

（2）母线负荷预测：省调预测调管范围内的 220kV 主变压器高压侧和电厂升压变压器中压侧母线负荷，时间范围包括次日至未来多日的各个时段，预测内容为被预测日的 96 点母线有功负荷和无功负荷。母线负荷预测由负荷预测应用完成，为保证母线负荷预测的准确率，预测方法应能考虑天气、节假日等因素。母线负荷预测还应由各下级调度单位综合考虑负荷转供、通过低压并网的地方电厂运行方式变化等因素进行修正后上报。

（3）分省总交换计划：经电力平衡，由上级调度机构根据电能交易、清洁能源消纳以及送受端电网送出和受入能力等确定交换计划，下级调度接收上级调度机构数据，获取本级调管范围的次日 96 点联络线交换计划，联络线计划应正确标识送受电力方向。当各调控中心采用全网模型和全网计划数据计算计划潮流，而省间断面计划潮流与分省总交换计划出现偏差时，利用分省总交换计划对省间断面潮流进行修正，可以较准确地确定跨省联络线的潮流分布。

（4）设备状态计划：设备状态计划包括有检修票的设备状态变化和无检修票的设备状态变化（如调停线路调压、充电备用等）两类。从 OMS 生成调管范围内的发电机、变压器、线路、母线、开关等设备状态计划，具体应包括检修设备名称、设备类型、管辖范围、状态变化起止时间等，用于形成计划日电网模型。其中，设备选取和状态确定应按照对象化要求直接从设备库选取对应设备和对应状态，以保证设备能够被安全校核准确识别。

（5）分机组调度计划：各级调度分别编制本级调度调管范围内的日前 96 点机组有功发电计划。

（6）输电断面限额及输电断面组成元件：各级调度维护本级调度调管范围内的输电断面限额及组成成员，包含线路、变压器，限额的正方向应由组成元件中的潮流正方向决定，由调度管理类应用获得。

二、数据校验

为了保证计划数据的质量，确保安全校核的潮流能够有较好的收敛性和准确性，国调对各调控中心上报的计划数据，从数据完备性、合理性、机组运行约束以及系统功率平衡等多个方面进行校验，及时识别过滤错误和不良数据，并自动将校验信息反馈给各调控中心，以便对数据进行及时处理。经实际电网运行验证，校验后的数据，相比于原始数据能够显著提高安全校核的计算准确率和收敛性。

各调控中心报送数据前，首先对本区域的各类计划数据进行校验；报送后，国调安全校核数据校验程序对各级调度上报的计划数据进行自动校验。校验采用"随来随校"的机制，即只要有调控中心上报了数据就立刻对该数据进行校验，生成校验日志以及错误结果统计信息，并存入商用库供查询，同时反馈给相关调度。

数据校验规则主要包含：

（1）七类数据是否已完备。各级调控中心应按规定的时间和格式上报七类计划数据。

（2）每类数据的内容是否齐全。一是数据中的设备名称是否和平台基础模型设备名称一致；二是数据是否覆盖管辖范围内的全部设备；三是曲线型的数据是否存在缺点情况（曲线型数据包括系统负荷预测、母线负荷预测、区域及分省总交换计划、机组调度计划）。

（3）用电负荷预测最大、最小和变动率不超过限值。

（4）机组计划出力值不得高于机组最大技术出力。

（5）检修机组计划出力非0。设备停电计划中处于停电状态的机组，停电时段的计划值必须为0。

（6）发受用电平衡校核。由于安全校核针对的是220kV及以上的电压等级，因此需要校验220kV及以上电压等级的发电、受电和用电是否平衡。分中心上报的调度机组的发电计划可能包含了一些220kV以下电压等级的发电计划，因此做出如下逻辑判断

$$PU_j = \sum_{i,j} PU_{i,j} \tag{8-1}$$

式中：j 为第 j 个时段，$j=1\cdots96$；i 为第 i 台220kV级以上的发电机组，$i=1\cdots N$；PU_j 为第 j 时段220kV及以上机组的总发电出力；$PU_{i,j}$ 为第 j 时段第 i 台机组的计划发电出力。

$$PB_j = \sum_{i,j} PB_{i,j} \tag{8-2}$$

式中：i 为第 i 个母线节点，$i=1\cdots M$；PB_j 为第 j 时段母线负荷有功预测的总加值；$PB_{i,j}$ 为第 j 时段第 i 个母线的负荷有功预测值。

判据为

$$\mathrm{abs}(PU_j - PL_j - PB_j) \leqslant 15\% \times PB_j \tag{8-3}$$

式中：PL_j 为第 j 时段区域总受电计划（区域内，存在国调直接向省市调下达受电计划的，须核实区域受电计划是否纳入这部分电力，否则需进行处理）。

本地区的总发电出力加上总受入电力与本地区母线有功负荷预测总加值的差值必须小于本地区母线有功负荷预测总加值的15%。

（7）断面限额必须有相应的成员定义。"输电断面限额表"中的断面名称都必须在"输电断面组成元件表"中找到相应的成员定义。

校验规则可以指定生效（失效）时间、生效（失效）区域，并可以根据实际情况设置相关参数值。校验规则具备优先级，对数据进行校验时，按照其对应的校验规则的优先级顺序进行校验。采用正常、告警、错误3个处理级别来标识某条校验规则是否具有

强制性，当校验规则的处理级别设置为错误级别，待校验数据无法通过该校验规则时，该数据将不会被采用；否则，数据正常入库并记录下日志信息和校验的状态。

三、数据处理

安全校核所需数据有可能在计划编制或数据交互过程中出现缺失、跳变等问题，影响了校核断面的生成。校核断面智能生成功能能够自动检测到缺失和不良数据，并通过自动修正或查找历史相似日数据替代的方式形成计划数据。

根据数据校验的结果，一般来说，主要有以下几种情况：

（1）发电计划缺失。缺失某地区或某机组发电计划数据的以当日计划编制时段的最终发电计划为替代数据，也可以采用指定相似日规则寻找相似日计划数据替代的方式，仍然缺失的以当前方式出力为替代数据。

（2）缺少母线负荷预测数据的，以相似日相应时段的母线负荷预测结果为替代数据。

（3）自动选择相似日，或者手动选择某一个相似日的电压无功数据，作为初始方式数据。

（4）发用电平衡处理机制。

对于未来校核断面，为保证计算的收敛性以及准确性，良好的功率平衡处理机制显得尤为重要。系统功率平衡如下

$$\sum G(1-\alpha)-P_{\text{loss}}-\sum L=0 \tag{8-4}$$

式中：G 为各机组发电出力；α 为厂用电系数；P_{loss} 为网损；$\sum L$ 为母线负荷总加。

针对分中心及以上电网，安全校核提供了分区功率平衡的处理机制。根据各分区之间的交换功率，结合各分区的发电计划和负荷预测数据，确定分区的不平衡功率，采用分布式平衡机处理机制，实现了电网不平衡功率分摊设定功能，包括分摊到机组，分摊到负荷以及用部分机组承担，可人为指定哪些机组、负荷分摊不平衡功率，能精确控制多个分区间断面功率至计划值。

四、拓扑管理

在计划编制过程中需要与安全校核进行迭代计算，对计划形成的多时段潮流进行详细分析。设备的投退状态直接影响到电网运行的网络拓扑，对潮流产生较大影响。获得正确的设备状态是校核计算的基础，一方面需要引入检修计划来及时调整设备状态，另一方面，更重要的是获得系统正常方式，即无检修计划条件下的设备状态。

校核断面智能生成通过检修反演机制获取系统正常方式。检修反演机制，是以初始参考断面为基础，在获取某断面时间对应的检修计划后，通过对检修计划的反演操作，如原先检修的设备予以并网，来获得正常接线方式，然后根据相关校核时段的检修计划信息，进行相应的操作模拟，最终形成校核的电网拓扑。

第三节 静态安全校核功能

静态安全校核能够提供通用校核服务，校核时段可由调用校核服务的应用程序根据需求进行定义，适应年度、月度、日前、日内、实时各周期，以及发电计划、检修计划等不同应用对校核断面的需求，针对不同校核内容提供相应的计算分析服务。

基态潮流分析是后续分析的基础。安全校核应具备对各时段的基态潮流计算功能，参与安全校核计算的各时段负荷预测、联络线计划和发电计划应保证平衡。安全校核采用交流潮流进行基态潮流计算，若交流潮流无法收敛，可以采用直流潮流代替完成。基态潮流计算结果与稳定限额进行比对，给出越限和重载信息。

对于基态潮流越限设备进行灵敏度分析，计算越限支路或断面对机组出力的灵敏度信息，作为调度计划调整依据。静态安全分析用来判断在发生预想事故后系统是否会发生过负荷或电压越限。安全校核具备 $N-1$ 故障分析功能，对电网全部主设备（包括线路、主变压器、母线、机组）进行 $N-1$ 开断扫描，判断故障后系统是否满足短时过负荷能力。

一、静态安全校核计算

1. 基态潮流分析

基态潮流分析根据校核断面智能生成功能形成的校核断面进行分析计算，将基态潮流计算结果与稳定限额进行比对，得出基态越限和重载信息，同时支持向调度管理类应用、实时监控与预警类应用、检修计划应用、发电计划应用以及短期交易管理应用提供相关校核断面的基态越限信息、重载信息。

基态潮流分析，应具有如下技术特点：

（1）支持多电气岛的潮流计算，自动设置各电气岛的参考母线。

（2）支持交直流混合系统的潮流计算，支持 PV 节点、PQ 节点的自动转换，支持设置多个参考母线。

（3）多种计算方法自动转换。在使用指定潮流方法计算不收敛时，可以根据设置自动切换计算方法，计算方法包括 PQ 解耦法、牛顿法、直流法等。

（4）结果正确性可验证。提供多种标准格式导出，供其他软件计算，从而对潮流计算的正确性进行验证。

2. 联络线功率的控制算法

在多级协调的大电网静态安全校核中，各个区域上报的发电计划、负荷预测和检修计划等数据质量各不相同，如果不平衡功率在各区域得不到合理的分配，会导致电网计划潮流结果出现很多不合理的功率分布。为了解决这一问题，需要考虑各区域间的交换功率，通过区域联络线功率控制，使得各区域自行消纳内部不平衡功率，从而保证大电网静态安全校核的准确性和实用性。

联络线功率控制流程如图 8-4 所示，说明如下：

（1）对区域间联络线断面功率计划值进行预校验和修正；

（2）进行交流潮流计算，然后计算平衡节点的不平衡有功功率，计算各区域不平衡有功功率；

（3）如果不平衡功率绝对值大于收敛标准，则调整可调节机组和负荷的有功功率，返回步骤（2），否则潮流收敛，进一步进行 $N-1$ 分析和故障集计算。

步骤（1）中，设电网分为 N 个区域，每个区域和其他区域的所有联络线有功功率之和为其区域的联络线断面功率，设在第 i 个区域的联络线断面功率为 P_i，联络线断面功率计划初始值为 P_i^{sch0}，则可知所有区域的联络线断面功率之和为零，即

$$\sum_{i=1}^{N} P_i = 0$$

图 8-4 联络线功率控制流程图

对区域间联络线断面功率计划值的预校验方法如下：

计算计划初始值总和 ΔP 为

$$\Delta P = \sum_{i=1}^{N} P_i^{sch0} \tag{8-5}$$

如果 ΔP 等于 0，则各联络线断面功率计划初始值通过预校验，则

$$P_i^{sch} = P_i^{sch0} \tag{8-6}$$

式中：P_i^{sch} 为潮流计算采用的联络线断面功率计划值。

如果 ΔP 不等于 0，则区域联络线断面功率计划初始需要修正，修正方法为

$$P_i^{sch} = P_i^{sch0} - \Delta P \times |P_i^{sch0}| / \sum_{i=1}^{N} |P_i^{sch0}| \tag{8-7}$$

可知，$\sum_{i=1}^{N} P_i^{sch} = 0$。

步骤（2）中，首先使用发电计划和母线负荷预测进行基态潮流计算，总不平衡功率集中在平衡节点上，设平衡节点所在区域为 α，电网总不平衡功率为 ΔP_s。

除了区域 α，其他各区域不平衡有功功率为

$$\Delta P_i = P_i^{sch} - \sum_{jk \in L_i} P_{jk} \tag{8-8}$$

式中：P_{jk} 为支路 jk 的有功功率，L_i 为区域 i 的联络线断面内的成员支路集合。

区域 α 的不平衡功率为

$$\Delta P_\alpha = \Delta P_s - \sum_{i \in G,\ i \neq \alpha} \Delta P_i \tag{8-9}$$

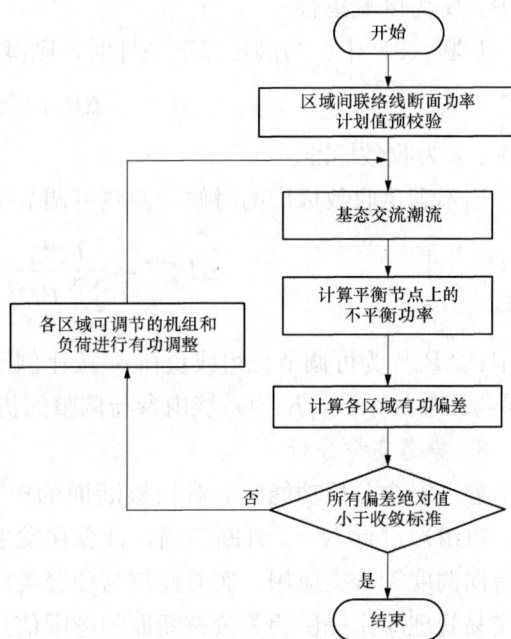

式中：G 为区域集合。

步骤（3）中，当满足以下条件时，则潮流收敛

$$|\Delta P_i| < \varepsilon \, (i \in G) \qquad (8-10)$$

式中：ε 为收敛标准。

当不满足收敛标准的时候，调整可调节机组和负荷的有功功率的调整量为

$$\Delta P_m^{unld} = \frac{P_{t,\,m}^{unld}}{\sum\limits_{j \in R} P_{t,\,j}^{unld}} \times \Delta P_i \, (i \in G) \qquad (8-11)$$

式中：ΔP_m^{unld} 为可调节机组或负荷 m 按比例承担的调整功率，$P_{t,\,j}^{unld}$ 为可调节机组或负荷 j 参与调整的系数，R 为系统内参与调整的机组或负荷的集合。

3. 静态安全分析

静态安全分析功能应能对校核断面的电网全部主设备（包括线路、主变压器、母线、机组）进行 $N-1$ 开断扫描，计算在发生预想事故后系统的重载或越限情况，同时支持向调度管理类应用、实时监控与预警类应用、检修计划应用、发电计划应用以及短期交易管理应用提供相关校核断面的越限信息、重载信息。

静态安全分析，应具有如下技术特点：

（1）预想故障设置。提供丰富的预想故障设置手段，使得分析计算更具有针对性。预想故障可以按照设备类型、设备所属区域、设备所属电压等级以及自定义故障集进行设置。

（2）监视元件设置。提供丰富的监视元件设置手段，使得分析计算更具有针对性。监视元件可以按照设备类型、设备所属区域、设备所属电压等级以及设备本身进行设置。

（3）采用先进算法。静态安全分析计算宜采用自适应定界法、部分因子表修正技术、局部拓扑、动态拓扑、稀疏矩阵技术等多种算法，能高效处理系统解列、$P-V$ 母线与 $P-Q$ 相互转换、同杆并架线路优化计算等各种情况，提高迭代效率和计算速度。

（4）结果多维度展示。提供包括时间维、监视元件维、预想故障维的多角度展示手段。

4. 灵敏度分析

灵敏度分析功能应能对校核断面进行越限支路或断面的灵敏度分析，并计算越限支路或断面对机组出力的灵敏度信息，辅助调度计划调整，支持向调度管理类应用、实时监控与预警类应用、检修计划应用、发电计划应用以及短期交易管理应用提供相关校核断面的灵敏度信息。

灵敏度分析，应具有如下技术特点：

（1）功能服务化。灵敏度计算作为计算服务，提供服务调用接口，供其他应用功能模块调用。

（2）计算时段具有选择性。针对未来多个时间断面，计算服务会挑选出所有拓扑存在差异的时段进行计算。计算过程中，采用并行技术。

（3）展示多样化。灵敏度的计算结果，除可以使用公共接口访问外，本身也提供多样化的展示手段，包括厂站图、系统潮流图、地理接线图、列表等。

5. 短路电流分析

短路电流分析功能应能对校核断面进行短路电流计算，分析电网发生短路故障时，断路器电流是否超过额定遮断容量，并给出越限情况下超出遮断容量的越限断路器和对应的故障清单。支持向调度管理类应用、实时监控与预警类应用、检修计划应用、发电计划应用以及短期交易管理应用提供相关校核断面的短路电流越限和重载信息。

短路电流分析，具有如下技术特点：

（1）多种类型故障扫描。参数齐全的情况下，能够支持多种类型故障的扫描，包括三相短路、两相短路、两相接地短路、单相接地短路等。

（2）结果正确性可验证。提供多种格式导出，供其他软件计算，从而对短路电流计算的正确性进行验证。

二、静态安全校核并行计算

随着跨区互联大电网的形成以及全网调度计划一体化编制、一体化安全校核的要求，特别是短期计划安全校核涵盖未来数小时至数天多时段的潮流计算、静态安全分析，甚至包括稳定计算校核、稳定裕度评估、辅助决策计算等，计算量非常大，计算耗时长，并行计算技术成为调度计划编制和安全校核的必然选择。

静态安全校核类的并行计算一般有三种方案：

（1）实现多个时段计算任务之间的并行；

（2）实现多种计算任务之间的并行，包括静态安全分析、短路电流分析、灵敏度分析；

（3）实现多个算例之间的并行，包括静态安全分析的多个故障集的并行、短路电流分析的多个故障集的并行，满足静态安全校核的任务需要。

就短期计划安全校核来说，其涉及未来若干时段或次日全天 96 个时段断面的分析计算，而不同时段的分析任务间没有相互耦合关系，非常适合采用并行计算机制进行任务分解，实现比较简单，所以第一种方案在实际中应用的比较普遍。

基于上述特点，采用基于消息传递编程模型（message passing interface，MPI）的多进程并行计算方法，将不同时段的分析任务分配给不同的计算节点，实现多时段任务的并行计算，充分发挥计算机集群的计算能力。在多机情况下，每台机器可以按配置或资源多少设定可并行的进程数。通过对多时段断面的并行安全校核，能够极大地提高安全校核的计算速度，以满足相关应用的需求。

多时段断面安全校核并行时由分配在多机上的多个进程协同完成计算，按照功能把并行进程分为两类：

1）管理进程或协调进程。该进程主要负责并行计算任务的分配、管理、计算结果汇集等。

2）计算进程。该进程主要负责各时段断面的安全校核计算。

管理进程与多个计算进程相互通信，计算进程间不需要相互通信，计算进程可以分配在不同的机器上。在安全校核计算过程中，计算进程动态反馈本进程的计算进度和状态。控制进程启动计算进程监视，周期判断各个计算进程的计算任务是否计算完毕。所有计算任务计算完毕后，启动结果回收进程，对计算结果进行统计分析。

MPI 是消息传递接口的简称，它是一个函数库，而不是一种语言。MPI 是一种并行计算的标准，各并行机厂商均开发了相应的实现程序，其中 MPICH2 是一种比较好的实现版本，也是当前主流静态安全校核并行编程采用的接口函数库。MPI 并行程序具有很好的可移植性，在不同的并行机及不同的操作系统下无需修改即可运行。MPI 支持 C，C++，Fortran 等多种编程语言。

多时段断面的安全校核计算过程由管理进程协调控制，任务分配主要分为 2 个阶段：第一阶段由管理进程为所有计算进程分配初始任务；第二阶段由计算进程请求，管理进程响应请求再进行任务的分配。基本流程如下（假设并行的计算进程有 m 个，即可以同时并行计算的时段数为 m 个）：

（1）初始时，管理进程从 96 断面中选取与计算进程数目相同的 m 个时段断面，给每个计算进程分配一个时段的安全校核任务，即把任务分配消息和相关计算任务所需数据发送给每个计算进程。管理进程进入步骤（2），等待计算进程的消息。同时各节点计算进程启动，进入步骤（5）。

（2）管理进程等待计算进程的任务请求。如果管理进程接到计算进程 Cn 返回的消息，进入步骤（3）。

（3）管理进程从消息中获得了某个时段的安全校核结果数据，然后检查尚未分派的计算任务 Tn，并将 Tn 发送给该计算进程 Cn。如果没有尚未分派的计算任务，发送结束消息给计算进程 Cn，通知 Cn 结束计算。进入步骤（4）。

（4）管理进程检查是否所有时段的安全校核任务都已完成计算。如果是，则所有计算任务已经完成，管理进程退出；否则返回（2），继续执行。

（5）计算进程等待管理进程的任务分配。如果接收到下一次计算任务和数据的消息，启动计算，进入步骤（6）。如果接收到退出计算的消息，退出计算进程。

（6）计算进程完成计算，汇总计算结果，提交给管理进程，即返回步骤（5），等待管理进程下一次任务。

并行计算的流程框架示意如图 8-5 所示。

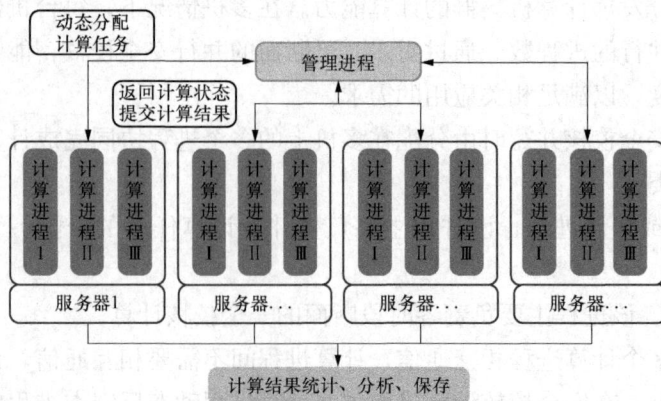

图 8-5 并行计算流程框架示意图

日前调度计划静态安全校核在很多方面存在并行特性，96 个时段断面的分析计算，每个时段断面分析都是一个独立的静态安全分析过程，任务计算量大，且不同时段的分析任务间没有相互制约关系，任务分解简单，可以实现多个时段校核断面之间的并行。对于每个时间断面，经潮流筛选之后的故障要进行详细潮流分析，多个故障之间相互独立也可以实现并行。多时段之间可以采用多进程并行，单时段内可以采用多线程并行。进程和线程的个数可以根据具体情况设置。

日前调度计划中，每隔 15min 就是一个时段断面，全天总共有 96 个断面。尽管负荷和发电机功率变化较大，但是在短时间内发生设备检修或投运导致断面拓扑方式变化的概率较小。因此，相邻时段的拓扑很有可能不发生变化。具有相同电网拓扑特征的断面，在进行静态安全分析过程中，很多计算数据是完全相同的，可以通过计算数据复用来提高计算速度。相邻时段若拓扑特征相同，则以下这些数据均可以复用：

（1）相同拓扑断面在模型相同、开关刀闸状态相同条件下，具有相同的连接关系，形成的逻辑计算节点、电气岛等拓扑信息完全一致；

（2）节点导纳矩阵相同；

（3）因子表相同；

（4）$N-1$ 故障集相同。

计算数据复用技术一般配合并行计算技术使用，将相邻时段具有相同拓扑特征的断面交给同一个进程处理，可以直接使用上一个时段断面计算时的网络拓扑、节点导纳矩阵、因子表、$N-1$ 故障集等信息，可以节省大量时间。

三、静态安全校核服务

为了解决目标断面不定和用户众多的问题，安全校核基于 SOA（service-oriented architecture）的服务化理念进行服务封装。利用服务封装技术，安全校核模块以"服务包"的方式提供服务。用户只要提供需要校核的断面并进行计算参数的设定，安全校核即可完成对指定计划断面的分析并将计算结果反馈给用户。软件的计算环境由资源管理程序动态分配给用户，在用户的分析计算完成后，资源管理程序负责将计算环境回收，这既保证了用户对计算资源的使用，又大大提高了计算资源的利用率。

操作票、日前/日内/实时计划及其他应用采用标准数据文件（E 格式）或标准数据库接口方式将校核数据提供给安全校核服务，并通过调用文件服务获取服务调用结果。如图 8-6 所示为安全校核服务的整体结构。

具体说来，安全校核可提供如下的计算服务：

（1）根据修改的发电计划进行安全校核计算，变量为发电计划，网络拓扑等为常量。

（2）根据修改的检修计划进行安全校核计算，变量为网络拓扑，发电计划等为常量。

（3）根据修改后的母线负荷预测结果进行安全校核计算，变量为母线负荷预测结果。

（4）根据修改后的联络线计划进行安全校核计算，变量为联络线计划。

（5）根据修改后的限值进行安全校核计算，变量为限值。

（6）根据操作票进行安全校核计算（保证操作后的电网状态是安全的），可通过检修计划修改的方式进行安全校核计算。

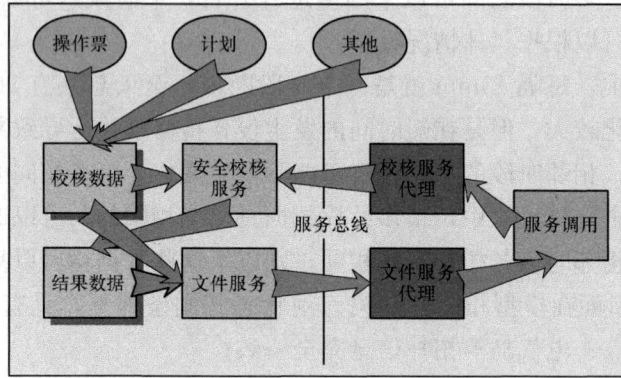

图 8-6　安全校核服务的整体结构示意图

修改后的发电计划、检修计划、母线负荷预测、联络线计划、限值、操作票以指定 E 格式文件或标准的数据库接口的方式提供，并通过服务程序将计算结果反馈给调用方，最终实现调用方与静态安全校核的闭环迭代。下面将以发电计划与安全校核的闭环迭代为例，进行详细说明。

四、发电计划与安全校核闭环迭代

发电计划是调度控制系统的重要组成部分，其决定着电网未来的运行状态，对电网安全、节能、经济运行有着重要影响。以往，我国电力系统调度中心计划部门一般采用粗放式、分散式计划制定模式，发电计划、安全校核、安全约束经济调度分步进行，并且进行单向操作，没有反向反馈机制和多次迭代计算功能，无法保证最终计划结果全部满足安全、节能、经济等多种目标的要求。

发电计划安全校核闭环迭代模式，在进行发电计划编制时本身考虑了安全约束，从而可以保证计算结果完全满足电网安全性的要求，同时可以根据需要调整目标满足节能性和经济性的要求，是一种全功能的整体解决方案。

发电计划安全校核闭环迭代模式的运行，大大提高了计划编制的自动化、精益化、智能化水平，将电网调度的目标从主要考虑安全性的单一目标向安全、节能、经济性并重的整体解决方案发展。

1. 总体框架流程

发电计划安全校核闭环迭代运行具体的计算流程为：

（1）获取电网当前网络拓扑结构和参数。

（2）结合计划时段内的检修计划，得到计划时间内的网络拓扑结构。

（3）获取发电计划需要的负荷预测、机组参数、目标约束设置等数据。

（4）进行第一次发电计划求解，运行安全约束机组组合或者安全约束经济调度程序获取发电计划初始解。此时的网络安全约束主要为经验型约束或人工设置网络约束。

（5）对发电计划进行安全校验，内容可以包括 $N-1$ 静态安全校核、动态安全校核等。如果存在安全问题，则将结果反馈到发电计划（SCUC/SCED），重新计算发电计划，如果不存在安全问题则结束。

2. 约束处理

发电计划优化计算中，处理系统网络约束的思路是：在直流潮流的基础上，将线路或网络断面割集的约束转化为各机组的出力约束。

直流潮流模型中，支路功率可表示为

$$P_{ij}=B_{ij}(\theta_i-\theta_j) \tag{8-12}$$

式中：$B_{ij}=\dfrac{1}{x_{ij}}$，x_{ij} 为 ij 支路的电抗。

节点注入功率可用如下矩阵形式表示

$$[P]=[B'_0][\theta] \tag{8-13}$$

$$[\theta]=[B'_0]^{-1}[P] \tag{8-14}$$

式中：P 为节点净注入有功功率列向量，$P=\begin{bmatrix}P_{G1}-P_{D1}\\P_{G2}-P_{D2}\\\vdots\\P_{Gn}-P_{Dn}\end{bmatrix}$，式中不含对应于平衡节点 s

的元素 P_s；θ 为节点电压相位列向量，不含对应于平衡节点 s 的元素 θ_s。

令 $C=[B'_0]^{-1}$，则式（8-14）可以写为

$$[\theta]=C[P] \tag{8-15}$$

将式（8-15）代入式（8-12），便可以将各支路的功率约束转化为各发电机的线性约束，即

$$P_{ij}=[C_{i1}-C_{j1}, C_{i2}-C_{j2}, \cdots, C_{in}-C_{jn}][P_{G1} P_{G2}\cdots P_{Gn}]^{\mathrm{T}}-$$
$$[C_{i1}-C_{j1}, C_{i2}-C_{j2}, \cdots, C_{in}-C_{jn}][P_{D1} P_{D2}\cdots P_{Dn}]^{\mathrm{T}} \tag{8-16}$$

3. 迭代次数

一般情况下，发电计划安全校核闭环迭代次数一般为 2~3 次，在具体应用中可以对安全校核的结果进行实用化处理。以某省级电网发电计划优化为例，初次计划求解中考虑基于直流的网络安全约束，计算结束后进行交流潮流和预想故障安全分析校验，将校验结果转化为约束条件后重新计算发电计划，再次对计划结果进行交流安全校核，大部分情况下此时即可通过校核。

4. 越界支路处理

安全校核计算完成后返回的信息包括：

（1）基态越限的设备名称、越限的时刻、越限的功率；

（2）预想故障下，开断设备的名称、越限设备名称、越限的时刻、越限设备的基态

潮流和开断潮流。

若安全校核有返回的越限信息，在第二遍发电计划求解前，根据校核的返回信息自动生成新的约束断面，在第二遍发电计划计算中，通过调整对此断面功率灵敏度不为零的机组运行状态，调整机组出力乃至改变开停机状态，消除潮流越界。调整后的新的发电计划继续送到安全校核，如果有越界则再次返回发电计划处理，如果没有越界则结束大循环。

在实际应用中发现，安全校核校验出的有些越界支路或断面在发电计划求解中需要进行实用化处理。

（1）所有机组灵敏度为0的支路或断面。在不能调整负荷的情况下，相关支路或断面功率约束是无法调整的。处理的方法一是改变断面约束限值；二是将部分负荷定义为可调度负荷。

（2）交直流潮流方式引起的安全校核问题。由于发电计划的计算中，一般需要在直流潮流模式下处理网络约束，而安全校核在计算基态潮流或预想故障分析时采用交流模型，则会产生一种情况：安全校核计算出的安全问题经转换为约束计入发电计划优化后没有产生越界。

第四节 稳 定 分 析 校 核

安全校核稳定分析是采用目前通用的各种离线稳定分析工具，采用交流计划潮流数据和电网模型数据，基于并行计算平台的自动分析与应用计算，实现安全校核稳定的全面分析与评估，并根据计算分析结果，对电网状态进行预警。

安全校核稳定分析中，同时进行暂态稳定评估、静态电压稳定评估、小干扰稳定评估等分析计算。在发现系统稳定水平不足时，针对不同的稳定问题，即时启动相应的辅助决策支持模块，提供对调度计划和调度操作调整的可行方案，保证系统的稳定运行。如果系统能稳定运行，则启动稳定裕度评估模块。

一、安全校核静态稳定分析

电力系统静态稳定是指电力系统受到小干扰后，不发生非周期性的失步，自动恢复到起始运行状态的能力。静态稳定分析功能针对指定的稳定断面，在用户指定或者根据规则自动生成的开机顺序下，计算电力系统在受到小扰动后，不发生非周期振荡，自动恢复到起始运行状态的能力。

静态稳定分析支持如下功能：

（1）通过静态稳定分析可以获得电网静态稳定性，计算指定稳定断面的静态稳定功率极限并判断静稳储备等裕度指标是否符合安全稳定导则的要求。

（2）静态稳定分析功能应支持无功设备的自动调节，保持潮流调整过程中的电压水平。

（3）能修改稳定断面的调节设置，包括发电机调整顺序、负荷调整顺序、稳定断面功率增长方式（如送端增发电受端减发电）、无功补偿装置的调整规则等。

连续方法（continuation method，又称延拓法）是跟踪非线性动态系统运行点变化轨迹的一种基本方法。在满足下面 4 个前提下，标准潮流方程的雅可比矩阵的奇异性等价于动态系统雅可比矩阵的奇异性：

（1）发电机自动电压调整的静态电压差为 0；

（2）由于松弛发电机的负荷频率响应，系统静态频率差为 0；

（3）发电机机械和定子损耗忽略不计；

（4）负荷的有功、无功功率不依赖于电压。

这构成了潮流方程雅可比矩阵奇异性用于分析系统静态稳定性的理论基础。

采用连续潮流方法进行系统静态稳定分析，得到的临界点可能是静态电压稳定临界点，也可能是静态功角稳定临界点，这与负荷变化矢量的定义和系统特征等有关。对临界点处特征向量的分析，可精确识别静态电压稳定临界点和静态功角稳定临界点。

系统支持负荷型连续潮流、支路型连续潮流、故障型连续潮流、控制型连续潮流。连续潮流计算由预测过程、校正过程、参数化策略和步长控制 4 部分组成。其中，预测方法、参数化策略和校正方法的选取是相互独立的，而步长控制策略的选取通常依赖于其他三者的选取。参数化策略是贯穿整个连续方法的核心，它决定了整个连续潮流的应用情况。所谓参数化方法就是如何构造一个方程，使得它与参数化后的潮流方程一起构成一个具有 $n+1$ 个待求变量的 $n+1$ 维方程组，来确定曲线上的下一个点。这个方程的一个重要作用就是使得增广后雅可比矩阵在鞍结型分岔点处非奇异、不病态。

二、安全校核暂态稳定分析

电力系统暂态稳定是指电力系统受到大干扰后，各同步发电机保持同步运行并过渡到新的或恢复到原来稳态运行方式的能力。通过暂态稳定计算可以判别系统的暂态功角稳定性、暂态电压稳定性和暂态频率稳定性。系统分别利用时域仿真法、直接法和数据挖掘来判断系统的暂态稳定性，兼顾暂稳计算的准确性和快速性。

电力系统时域仿真分析是传统离线仿真计算的主要手段，对大量故障进行详细的时域仿真，根据计算结果分析系统稳定性，是动态安全分析的最重要和最可靠的手段之一。把预想故障集作为详细仿真的对象，进行详细的仿真计算，获得系统的动态行为，同时进行功角稳定性、电压安全性、频率安全性的分析和评估。详细的暂态分析计算可采用多个算法分别进行。

安全校核暂态稳定分析计算支持如下功能：

（1）自动判稳和终止仿真。在仿真过程中提供了自动判稳的功能，即给定稳定判据（功角、电压、频率），自动判别系统的稳定性（功角失稳、电压失稳、频率失稳），若不稳定也可自动终止仿真计算过程，以进一步减少仿真时间。

（2）仿真结果的 Prony 分析（离线研究用）。对时域仿真的部分结果曲线进行 Prony 分析，计算振荡模式的幅值、振荡频率、阻尼比等信息，自动判别得出系统当前主导的振荡模式及其振荡频率、阻尼比等信息，从这些信息可得出系统的稳定性指标。

(3) 全面暂态稳定分析计算。PSASP暂态稳定计算的主要功能可概括为以下几个方面：

1) 一般模型的计算功能。可计算交直流混合电力系统；可考虑变电站（主接线）内部的开关状态对系统网络结构的影响；程序提供的常用系统元件模型（固定模型）包括：同步电机模型（7种）；励磁调节器模型；原动机调速器模型；电力系统稳定器（PSS）模型；感应电动机及综合动态负荷模型；静态负荷模型；静止无功补偿器模型；直流输电模型。

2) 复杂故障方式的计算功能。可同时考虑多处三相对称故障，包括三相短路，三相断线，串联电容保护三相击穿等；可同时考虑多处不对称故障，包括单相短路，单相负荷投入，两相短路，两相接地，单相断线，两相断线，串联电容器不对称击穿等；在不对称故障下，可考虑输电线零序互感的影响；既可做暂态稳定计算，也可做短路电流计算（在程序中做不解微分方程处理），及动态过程中的复杂故障短路电流计算；可做输电线工频暂态过电压及潜供电流计算分析；能给出三相不平衡方式下序电压、序电流、相电压、相电流的分布。

3) 扰动方式和稳定措施模拟的计算功能。在PSASP暂态稳定中，除网络故障外，还设置了一些扰动方式，用以模拟电力系统的某些冲击和稳定措施，其功能可概括如下：

a. 冲击负荷对电力系统影响的动态仿真；

b. 负荷功率随机波动的模拟；

c. 励磁回路电压波动的模拟；

d. 发电机出力跟踪调节的模拟；

e. 调速器汽门快速调整的模拟；

f. 调压器励磁电压快速调整的模拟；

g. 按不同准则（时间、角度、高频率、频率差、过电流）减少母线上的部分和全部机组的出力；

h. 按不同准则（时间、低电压、低频率、频率差、线路过电流、异步电动机自身过电流）切除母线上的部分和全部负荷；

i. 按不同准则（时间、低电压、低频率、角度差、零序过电流、正序过电流）开断线路开关。

通过用户自定义模型的方法，用户可建立各种模型以实现所需的计算功能：

(1) 电力系统各种一次设备模型，如不同型号的同步电机、异步电机、静止无功补偿器等；

(2) 电力系统各种自动装置的模型，如各种类型的调压器、调速器、电力系统稳定器（PSS）及各种继电保护和安全自动装置等；

(3) 随不同工程而异的超高压直流输电线路及其控制系统的模型；

(4) 灵活交流输电系统（FACTS）元件的模型，如可控硅串联补偿器（TCSC），统一潮流控制器（UPFC）等。

三、安全校核动态稳定分析

对于大区电网互联形成的大交流同步电网或交直流并列运行电网，送电距离较长、电压支撑薄弱，各区域间振荡模式多表现为较低频率的弱阻尼甚至负阻尼，容易造成互联系统的低频振荡及系统的动态不稳定。电力系统动态稳定是指电力系统受到小的或大的干扰后，在自动调节器和控制装置的作用下，保持长过程的运行稳定性的能力。动态稳定分析针对校核断面潮流，分别考察其在小扰动和大扰动下的动态稳定性。

大扰动动态稳定分析，采用数值积分的时域仿真等成熟方法，求取系统在受到大扰动后，在自动调节和控制装置作用下的系统长过程的动态轨迹，计算振荡频率和阻尼比等，确定系统大扰动的动态稳定性结论。采用 PSASP/BPA 时域仿真方法进行大扰动动态稳定分析。PSASP/BPA 时域仿真的功能特点见安全校核暂态稳定分析。

小扰动动态稳定分析，采用特征值分析法等成熟方法，分析其受到小扰动后，在自动调节和控制装置的作用下保持运行稳定的能力，判断校核断面潮流的动态稳定性。动态稳定分析功能应分析计算全网振荡模式和阻尼比，并从中筛选出最关键的若干主导振荡模式，得出系统小扰动的动态稳定性结论。

小干扰稳定分析方法是线性化的稳定分析方法，即在运行点附近对各状态变量线性化，形成描述线性系统的状态方程，其系数矩阵称为该系统的状态矩阵。电力系统小干扰稳定性由状态矩阵的所有特征值决定。

小干扰稳定评估的主要结果包括特征值、模态图及相关因子的求解、小干扰稳定辅助决策、主导模式特征根轨迹、线性化时域响应及频域响应等，根据结果判断系统小干扰稳定性。

PSASP/BPA 小干扰稳定计算的主要功能和特点如下：

（1）强大的模型处理能力。PSASP 小干扰稳定计算程序在模型处理上与以往程序不同，不是对固定模型按其线性化方程直接编写程序，而是由程序自动实现各种模型的线性化，形成其状态方程。这样就突破了模型的限制，基本上可处理任意模型：固定模型和用户自定义模型（UD Model）。PSASP 小干扰稳定计算程序所处理的固定模型与暂态稳定计算完全相同。此外，用户还可以根据需要，以自定义模型的方式建立各种元件模型。

（2）突破了系统规模的限制。PSASP 小干扰稳定计算程序提供了四种特征值计算方法，其中后三种方法应用了稀疏矩阵的技术，在系统规模上不受限制。

安全校核小干扰计算对系统进行小干扰稳定性分析，自动求解全网所有低频振荡模式，并从中筛选出最关键的若干主导振荡模式，以判别系统的小干扰稳定性。在系统阻尼不足时进一步分析可能激发低频振荡的原因，并给出相应的改进措施。

四、安全校核电压稳定分析

电力系统电压稳定性是指系统在特定运行条件下，经受一定扰动后（如设备停运、负荷或发电变动等），各节点维持合理电压水平的能力。电压稳定评估是电力系统动态安全评估的重要组成部分。电压稳定评估方法可分为基于静态潮流的分析方法和基于时域仿真的分析方法，前者分析结果被称为系统的静态电压稳定性，后者分析结果被称为系统的暂态电压稳定性。由于安全校核暂态稳定时域仿真程序，已包括了暂态电压稳定性的相关判据，因此这里的电压稳定评估模块仅考虑系统的静态电压稳定性。

电力系统的静态电压稳定性分析方法，进一步又可划分为基于连续潮流（continuous power flow，CPF）的方法、基于崩溃点（collapse point）直接求取的方法（简称直接法）、基于最优潮流（optimization power flow，OPF）的方法等。基于连续潮流的方法，除可提供系统的稳定裕度外，还可为运行人员提供节点电压随潮流变动的曲线、系统的薄弱环节等详细信息，是世界范围内的主流分析方法。本节主要介绍基于连续潮流的分析方法，进行系统的电压稳定性评估。

具体地，采用预先设定的负荷增长方式（可由短期负荷预测得到）和调度方式（可由短期的发电计划得到），充分考虑系统中各种与电压稳定性密切相关的影响因素，如负荷特性、有载调压变压器（on load tap changer，OLTC）的分接头调整、发电机有功和无功裕度、线路传输功率裕度等，以及可能出现的系统故障的影响，在此基础上利用连续潮流分析方法求解系统的电压稳定崩溃点，进一步确定系统的电压稳定裕度。在此过程中，可得到如下评估信息：

（1）系统的电压稳定裕度。电压稳定裕度定义为系统当前运行点与电压崩溃点之间的距离，它是衡量电力系统电压稳定性水平的重要指标。电压稳定评估程序应同时计算系统基态和预设故障出现时的电压稳定裕度，并可按照电压稳定裕度对事故进行排序。当在某些故障下系统的电压稳定裕度不足时，可自动给出报警信息，并给出提高系统电压稳定裕度的相关措施，如调整发电机出力、投切无功补偿装置、切负荷等。

电压稳定评估程序，能提供系统基态电压稳定裕度随时间的变动曲线、系统在最严重（预想）故障情况下的电压稳定裕度随时间的变动曲线。

（2）关键节点的P-U曲线。P-U曲线反映了系统关键节点（往往为重载的负荷母线）随潮流变动的相关规律，同时P-U曲线的折点还能清楚地指示发电机的无功裕度、OLTC动作对系统电压稳定性的影响，具有丰富的指导信息。电压稳定评估程序应能根据运行人员的设置，提供系统在基态和故障状态下任意节点的电压随系统负荷变动的P-U曲线族。

第五节　考虑间歇性能源随机性的输电裕度控制

我国新能源发展迅速，大型的风电和光状基地在我国已开始规划和建设，由于风电、光伏等间歇性能源本身的不确定性及难以预测，大规模接入会给电网安全稳定运行带来很大挑战。风速和日照的随机性和间歇性直接影响风电和光伏电场的有功输出，给传统的机组组合问题带来新的不确定因素。间歇能源的间歇性、随机性和反调峰特性，意味着为了消纳间歇能源的大规模集中接入，需要在短期机组组合中为其留出足够的调整裕度，对单个时段来说，需要留出足够的旋转备用和网络功率传输通道，对时段耦合关系来说，需要确定性电源留出爬坡调整裕度。如何安排短期发电调度计划，在满足系统网络安全约束的基础上，优化火电机组的开停和出力，尽量消纳间歇电源功率，提高间歇性电源接入地区的输电断面功率控制能力，成为短期发电计划及安全校核亟待解决的问题。

传统确定性日前计划在处理网络约束时，计划潮流的考虑方式是确定性的，因为次日的系统和母线负荷预测是确定的，次日的计划潮流仅受机组开停和出力决定，日前计划可以通过优化机组开停和出力来控制计划潮流在合理范围。随着风电等间歇性能源的接入规模不断提高，由于间歇能源（风电、光伏）出力的不确定性，次日的计划潮流会由常规机组开停和出力以及间歇电源的扰动共同决定，计划潮流会因此带有一定程度的随机性，这会影响日前计划的网络安全约束效果，产生预想外的潮流越界或输电断面输送裕度。

本节针对风电等间歇性电源的随机性，提出一种随机机组组合模型，实现输电断面功率控制，提高间歇性电源接纳能力。此处以概率潮流方法分析间歇性电源在未来多时段多点接入网络的随机计划潮流，量化了间歇能源机组出力的随机波动对系统的影响，并将既定置信水平下不满足网络安全约束的支路或输电断面反馈给机组组合，对常规机组的开停和出力进行调整，从而把随机安全约束机组组合转换为既定置信水平下的确定性的混合整数规划问题。

一、模型定义

考虑间歇性能源接入后的电网计划输电裕度可以通过对计划日内多时段计划断面随机潮流计算获得。基于多时段概率潮流计算可以得到全日断面内各支路潮流概率分布，进而提出基于概率的支路输电裕度安全阈值，即：支路传送功率落在热稳限值范围内的概率不小于支路输电裕度安全概率阈值时，认为系统运行满足安全稳定概率要求。

首先需要设置一套变量组，能够涵盖机组组合问题所需要关心的各类变量，如半连续变量机组出力等，布尔型变量机组开停状态等，连续型变量机组运行费用、机组开机费用、机组停机费用等，变量组的维度通常是二维（即机组和时段，有时也存在三维变量组，如在描绘机组的分段折线关系时），另外根据建模思路还可设计一批辅助变量，如布尔型变量机组开机变化状态、机组停机变化状态等。变量组的定义方案和类型设置并不唯一，它们是整个建模方案的出发点，会对后续的建模方式产生影响。

变量构建完成之后就是变量之间的挂接和映射，如机组出力和分段折线机组运行费用的映射关系实现等。

接下来就是构造各类约束，构造原则如下：

（1）能够正确地把物理问题转化为相应的数学问题；

（2）能够减少模型构建时可能的冗余及冲突，提高计算的收敛性；

（3）综合物理背景和所调用的算法特点优化模型的构建，提高求解速度和结果能达到的精度；

（4）在构建模型的过程中优化内存的使用，在相同的软硬件环境下能很大程度提高

模型的计算规模;

(5)能够更精细化地考虑各类约束,按需要可把约束细化到各机组和各时段,同时使整个模型具有足够的灵活性和拓展性,以确保能在后续阶段加入更多的约束。

二、求解过程

考虑间歇性能源随机性的输电裕度控制的基本思路是:采用混合整数规划法求解安全约束机组组合,得到未来各时段机组开停状态和机组出力计划;引入概率潮流方法,分析各时段间歇性电源的不确定性对系统的影响,得到支路或输电断面潮流的概率分布。若支路或输电断面潮流的概率分布范围超出既定的置信区间时,将其反馈给安全约束机组组合,并转换为新的约束条件,通过调整常规机组的出力,使系统满足间歇性电源随机波动下的安全稳定运行要求,实现短期计划中支路和输电断面的功率控制。同时,在满足系统安全约束的基础上,充分发挥现有电网结构的功率输送能力,增加间歇性能源的接纳能力。

输电裕度控制流程如图 8-7 所示,具体步骤如下:

(1)基础数据准备,包括电网模型、设备参数、机组运行参数、间歇性能源的概率分布描述等。

(2)采用混合整数规划法进行安全约束机组组合优化计算,得到满足目标函数和各类约束的常规机组的开停状态和出力计划。此时,风电等间歇性电源取其期望值。

1)目标函数:以发电费用最小为目标函数,包括常规机组的启机费用和运行费用。为了提高间歇性能源的接纳能力,其相应的费用设为 0。

$$\min F = \sum_{i=1}^{N_G} \sum_{t=1}^{N_T} B_i[P_i(t), t] + \sum_{i=1}^{N_G} \sum_{t=1}^{N_T} Cu_i(t)$$

$$(8-17)$$

式中:N_G 为发电机组数,N_T 为时段数(00:15~24:00,每 15min 为一个时段),i 为机组序号,t 为时段序号。

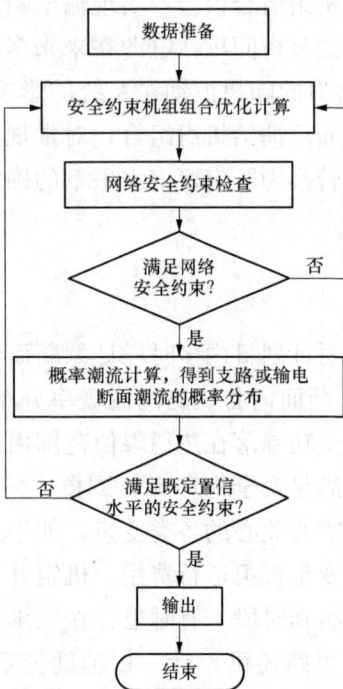

图 8-7 输电裕度控制流程图

决策变量:$P_i(t)$ 为 t 时段机组 i 的有功出力,$Cu_i(t)$ 为 t 时段机组 i 的启机费用。$B_i[P_i(t), t]$ 为第 i 台发电机第 t 时段的发电费用。

2)约束条件:

a. 功率平衡约束。

b. 备用约束。

c. 机组出力约束。

d. 常规机组加减负荷速率约束。

e. 常规机组最小运行时间和最小停运时间约束。

f. 网络约束。此处网络约束描述为

$$P_{\lim}^{1-\alpha,\,\mathrm{up}}(t) < P_{\lim}^{\mathrm{up}}$$
$$P_{\lim}^{1-\alpha,\,\mathrm{down}}(t) > P_{\lim}^{\mathrm{down}} \tag{8-18}$$

式中：$P_{\lim}^{\mathrm{down}}$ 和 $P_{\lim}^{\mathrm{up}}$ 分别为支路或输电断面潮流的最小限值和最大限值，$P_{\lim}^{1-\alpha,\mathrm{down}}(t)$ 和 $P_{\lim}^{1-\alpha,\mathrm{up}}(t)$ 分别为时段 t 输电线路概率潮流分布范围在置信区间 α 内的最小值和最大值。

（3）采用概率潮流方法，计算风电等间歇性电源的随机波动对未来各时段系统潮流的影响。目前，概率潮流求解方法一般可以分成近似法、模拟法及解析法三类，此处不再展开论述。

可以设定网络某支路 L_{ij} 为输电裕度监测点，该支路的有功热稳限值为 P_{limit}，即可根据概率潮流求得观测点潮流随机分布，得到计划潮流在限值范围内的概率：

$$F(|P_{ij}| < P_{\mathrm{limit}}) = \int_{-P_{\mathrm{limit}}}^{P_{\mathrm{limit}}} f(x_{ij})\mathrm{d}P_{ij} \tag{8-19}$$

式中：$f(x_{ij})$ 为支路 L_{ij} 有功功率概率密度函数。

（4）检查支路或输电断面潮流的概率分布范围是否满足置信区间 α 的要求，若有支路或断面潮流不满足，将结果反馈给安全约束机组组合，即返回步骤（2）重新进行机组组合优化计算，调整常规机组计划提高该支路输电裕度安全概率。

第六节 总 结 与 展 望

本章详细论述了安全校核应用的智能断面生成、静态安全校核以及稳定分析校核功能。介绍了校核断面智能生成算法，自动选择与校核时段匹配的物理模型，匹配与校核时段对应的计划数据，计划数据缺失时系统会按照规则寻找理想的替代数据形成断面所需的相关数据。针对各校核断面，进行基态潮流、预想故障分析、灵敏度及短路电流计算，确定电网未来运行方式的静态安全水平，在此基础上可进一步进行稳定分析校核，确定电网未来运行方式的稳定水平。采用并行计算技术可以大幅提高安全校核的计算效率。基于安全校核的服务化封装，介绍了短期发电计划的闭环静态安全校核实用化方案，通过约束条件的更新和调整，实现发电计划的精细化安全校核。最后，结合我国风电、光伏等新能源大规模接入所面临的形势，介绍了一种考虑间歇性能源随机性的输电裕度控制方法，实现输电断面功率控制，提高间歇性能源接纳能力。

安全校核为发电计划、检修计划和调度操作等提供计算服务，为计划编制人员和调度人员提供前瞻性潮流，帮助他们准确把握未来电网运行的薄弱环节，为计划的编制提供辅助分析决策功能。

随着我国电网形态和运行特性的变化，电网调度运行的技术水平和复杂程度越来越高，对安全校核结果的准确性与风险把控能力提出了更高的要求，需要在无功电压的合理分布、连锁故障预控以及适应市场机制下的阻塞管理等方面进行深入研究。

参 考 文 献

[1] 王亮，张磊，汪德星，等. 短期电能计划安全校核实用化及多维度网格化的应用. 华东电力，37（6），2009，6.

[2] 沈瑜，夏清，康重庆. 发电联合转移分布因子及快速静态安全校核算法. 电力系统自动化，27（18），2003，9.

[3] 袁智强，陈宇晨，刘涌，等. 改进直流法在静态安全分析中的应用. 继电器，31（7），2003，7.

[4] 葛朝强，汪德星，葛敏辉，等. 华东网调日计划安全校核系统及其扩展. 电力系统自动化，32（10），2008，5.

[5] 徐田，於益军，钱玉妹. 能量管理系统中发电计划安全校核功能的设计. 电力系统自动化，30（10），2006，5.

[6] 胡世骏，李东明，陈中元，等. 日发电计划安全校核及最优调整的研究与应用. 现代电力，22（6），2005，12.

[7] 林毅，孙宏斌，吴文传，等. 日前计划安全校核中计划潮流自动生成技术. 电力系统自动化，36（20），2012，10.

[8] 何洋，洪潮，陈昆薇. 稀疏向量技术在静态安全分析中的应用. 中国电机工程学报，23（1），2003，1.

[9] 张利. 电力市场中的机组组合理论研究. 山东大学博士论文，2006，12.

[10] M. A. Abido, "A niched Pareto genetic algorithm for multiobjective environmental/economic dispatch", IEEE Electrical Power and Energy Systems, vol. 25, pp: 97–105, 2003.

[11] M. A. Abido, "Environmental/economic power dispatch using multiobjective evolutionary algorithms", IEEE Transactions on power systems, vol. 18, NO. 4, pp: 1529–1537, November 2003.

[12] P. Venkatesh, R. Gnanadass and Narayana Prasad Padhy, "Comparison and application of evolutionary programming techniques to combined economic emission dispatch with line flow constraints", IEEE Transactions on Power Systems, Vol. 18, NO. 2, and pp: 688–697, May 2003.

[13] Linda Slimani and Tarek Bouktir, "Economic power dispatch of power system with pollution control using multiobjective ant colony optimization", International Journal of Computational Intelligence Research, vol. 3, NO. 2, pp: 145–153, 2007.

[14] M. Basu, "Fuel constrained economic emission load dispatch using Hopfield neural networks", Electric Power Systems Research, 63, pp: 51–57, 2003.

[15] T. Niimura and T. Nakashima, "Multiobjective tradeoff analysis of deregulated

electricity transactions", Electrical Power and Energy Systems，25，pp：179 –
185，2003.

[16] Krishna Teerth Chaturvedi, Manjaree Pandit and Laxmi Srivastava, "On‑line
solution to combined economic and emission dispatch problem", IEEE Interna‑
tional Conference on Industrial Technology, on page（s）：1553–1558，Location：
Mumbai，15–17 Dec. 2006.

[17] 张智刚，夏清. 智能电网调度发电计划体系架构及关键技术. 电网技术，Vol. 33
No. 29，pages：1–8.

第 九 章

在线安全稳定分析

在线安全稳定分析（Dynamic Security/Stability Analysis，DSA）基于电力系统在线实时数据和动态信息，通过多种电力系统分析的计算手段，在电网实际运行需要时间间隔（如 5～15min）内，对电力系统在线运行方式的稳态、动态和暂态特性进行自动分析和计算，给出稳定极限和调度策略，以保障电力的安全稳定运行，亦称在线动态安全分析与预警系统。主要用于分析大型电力系统在线运行方式下对各种扰动的承受能力，评价其危险性，提供潜在危险的预防控制措施和稳定运行边界，确保电网运行状态处于安全区域内。

第一节　概　　述

一、简介

2003 年 8 月 14 日美国和加拿大发生的停电事故，促进了国际上电网在线动态安全评估系统的研究。在线安全稳定分析主要分析电力系统在线运行的潜在危险性，通过对电力系统在线特定运行方式下安全稳定性计算，分析其保持或恢复稳定运行的能力，并对不满足稳定规定的电网运行断面提供预防控制辅助决策。

在线安全稳定分析的建设是一项长期复杂的系统工程，其本身涵盖了多学科、多专业领域的理论技术，包括电网运行控制、电力系统稳定分析、广域相量测量以及并行计算等领域的新技术；同时在实际开发建设中还要综合考虑对现有资源的充分利用和有机集成，包括目前已有的能量管理系统、广域测量系统、离线方式计算系统、继电保护及故障信息管理系统、安全自动控制系统、电力市场运营系统、离线安全分析计算软件以及并行计算平台等。系统的建成通过在线稳定分析及预警和调度辅助决策，实现在线监测电网运行的安全隐患，评估电网的稳定程度，提高各级电网运行决策的科学性、预见性，从而进一步挖掘电网输送潜力，更加合理地安排和优化电网运行方式，提高电网的安全稳定水平，提高电力市场环境下的调度能力，并为未来实现闭环稳定控制奠定基础。

二、在线安全稳定分析与其他应用的关系

在线安全稳定分析基于智能电网调度控制系统基础平台，获取电网模型、故障集等

计算参数，分别接入来自状态估计、上级调控机构下发、历史数据管理或者调度计划类应用的电网运行数据，通过数据准备生成满足在线安全稳定分析要求的计算数据，基于并行计算实现安全稳定分析、稳定裕度评估和辅助决策等应用功能。在线安全稳定分析综合利用稳、动态数据，通过稳态、动态、暂态多角度在线安全分析评估以及稳定裕度评估，实现大电网运行的全面安全预警和多维多层协调的主动安全防御。图9-1是在线安全稳定分析总体框架及与其他应用的关系。

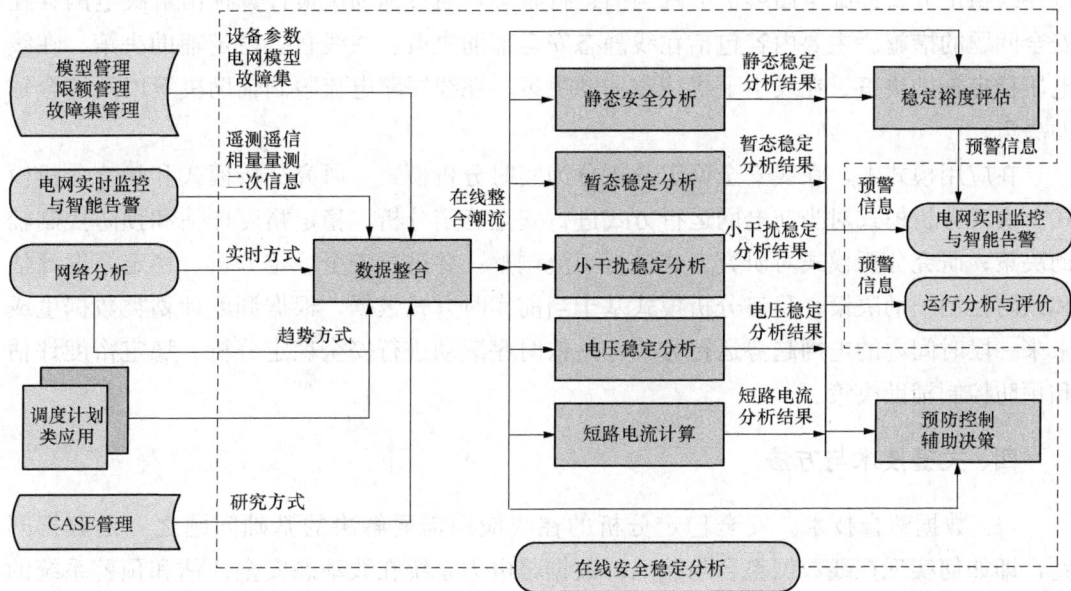

图9-1　在线安全稳定分析总体框架及与其他应用的关系

三、系统结构与应用模式

从基本功能要求出发，在线安全稳定分析要实现在线数据整合、安全稳定分析、稳定裕度评估、预防控制辅助决策等功能。通过电力系统状态估计获取在线运行方式，与电网的设备模型参数进行在线数据整合形成完整的计算分析数据，并结合预想扰动和运行限额信息，进行在线安全稳定分析、稳定裕度评估和辅助决策，完成一轮在线计算。图9-2为实时方式下在线安全稳定分析框图。

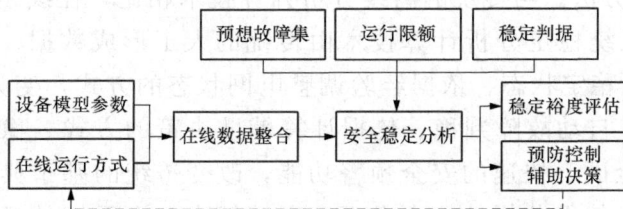

图9-2　实时方式下在线安全稳定分析框图

在线安全稳定分析的服务对象是电网调度运行，包括提出电网运行的主要问题和解决方案两方面含义。其中，安全稳定分析，会同时进行静态安全分析、暂态稳定分析、电压稳定分析、小干扰稳定分析和短路电流计算。若系统能够安全稳定运行，则启动稳定裕度评估；否则，针对不同稳定问题，即时启动相应预防控制辅助决策计算，为调度运行人员提供运行方式调整的可行方案，以保证系统的稳定运行。预防控制是在危及电力系统安全稳定的扰动发生之前采取的措施，其目的是消除系统运行风险。即，系统通过在线稳定分析详细全面解析电网当前运行状态，通过辅助决策计算提出解决电网存在安全问题的措施。主要内容包括在线静态安全辅助决策、在线暂态稳定辅助决策、在线电压稳定辅助决策、在线小干扰稳定辅助决策、在线短路电流限制辅助决策以及综合辅助决策。

在应用模式上，在线安全稳定分析分为实时分析模式、研究分析模式和趋势分析模式。实时分析模式对当前电网运行方式进行安全稳定分析、稳定裕度评估和预防控制辅助决策；研究分析模式对研究方式进行潮流调整，并进行安全稳定分析、稳定裕度评估和预防控制辅助决策；趋势分析模式基于当前实时方式数据，根据调度计划类数据生成未来一段时间内的电网趋势运行方式，并依时序滚动进行安全稳定分析、稳定裕度评估和预防控制辅助决策。

四、关键技术与方法

（1）数据整合技术。安全稳定分析的在线应用需要解决的基础问题之一是数据问题，即如何实现在线数据整合与接入。数据是电力系统在线动态安全评估和预警系统的各类应用赖以运行的基础。建立高效的数据交换共享体系和科学的数据处理方法，确保分散的数据能够快速地获取和共享，既有技术问题，又有管理问题，需要从数据交换共享体系的建立和动态数据平台两个方面予以实现。

（2）分布式并行计算技术。在线安全稳定分析需要对大量故障和不同的计算类型进行分析，系统效率与平台可靠性成为安全稳定分析的在线应用的另一个关键。针对大量故障和计算类型形成的计算任务，进行任务分配的调度策略，需要考虑计算速度和平台可靠性之间的协调。经研究，依靠并行计算平台的高速计算能力和开放的集成性能，对于大型互联电力系统，其在线安全稳定分析计算可在分钟级完成，具体时间依据并行计算机群的规模变动，并可控制在 30～300s。

（3）稳定分析方法。与传统的离线分析计算技术相比，在线领域的稳定分析技术发展使得电力系统稳定分析计算技术由传统的人工形成数据、手动设置典型故障、逐一观察判断稳定状态、依据经验调整电网状态的方式，变为数据自动生成、全面 $N-1$ 扫描、自动故障判稳、依据计算辅助决策的方式。稳定分析技术按周期进行计算，其全面、快速的安全预警功能，改变传统的基于典型方式进行离线稳定分析的模式，使得分析结果更全面客观，解决电力系统长过程连续故障（或开断）情况下安全分析的速度、全面性和可信度问题，能够提高调度人员实时掌握电网安全状况的能力，为应对包括电网大停电在内的事故提供宝贵的技术手段。

（4）稳定裕度评估方法。电力系统传输极限是电力系统在没有违反热过负荷、节点电压越限、电压崩溃或任何如暂态稳定等系统安全约束前提下，指定输电路径上最大的电力输送能力。关键输电断面的功率是调度员最关心的运行数据，控制断面功率是控制运行方式稳定水平的重要手段，输电断面的实际功率和稳定极限功率的接近程度直接反映系统的稳定水平，在线求解输电断面的极限对衡量系统的稳定水平、挖掘输电潜力具有非常重要的经济和安全意义。电力系统传输极限是衡量电力系统安全裕度的重要指标，涉及暂态稳定、电压稳定、小干扰稳定、频率稳定和热稳定等众多约束。输电断面稳定裕度评估是基于电网在线模型和并行计算平台，通过输电断面潮流调整和稳定约束校核，计算出输电断面的传输极限和稳定裕度。

（5）预防控制辅助决策方法。辅助决策计算针对预警功能提供的隐患信息，开展调节措施的确定性计算，形成电网调整策略，作为调度员调度决策的支持信息或直接实现自动控制。传统离线分析计算并不存在辅助决策算法，因而需要全新的技术手段来实现，其研发需要考虑网络约束、潮流约束、$N-1$ 开断约束、暂态稳定约束、电压稳定约束、小干扰稳定约束以及短路电流约束等多种约束条件，这些是在线安全稳定分析的一大技术难点。

第二节 数 据 整 合

一、数据整合简介

1. 数据源分析

一般意义上的电网调控中心，在业务上管辖若干下级电网调控中心，同时其内部划分为调控运行、调度计划、运行方式、自动化、继电保护等多个专业，如图 9-3 所示。这些机构划分的方式及机构之间管辖范围的冲突，导致目前电网中存在多套计算数据，且各种数据拥有相对独立的分布区域、维护方法和使用途径。

电网调控中心电网计算数据可以按照应用类型的不同，划分为在线数据、离线方式数据等；按建模范围的区别可划分为骨干电网数据（或主网数据）、外网数据、下级电网数据等。此外，对于特定数据源还可将数据项细分为网架结构、参数、运行数据等不同类型。

传统的电网计算数据主要是由系统运行和自动化专业维护的，其中离线数据由系统运行专业维护，在线 EMS 数据由自动化专业维护，

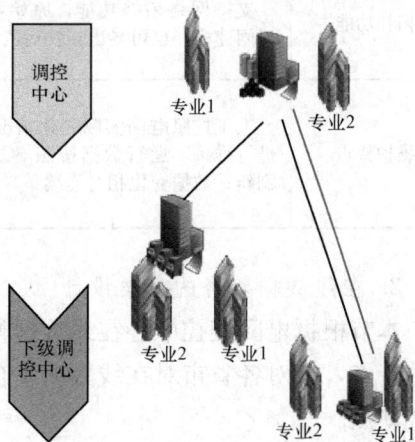

图 9-3 电网调控中心数据资源分布示意图

此外，还有部分一次、二次设备的参数由继保专业维护。在线数据包含了电网实时的运行信息，能够对某时某刻电网运行状态做出准确地描述；离线方式数据包含了相对完整的典型电网结构及电网设备的模型和参数，比较适合对电网的物理特性进行较详细、深入地分析。表 9-1 对比了在线和离线方式数据的特点。

表 9-1　　　　　　　　　　　电网在线数据与离线方式数据特点对比

对比	电网在线数据	电网离线方式数据
用途	SCADA 和 PAS（power application software）高级应用	对典型的历史、当前、规划、故障电网进行潮流和暂态稳定等计算分析
载体或格式	基于在线 EMS 调度自动化系统，可导出多种通用格式	PSASP 或 PSD_BPA 等专有格式
维护和使用专业	数据主要由自动化专业维护，供调度、系统运行多个部门使用	主要由系统运行专业维护和使用
网架结构	一般描述当前电网实际运行情况，本地人工维护，仅有主网模型参与状态估计和在线潮流计算；在电网结构上是离线方式数据中的一部分	面向规划或计划电网，人工本地维护，电网模型较为详细、完整，除了辖区内的主网外，一般还包括低压和外网的电网信息
设备参数	主要是稳态参数，来源于离线方式数据	稳态正序参数、零序参数、发电机及其控制器和负荷的详细模型，来源于设计参数或实测
运行数据	运行数据实时/准实时连续自动刷新，能反映当前系统运行情况	人工设置典型或者预想恶劣运行方式
拓扑功能	支持网络拓扑功能，原始数据中有开关、刀闸建模，也可导出拓扑后的计算模型	一般无开关、刀闸模型或者用零阻抗支路代替，拓扑功能有限
维护特点	人工按照电网实际变化情况对网架、参数进行维护，运行数据按照 SCADA 配置自动刷新；数据变化相对连续	人工维护所有数据，全年分为若干套离散的典型数据；各套数据的运行方式有较大变化

2. 在线数据整合的方案设计

本节根据电网调控中心在线数据整合的目标，同时结合在线运行数据和离线方式数据的特点，针对各省市对在线数据整合的不同要求分别设计实现方案，并比较两种方案的优缺点。

（1）方案描述。

1）方案一：以离线方式数据为基础的在线数据整合。

本方案主要思路是以全网的离线方式数据作为基础，用在线运行数据中的电网实时运行信息替换离线方式数据中相应电网设备运行的状态及潮流信息。其中，在线运行数据中参与替换的基本运行信息包括发电机出力、母线电压、负荷、线路/变压器潮流、变压器档位/连接方式、以及各种电气设备的投切状态等。同时在线数据整合需要根据在线运行数据中电气设备间的连接关系，对离线方式数据进行相对应的拓扑调整。但是，由于在线数据一般仅含有高电压等级电网的实时运行数据及网络拓扑架构，经过刷新和拓扑调整后的离线方式数据很难保证潮流计算的收敛性。为此必须对数据进行针对性地调整，采取必要的数据调整策略，使整合数据的潮流和网架结构尽可能地与在线运行数据保持一致。

2）方案二：以在线运行数据为基础的在线数据整合。

主要思路是以单一来源或多个来源拼接而成的全网在线运行数据为基础，用离线方式数据所包含的电网设备的详细模型及动态参数刷新在线方式数据中相应电网设备。其中，离线方式数据中参与刷新的基本信息包括交流输电线路、串/并联电容电抗器、变压器零序参数，直流输电线路、发电机、负荷模型等。但是，由于在线运行数据设备和离线方式数据设备难以保证全部对应，刷新后的整合数据设备可能缺少若干详细模型及动态参数或参数数据不合理，这需要采取必要的处理措施对数据加以修正，来确保后续在线安全评估计算的顺利进行。此外，也要采取类似方案一的数据调整措施，确保整合数据潮流尽可能地接近在线运行数据的潮流结果。

（2）优缺点比较。

方案一的优点是保留了离线方式数据的网架拓扑结构和电器元件的动态参数，方式人员进行维护和使用较为方便容易。缺点是如果在线运行数据中建模比较完整、准确，并且当离线方式数据和在线运行数据有较大区别的时候，调整离线方式数据的过程相对复杂且容易出现错误。

方案二的优点是容易保证整合后数据的潮流信息与在线运行数据一致。缺点是多源数据的拼接处理难度大，同时，当省间联络线发生变化时，需要进行人工维护，以适应最新电网架构；要求有高的在线运行数据和离线方式数据的映射率；整合后的数据保留了在线运行数据的连接方式和稳态参数，对在线运行数据的质量要求比较高。

两个方案需根据实际情况进行选择。方案一提供了在线数据整合的基本方法，试用范围较广，但在线/离线数据的刷新和控制算法相对复杂。方案二能够保证整合后数据的运行方式与在线基本相同，但是要求有较高的在线运行数据质量。

3．在线数据整合技术难点分析

在线数据整合的两种数据处理方式，有共同的技术难点，但因为方案不同，根据各自的特点，存在一些特有的技术难点。

（1）数据源的不一致性。各级调度运行控制中心的在线实时数据间存在时间、空间等方面的不一致性。同时，在线/离线数据间也存在相同的问题。假设将在线运行数据和离线运行数据直接整合，不采取适当的调整，往往会造成整合结果不准确，产生较大的误差，甚至不能进行潮流计算。

（2）在线运行数据之间的不一致性。从时间上看，由于本地 SCADA 数据的采样时刻、传输时延的不同，导致量测数据的不一致性。特别在经济发达地区，电网本身变化频繁，在线量测不一定全部适应快速变化的电网，从而导致了在线运行数据与实际系统运行数据略有差别。

从空间上看，各级电网调控中心的在线运行数据在电网架构上存在重叠和互补的现象，其中部分重叠的数据存在着不一致性。

同时，由于 EMS 数据维护存在相对滞后等原因，EMS 状态估计输出的局部在线运行数据也会与实际系统存在较大的出入，从而影响在线数据整合的结果。

（3）在线运行数据与离线方式数据之间的不一致性。从时间上看，在线运行数据是电网的实时运行情况的描述。离线方式数据代表电网在一年中不同的负荷水平和开机方式，是基于大量电网规划资料和往年方式运行经验的基础上整理汇总而成的，在一定程度上展示出系统某一特定时段的实际运行情况。因此，在线运行数据与离线方式数据之间存在明显的不一致性。

从空间上看，在线运行数据一般仅包含高电压主网的实时运行数据，在建模的规模上远远小于离线方式的规模，仅仅是离线方式数据的一个子集，另一方面，由于在线运行数据和离线方式数据维护频度不同，可能出现离线方式数据中未建模，但在线运行数据中设备已建模的情形。

（4）电网规模庞大。整合后数据数据量庞大，覆盖了整个互联电网，并且在线运行数据和离线方式数据的建模日益详细。因此，整合数据中电网规模较大，特别是在线运行数据中引入开关、刀闸的模型导致规模急剧扩大，加重了计算负担，调整状态估计全网数据将花费较多时间，在很大程度上影响了在线安全稳定分析的后续计算。

（5）建立设备映射表。方案一以离线方式数据为基础的数据整合，需要将在线运行数据中的基本数据信息刷新到离线方式数据中相对应的设备上，而且需要根据在线运行数据与离线方式数据设备的对应关系调整离线方式数据的拓扑关系，即设备之间的连接关系，使它与在线运行数据的拓扑关系基本保持一致；方案二以在线运行数据为基础的数据整合，需要根据在线/离线数据的设备映射表，将离线方式数据中的发电机、负荷、变压器等模型和参数刷新到在线运行数据中。设备映射表是在线运行数据与离线方式数据之间联系的桥梁。但由于在线运行数据与离线方式数据独立建模和维护，而且数据规模庞大，如何根据一定的原则和方法快速建立设备映射表存在很大的难度。

二、以离线为基础的数据整合方法

（1）整合数据的电网拓扑调整。基于在线设备拓扑连接关系，并参考数据映射表中在线/离线数据的对应关系，调整离线方式数据中的设备连接关系，从而保证整合后的数据能够适应电网最新的变化，保持电网工况的真实性，同时避免了大规模电网拓扑计算带来的维护和效率问题。

（2）离线数据为基础的流程。电网调控中心以离线方式数据为基础的数据整合程序流程图如图 9-4 所示。

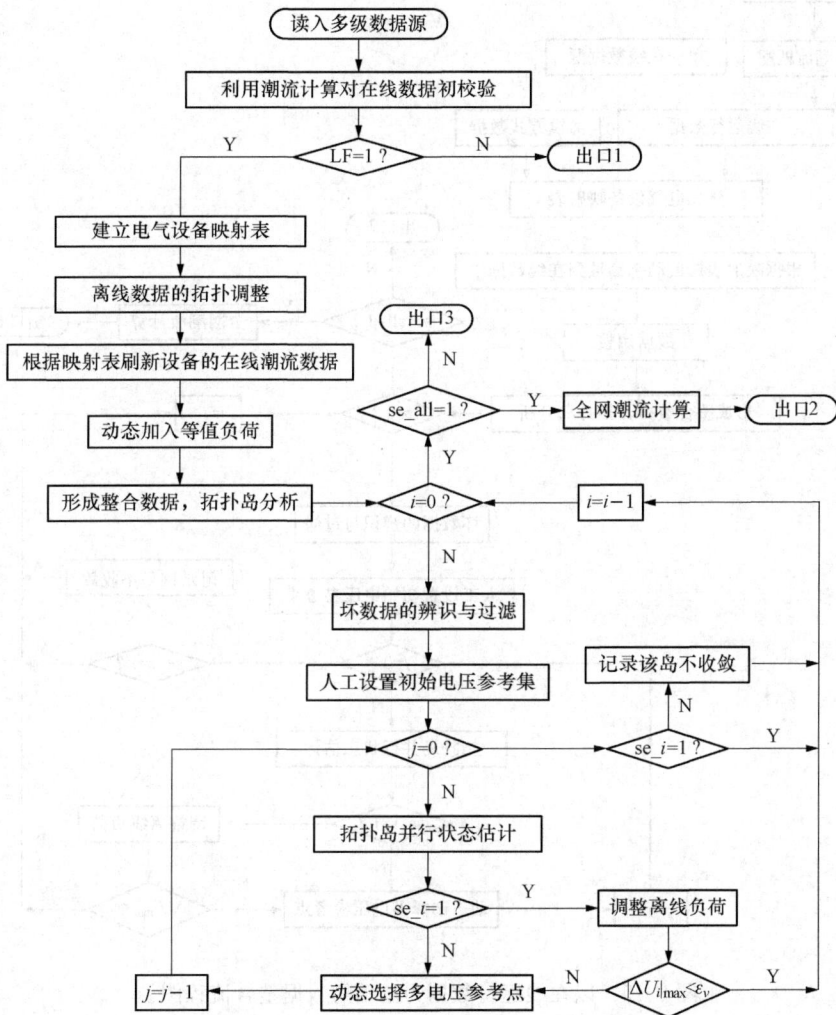

图 9-4 以离线为基础的数据整合流程图

三、以在线为基础的数据整合方法

（1）在线运行数据选取。数据整合支持三种在线运行数据模式：

1）上级电网在线运行数据；

2）本级电网在线运行数据；

3）上级电网和本级电网拼接在线运行数据。

目前国内电网既可以实时获取本级电网实时数据模型，也定时接收上级电网的最新实时数据。

（2）以在线运行数据为基础的数据整合流程图。电网调控中心以在线运行数据为基础的数据整合程序流程图如图 9－5 所示。

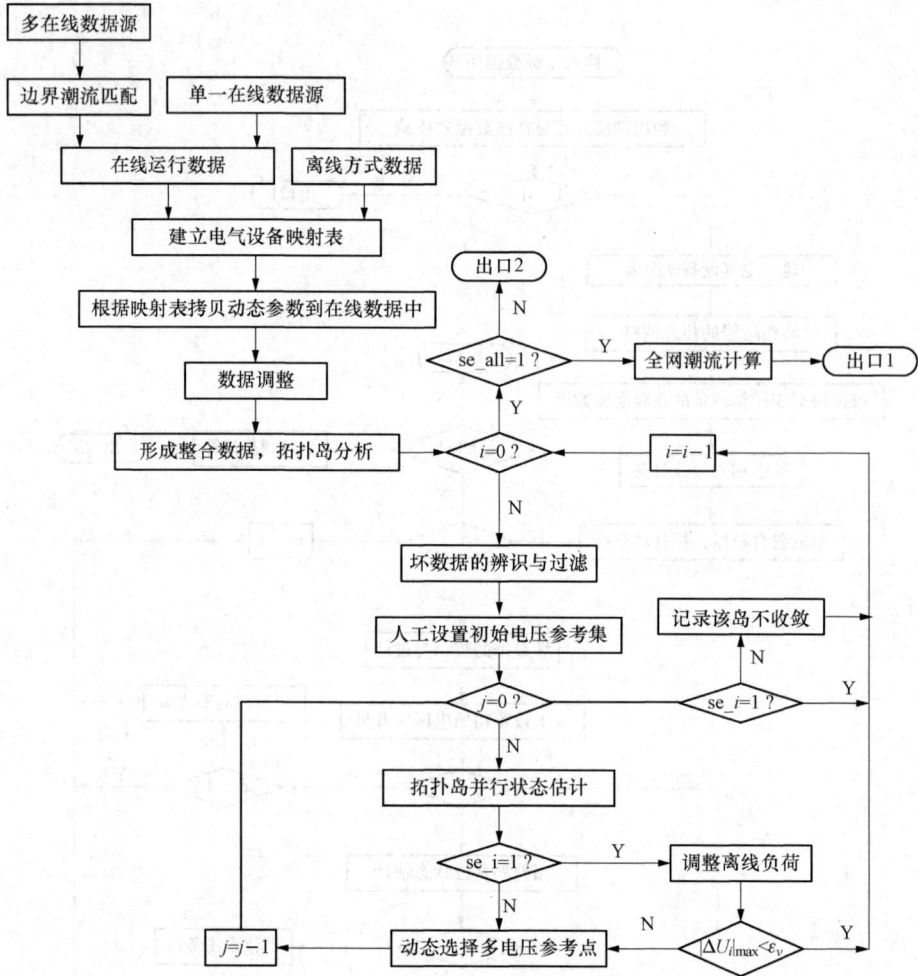

图 9－5　以在线运行数据为基础的数据整合流程图

第三节　分布式并行计算

分布式并行计算是分布式计算与并行计算的统称，目标是通过计算模式加快计算速度，更快地解决实际问题。分布式计算是一门计算机科学，它研究如何把一个需要非常巨大的计算能力才能解决的问题分成许多小的部分，然后把这些部分分配给许多计算机进行处理，最后把这些计算结果综合起来得到最终的结果。

分布式计算比起其他算法具有以下优点：稀有资源可以共享；通过分布式计算可以在多台计算机上平衡计算负载；可以把程序放在最适合运行它的计算机上。其中，共享稀有资源和平衡负载是计算机分布式计算的核心思想之一。并行计算，或称平行计算，是相对于串行计算来说的。并行计算可分为时间上的并行和空间上的并行。时间上的并行就是指流水线技术，而空间上的并行则是指用多个处理器并发的执行计算。并行计算是指同时使用多种计算资源解决计算问题的过程。为执行并行计算，计算资源应包括一台配有多处理机（并行处理）的计算机或多台与网络相连的计算机。并行计算的主要目的是快速解决大型且复杂的计算问题。

分布式并行计算基于数据广播，采用任务预分配和时序控制应用计算的工作机制。本章介绍分布式并行计算的工作原理。

一、分布式并行计算基本概念

通俗地讲，并行计算借助并行算法和并行编程语言能够实现进程级并行和线程级并行，而分布式计算只是将任务分成小块到各个计算单元分别计算各自执行。中国电力科学研究院电力系统研究所研究的分布式并行计算算法集成了这两种算法的优点，将一个计算任务划分成多个子任务，然后通过多线程的并行计算算法计算这些子任务。

二、分布式并行计算平台原理

分布式并行计算的基础是分布式并行计算平台，分布式并行计算平台基于实时数据广播、任务预分配和动态调整、时序控制等并行处理的关键技术，并行处理性能随系统处理器核数线性提高，解决了各类分析计算任务快速协调处理的难题，在机群环境下实现计算任务分配、计算结果汇总、计算任务管理、出错处理和数据备份功能，可快速完成电力系统的计算和分析，并通过标准接口实现应用软件与机群计算资源的交互。

三、分布式并行计算平台构成

图9-6表述了分布式并行计算平台的系统网络拓扑，其中人机交互接口为人机界面，数据网关为在线任务提交端，数据管理为数据存储服务，均属于管理网。

分布式并行计算管理调度跨越管理网与计算网两个网，从管理网接收任务，协调计算网内计算资源进行电力系统分析计算，最终将计算结果交付任务提交端。管理网与计算网均为千兆以太网，网络通信方式选用UDP组播与点播。

分布式并行计算平台任务流程如图9-7所示。

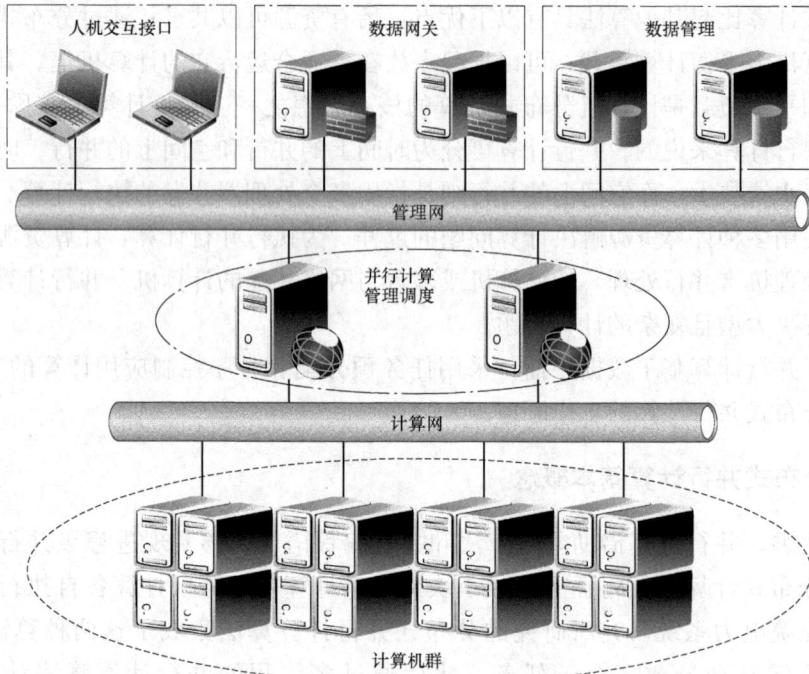

图 9-6　分布式并行计算平台网络示意图

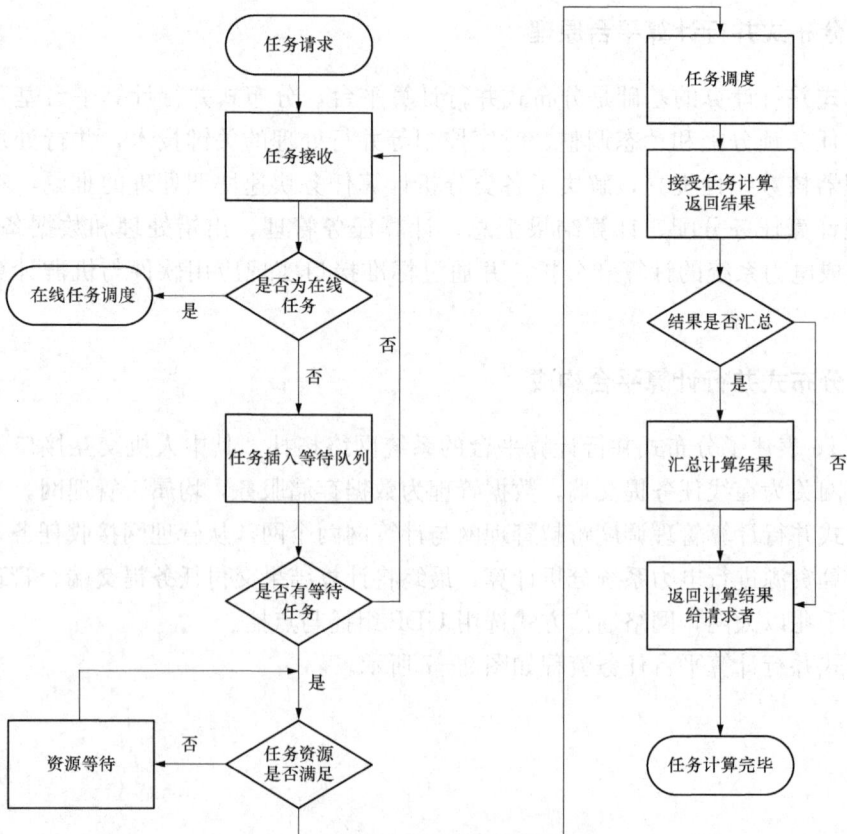

图 9-7　分布式并行计算平台任务流程

第四节 在线安全稳定分析

一、简介

在线安全稳定分析支持在线模式、在线研究模式和离线模式。

在线模式实现在线安全综合评估及预警主要功能，其主要特点是，通过未经任何修改的在线数据，对电力系统做出相关的安全稳定评估结论和辅助决策计算结果，其运行过程完全自动而没有任何人机操作。从系统工作流程上，首先通过实现与调度控制系统的统一规范接口，获取调度控制系统中的各类安全稳定分析所需要的在线数据；然后通过在线数据整合系统，进行数据整合和数据交换，在整合工作完成后，送入到并行计算平台中；并行计算平台通过高效的计算组织方法，实现各个电力系统应用软件的并行分析，并将计算结果通过统一规范接口送回到调度控制系统。

在线研究模式主要实现操作前的综合安全分析功能，其主要特点是，通过人工手动修改当前运行方式，对即将在系统中发生的事件进行安全稳定评估。从系统工作流程上，首先通过人机界面，记录下用户的修改内容并计算潮流；然后送入到并行计算平台中；接着并行计算平台通过高效的计算组织方法，实现各个电力系统应用软件的并行分析，并送回计算结论到人机界面。

离线模式主要实现离线方式计算功能，其主要特点是，通过大量的人机操作对数据进行修改，并通过运行方式人员熟悉的计算软件上传计算任务和查看计算结果。从系统工作流程上，首先通过人机界面，记录下用户提交的潮流；然后送入到并行计算平台中；接着并行计算平台通过高效的计算组织方法，实现各个电力系统应用软件的并行分析，并将计算结论送回到人机界面。

二、在线运行态稳定分析

在线安全稳定分析在线运行态，依靠并行计算的高速计算能力和开放的集成性能，完全可以实现基于在线数据的全部稳定分析计算，整个分析计算可在分钟级完成。全面快速的安全预警功能改变了传统的基于典型方式进行离线稳定分析的模式，分析结果更全面客观，解决了电力系统长过程连续故障（或开断）情况下的安全分析的速度、全面性和可信度的问题，为应对电网的大面积停电事故提供宝贵的技术手段。

（1）静态安全分析。静态安全分析主要用来判断在发生预想事故前后系统是否会发生过负荷或电压越限，具体包括线路额定电流越限检查、变压器容量越限检查、稳定断面有功总加越限检查、母线电压越限检查。

静态安全分析具备对基态潮流进行越限判断功能，给出基态潮流下的越限情况分析结果。

静态安全分析具备 $N-1$ 故障分析功能，对电网全部主设备（包括线路、主变压器、母线、机组、开关）进行 $N-1$ 开断扫描，判断故障后系统是否满足短时过负荷能力。其中线路、变压器、发电机进行 $N-1$ 开断扫描不会引起拓扑变化，而部分开关 $N-1$ 和母线 $N-1$ 开断时会引起特殊拓扑变化，例如在 3/2 接线方式下检修边开关，如果另一侧边开关发生 $N-1$ 故障，就会出现设备出串运行的特殊运行方式，这是常规的线路 $N-1$ 或主变压器 $N-1$ 扫描无法覆盖的故障。

静态安全分析具备部分 $N-2$ 故障分析功能，主要是对于同杆并架线路，分析两条线路同时故障退出运行后系统是否会发生过负荷或电压越限。

对于其他特殊的故障和设备组合故障，由计算人员根据预想故障情况，采用自定义的方式添加故障设备，由静态安全分析来判断预想故障发生后系统是否会发生过负荷或电压越限。

（2）暂态稳定分析。电力系统暂态稳定是指电力系统受到大干扰后，各同步发电机保持同步运行并过渡到新的或恢复到原来稳态运行方式的能力。通过暂态稳定计算可以判别系统的暂态功角稳定性、暂态电压稳定性和暂态频率稳定性。系统分别利用时域仿真法、直接法和数据挖掘来判断系统的暂态稳定性，兼顾暂稳计算的准确性和快速性。

暂态稳定计算的主要功能可概括为：

1）一般模型的计算功能：可计算交直流混合电力系统，可考虑变电站（主接线）内部的开关状态对系统网络结构的影响。

2）复杂故障方式的计算功能：可同时考虑多处三相对称故障，包括三相短路、三相断线、串联电容保护三相击穿等；可同时考虑多处不对称故障，包括单相短路、单相负荷投入、两相短路、两相接地、单相断线、两相断线、串联电容器不对称击穿等；在不对称故障下，可考虑输电线零序互感的影响。

（3）电压稳定分析。电力系统的电压稳定性是指系统在某一给定的稳态运行下，经受一定的扰动后各负荷节点维持原有电压水平的能力。电压稳定计算的主要功能和特点如下：

1）可考虑负荷、发电机及其励磁系统、有载调压变压器分接头（OLTC）等与电压稳定性密切相关的动态元件特性。

2）可求出对应于指定系统过渡方式的电压稳定极限（稳定裕度）。

3）将常规潮流计算方法与改进病态潮流计算方法结合，提供五种连续潮流法，可得到完整的 $P-V$（$Q-V$）曲线。

4）可分别在系统初始稳态运行点和电压稳定极限点进行模态分析，确定系统的关键节点和关键区域。

5）可求出系统初始稳态运行点和电压稳定极限点处进行灵敏度分析，确定系统的关键节点和关键区域。

6）可通过 $P-V$（$Q-V$）曲线监视系统电压稳定极限的计算过程。

（4）小干扰稳定分析。电力系统小干扰稳定是指系统受到小干扰后，不发生自发振荡或非周期性失步，自动恢复到起始运行状态的能力。对于大区电网互联形成的大交流同步电网或交直流并列运行电网，送电距离较长、电压支撑薄弱，各区域间振荡模式多表现为较低频率的弱阻尼甚至负阻尼，容易造成互联系统的低频振荡及系统的动态不稳定。

在线安全评估系统小干扰稳定分析基于在线整合后的全网实时运行数据，利用并行计算技术，分频段进行系统小干扰稳定分析，实时监测和分析电网当前运行方式下的动态稳定情况。

（5）短路电流分析。

短路计算的主要功能和特点可概括为以下 7 个方面：

1）交直流混合电力系统的短路电流计算。

2）简单故障方式短路电流计算，可进行全网短路电流的扫描计算、指定区域各母线短路电流的扫描计算、指定母线或线路上任意点的短路电流的计算。

3）复杂故障方式短路电流计算，即任意母线和线路上任意点的多种组合方式的复杂故障计算。

4）可计算故障点的短路电流和短路容量。

5）可计算电网各节点的正序、负序、零序戴维南等值阻抗。

6）计算时可考虑平行线路零序互感的影响。

7）短路电流计算可基于给定的潮流方式，也可不基于潮流方式。前者考虑发电机电动势和负荷电流的影响，后者发电机取 $E'' = 1\angle 0°$（p.u.），不计负荷影响。

（6）在线运行态可视化展示。

在线运行态的人机可视化通过智能电网调度控制系统的人机系统进行统一展示。在线运行安全稳定分析主界面如图 9-8 所示。

在主界面上可以显示出暂态稳定分析、静态电压稳定分析、小干扰稳定分析、静态安全分析和短路电流分析的总体结果。

主页面上箭头方向代表趋势情况，红色向上代表本次结果比上次结果更坏，绿色向下表示本次结果比上次减少到 0，黄色向下表示比上次结果变好但仍存在越限。

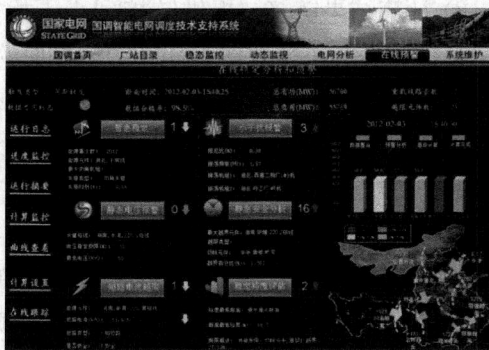

图 9-8　在线运行态安全稳定分析主界面
注：本章界面图中所有数据均为虚拟数据，
与实际运行不同。

暂态稳定：暂态稳定按钮右边的数字表示失稳的个数，点击按钮进入暂态稳定计算结果二级界面，点击数字进入辅助决策二级界面，对应区域下显示本次计算结果中，最快失稳时刻的故障信息描述，包括故障元件、最大功角差、失稳类型以及失稳的时刻等信息，其中故障个数是指预先设定的故障集个数。

小干扰报警：小干扰报警按钮右边的数字表示阻尼比小于 3% 的个数，点击按钮进入二级详细计算结果界面，下边区域显示本次计算阻尼比最小的结果，信息包括阻尼比大小、振荡频率、振荡机组 1 和振荡机组 2 的信息。

静态电压报警：静态电压报警按钮右边的数字表示电压稳定极限小于 30% 的个数，

点击按钮进入电压稳定计算结果的二级界面，点击数字进入电压辅助决策的二级界面，下边区域显示信息包括关键母线名称、电压稳定极限、最低电压等信息。

静态安全分析：静态安全分析按钮右边的数字表示越限个数，点击按钮进入静态安全分析计算结果的二级界面，点击数字进入静态安全分析辅助决策的二级界面，下边区域显示本次计算越限比最大的信息，包括越界元件名称、越界类型、切除元件名称、越界百分比等信息。

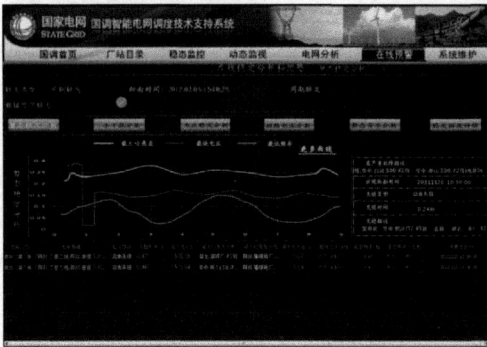

图 9-9　暂态稳定分析结果界面

短路电流越限：短路电流越限按钮右边的数字表示短路电流越限个数，点击按钮进入短路电流分析计算结果的二级界面，点击数字进入短路电流分析辅助决策的二级界面，下边显示的是本次计算结果中越限比最大的信息，包括故障元件名称、短路电流和遮断电流、短路类型以及是否安全等信息。

暂态稳定分析结果如图 9-9 所示。

暂态稳定分析结果的界面分为以下四块区域：

1）触发描述。本部分显示触发类型、断面时间、触发原因及数据可用标志。

2）计算结果链接。提供链接到小干扰分析、电压稳定分析、短路电流分析、静态安全分析、稳定裕度评估等计算结果界面的按钮。

3）暂稳曲线。显示失稳时刻最快的暂态故障时最大功角差、最低电压、最低频率的曲线，右边表格显示对应的暂稳分析结果信息。

点击"更多曲线"弹出曲线阅览室，可查看本计算周期内所有暂稳分析的故障曲线。

4）暂稳计算结果表格。最下边的区域显示暂稳计算的结果表格输出，显示内容有故障元件、故障描述、稳定情况、失稳时刻、最大功角差、最大功角发电机、最小功角发电机、最低电压、最低电压母线、最低频率、最低频率发电机、计算断面时间等。

电压稳定分析、小干扰稳定分析静态安全分析、短路电流分析详细计算结果如图 9-10～图 9-13 所示。

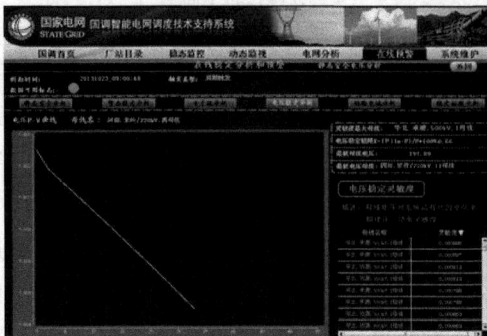

图 9-10　静态电压稳定分析结果界面

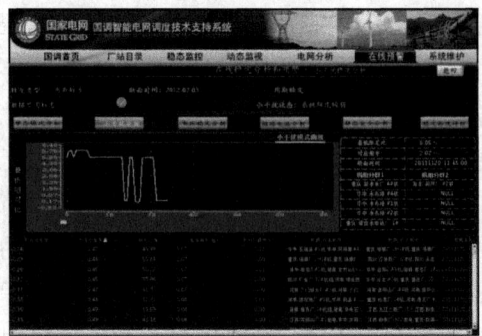

图 9-11　小干扰稳定分析结果界面

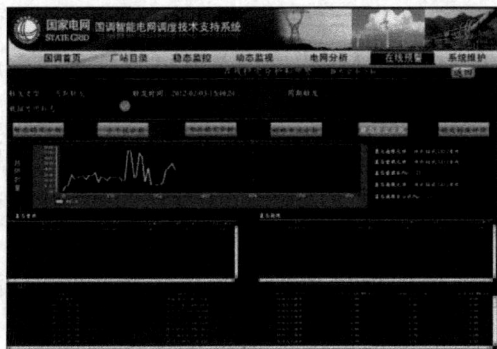

图 9-12　静态安全分析结果界面

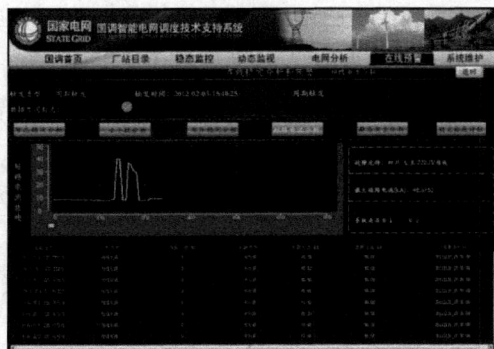

图 9-13　短路电流分析结果界面

三、在线研究态稳定分析

电力系统稳定分析的主要方式为离线分析，离线分析工具也已被广泛应用，如 PSASP 和 BPA 等。离线分析有很多优势，包括丰富的分析算法、成熟的应用界面，以及大量的模型、数据方面的积累。但是，当进行电网实际问题分析时，离线分析存在一些滞后性。例如，通常只能靠手工方法来调整电网运行方式，去接近实际方式，这种做法既费时费力，又很难真正地做到与实际情况完全一致。

针对上述问题，提出了在线研究态概念。在线研究态，可以基于当前实时数据或历史断面数据进行全面的稳定分析；同时，为了保证计算数据和结果的准确性，在线研究态也提供了数据质量检查功能。在线研究态的研究对象是电力系统运行点，即某个运行状态下系统是否稳定，存在哪些安全隐患，因此在线研究态也需要提供了丰富的潮流调整和展示的工具。此外，在线研究态需要采用与离线分析相同的核心算法，保证分析结果的一致性和可信度。

（1）数据准备。运行数据是电力系统各类稳定分析的基础，数据内容的真实性和合理性直接决定着分析结果的可信度。电力系统运行中，如何有效地利用离线和在线数据，进行在线研究成为调度部门关心的核心问题之一。

在线研究态系统支持 E 语言格式数据、PSASP 格式数据读入。数据读入成功后，主界面程序会显示当前数据来源，以及本套数据的信息统计。

（2）数据检查。在线研究态提供了潮流数据检查、静态模型参数、动态模型参数等多种数据质量检查工具，同时基于上述检查功能建立了完善的评分机制，可为用户全面掌握数据质量提供技术支持。

数据检查层的主要职责是对电网中的数据进行检查，判定数据是否正确或满足计算要求。数据检查结果区分为错误和警告，其中错误为无法自动修正的内容，警告可自动修正。

数据检查分为潮流检查和质量检查两部分功能。潮流检查可以对两套不同断面或者两套不同类型的数据进行分析，检查数据中的差异；质量检查是对单套数据进行数据分析，比较此数据中的潮流数据与 SCADA 数据的差异，比较此数据中的静态参数数据（电阻、电抗、限值）与离线方式数据的差异。

（3）潮流调整。在进行电力系统在线安全稳定分析时，首先加载基础数据，然后进行潮流数据调整，调整完成后进行稳定分析计算，最后得出电网稳定性结论。

潮流调整是整个稳定分析计算的基础，电力系统在线安全稳定分析支持多种潮流调整方式，包括按照区域调整发电负荷、按元件调整潮流、计划数据直接导入基础潮流数据。

（4）稳定分析。在进行电力系统在线安全稳定分析时，在潮流数据调整完成并且潮流收敛后，就需要进行电网安全稳定分析。

稳定分析包括暂态稳定分析、小干扰稳定分析、电压稳定分析、短路电流分析、静态安全分析和稳定裕度等评估类型。

1）暂态稳定分析。在线研究态系统暂态分析支持如下功能：

a. 在线研究态系统暂态稳定分析支持通过故障模板来设置故障；

b. 支持复杂连锁故障；

c. 支持危险故障自动识别；

d. 支持方式稳控策略计算；

e. 支持基于功角曲线的阻尼分析。

2）小干扰分析。

在线研究态系统小干扰分析支持如下功能：

a. 自动识别振荡模式，能够按照小干扰分析结果与方式计算结果自动匹配，找到相应的典型振荡模式。

b. 典型震荡机组自动筛选，能够按照小干扰分析结果筛选出典型的震荡机群。

3）电压稳定分析。在线研究态系统电压稳定分析支持如下功能：

a. 按照区域设置发电及负荷调整范围；

b. 子区域电压稳定极限自动分析。

4）短路电流分析。在线研究态系统电压稳定分析支持如下功能：

a. 按照区域设置短路电流计算范围；

b. 支持单相、三相短路电流计算；

c. 支持复杂任务设置，可设置单个元件某个位置短路电流分析计算。

5）静态安全分析。在线研究态系统静态安全分析支持按照电压等级、设备类型、设备所属区域进行分析计算。

6）稳定裕度分析。在线研究态系统稳定裕度分析支持如下功能：

a. 断面添加、编辑功能，支持自定义断面，包括线路组成选择、送/受端区域设定、可调区域设置。

b. 自动断面识别，在当前电网状态下，程序通过拓扑分析和潮流分析，来自动识别出一些功率传输方向一致、负载较高的线路或变压器组成输电断面。

四、电力系统联合推演

电力系统联合推演是指由参与计算的最高一级调度机构统一协调，参与调度机构应协同完成联合计算分析任务和形成联合计算分析报告。联合计算分析过程中，最高一级调度机构负责整体联合计算的任务的数据选择、任务制定、潮流调整结果汇总、稳定分析结果汇总、联合计算分析报告生成。参与联合计算的其他调度机构负责接收联合计算任务，完成上级调度机构下发的潮流调整任务，完成上级调度机构下发的稳定分析任务。

(1) 启动条件。

1) 进行特高压联络线、跨区跨省输电通道在线分析，尤其是可能引起功率或电压波动超过规定范围的。

2) 进行重要输电断面在线分析，对特高压联络线或跨区跨省输电通道运行有较大影响的。

3) 电网实时分析中，存在调度管辖电网以外的故障影响到本电网安全稳定的。

4) 预想方式分析中，对其他调度管辖电网的设备状态不明或需其他调度机构配合进行计算分析的。

5) 对区域间小干扰稳定进行分析的。

6) 其他需进行联合计算分析的。

(2) 工作流程。

1) 申请：下级调度机构在需要进行联合计算分析时，可向上级调度机构提出联合计算申请，并及时通知上级调度机构。上级调度机构应及时答复下级调度机构的申请。

2) 启动和确认：上级调度机构可直接启动联合计算分析，并及时通知下级调度开始进行计算。

3) 初始数据准备：申请启动联合计算分析的调度机构负责根据上级调度机构下发的计算数据，经修改形成预想方式分析初始潮流数据，并设定预想方式故障集，逐级上报至参与联合计算分析的最高一级调度机构。

4) 计算数据形成：若涉及多个调度机构数据，参与数据准备的调度机构逐个采用"串行修改、统一下发"方式对计算数据进行修改。区域内省（市）调由调控分中心负责组织协调，调控分中心由国调负责组织协调。参与联合计算分析的最高一级调度机构负责全网计算数据的下发。

5) 联合计算和分析：联合计算分析由申请启动的调度机构牵头组织，所有参与的调度机构同步完成，计算结果逐级上报。上级调度机构汇总所有参与调度机构的计算结果后下发。

各级调度联合计算的流程如图 9-14 所示。

(3) 工作要求。

参与联合计算分析的调度机构进行计算数据准备时，应确保潮流收敛、本网数据准

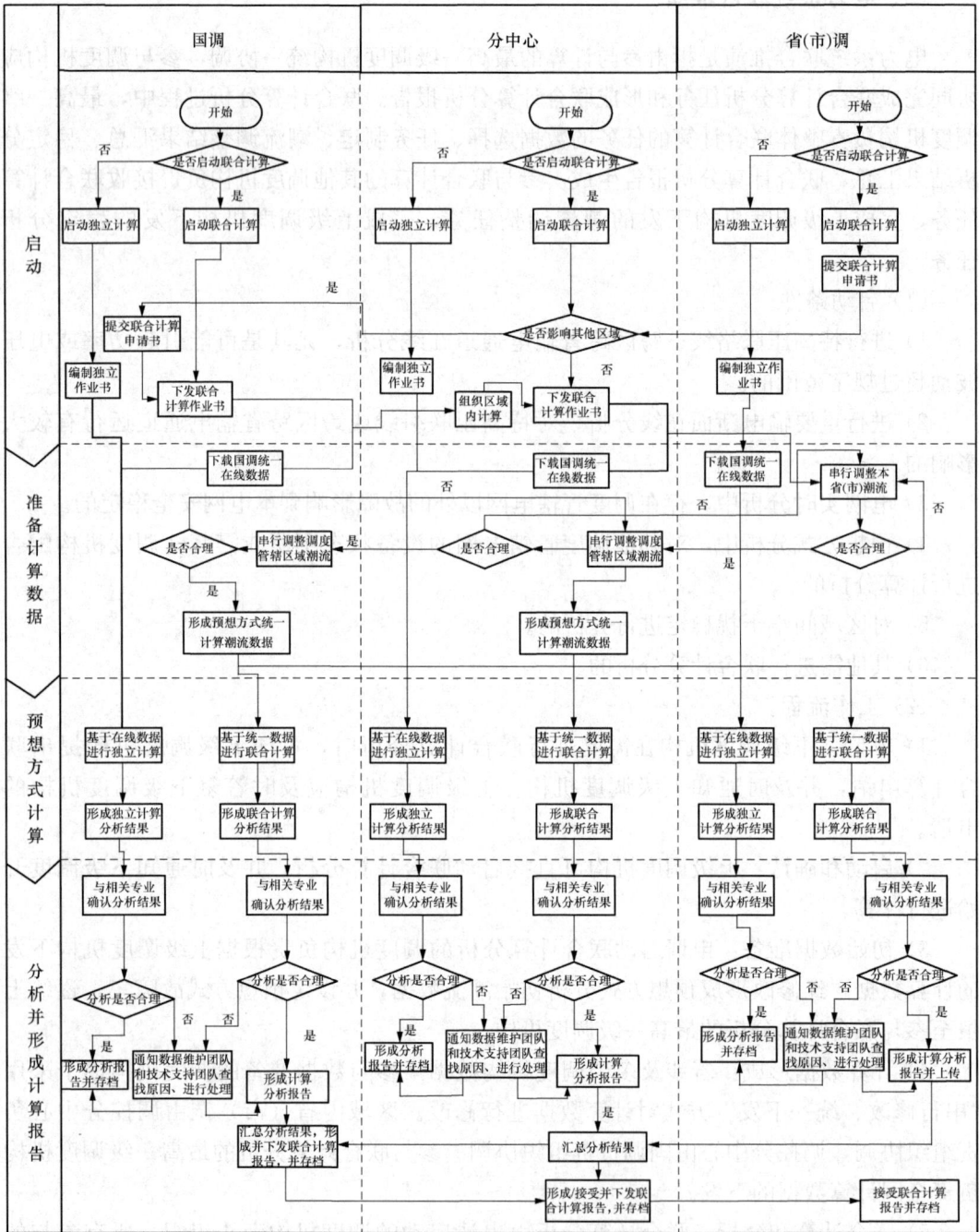

图 9-14 各级调度联合计算的流程

确及合理。计算数据应包含预想方式对应的故障集。

参与联合计算分析的下级调度机构应在联合计算分析批准后 30min 内完成计算数据准备并上报。

参与联合计算的最高一级调度机构应在收集计算数据后 30min 内下发全网计算数据。

发起联合计算分析的机构应明确计算分析目的，详细描述本网运行方式变化及薄弱环节，确定计算分析手段（如静态安全分析、暂态稳定分析、小干扰稳定分析等）。

联合计算分析中，应重点做好特高压联络线运行稳定性分析，并关注其他重要联络线及输电断面。

联合计算分析应有明确的评估和辅助决策结论，并给出详细解释说明，辅助决策手段应切实可行。

参与联合计算分析的调度机构应在计算完成后 30min 内将结果逐级上报，参与联合计算的最高一级调度机构应在收集计算结果后 30min 内完成汇总并下发。

参与联合计算分析的调度机构应做好调度管辖电网内的分析结果同实际运行情况比对。

（4）操作及功能。

在线研究态系统支持国分省多级联合计算功能。多级联合计算功能是指分中心或者省调向上级申请联合计算（或者上级单位直接下发联合计算任务），然后上级单位制定联合计算任务，开始国分省多级单位共同串行调整潮流、稳定分析，最后由上级单位整理报告。多级联合计算功能主要包含申请任务、创建任务、处理任务、提交任务等功能。

1）任务申请。当下级单位需要上级单位配合进行联合计算时，下级单位（分中心或者省调）可以向上级单位申请联合计算任务，在弹出联合计算申请对话框内输入相应内容。设置完成后，系统会自动发送联合计算申请到上级单位。

2）任务创建。上级单位（国调或分中心）可以直接创建联合计算任务，也可以在收到下级单位（分中心或者省调）的联合计算申请后创建联合计算任务。通过在线研究态编制联合计算任务书后下发到下级单位，然后制定联合计算任务，包括潮流调整计划、稳定分析任务、报告整理任务，制定完成后系统自动下发到下级单位，联合计算任务创建完成，开始联合计算任务处理。

3）任务处理。联合计算任务制定完成后，各级单位开始依次处理自己单位的联合计算任务，包括潮流调整任务、稳定分析任务、报告整理。其中潮流调整任务依次进行处理，稳定分析任务可以并行处理，报告整理任务由创建任务的单位负责处理。

潮流调整任务和稳定分析任务处理均采用在线研究态系统独立计算分析里提供的功能模块。

4）任务提交。联合计算任务处理完成后，下级单位需要提交任务处理结果至上级单位，上级单位确认任务处理正确无误后，下级单位才可以进行后续任务处理。上级单位自己的任务不需要提交，处理完成后直接确认则完成该任务。

5）任务完成。上级单位和下级单位各自的任务都处理完成后，由上级单位来负责整理联合计算分析结果报表，整理完成后上级单位可结束此次联合计算任务，联合计算任务处理完成。

五、小结

本章节论述了在线安全稳定分析的两种重要的应用模式——在线运行态和在线研究态，包括功能描述、基本框架、分析方法和原则，以及部分界面的使用方法，同时对两种应用模式做了区分对比。两种模式的计算数据都来源于在线潮流断面数据，这是电网稳定分析从离线方式向在线或准在线方式进行转变的重要标志；两种模式都集成了包括暂态稳定、小干扰稳定、电压稳定、静态安全分析、短路电流分析和断面稳定裕度在内的六大类分析算法，可以满足调度人员日常进行在线分析的需要。同时，在线运行态和在线研究态根据应用目的的区别，又有着不同特点，以及针对不同的工作内容，用户应在实际操作中加以区分和体会。

在线运行态和在线研究态是在线安全稳定分析工作的重要组成和基本工具，对于提高电网运行决策的科学性、预见性，提高调度运行人员驾驭大电网的能力有着积极意义。

第五节 稳定裕度评估

一、简介

稳定裕度评估主要分析电力系统稳定运行边界的状态，按照指定或者自动的潮流调整方案调节输电断面输送功率，求取满足稳定运行要求的可用传输容量大小，亦称在线可用传输容量计算。一般包括潮流调整和稳定校核两个计算步骤。①潮流调整。通过发电机输出功率调节、电容器电抗器投切、变压器抽头位置调节和负荷调节等手段，在满足潮流计算约束的条件下改变指定输电断面的功率，得到新的电力系统运行方式。②稳定校核。对潮流调整中得到的电力系统运行方式进行稳定分析计算，选取满足稳定要求的输电断面最大传输功率，计算出在线可用传输容量。

二、潮流调整算法

本节主要介绍一种基于牛顿法和多机协调控制的多断面潮流控制算法，通过调整发电机和负荷，将相关断面的功率控制在指定位置。

1. 潮流调整模型

建模思路是用指定的发电机组控制断面有功和无功功率，以断面的功率偏差作为控制调节机调节步长的权重。具体的，在牛顿法潮流方程中增加断面功率有功、无功方程，在雅可比矩阵中新增断面功率偏差关于断面线路端节点电压实部和虚部的导数。具体见式（9-1）～式（9-4）。

$$\Delta P_c(m) = \sum_{k=1}^{N_m} P_{\text{line}}(k) - P_{\text{des}}(m) = 0 \tag{9-1}$$

$$\Delta Q_{c}(m) = \sum_{k=1}^{N_m} Q_{line}(k) - Q_{des}(m) = 0 \tag{9-2}$$

$$\cdots \quad \frac{\partial \Delta P_c(m)}{\partial U_{Irk}} \quad \frac{\partial \Delta P_c(m)}{\partial U_{Iik}} \quad \cdots \quad \frac{\partial \Delta P_c(m)}{\partial U_{Jrk}} \quad \frac{\partial \Delta P_c(m)}{\partial U_{Jik}} \quad \cdots \tag{9-3}$$

$$\cdots \quad \frac{\partial \Delta Q_c(m)}{\partial U_{Irk}} \quad \frac{\partial \Delta Q_c(m)}{\partial U_{Iik}} \quad \cdots \quad \frac{\partial \Delta Q_c(m)}{\partial U_{Jrk}} \quad \frac{\partial \Delta Q_c(m)}{\partial U_{Jik}} \quad \cdots \tag{9-4}$$

其中，$\sum_{k=1}^{N_m} P_{line}(k)$、$\sum_{k=1}^{N_m} Q_{line}(k)$ 表示断面 m 有功功率和无功功率的初始值，是构成该断面的 N_m 条线路功率之和。$P_{des}(m)$、$Q_{des}(m)$ 分别表示断面 m 有功功率和无功功率的控制目标。$\Delta P_c(m)$、$\Delta Q_c(m)$ 分别表示断面 m 有功功率和无功功率的控制偏差，其偏微分的分母为断面 m 中组成线路 k 两端节点电压的实部和虚部。

同时，对参与调控的发电机功率方程的雅可比阵做相应修改。若第 i 台发电机控制 m 断面功率，雅可比矩阵与该发电机对应的两行分别增加与联络线端节点相对应的元素和与控制因子 $\alpha(m)$、$\beta(m)$ 相对应的元素。见式（9-5）～式（9-6）。

$$\cdots \quad \frac{\partial P_g(i)}{\partial U_{Irk}} \quad \frac{\partial P_g(i)}{\partial U_{Iik}} \quad \cdots \quad \frac{\partial P_g(i)}{\partial U_{Jrk}} \quad \frac{\partial P_g(i)}{\partial U_{Jik}} \quad \cdots \quad \frac{\partial P_g(i)}{\partial \alpha(m)} \tag{9-5}$$

$$\cdots \quad \frac{\partial Q_g(i)}{\partial U_{Irk}} \quad \frac{\partial Q_g(i)}{\partial U_{Iik}} \quad \cdots \quad \frac{\partial Q_g(i)}{\partial U_{Jrk}} \quad \frac{\partial Q_g(i)}{\partial U_{Jik}} \quad \cdots \quad \frac{\partial Q_g(i)}{\partial \beta(m)} \tag{9-6}$$

上两式表示机组 i 控制的 m 断面包含 k 线路时对雅可比矩阵进行的相应修改。其中，发电机 i 有功功率、无功功率表达式见式（9-7）～式（9-8）。

$$P_g(i) = f_p(i) + \alpha(m)\Delta P_c(m)\Delta P_{vail}(i) \tag{9-7}$$

$$Q_g(i) = f_q(i) + \beta(m)\Delta Q_c(m)\Delta Q_{vail}(i) \tag{9-8}$$

式中：$f_p(i)$、$f_q(i)$ 表示发电机节点的拓扑约束，与传统的潮流方程一致；$\alpha(m)$、$\beta(m)$ 为与 m 断面相关的有功和无功功率控制因子；$\Delta P_{vail}(i)$、$\Delta Q_{vail}(i)$ 为带权重的发电机有无功可调出力，见式（9-9）～式（9-12）。

$$\Delta P_{vail}(i) = \omega_p(i)[P_{max}(i) - P_{g0}(i)] \tag{9-9}$$

$$\Delta P_{vail}(i) = \omega_p(i)[P_{g0}(i) - P_{min}(i)] \tag{9-10}$$

$$\Delta Q_{vail}(i) = \omega_q(i)[Q_{max}(i) - Q_{g0}(i)] \tag{9-11}$$

$$\Delta Q_{vail}(i) = \omega_q(i)[Q_{g0}(i) - Q_{min}(i)] \tag{9-12}$$

式中：$\omega_p(i)$、$\omega_q(i)$ 为发电机 i 的有功、无功调节权重，表示发电机承担负荷的响应速度快慢，与调速器、励磁调节器的性能有关，在每轮计算前给定。

对于断面功率变化产生的不平衡功率，采用分布式平衡机模型进行处理。对每个电气岛，增加一个相角基准方程（9-13）。

$$\theta_i = \theta_{01} \tag{9-13}$$

θ_i 为第 i 台机相角，θ_{01} 为 l 电气岛设定的基准，通常取为 0。其对应的雅可比阵如式（9-14）所示。

$$0 \quad \cdots \quad 1 \quad \cdots \quad 0 \tag{9-14}$$

唯一的非零元1出现在与上式中 θ_i 相应的位置上。

$$P_g(i) = f_p(i) + \alpha(n)\Delta P_{vail}(i) \tag{9-15}$$

用式（9-15）代替承担网损的机组的有功方程，其雅可比矩阵对应增加的修正元素见式（9-16）。

$$\frac{\partial P_g(i)}{\partial \alpha(n)} = \Delta P_{vail}(i) \tag{9-16}$$

2. 发电机群调控设置

为保证断面功率可控性，控制机群和平衡机群的设置须遵守以下基本原则：

（1）每个断面两侧必须有控制机群或平衡机群。

（2）每个电气岛中控制机群和平衡机群的总个数比断面个数多1。

（3）为避免调节冲突和利于收敛，同一区域的机群应尽量符合：同一机群内部各机组间的电气距离应尽可能小于不同机群间机组的电气距离；各控制和平衡机群应尽量靠近不同的断面。

不同的断面组合具有不同的机群设置方法，图9-15～图9-17描述了基本的断面组合下机群设置方法。图9-18给出某种复杂断面组合方式下控制机群和平衡机群的设置方法，将环形断面上端区域拆分成左、右两个子区域，并在两个子区域内分别设置控制和平衡机群。

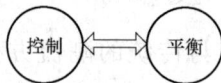

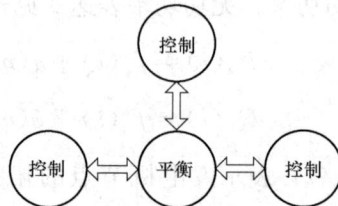

图9-15 单断面　　　　图9-16 放射形断面组合

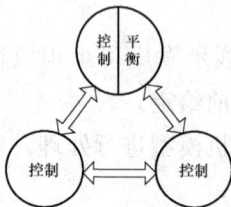

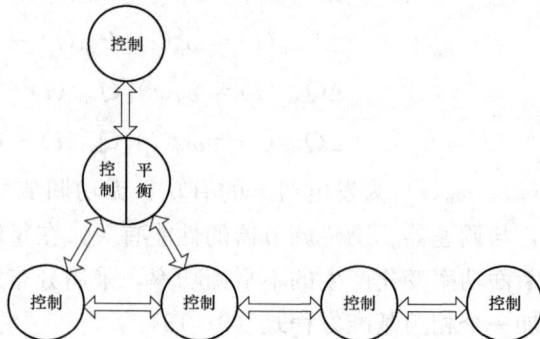

图9-17 环形断面组合　　　　图9-18 某种复杂的断面组合

3. 断面功率控制措施

根据断面功率和目标值偏差大小，可以将控制措施分为单步控制和多步控制。

（1）单步控制。适合于断面功率和目标值偏差较小的工况，可一步将断面功率调节至目标值。计算步骤为：根据预先给定原则选择控制和平衡机群的机组及台数；利用对发电机限值约束的处理，使断面功率控制变成连续的发电机启停和自动调整过程，调整过程通过先后调整非调控机组和调控机组实现。

（2）多步控制。当断面功率和目标值偏差较大时，电网中大量的发电机须参与控制和调整，单步控制可能不会收敛。因而采用多步控制，逐渐将断面功率调至目标值。多步控制中的每一步设定一个分步目标，该分步目标逐步逼近断面的目标值。每一分步计算相当于一个单步控制，其步长为分步目标与本步起始值之差。除包括单步控制的计算方法外，多步控制新增如下步骤：下一步步长与本步控制中电网电压的最大变化量成反比；上一步计算的潮流解作为本步初值，使迭代起始点接近真解；若计算不收敛，步长自动减半，重新本步控制计算；当步长小于预设的门槛，潮流仍不收敛，则控制失败，结束计算。

三、稳定校核原则

输电断面功率通过潮流调整后增长至极限值，必须进行各类稳定校核，以保证计算生成的传输极限满足电网安全稳定运行的要求。本节主要介绍稳定校核中功率元件操作及其调节次序实现的基本原则。

（1）合理保守的功率元件操作原则。采用不同的控制方式调节输电断面送受端的功率元件，输电断面的最大不失稳功率也不相同。因此，在线传输极限计算结果依赖于调节断面功率的控制方式，即功率元件操作方式。这里按照合理而且最容易失稳的原则调节功率元件，称之为合理保守原则。具体包括：①潮流调整满足不同级别调度的安全限制；②只考虑发生在断面上或与断面相关的电网薄弱区域的故障，即断面相关故障；③电压满足正常运行情况下安全稳定要求。

实现合理保守原则的重点是生成可执行调节次序表。即在满足以上合理性条件的前提下，寻找使系统在所考察的故障下最容易失去稳定的功率元件操作次序。可执行发电机调节次序表是潮流调整中确定本轮参与调控的机组的依据，由不同稳定形式下最容易失去稳定的发电机调节次序的综合而成，在每一次潮流调整前重新生成，并且根据当前网架结构下的安全限制进行修正。

（2）功率元件调节次序实现原则。实现功率元件调节次序需要利用在线安全稳定分析的计算结果、本级调度离线方式计算的安全限值、相关调度的离线和在线安全限值信息等三种计算资源，并遵循以下原则：保证潮流调整满足不同调度部门的安全限制，应只考虑断面相关故障以及实现电压满足系统正常运行要求。下面采用灵敏度法来计算功率元件的调节次序，包括 $N-1$ 热稳定、电压稳定和暂态稳定。

1）$N-1$ 热稳定。在送端区域增加出力、受端区域减少出力的均是使热稳定裕度最低线路的电流增加最快的发电机，即为最容易失去 $N-1$ 热稳定的调节方式。而热稳定裕度最低线路必须属于与所考察断面相关的线路集，即组成断面的联络线或对流经断面功率影响较大的线路。

式（9-17）表示线路电流 I_k 对第 m 台发电机的灵敏度。

$$\frac{\partial I_k}{\partial G_m} = \frac{\partial I_k}{\partial U_{kI}}\Delta U_{kI}(m) + \frac{\partial I_k}{\partial U_{kJ}}\Delta U_{kJ}(m) + \frac{\partial I_k}{\partial \theta_{kI}}\Delta \theta_{kI}(m) + \frac{\partial I_k}{\partial \theta_{kJ}}\Delta \theta_{kJ}(m) \quad (9-17)$$

式中：U_{kI} 为线路 K 的 I 侧电压幅值，U_{kJ} 为 J 侧电压幅值，θ_{kI} 为 I 侧电压相角，θ_{kJ} 为 J 侧电压相角。各个节点电压和相角对发电机注入的灵敏度如式（9-18）所示。线路电流与线路两侧电压和相角关系如式（9-19）所示。

$$\begin{bmatrix} \Delta U_1(m) \\ \Delta \theta_1(m) \\ \vdots \\ \Delta U_{kI}(m) \\ \Delta \theta_{kI}(m) \\ \Delta U_{kJ}(m) \\ \Delta \theta_{kJ}(m) \\ \vdots \\ \Delta U_N(m) \\ \Delta \theta_N(m) \end{bmatrix} = [\boldsymbol{J}]^{-1} \begin{bmatrix} 0 \\ 0 \\ \vdots \\ 0 \\ 1 \\ 0 \\ 0 \\ \vdots \\ 0 \\ 0 \end{bmatrix} \quad (9-18)$$

$$I_k = \left\{ \begin{array}{l} \left[\dfrac{U_{kI}}{Z}\cos(\theta_{kI}-\theta_Z) - \dfrac{U_{kJ}}{Z}\cos(\theta_{kJ}-\theta_Z)\right]^2 + \\ \left[\dfrac{U_{kI}}{Z}\sin(\theta_{kI}-\theta_Z) - \dfrac{U_{kJ}}{Z}\sin(\theta_{kJ}-\theta_Z) + U_{kI}^2 B/2\right]^2 \end{array} \right\}^{\frac{1}{2}} \quad (9-19)$$

分别对电压和相角求导，即为电流对线路两侧电压和相角灵敏度表达式。从而，求得所有发电机对线路 K 电流对它的灵敏度并将之排序，即可确定 $N-1$ 热稳定下最易失稳的发电机调节次序表。

2）电压稳定。每轮潮流调整后，用模态分析法计算各台发电机对电网接近失稳模态的参与因子，参与因子最大的发电机增加出力，参与因子最小的发电机减小出力，即为最容易导致电压失稳的机组操作次序。

3）暂态稳定。采用接近失稳发电机功角对发电机的灵敏度确定系统最容易失去暂态稳定的机组调节次序。为了简化计算，用接近失稳发电机机端相角代替它的功角，使接近失稳发电机相角向失稳方向增加最大的发电机操作次序即为最易失去暂态稳定的发电机调节次序。具体计算步骤如下：

首先在每轮调整前确定系统接近暂态失稳的发电机集合及功角差最大值，导出每台机组在所有断面相关故障下功角变化的最大值，记 i 号发电机最大功角变化为 $\Delta \delta_i$。设定判稳阈值，若 $\Delta \delta_i$ 超过该门槛即认为接近暂态失稳，构成接近暂态失稳发电机集合；之后计算出接近失稳发电机相角对所有发电机注入的灵敏度 $\dfrac{\partial \theta_h}{\partial P_i}$；并计算每台发电机对接近失稳发电机群的影响因子 IN_i，见式（9-20）。

$$IN_i = \sum_{h=1}^{L} \Delta\delta_h \frac{\partial\theta_h}{\partial P_i} \qquad (9-20)$$

增加 IN 最大的机组的出力，减小 IN 最小的机组的出力将使接近失稳发电机的相角增加最快，最容易失去暂态稳定。最后，以所有发电机 IN 大小排序即形成暂态稳定约束下最易失稳的发电机调节次序表。生成可执行调节次序表的具体流程如图 9-19 所示。

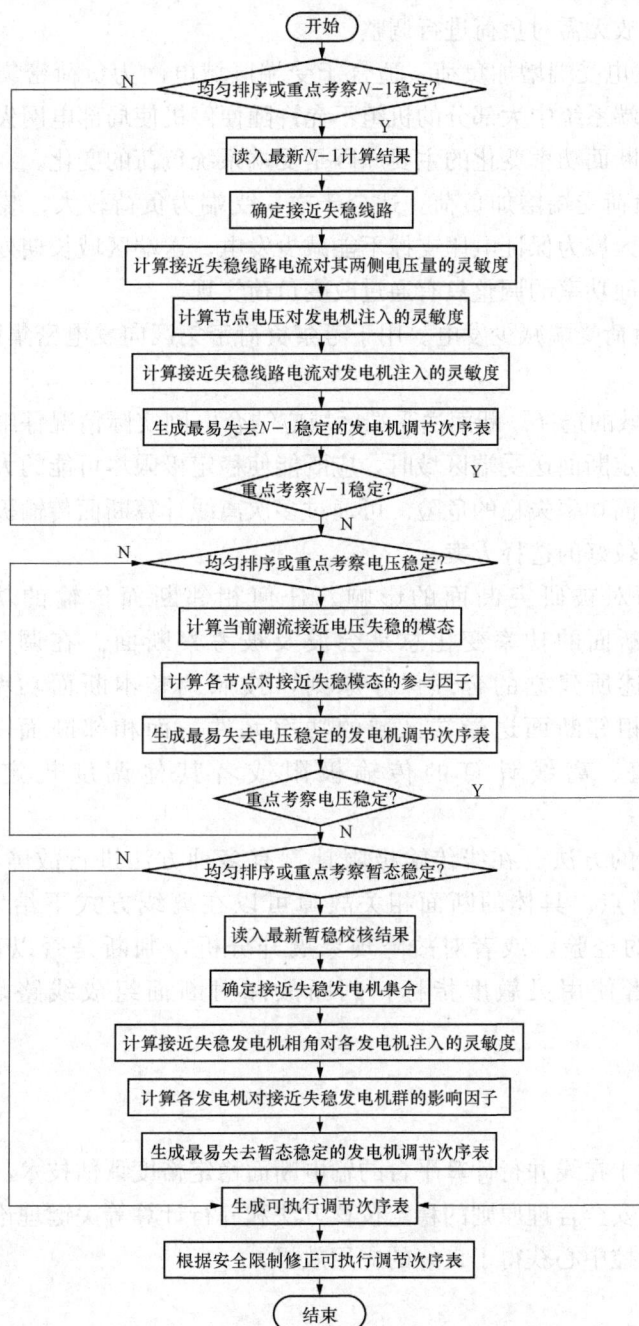

图 9-19　生成可执行调节次序表流程

四、关键技术

（1）断面功率控制策略。针对不同的电网运行特性，可设计以下四种断面功率增长的控制策略。

1）送端增加发电受端减少发电。最常见的功率调整方式，适合于送受端区域具有较强发电控制能力的输电断面。由于在线计算每 5min 或 15min 左右进行一次，短时间内负荷变化不大，故无需对负荷进行调整。

2）送端增加发电受端增加负荷。适合于受端区域电网为负荷密集、装机容量比较小的受端系统。受端系统中大部分的机组不允许随便停机使局部电网失去电压支撑或相角变化过大，引起断面功率变化的主要原因是受端系统负荷的变化。

3）送端减少负荷受端增加负荷。适合于送、受端为负荷较大、装机容量偏小的典型受电系统。受端区域为保证电压支撑不能减少发电，送端区域长期处于满发状态，不能再增加发电，断面功率的调整只有通过改变负荷实现。

4）送端减少负荷受端减少发电。用于考察负荷密集区向发电密集区倒送电的能力，在线计算较少使用。

（2）送受端区域的选择。断面送受端区域应结合电网实际情况仔细选择，不宜过大也不宜过小。在确定断面送受端区域时，应既能使稳定极限尽可能的大，又不会给调度调整留下太多低断面功率失稳的危险。可通过多次离线计算断面传输极限，进行大量的试探和对比后得出较好的选择方案。

（3）相邻断面对被研究断面的影响。任何相邻断面传输的功率都是相互影响的，一个临近断面的功率变化总是会波及被考察断面。在调整相邻断面功率时也必须遵守上述所建立的合理保守原则，按照调整本断面功率需要的功率元件调节次序操作相邻断面送受端区域的功率元件。而相邻断面功率可能取的值可以为日计划值、离线计算的传输极限或者其他调度规定的值，如上升 10% 等。

（4）故障校验的方法。在线传输极限计算有多种方法进行故障校验，不同的校验方法有不同的特点。具体的断面相关故障可以在离线方式下给定，即可以利用生产现场工程师的经验，或者对故障现象展开分析，判断是否以传输断面为中心构成两群，再或者使用灵敏度指标，判断故障对断面组成线路是否有较高的灵敏度。

五、小结

本节介绍了基于在线并行计算平台的输电断面稳定裕度评估技术，阐述了多断面功率约束算法、考虑安全合理原则的稳定校核方法和并行计算等关键理论。目前，该项技术已在各级电网调控中心获得了良好的应用效果。

第六节 预防控制辅助决策

一、简介

预防控制辅助决策根据稳定计算结论，针对危害系统稳定的安全隐患，通过分析计算选择调节对象并计算调节量，给出消除电力系统在线运行潜在危险的控制措施，校核调整后的系统安全稳定性，使电力系统运行在安全区域之内。调整措施包括改变发电机输出功率、调节变压器分接头、合上或断开母联开关、投运或者切除线路、调节无功补偿设备以及切除负荷等。预防控制辅助决策分为在线静态安全辅助决策、在线暂态稳定辅助决策、在线电压稳定辅助决策、在线小干扰稳定辅助决策、在线短路电流限流辅助决策以及综合辅助决策协调优化。所谓综合辅助决策是指多个辅助决策调整措施的综合分析验证方法，用以形成满足各类安全稳定性的调整措施，最终形成消除失稳隐患的调度辅助策略。

二、在线静态安全辅助决策

静态安全辅助决策针对静态安全分析发现的基态有功潮流越限和 $N-1$ 后有功潮流越限，通过发电机、负荷功率调整等预先指定的可选调整措施，计算可选调整设备针对越限设备的灵敏度信息，在保证全系统发电—负荷整体平衡的前提下，确定静态安全辅助决策调整方案，以消除或减轻系统的越限和重载问题，提高系统的静态安全性。

处于正常运行状态的电力系统，应满足下列两种约束条件：①等式约束（载荷约束），描述系统中各变量存在的等式关系，如基尔霍夫定律确定的功率平衡；②不等式约束（运行约束），描述系统中各变量存在的不等式关系，如发电机有功上下限等。在静态安全辅助决策中，还有第三种约束条件——安全约束或预想事故约束，它们是由包含在预想事故一览表中各预想事故的载荷约束和运行约束所组成的全部约束条件。

静态安全辅助决策是一个安全约束调度问题，实质是以各种安全限额为约束的多目标最优潮流。优化目标是控制量最小，约束条件包括发电机组的上下限、支路的运行限额，可调设备有发电机有功控制和负荷切除。当某些预想故障后系统出现越限，需要进行静态安全辅助决策计算。静态安全辅助决策就是在保证系统基本约束的前提下，找到合适的调整策略，通过调整可控制变量，如发电机的有功出力，使得能够满足安全约束。

一般来说，针对支路有功越限的调整措施主要是调整发电机有功和负荷有功，优先调整发电机有功。首先进行灵敏度分析，确定控制变量（节点有功，包括发电机有功、负荷有功）和控制目标（支路有功）间的灵敏度关系。采用 $P-\theta$ 解耦模型求解灵敏度，取目标函数为调整量最小，通过对发电和负荷给定不同的权重使得优先调整发电机。求解得到静态安全辅助决策的调整措施。

静态安全辅助决策的计算具体步骤如下：

（1）读取静态安全分析的计算结果得到基态越限重载信息和预想故障后的越限信息，包括线路越限和变压器越限。得到需要调整有功功率的支路列表和对应的预想故障信息。

（2）根据预先设定的调整范围得到可调发电机和负荷列表，进行灵敏度求解，得到可调发电机和负荷的有功功率与控制支路有功功率间的灵敏度关系。

（3）根据可选调整措施对电网静态安全的灵敏度，按照调整量最小原则，确定调整方案。

（4）对该调整方案进行安全校核，若线路和变压器的负载率满足要求不再越限，则作为辅助决策建议输出。否则返回步骤（2），扩大可调设备范围，重新进行求解。

静态安全分析辅助决策针对给定运行点，通过仿真计算，对发现的系统越限问题，通过量化灵敏度分析，包括有功注入和支路有功潮流灵敏度，给出系统运行方式的改善方案（调整发电出力及负荷等），为调度员提供及时的辅助决策支持信息，实现预防性安全稳定控制。

三、在线暂态稳定辅助决策

暂态稳定辅助决策根据电网暂态稳定分析结论，针对失稳故障计算系统的可调量与系统稳定指标的相关系数，并通过对相关系数的排序得到调整元件的先后及调整幅度，得到保证电网稳定且控制代价最小的调整方式。

调整发电机有功输出的辅助决策策略在技术上可行性较强，可作为预防控制的主要措施，关键在于确定调整范围和调整量。通过轨迹灵敏度仿真计算可得到性能指标对发电机有功出力的梯度，可用于指导发电机有功输出的调整。以调整量最小为目标的最优控制方法，借助并行任务分解枚举算法，在两次故障仿真时间内完成整个调度辅助决策计算，同时能够解决跨区电网多故障协调预防控制计算量大、计算时间长的问题。

其中，轨迹灵敏度分析通过研究动力系统的动态响应对某些参数、初始条件、系统模型的灵敏度来定量分析这些因素对动态品质的影响。轨迹灵敏度是系统微分方程对控制变量的偏导数，能反映任意时刻的参数变化对系统稳定性的影响程度。轨迹灵敏度分析方法引入电力系统的暂态稳定分析，用于计算电力系统状态响应对系统运行变量的动态灵敏度，得到衡量扰动对系统动态特性的影响程度的指标，还可以辨别严重受扰机组等。轨迹灵敏度法是以时域仿真得到的系统轨迹为基础进行计算的，能够适应于采用详细模型描述系统元件的情况，在系统元件模型的适应性上有着明显的优势。

针对故障点的位置，确定需要调控元件的范围。

（1）发电机机群的划分。一般地，被控对象包括切除故障线路的送受端两侧发电机或送端发电机和受端负荷。为避免切负荷，调整送端发电机出力是主要的预防控制手段。根据故障后暂稳仿真结果，发电机一般被分为临界机群和非临界机群、领前机群和余下机群。

（2）发电机的选取。调整对象包括全部的临界发电机和部分非临界机，部分非临界机的选择遵循原则如图9-20所示。

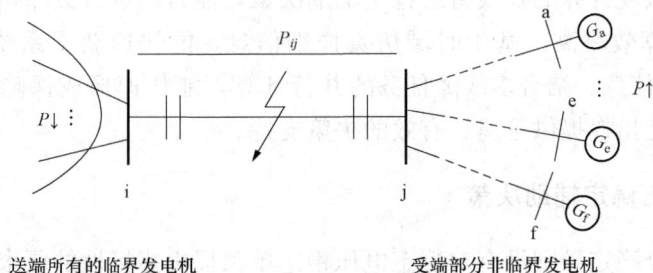

送端所有的临界发电机　　　　　　　　　受端部分非临界发电机

图 9-20　发电机选取示意图

根据电网络拓扑分析，由近至远，按照电气距离由小至大排序，逐层搜索和故障线路相关的发电机，依此确定待调整发电机，直至待调发电机的可调容量之和等于或略大于因故障切除损失的传输功率。

在进行暂态稳定计算时，可以发电机相对功角差作为判稳依据，利用系统失稳时刻的最大功角差作为衡量系统动态性能指标。通过计算最大功角差对待调发电机组的轨迹灵敏度，可以确定和最大功角差变化密切相关的发电机及相关程度，进而通过调整这些发电机出力，改善系统的稳定性。

当调整对象仅是发电机时，送端和受端发电机分别按照上述方法，确定各自的调整量，调整方向相反，送端发电机向下调，受端发电机向上调。当调整对象是送端发电机和受端负荷时，送端发电机按照上述方法，确定其向下调整量，受端负荷按照负荷水平确定向下调整量。由此可见，轨迹灵敏度为明确控制对象和控制量，提供了理论依据。

调度辅助决策确定的过程如下：

1）确定待调对象范围，如发电机、负荷等；

2）确定初始调整总量，以故障造成的线路损失功率作为调整总量初始值；

3）计算待调发电机与最大相对功角的轨迹灵敏度；

4）获取各机轨迹灵敏度的最大值，计算各机的调整权重和调整量；

5）针对上述调整结果，进行潮流校核和暂稳计算校核；

6）如果初始调整总量满足上述校核，则按比例逐次减小调解总量；

7）返回步骤4），找到最小的调整总量和各调整分量为止。

在确定最小调整量的过程中，单机串行执行时，可采用二分法方式，如图 9-21 所示。

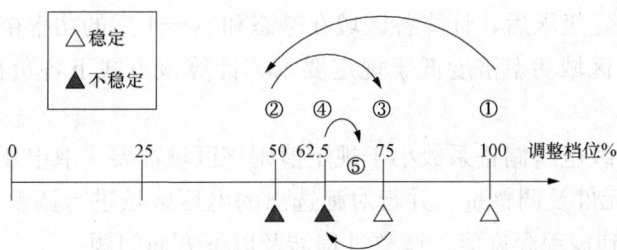

图 9-21　调度辅助决策串行二分计算过程

基于轨迹灵敏度计算的在线暂态稳定辅助决策，能自动进行故障拓扑分析，动态确定调整元件，计算效率高。基于时域仿真详细信息，能快速获得系统失稳后"调谁""调多少"的量化信息。结合多故障任务的并行计算，能快速形成保障电网安全运行的最佳方案，为调度指挥提供迅速、有效的决策支持。

四、在线电压稳定辅助决策

电力系统安全稳定导则没有对静态电压稳定单独提出指标性的要求，但是有静态稳定的安全标准。理论上，静态稳定包含静态电压稳定和静态功角稳定。因此，引用安全稳定导则中关于静态安全的规定，结合电压稳定计算的特点，设定计算目标为：①正常运行方式下各电网区域电压稳定功率裕度（$KP\%$）大于 15% 或各母线静态电压储备系数（$KV\%$）大于 10%；②$N-1$ 方式下各电网区域电压稳定功率裕度大于 10% 或各母线静态电压储备系数大于 8%。

基于静态电压稳定分析方法，找出电网电压稳定性比较薄弱的区域。对这些薄弱区域进行电压稳定裕度计算，筛选出电压稳定功率裕度不符合要求的区域，并检查区域内负荷母线的电压储备系数。若这些母线有电压储备系数低于规定值，则利用各区域无功电源进行调整，目标是这些电网区域的电压稳定功率裕度或电压储备系数恢复到规定值。需要指出的是，在静态电压稳定极限计算过程中不调节无功补偿器，以考察网络本身的坚实程度，并使结论有较为合适的保守性，下面介绍分析过程。

（1）确定电压薄弱区域。基于以下原因，以区域而不是母线为分析对象：①无功就地平衡原则；②无功电源的调整对相近地域的母线电压都有影响；③同一区域负荷功率的变化往往呈现比较大的一致性。筛选电压薄弱区域的方法比较多，有模态分析法、灵敏度法等。为与电压储备系数的分析目标契合，以电网在接近电压稳定极限下功率—电压灵敏度为例，具体方法如下：①用连续潮流法计算电压稳定极限。②在电压稳定极限点计算功率增长对母线电压的灵敏度，灵敏度大的母线意味着该母线功率继续增加，将导致电压有较大的跌落；③任意母线电压灵敏度较大的区域即为需要检查储备系数的电压薄弱区域。

（2）确定需要调整区域。用连续潮流法计算薄弱区域电压稳定裕度，获得调整对象信息。主要步骤为：

1）对选定区域进行基态和 $N-1$ 故障后的连续潮流计算；

2）到达电压稳定极限后，计算各区域在基态和 $N-1$ 后的功率裕度；

3）当某方式下区域功率裕度低于规定要求，计算该方式下各负荷母线的电压储备系数；

4）任一负荷母线电压储备系数小于规定值则该区域需要采取电压辅助决策措施。

（3）确定调整元件及调整量。并行对筛选出的电压区域进行调整，以将这些区域的电压稳定裕度恢复到规程允许值。调整过程涉及以下方面问题。

1）目标元件。选择两类母线作为调整的目标元件，电压储备系数不符合要求的母线和发生电压崩溃的母线，即接近电压失稳时功率—电压灵敏度最大的母线。

2）调整依据。将从电压初始运行点的潮流雅可比矩阵导出的区域内各无功源对目标母线电压幅值的灵敏度作为调整依据。无功源包括补偿电容、补偿电抗、发电机、调相器等。调整所用的灵敏度系数与寻找薄弱区域和确定调节对象采用的功率—电压灵敏度的区别在于：前者是无功源功率对目标母线电压的灵敏度，后者是负荷功率对负荷端母线电压的灵敏度。

3）调整量。首先计算各母线电压调整需求；将区域电网内所有母线的电压上下限限制增加为调节的约束条件；常规无功补偿器分组投入，将分组式补偿器调节次数最少和连续式无功源调整量最小作为调节目标；忽略其他区域电网无功调整对本区域网的影响，得到优化模型；求解得到各无功补偿的调整量。

4）调整无功无解后调整发电机有功。

5）调整发电机和无功补偿均无解后切负荷。

（4）校验。根据辅助决策措施，调整本区域电网的无功分配，重新计算电压稳定功率裕度和母线的电压储备系数。

将提高电压稳定功率极限和电压储备系数的需求转换为电压幅值变化，以分组式补偿器投切和连续式无功源的调整为手段，用区域母线幅值对无功注入的灵敏度作为满足电压变化的媒质。为得到经济合理的安全措施，将分组式无功补偿器的动作次数最少和连续式无功源调整量最少作为优化目标，母线幅值变化范围和无功源的调整范围作为约束条件，构建线性混合整数优化问题。将发电机有功调整和切负荷作为备用手段，以确保将电网调整至有足够的电压稳定安全裕度。

五、在线小干扰稳定辅助决策

随着电力系统规模的不断扩大，低频振荡问题日益突出。低频振荡对供电设备构成很大威胁，甚至可能诱发连锁故障，造成大面积停电、系统解列等灾难性后果。常用的抑制低频振荡的控制措施主要有：改变电网结构、增强控制设备和调整运行方式。其中调整运行方式的措施是通过敏感机组出力调整，改变重要输电断面的潮流和电压来提高振荡模式阻尼。已有的在线小干扰稳定辅助决策，以特征值计算直接给出的参与因子作为机组出力调整性能指标。但实际上，电力系统小干扰稳定与系统运行方式之间的关系更为直接。对在小干扰稳定分析中发现的弱阻尼低频振荡模式，如果能求出这一模式阻尼对各发电机输出功率的灵敏度，掌握振荡模式随运行方式变化的规律，就可以根据灵敏度信息来改变系统运行方式。这是解决弱阻尼低频振荡问题的有效途径之一。

基于阻尼比对运行方式灵敏度计算的运行方式调整策略在线计算方法，实现针对在线运行状态的小干扰稳定控制。常用的控制措施包括调整发电机组出力、控制母线电压和改变区域负荷。通过调整发电机出力提高低频振荡模态阻尼的控制策略，在提高电力系统运行阻尼的同时，能有效兼顾控制代价的经济性，同时满足调度运行的实用性和可操作性要求。

为满足在线要求和实际可操作性，仅需部分机组参加功率调整。结合模态特征向量空间分布特性和参与因子指标，进行参调发电机组的初步确定。

（1）同调机组分群。为避免仅按参与因子指标选取的发电机来自于同一个同调机群，在筛选之前，先根据振荡模态，获取振荡机组分群信息。对弱阻尼低频振荡模式及其对应的特征向量（振荡模态），依据相位和幅值，利用模糊聚类方法，进行调整发电机同调分群。经过聚类分析可将同低频振荡模式对应的运行机组分成同调的两群，如图 9-22 所示。这两群对应的聚类中心相角差大致为 120°～180°。

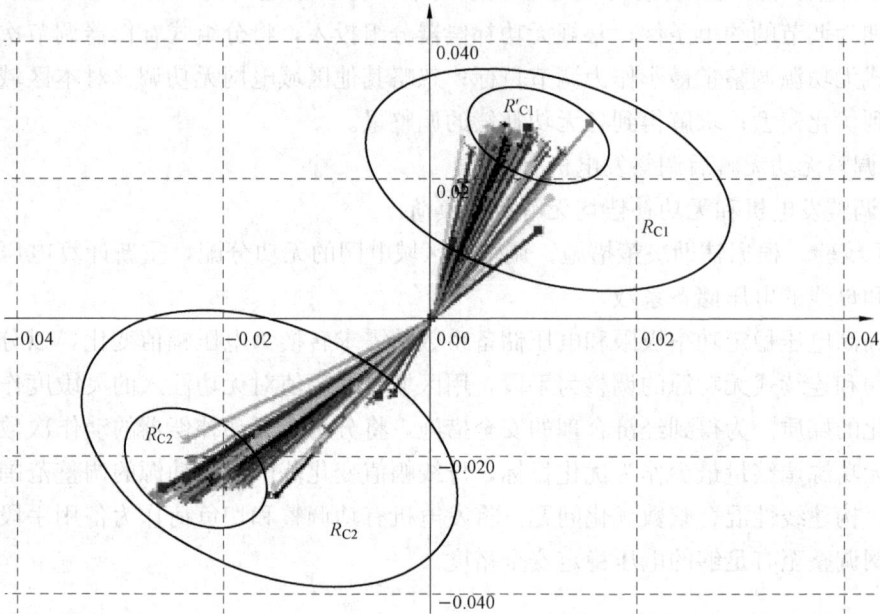

图 9-22　被控发电机选取示例

（2）参调发电机选取与出力调整。对实际调度生产而言，希望以最小的调整代价（动作元件少，调整量小）实现系统稳定。

虽然参与因子不能精确表达给定运行方式下表征稳定性程度的模式阻尼和机组的参与程度，但能反映状态变量与特征根之间的关联程度，且可由小干扰稳定特征值计算直接给出，因此可被用来做参调发电机的筛选指标。在每个同调群中分别选取参与因子大于 ε 的发电机，形成参加功率调控的发电机集合。

对选定的两群同调机组中的发电机，计算振荡阻尼对于有功出力的灵敏度，即在某运行方式下，振荡模式阻尼对系统中发电机有功出力的灵敏度。该灵敏度反映了阻尼对于运行方式变化的敏感度。特征值灵敏度实部为负，阻尼灵敏度为正，表示增大机组出力会增大系统阻尼；反之，特征值灵敏度实部为正，阻尼灵敏度为负，表示降低机组出力会增大系统阻尼。因此，阻尼灵敏度的正负可以用来确定发电机功率调整方向。按照阻尼灵敏度数值符号及对应的功率调整方向，参调发电机集合可被重新定义为功率上调机群和功率下调机群。

阻尼灵敏度的数值大小用于指导发电出力调整。为此，发电机功率调整量确定方法为：①确定功率调整总量；②确定参调发电机数量；③确定参调的发电机功率调整量。发电机功率调整量确定的原则是，依据阻尼灵敏度降序排序，将调整功率在参调发电机中依次分配，每台发电机功率调整量以达到其功率限值为目标。这样做，可以避免简单利用灵敏度作为调整权重计算调整量时，导致的发电机功率越限问题。同时，当调整功率分配完后，就不需要剩余的发电机参加调整，从而实现尽可能少的发电机参加调整，保证控制策略具有可操作性。通过计算阻尼比对系统运行方式的灵敏度，实现低频振荡模式与发电机功率变化的相关性量化分析，指导运行方式的调整，提高系统阻尼。

小干扰稳定辅助决策控制方法不仅适合预防控制，也可用于紧急控制。前者是基于5～15分钟的超短期潮流预测及稳定评估技术，对可能出现的弱阻尼低频振荡，给出运行方式调整策略，在稳定问题出现之前，将处于警戒状态的运行点引入安全状态。后者是在低频振荡已经发生后，由事件触发，在实测主导模式与小干扰稳定分析模式匹配的基础上实施的反馈控制。相对于暂态失稳而言，低频振荡持续时间长，因此决策时间要求相对较低，结合并行计算技术，可以实现实时决策。

六、在线短路电流限制辅助决策

随着电网规模不断扩大，许多区域电网特别是发达地区电网的短路电流水平已经逼近甚至超过断路器的最大遮断容量，需采取有效措施。基于在线数据，将部分人工经验结合灵敏度分析筛选出各种限制短路电流的措施，自动生成电网运行方式并进行潮流和短路电流校核，最终确定有效的限流措施。在发现短路电流超标时，以短路点的节点阻抗灵敏度作为快速考察电网结构变化对短路电流影响程度的指标，自动给出短路电流辅助决策建议。

短路电流为短路前瞬间短路点节点电压与短路点自阻抗的比值

$$\dot{I}_f = \frac{\dot{U}_f^{(0)}}{Z_f} \qquad (9-21)$$

式中：$\dot{I}_f$ 为短路电流；$\dot{U}_f^{(0)}$ 为短路前瞬间短路点节点电压；Z_f 为短路点自阻抗。

对于万节点级大电网，局部的电网结构变化不大的情况下，$\dot{U}_f^{(0)}$ 基本不变，因此网架结构变化后超标站点的自阻抗变化完全反映了短路电流的变化情况。因此，定义网架结构变化前后自阻抗幅值的变化量与网架结构变化前自阻抗幅值的比值作为节点阻抗灵敏度，如下式

$$\lambda_{ii} = (|Z'_{ii}| - |Z_{ii}|)/|Z_{ii}| \qquad (9-22)$$

式中：λ_{ii} 为调整网架后短路电流超标点的节点阻抗灵敏度；Z_{ii} 为网架结构调整前超标点的自阻抗；Z'_{ii} 为网架结构调整后的超标站点的自阻抗。λ_{ii} 越大，表示网架结构调整后超标点的短路电流减少得越多。

解决短路电流问题有两个方向，一是直接更换或者增加一次设备，二是采取限制短路电流的措施。更换或增加一次设备的限流措施，其中包括采用高阻抗变压器、加装普通限流电抗器、加装短路电流限制器、主变压器中性点装设小电抗；这种措施适用于局

部短路电流过大的情况，且不适用于在线分析。改变电网结构的限流措施，主要包括电网分层分区运行、拉停线路、母线分裂运行、500kV线路出串运行、停运发电机。

短路电流辅助决策基于改变电网结构的限流措施实现，主要包括停运发电机、拉停线路、母线分裂运行和500kV厂站线路出串运行。系统获取当前运行方式下发电机、线路的投停状态以及厂站的接线方式，在设备投停不影响系统安全稳定性的前提下，形成辅助决策候选措施空间。结合运行实际，主要采取以下三种短路电流辅助决策的调整策略：

（1）切除发电机。短路电流超标时，切除接入短路点所在电压等级的发电机，减少对短路点的短路电流注入。分别计算切除不同发电机对短路点自阻抗的灵敏度，切除范围为所有接入短路点所在电压等级的发电机或人工指定的发电机。

（2）拉停线路。拉停短路点所在母线相连的联络线路，增大短路点的等值阻抗来减少短路点的短路电流。分别计算不同开断联络线路对短路点自阻抗的灵敏度，拉停范围为短路点所在电压等级的厂站联络线路和人工设定联络线路。

（3）母线分裂运行。针对短路电流超标的厂站母线，检查该厂站是否存在合母运行情况，如果高压侧短路电流超标，则将高压侧母线分裂运行，以减少短路电流；如果低压侧短路电流超标，则将低压侧母线分裂运行，如果短路电流没有达到安全标准，再将高压侧母线分裂运行，以减少短路电流。母线分裂运行范围为短路点所在厂站。

做出决策的方法是，首先计算出同一策略对多个超标点短路电流的影响程度，进而按影响程度对各限流策略进行排序，对灵敏度较高的限流策略进行详细短路电流计算校核，最终确定合理有效的短路电流调整策略。

在线短路电流限制辅助决策计算基于EMS状态估计给出的实时运行方式，对母线或线路进行短路电流分析，如果存在短路电流超标问题则启动短路电流辅助决策计算。该功能保证运行方式不断变化时，发现潜在的短路电流超标问题并向电网调度人员及时提供辅助决策建议。这要求短路电流辅助决策在线计算速度要快，给出的决策信息简便可行，不会带来其他的安全稳定问题。在已有的电网结构上进行少量设备的投退调整来改变超标短路点的等值阻抗，利用追加法计算节点阻抗矩阵，只需要根据调整的设备对节点阻抗矩阵进行局部调整，避免重新生成节点阻抗矩阵，减少计算量，适用于短路电流辅助决策的计算。

限制短路电流与系统安全稳定是相互影响相互制约的问题，在限制短路电流同时也降低了一定的可靠性和安全性。辅助决策措施需要保证减小短路电流同时又不影响系统安全稳定性，如何协调两者之间不同要求，迅速准确地求出满足系统安全稳定要求的控制措施，有待进一步深入的探讨和研究。

七、综合辅助决策协调优化

辅助决策是为改变当前电网运行点提供建议，在存在多个安全稳定问题时，控制措施不能只针对某一问题，因为不可能为需要解决的每个安全稳定问题分别提供希望的运行点，这是与紧急控制的主要区别。辅助决策提供给调度运行人员的建议应该是整体解决方案，即针对存在的所有安全稳定问题，而不是分别提出解决每个问题的建议，同时应确保不能引发新的安全稳定问题。因此，针对某一潮流断面，辅助决策要综合协调各个安全稳定问题的需要，使改变后的系统稳定运行点能满足所有稳定约束。因此，综合辅助决策应包含两个内涵：现有各类辅助决策计算结果的统一管理和综合展示；确定满足所有稳定约束的运行方式。目前，前一个问题现已基本实现；第二个问题已有部分研究成果，但仍需进一步的理论支持。

在预防控制中，存在两种类型的"多"需要协调处理。一种是多个故障协调问题，即针对 $N-1$ 静态安全、暂稳这样与故障地点类型有关的同一类稳定条件下的多故障稳定协调问题以及小干扰稳定计算中存在的多个弱阻尼模式协调调整问题；另一类是多类故障协调问题，即对同时存在如 $N-1$ 静态安全、暂稳或小干扰问题的运行方式，如何找到一个满足所有类型稳定约束的稳定运行点问题。

对上述预防控制协调优化问题，见诸较多的方法是考虑各类稳定约束，通过最优潮流解决。这类方法的优点是通过一次计算可得到满足所有要求的解，但限于不同稳定问题在数学上的表述及求解异同，及求解过程的收敛性和计算速度，已有研究中最多考虑了两种类型的稳定约束，满足所有稳定约束的最优潮流至今尚无实用的成功案例。

在没有新的数学建模计算方法出现的背景下，结合已有的研究成果，可对综合辅助决策问题进行简化。根据事物"简单—复杂—简单"的发展规律，在解决预防控制中的协调问题时，可将多约束问题转化成若干简单约束协调问题。通过对复杂问题进行解耦、降维，使其能够用已有方法求解。图 9-23 提供了一种解决思路示意图。

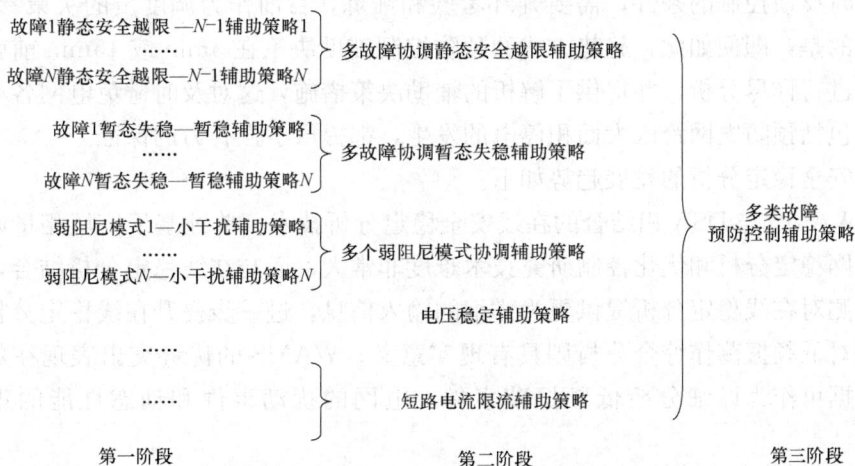

图 9-23　多故障协调辅助决策解决思路

因为面向具体故障的辅助决策（第一阶段）问题已经解决，可以在此计算结果上，对得到的控制策略进行协调处理，避免出现互斥的控制策略；如果出现相互矛盾的控制策略，则重点解决。在辅助决策的协调优化中，将具有隐患的一个故障（开断、扰动）或一类分析类型（热稳定、暂态稳定、电压稳定、小干扰稳定、短路电流）的潮流断面进行辅助决策调整后的运行方式作为下一个故障或分析类型的方式输入数据，是经过类比潮流计算中利用高斯—赛德尔法优化初值提高收敛性的做法。

八、小结

针对在线动态安全评估中在线稳定分析提供的隐患信息，开展调节措施的确定性计算，分析并形成电网调整策略，作为调度员调度决策的支持信息或实现自动控制，是系统应对电网安全的最高境界。调度辅助决策算法属于新的研究领域，对在线分析的高标准要求提出了众多挑战，理论研究、计算速度和鲁棒性均对其实用化造成了重大困难，因而在实际工程使用中，调度辅助决策算法采用了大量枚举并行和稳定分析校验，以确保调整措施的全面有效。

第七节 总结与展望

本章介绍了在线安全稳定分析的基本结构与分析范围，并以问题的分析逻辑为顺序阐述了研究中所涉及的若干关键技术：数据整合的技术难点与技术手段，分布式并行计算的基本概念、平台原理和构成，安全稳定分析的实时模式和联合推演，稳定裕度评估的分析方法，以及预防控制辅助决策的实现思路与方法。基于本书定位与篇幅，均为概要性介绍，且仅介绍了实时方式和研究方式两种分析模式，本章所涉及的详细分析方法以及在线安全稳定分析更为全面的介绍，将另结集出版。

由于各种原因，辅助决策的结果因数据异常导致计算结果偏差的风险依然存在，尚不具备实时反馈控制的条件，需要开环考验和锤炼，目前作为调度员的决策参考应用。值得一提的是，即便如此，趋势方式的预防控制辅助决策在 5min 或 15min 前就对电网安全隐患进行详尽分析，并提供了解析的辅助决策措施，这对及时避免电网各类安全稳定问题，包括预防电网跨区大面积停电的发生，都提供了强有力的保证。

在线安全稳定分析的发展趋势如下。

（1）WAMS 与 DSA 相结合的在线安全稳定分析技术。单纯基于广域相量测量系统实现大电网稳定分析和优化控制研究技术难度非常大，而与在线稳定分析结合，通过动态实时量测对在线稳定分析提供更为详细的输入信息，进一步提升在线稳定分析的针对性，例如对低频振荡作综合分析则具有现实意义。WAMS 的优势突出表现在数据采集上，其数据可作为详细分析低频振荡事件、电网的扰动事件和动态性能的重要信息资源。

（2）大电网在线互动化安全稳定分析。目前的在线安全稳定分析数据源在时间尺度和空间尺度上均十分有限。时间尺度上，实时方式分析仅利用电网实时数据，研究方式分析仅对特定历史断面进行反演和研究，趋势方式分析仅将时间尺度扩展到未来若干个时段。空间尺度上，延续基于电力系统一次、二次数据源进行分析，近年来有文献报道了结合气象信息的风险评估技术，但研究深度和应用范围有限。未来的在线安全稳定分析应在时间和空间两方面予以扩展。时间尺度上，研究适用于安全稳定分析的大数据挖掘分析体系和大电网在线多时间尺度混合仿真应用。空间尺度上，整合利用信息高度开放条件下的电网安全稳定控制信息收集及过滤、处理及体系建设，结合多种社会资源信息（如地理、气象、大型社会活动）的在线分析决策，深化研究运行调度参与电网辅助服务意愿的电网运行趋势分析技术。

（3）交直流混联电网机电—电磁混合在线仿真分析。目前世界上已运行的在线分析系统，由于受到软硬件技术的限制，均采用机电暂态仿真的方法，采用机电—电磁混合仿真或电磁仿真的在线应用尚未见报道。同时，由于现代电网中越来越多的机电暂态不易模拟的元件加入，如直流设备、FACTS 设备等，发展在线混合仿真成为必然趋势。随着在线分析技术、离线混合仿真技术、计算机技术的不断提升，发展基于机电—电磁混合的在线仿真已初步具备条件；将电磁暂态仿真和机电暂态仿真进行接口，在一次混合仿真过程中实现对大规模电力系统的机电暂态仿真和局部直流系统的电磁暂态仿真，克服传统机电暂态分析在仿真直流系统时不够精确，解决由于电磁暂态仿真规模小而采用系统等值引起的准确性问题，为大规模交直流系统的运行特性和控制提供有力的研究手段。

参 考 文 献

[1] 周孝信，郑健超，沈国荣，等. 从美加东北部电网大面积停电事故中吸取教训 [J]. 电网技术，2003，27（9）：1.

[2] DY - LIACCO T E. Enhancing power system security control [J]. IEEE Computer Applications in Power，1997，10（3）：38 - 41.

[3] Ejebe G C，Jing C，Waight J G，et al. On - line Dynamic Security Assessment in an EMS [J]. IEEE Computer Application in Power，1998，11（1）：43 - 47.

[4] 薛禹胜. EEAC 和 FASTEST. 电力系统自动化 [J]，1998 年，第 9 期.

[5] 严剑峰，于之虹，田芳，等. 电力系统在线动态安全评估和预警系统 [J]. 中国电机工程学报，2008，28（34）：87 - 93.

[6] 严亚勤，陶洪铸，李亚楼，等. 对电力调度数据整合的研究与实践 [J]. 继电器，2007，35（17）：37 - 41.

[7] 顾丽鸿，周孝信，严剑峰，等. 特高压联网区域实时小干扰稳定分析策略 [J]. 中国电机工程学报，2010，30（13）：1 - 7.

[8] 丁平，周孝信，严剑峰，等. 考虑合理安全原则的大型互联电网在线传输极限计算 [J]. 中国电机工程学报，2010，30（22）：1 - 6.

[9] 丁平，周孝信，严剑峰，等. 大型互联电网多断面约束潮流算法 [J]. 中国电机工程学报，2010，30（10）：8 - 15.

[10] 鲁广明，严剑峰，于之虹等. 一种基于节点阻抗灵敏度的短路电流超标辅助决策方法. 中国. 201210419056.1 [P]. 2013.03.20.

[11] Guangming Lu，Dongyu Shi，Ying Lv，et，al. A Short-circuit Current Aid Decision Method Based on the Sensitivity of Bus Impedance Matrix [C]. AORC - CI-

GRE Technical Meeting 2013. Guangzhou，China. 2013.

[12] 郭琦，张伯明，赵晋泉，等. 综合动态安全与静态电压稳定的协调预防控制 [J]. 电力系统自动化，2006，30 (23)：1－6.

[13] 于之虹，施浩波，安宁，等. 暂态稳定多故障协调预防控制策略在线计算方法 [J]. 电网技术，2014，38 (6)：1554－1561.

[14] 田芳，黄彦浩，史东宇，等. 电力系统仿真分析技术的发展趋势 [J]. 中国电机工程学报，2014，33 (13)：2151－2163.

第 十 章

调度员培训模拟

调度员培训模拟（Dispatcher Training Simulator，DTS）是一套数字仿真系统，它运用计算机技术，通过建立实际电力系统的数学模型，再现各种调度操作和故障后的系统工况，并将这些信息送到电力系统控制中心的模型内，为调度员提供一个逼真的培训环境，以达到既不影响实际电力系统的运行而又使调度员得到身临其境的实战演练的目的。DTS是电网培训和研究分析的有利工具。

第一节 概 述

复杂技术工作要求对运行人员进行认真细致的培训，对于那些在日常运行中可能直接影响设备和人身安全的系统尤其重要，因此培训模拟技术的研究和开发是十分必要的。模拟技术最早应用在军事训练中，典型例子是训练飞行员的飞行模拟器。随着计算机技术的飞速发展以及电力系统数学模型的完善和分析方法的进展，20 世纪 70 年代以后电力系统模拟不仅可以利用计算机重现各种运行状态，而且可以人工"制造"出尚未出现过的运行状态，这就为调度员培训模拟的研究奠定了基础。

调度员培训模拟的概念是 1976 年 Latimmer 在明尼苏达电力系统会上首先提出来的。1977 年纽约大停电和佛罗里达大停电，使人们更加认识到对反事故措施的研究及对调度员进行培训的重要性。1984 年，美国电力科学研究院（EPRI）提出了电力系统调度员培训模拟已基本实现了所有预想功能，为培训调度员完成系统正常和非正常操作提供了实时环境；另外，美国控制数据公司（CDC）和日本的东京电力公司也先后推出了调度员培训模拟，使其成为提高电网运行水平、防止事故发生的有力工具。

现在，电力系统调度是在控制中心里进行的，调度员处在电网调度控制系统这种高科技环境之中，以此来观察、分析和控制时刻变化的复杂而又庞大的电力系统。调度员培训模拟能够模拟电力系统的静态和动态响应以及控制中心环境，使调度员在与实际控制中心完全相同的调度环境中熟悉掌握系统的各项功能，同时演习系统在正常和故障情况下的操作任务，使调度从"经验型"提高到"分析型"。因此，调度员培训是电力系统安全、经济运行的基本要求。

调度员培训模拟的设计目标是使调度员：

（1）认识和理解电力系统的运行规律；

（2）取得电力系统各种状态，安全、不安全、紧急和恢复状态下的决策与控制经验；

（3）增强在现有的系统信息（量测数据的数量和质量）和控制性能的条件下作出调度决策的能力。

一、DTS 总体结构

调度员培训模拟通过模拟电力系统和控制中心为调度员提供了一个逼真的环境，以便培训在系统正常、故障和恢复情况下的操作。调度员培训模拟示意图如图 10 - 1 所示。

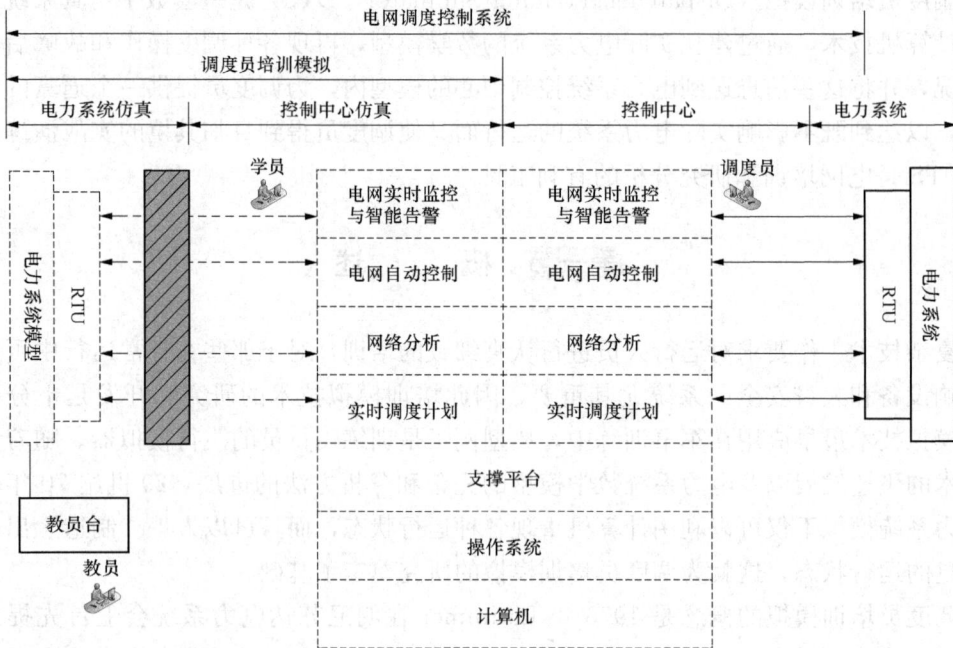

图 10 - 1　调度员培训模拟示意图

其中，学员是指接受培训的调度员。教员是对培训过程进行监视、控制和评价的教练员，一般由有经验的调度员担任。电力系统模型（Power System Model，PSM）是模拟电力系统物理过程的应用软件。

调度员培训模拟是智能电网调度控制系统的一个有机组成部分，可对控制中心的应用功能进行完整的模拟。在培训过程中，学员只能从模拟的控制中心环境（即控制中心仿真环境）中观察电力系统的运行状态，却不可能直接看到电力系统仿真模型，正如图 10 - 1 所示，在学员和电力系统仿真模型之间挡有一个单向透明的玻璃，教员能看到学员，以便观察学员的操作和表情，而学员看不到电力系统仿真模型和教员，这种模型更符合电力系统控制中心的实际。

二、DTS 的基本组成部分

调度员培训模拟的基本组成部分有三个：控制中心仿真、电力系统仿真和教员台控制，如图 10-2 所示。在 DTS 中，通过建立电力系统设备及元件的数学模型，实现对电力系统运行特性的仿真，并通过对电网控制中心的模拟建立一套与实际控制中心相一致的培训环境，从而支持学员进行正常操作、事故处理及系统恢复的培训，用以提高调度员的基本技能和事故应对能力。DTS 还可以用于电网研究和分析，可利用 DTS 进行系统联合反事故演习。

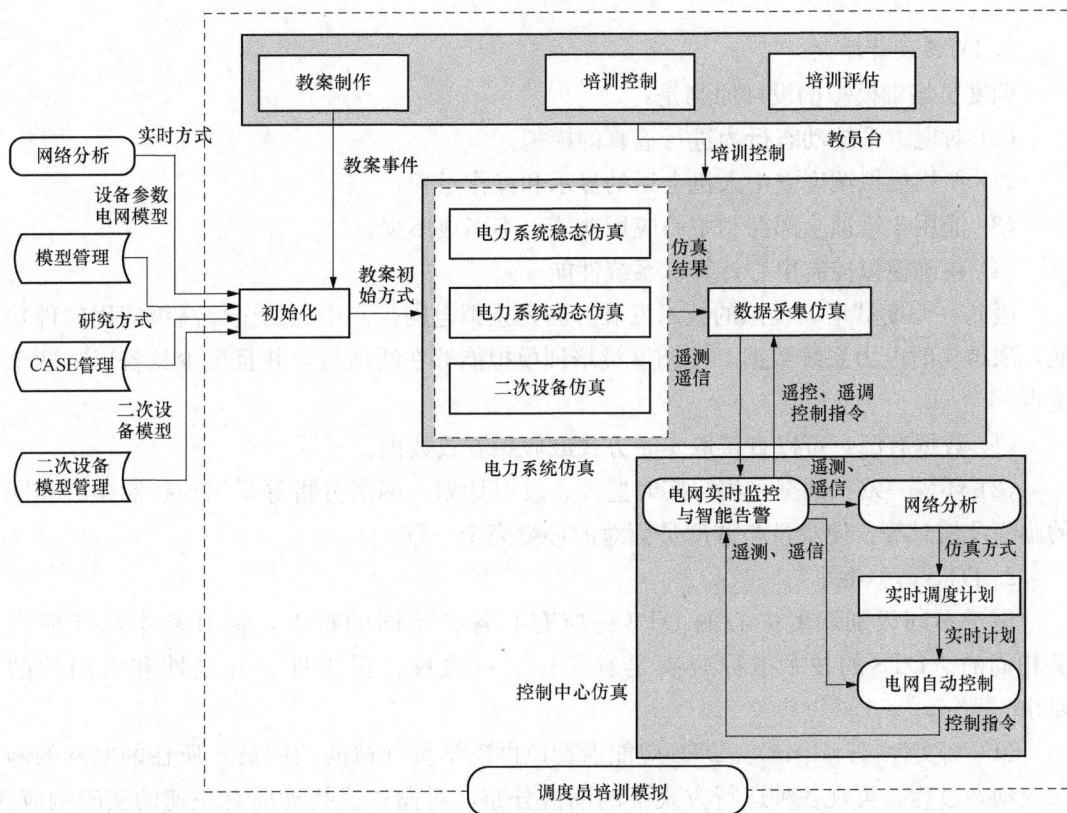

图 10-2 调度员培训模拟的基本组成

1. 控制中心仿真

控制中心仿真为学员提供与实际运行高度一致的培训和演习环境，具有控制中心的各种功能，包括电网实时监控与智能告警、电网自动控制（AGC、AVC）、实时调度计划以及网络分析等应用功能的仿真。

2. 电力系统仿真

电力系统仿真通过对电力系统一次设备建立稳态和动态模型，以及对电力系统二次设备（继电保护、安全自动装置）的建模，实现对电力系统的暂态、中长期动态和稳态的仿真。对电力系统仿真的要求是真实性，要协调好计算速度和模型精度之间的关系。

3. 教员台控制

教员台控制提供仿真培训中的教案制作、培训控制以及培训评估等功能。通过教员控制功能可以进行教案编制，实现对培训初始断面的调整制作和管理，以及培训事件序列的制作和管理，支持电网调度操作与设备故障/异常设置；支持培训过程中启动、暂停、继续、回退、重演、结束等各种控制操作；并对培训过程信息进行记录，形成相应的报表资料，同时能够对培训任务进行评估打分。

三、DTS 总体要求

1. DTS 设计原则

调度员培训模拟的设计原则是：

(1) 对电力系统动态行为进行逼真的模拟。

(2) 严格模拟调度室中人机会话的显示和操作过程。

(3) 能用于培训全部控制中心应用功能，不多也不少。

(4) 精确模拟控制中心计算机系统性能。

因此，调度员培训模拟的技术发展方向是模拟电网控制中心的全部高级应用软件功能，取得实时电力系统数据，使调度员培训模拟能够在线运行，并且至少具备以下两个特点：

(1) 数据有源：可以直接取实时方式或假想方式数据。

(2) 环境一致：数据采集、实时监控、发电计划、网络分析等采用与控制中心相同的画面及信息等，使学员与调度员面对的环境完全一致。

2. DTS 总体要求

用于不同级别调度中心的 DTS 还应有其各自不同的特点，但其基本功能应当是相同的。DTS 的技术指标应满足真实性、一致性、灵活性、开放性和实用性的要求。

(1) 真实性 (realism)。DTS 应能逼真地再现学员 (被演调度员) 所在的电网的静态或动态过程，再现各种运行方式下的潮流分布，对操作或扰动应有快速的实时响应。DTS 应与实际系统有相同数量的发电机 (对外部网的发电机及网络或多个小机组，允许作等值处理)、调速器、励磁机、交直流线路、变压器、电抗器、电容器、母线、开关、刀闸、负荷等发、输、变、用电设备，继电保护、安全自动装置等二次设备，应能选择各种不同的运行方式进行研究分析。在发生负荷变化、发电机出力及电压变化、变压器分接头的调节、刀闸及开关投切、联络线潮流变化以及各种事故时，DTS 应能再现各种运行方式下的潮流分布，同时对操作或扰动应能快速响应。

(2) 一致性 (exactness)。DTS 的控制中心仿真模型应能逼真地再现学员所在控制中心的电网调度控制系统环境。应形成与所在调度相近似的培训环境，即有相近似的显示器、操作台、监控内容和通信设备，以及数据采集、监控手段和应用功能等。使学员在培训室受训时有一种身临其境的感觉。

（3）灵活性（flexibility）。DTS要有灵活的培训支持功能，教员（主演调度员或其助手）可很方便地模拟各厂站值班员或外部电力公司的调度员，执行学员（被演调度员）下达的各种调度命令，也可根据培训需要任意设置故障。操作应灵活方便，能很快进入新的运行状态；教案制作灵活方便，可设置足够的教案进行演示，并可进行必要的培训控制和评估，以满足各种运行方式的研究和培训的要求。

（4）开放性（openness）。DTS应有良好的开放性，DTS采用相关标准，适应计算机技术的飞速发展，仿真系统的软件有更长的生命期，它的操作系统、网络通信协议、人机界面、数据库、开发工具等，应具有下列开放式特点：

1）与硬件无关；

2）可移植性好；

3）可扩展性好（指硬件的扩充）；

4）连续可升级性好（指性能的改进和扩充）。

其中最为关键的是可移植性好。

（5）实用性（practicability）。实用性使DTS更富有生命力。实用性主要体现在：要能满足调度和运方进行培训及在线分析的需要，应可以重复演示、分析。实际电网设备发展扩充时，各种数据的录入应方便灵活、简便易行。要有较长的生命期，能适应将来电网发展。

四、DTS功能定位

1. DTS的功能要求

调度员培训模拟为运行和调度人员提供了与实际系统完全相同的运行环境，各级调度员不仅可以利用DTS实习正常和故障情况下的操作任务，而且可以在实时方式的基础上预演将要执行的操作，在观察系统状况和实施控制措施的同时，能够高度逼真地体验到系统的变化情况。

调度员培训模拟不仅可以用来培训电力系统调度员，还可以用来培训系统运行维护人员和软、硬件维护人员等（见表10-1）。

表10-1 调度员培训模拟的用户和用途

序号	用户组别	目的/用途
1	运行/调度人员	—基本操作 —事故紧急控制 —数据采集监控功能 —恢复控制 —控制中心应用功能
2	运行维护人员	—短期计划 —新运行方式的开发和确定 —事故后/阶段分析

序号	用户组别	目的/用途
3	软件维护人员	—软件维护 —软件功能的增强/维护 —故障检修（调试） —开发和测试程序
4	硬件维护人员	—硬件维护 —硬件功能增强 —故障检测
5	控制中心顾问	—设计、开发和检测新型控制中心系统
6	电力企业	—对新装控制中心功能的规范检测和论证 —减少完成时间 —降低人员培训费用

2. DTS 的功能

调度员培训模拟的培训功能可以归纳为以下几个方面：

（1）调度室工具使用的培训：电网实时监控、通信、文件记录以及操作规程。

（2）开关操作步骤及有关安全事项的培训：开关分、合操作，刀闸投、切操作等，以及误操作的模拟。

（3）正常状态下运行的培训：正常状态下运行的任务包括 AGC、调度计划、系统状态监视、安全分析和调度员潮流等工具的使用，警报显示的中断，开关转换和负荷管理。

（4）事故状态下运行的培训：模拟多重或连续故障、继电保护动作、振荡状态及系统解列。通过事故状态下的培训，可以增强调度员在紧急状态下对自身能力的信心，以便权衡形势并快速决断；增长有关动态或解列运行状态下系统技术特性方面的知识以及增加有关处理事故状态时所需工具和操作步骤等方面的知识。

从模拟的角度出发，调度员培训模拟应具有电网数据采集仿真、电力系统稳态仿真、电力系统动态仿真、电网实时监控与智能告警、电网控制、网络分析和实时调度计划等功能。DTS应满足上述各项基本功能的需求，其稳态电力系统模型应可模拟各种操作或保护动作跳开相应开关以后的新工况下的系统潮流，其动态电力系统模型应可模拟上述故障或误操作后电力系统的机电暂态过程。

第二节　电力系统仿真

从调度员的角度来看，电力系统仿真应与实际电力系统完全相似，其目的就是模拟电力系统的机电特性。电力系统模型包括电力系统网络模型和设备模型，如输电线路模型、负荷模型、发电机组模型（包括原动机模型、励磁系统模型、自动电压调节模型等）、继电保护和自动装置模型等。

一、电力系统稳态模型

电力系统实时模拟是 DTS 的一个重要特性，对实际系统采样周期为秒级，DTS 的运行速度应足够快，秒级内应能计算出各种操作后的稳态潮流。

潮流是对网络的全面解算，它在电力系统模拟中有两个作用，一是定义模拟的初始条件或模拟终止时刻的系统状态，二是在模拟过程中确定电力系统的状态。潮流的运行周期一般由实际系统的数据采集间隔来确定，但在模拟过程中，一旦网络结构发生变化就应该立即启动潮流，重新确定网络状态。

1. 传输系统模型

传输系统模型包括母线、逻辑设备（开关和断路器）、线路、变压器、电容器和电抗器模型。对于这些设备进行模拟时一般假设元件是三相对称的。

（1）母线模型。为了和实际系统中的母线保护相匹配，实际厂站中的母线一律予以保留。

（2）开关模型。有线路开关、变压器开关、发电机开关、负荷开关、母线或旁路开关。

（3）刀闸模型。有母线刀闸、线路刀闸、主变压器刀闸、旁路刀闸、母线接地刀闸、线路接地刀闸、变压器中性点地刀。

（4）交流线路。采用 π 型回路。

（5）直流输电线模型。应根据仿真要求建立直流输电系统的稳态模型。稳态模型只计及换流器与控制系统的稳态特性，能模拟不同运行方式、控制模式下的运行状况。

（6）变压器模型。一般采用 Γ 型等值电路。

（7）电容器模型。用一接地支路来模拟，其电抗值为负值。

（8）电抗器模型。用一接地支路来模拟，其电抗值为正值。

2. 负荷模型

电力系统模拟中所用到的负荷模型包括负荷预报模型和负荷特性模型。用户可以输入负荷曲线，提供负荷随电压和频率变化的特性，并可以给负荷加入随机噪声。

负荷预报模型包括用历史负荷数据预报的未来某一段时间内的系统负荷，以及由系统负荷预报求出的某一时刻的母线负荷预报。

负荷特性模型是指负荷的电压频率特性，即负荷的实际有功和无功随其所在母线的电压和系统频率而变化，这也是负荷的动态特性，用指数形式描述为

$$P_d = P_{do} U^{n_p} f^{m_p} \qquad (10-1)$$

$$Q_d = Q_{do} U^{n_q} f^{m_q} \qquad (10-2)$$

式中：P_d、Q_d 为负荷的实际有功和无功功率值；n_p、n_q 为负荷有功、无功功率随电压变化的系数；m_p、m_q 为荷有功、无功功率随频率变化的系数；P_{do}、Q_{do} 为负荷额定电压与额定频率下的有功和无功功率值；U 为负荷所在母线电压幅值标幺值；f 为系统频率标幺值。

3. 动态潮流模型

调度员培训模拟中的潮流除了应具备调度员潮流的基本功能外，还要实现与发电机组模型、继电器模型及其他控制设备模型的联合求解，以便正确地模拟电力系统的响应过程。因此，电力系统模型中所用到的潮流与普通潮流不相同，属于动态潮流的范畴。

动态潮流计算之前要进行网络拓扑分析，网络拓扑模型可以根据各刀闸与开关的实际开合状态来判断各母线与线路的联通状况，以构成各岛内节点的联通状况，提供潮流计算所需的网络结构。

一般情况下，常规潮流中那种功率平衡条件是得不到满足的，系统中总是存在着净加速功率或净减速功率。动态潮流就是将总的净加速（净减速）功率按一定的分配因子分配给各台机组，而不是完全由平衡母线承担。分配因子的确定可以根据用户的需要，定为机组的惯性常数、机组容量或某种经济分配因子。

根据各孤立系统有功出力和负荷的大小，计算各孤立系统各时刻的加速功率的大小，并根据调速特性、负荷特性的数学模型来确定各孤立系统的频率。

二、电力系统动态模型

电力系统动态模型包括电源模型、继电保护模型和安全自动装置模型。

1. 电源模型

（1）发电机模型。为了满足不同的仿真精度要求，DTS中提供从经典模型到五阶Park方程描述的发电机模型供用户选择。

（2）励磁系统模型。同步发电机的励磁调节系统具有多种形式可供选择。

（3）原动机模型。在DTS动态仿真中，考虑非再热式机组模型、一段再热式机组模型以及水轮机模型等原动机模型，用户可以根据仿真要求加以选择。

原动机模型可以根据系统的特点和要求而定，可简单可详细。一般包括燃气轮机（GT）、水轮机（HY）、普通的蒸汽机（GST）和详细的蒸汽机（DST）模型，详细描述的蒸汽机模型包括了锅炉模型（BOIL）、汽轮机（TURB）模型以及协调控制模型等。继电器模型包括电压继电器（VRY），频率继电器（FRY）、过电流继电器（OCRY）以及它们分别控制的断路器。还有同步检测继电器（SYNCRY）、普通低频继电器（GENUFR）和重合计划（RECSK）等。另外，如果需要还可以模拟燃料/空气辅助设备（FA）、给水辅助设备（FW）、联合循环系统（CCYC）。

一台原动机由它在系统中所处的位置和运行特性来描述，主要模拟其机械输出功率怎样随岛上负荷、电压、频率及操作员要求而变化。原动机的输入量是整个岛的频率以及从电厂控制器或AGC来的负荷控制脉冲等；原动机的输出是机械功率。潮流应用可以根据模型的输出确定发电机的电磁功率。

（4）调速系统。调速系统提供机械油压式调速器、电液式调速器经典模型或一种调速系统的通用模型。

（5）锅炉模型。DTS提供直流炉和汽包炉等典型模型。锅炉模型一般由压力调节、给水和燃料燃烧以及锅炉控制等环节构成。

2. 继电保护模型

DTS 提供对继电保护装置的建模和仿真，当在系统内的任一元件（发电机、输电线、变压器、母线）发生故障时，DTS 将自动给出继电保护的动作信息。在 DTS 中把这一过程最终模拟成跳开由保护所指定的哪些开关，再模拟重合闸和继电保护的再次动作行为。主要功能包括：

（1）采用逻辑仿真法进行继电保护模拟；

（2）模拟电网中常见的各种保护装置，在电网发生故障时给出正确的保护动作信息和断路器动作信息；

（3）设置保护的投/退状态、动作时延和动作定值；

（4）模拟重合闸动作及其与保护动作的配合；

（5）模拟保护的误动、拒动；

（6）模拟断路器的误动、拒动；

（7）通过对接线图上的设备点击操作方便地维护、设置和查询继电保护模型。

DTS 可以模拟电力系统的继电保护设备，考虑到实际系统中继电保护的动作绝大部分为 1、2、3 段保护，保护种类根据系统的实际配置情况而设计。线路保护有高频、方向、零序、距离；发电机保护有速断、过励、失磁、失步；变压器有差动、过流；母线应考虑差动等。DTS 在保护模拟中还考虑了保护和开关的误拒动，可选择一级或二级。

3. 安全自动装置模型

DTS 提供对安全自动装置的建模和仿真，主要功能包括：

（1）模拟电网中常见的各种安全自动装置，如稳控、低频/低压减载、跳闸联切机组、高频/低频切机、设备过载切机切负荷、低频低压振荡解列等装置；

（2）提供工具支持用户定义安全自动装置模型，用户可以根据各自仿真装置的动作原理和动作策略构建相应的仿真模型；

（3）设置安全自动装置的投/退运状态；

（4）设置安全自动装置的启动定值和启动逻辑条件；

（5）设置安全自动装置的动作压板投/退状态；

（6）支持安全自动装置的动作复位；

（7）模拟安全自动装置的误动、拒动。

可模拟被仿真电网内常用的自动装置，包括低频减载、低压解列、低频解列、振荡解列、连切机、连切负荷开关、连切线路、自动重合闸、低频自起机、高频切机等。

4. 动态模拟

动态模拟是通过求解描述发电机组模型的微分方程，来模拟机组及有关控制系统的动态响应，得到机组的机械输出功率和岛上的频率，动态模拟的步长一般在 1s 以内。由于频率越限会引起频率继电器的动作，因此对频率继电器的模拟也在动态循环中进行。

转子动态变换决定了机组和岛的频率，这里假设岛内频率一致，每台机组都由经典的摇摆方程来描述，把岛内所有机组的摇摆方程相加，可以得到求解频率偏差的方程。

发电机组 k 的频率可以由以下方程描述

$$\frac{M_k}{nf_k}f_k = P_{mk} - P_{ek} \quad (k = 1, 2, \cdots, m) \tag{10-3}$$

其中，$f_k = f_0 + \Delta f_k$，且 $\Delta f_k \ll f_0$。因此有

$$\frac{M_k}{f_0}\Delta f_k = P_{mk} - P_{ek} \quad (k = 1, 2, \cdots, m) \tag{10-4}$$

式中：M_k 为发电机组 k 的惯性常数；P_{mk} 为发电机组 k 的机械功率；P_{ek} 为发电机组 k 的电磁功率；f_0 为正常状态下岛的功率；Δf_k 为发电机组 k 的频率偏移量。

当我们假设全岛频率一致时，有 $\Delta f_1 = \Delta f_2 = \cdots = \Delta f_{sys}$。

即式（10-4）变为

$$\frac{M_k}{f_0}\Delta f_{sys} = P_{mk} - P_{ek} \quad (k = 1, 2, \cdots, m) \tag{10-5}$$

其中 Δf_{sys} 为岛上的频率偏移量。

把所有机组的式（10-5）相加，可得：

$$\frac{M_{sys}}{f_0}\Delta f_{sys} = PA \tag{10-6}$$

其中：

$$M_{sys} = \sum_k M_k$$

$$PA = \sum_k P_{mk} - \sum_k P_{ek}$$

对式（10-6）进行积分就可以得到岛上频率的偏移量 Δf_{sys}。净加速功率 PA 可以通过净加速功率对机组机械功率变化量的灵敏度得到。

动态模拟的步骤是：

（1）初始化模型参数，包括用于动态模拟的机组和原动机参数。

（2）求解原动机动态方程，得到机组轴上的机械功率，再转化成机组的机械输出功率，从而得到整个岛上的机械功率。

（3）根据净加速功率对机械功率变化的灵敏度，确定岛上新的净加速功率。

（4）解方程得到岛上的频率。

（5）用岛上的频率修正各机组的频率，以便用于下一次动态迭代。

三、仿真过程

从能量管理系统的角度看，调度员培训模拟就是对电力系统和控制中心的实时模拟，因此模拟周期要和控制中心数据扫描周期相匹配，一般在秒级范围内，并根据系统的规模和硬件质量来确定、协调好模型精度和计算速度之间的关系。

对电力系统的模拟包括静态模拟和动态模拟两部分，静态模拟就是通过潮流计算模拟系统状态的变化得到模拟的系统量测数据，因此，潮流的计算周期应该同控制中心的数据扫描周期相同，DTS 的模拟周期实际上是指这种静态模拟周期。动态模拟实际上是解算各种动态模型方程，并把结果送给潮流，动态模拟的步长一般在 1s 以内，这样

在一次静态模拟时间内需要作几次动态模拟。图 10-3 给出了一个模拟周期的计算过程。一个模拟周期的执行步骤详细说明如下：

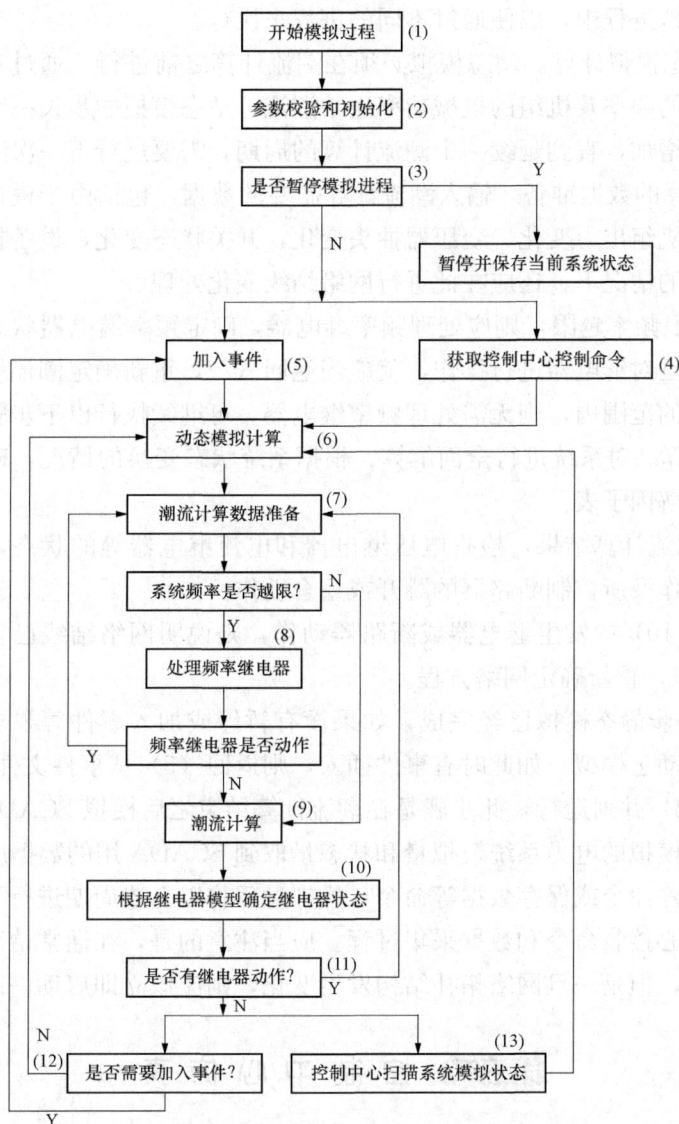

图 10-3 调度员培训模拟的模拟周期

（1）启动调度员培训模拟并开始模拟过程。

（2）检查对数据库的校验是否成功，并用新的模拟控制参数进行初始化。

（3）如果教员要求暂停模拟进程，则模拟处于等待状态，模拟时间不再前进，并保存系统当前的状态；如果没有暂停要求，则进行以下步骤。

（4）随时获取控制中心的控制命令。在调度控制中，所有控制中心命令都直接被 RTU 接收；而在培训模拟的环境中，控制中心里学员发出的命令应当通过一段解释程序转换到潮流数据库中，以便使模拟的系统响应学员命令。此步骤与以下模拟过程应该并列进行。

（5）从事件文件中取出事件。事件文件中的事件可以是教员事先定义好的，也可以是教员在培训过程中随时加入的，但只要事件发生的时间与当前模拟时间相吻合，就要把该事件放入模拟进程中，以便通过不同的进程来执行。

（6）进行动态模拟计算。动态模拟必须在潮流计算之前进行，通过对发电机组模型的解算，确定岛的频率及机组的机械功率送给潮流。动态模拟的步长一般是1s，培训模拟的时间就在此增加，直到延续一个潮流计算的周期，需要进行下一次潮流计算为止。

（7）潮流计算的数据准备。输入潮流计算需要的数据，包括由于模拟时间增加而引起的负荷变化和机组出力变化，变压器抽头变化，开关状态变化，设备投切及岛上频率变化等。在必要的情况下，还应在此进行网络结线变化处理。

（8）如果岛上频率越限，则应处理频率继电器，确定频率继电器状态，必要时执行继电器动作，一旦对继电器进行操作，就应当返回（7），重新确定潮流输入参数；如果岛上频率在允许的范围内，则无需处理频率继电器，可继续执行以下步骤。

（9）潮流计算。对系统进行全面解算，根据系统状态变换的情况，确定是否需要重新排序或重新分解因子表。

（10）根据潮流计算结果，检查电压继电器和电流继电器等的状态，并在必要时执行继电器触发动作及所控制断路器的跳开或重合动作。

（11）如果（10）中发生继电器或断路器动作，则说明网络结线已发生变化，就应当返回第（7）步，重新确定网络方程。

（12）至此一步静态模拟已经完成，如果没有暂停或加入事件等要求，则返回（6）继续对系统进行动态模拟；如此时有事件插入，则返回（5）从事件文件中取事件参数。

（13）与（12）并列运行，此步骤是在潮流计算结束之后模拟 SCADA 从 RTU 的数据采集过程。把模拟的电力系统模拟量和状态量取到 SCADA 用的数据库中。

如果没有暂停命令或保存数据等命令，模拟过程将以上述周期进行下去，并始终并行处理从控制中心接收命令和数据采集过程。应当注意的是，在通常情况下潮流按给定的计算周期启动，但是一旦网络拓扑结构发生变化，则应该立即启动一次潮流计算。

第三节　控制中心仿真

控制中心仿真用来模拟与实际调度控制中心相同的系统环境，包括电网实时监控与智能告警、电网自动控制（AGC、AVC）、实时调度计划和网络分析等应用功能的仿真。控制中心仿真采用与实际调控中心相同的功能和界面，基于控制中心仿真，学员可以进行培训态下电网的监视和控制，并且可以应用其中的各种分析工具。各应用运行在培训态下，不对实时态下的应用产生任何影响。

1. 电网实时监控与智能告警仿真

电网实时监控与智能告警仿真接受数据采集仿真的遥测和遥信，将遥控遥调操作、控制指令发送至电力系统模型，实现对电力系统仿真状态的交互影响。

数据采集仿真是指对电力系统的数据采集功能及量测环节进行模型和仿真，主要功能包括：

（1）模拟培训态下电网各种遥测、遥信的采集和显示；

（2）模拟遥控、遥调操作；

（3）模拟电网运行稳态量测的异常故障；

（4）模拟厂站 RTU 故障。

2. 自动发电控制仿真

应能模拟和监视内部电网的 AGC 功能，在仿真环境中，培训态 AGC 能够根据电网仿真数据实现基于目标交换功率、基准频率、区域控制误差（ACE）和 CPS 的调节，调节命令将通过遥调命令修改相应机组的出力，并可仿真连续的调节过程。

模拟的 AGC 模型可直接从实时 AGC 读取，采用与实时 AGC 相同的配置，并可根据培训需要在模拟的 AGC 界面上设置控制参数。

3. 自动电压控制仿真

电网自动控制中的 AVC 功能应能在实时态和培训态下运行，利用培训模式下的 AVC 和 DTS 的闭环对 AVC 的调整策略进行校验和验证。

4. 网络分析仿真

可以对网络分析应用的各功能进行仿真，根据电力系统仿真的电网模型和运行方式，模拟状态估计、调度员潮流、灵敏度计算、静态安全分析等功能，学员台网络分析功能与实时网络分析功能完全相同。

5. 实时调度计划仿真

构建实时调度计划仿真环境，模拟实时计划和 AGC 闭环调整的效果。

第四节 教员台控制

教员台的功能主要是由教员来完成的，教员可以面对电力系统模型和控制中心模型两种环境，并通过电话与学员进行通信，教员台控制提供仿真培训的教案制作、培训控制以及培训评估等功能。

一、建立培训初始条件

1. 培训初始化

（1）从多种途径获取启动的起点，包括实时状态估计计算结果、调度员潮流计算结果、状态估计计算结果历史保存断面和已制作完成的历史教案，从而建立培训的运行条件，确定培训的初始状态。如果初始状态与期望值不同，则可以对取得的方式进行修改，从而建立起一个良好的系统初始方式。

（2）调整外部运行区域的机组发电计划，修改交易计划，从而使区域控制误差（ACE）达到可以接受的范围。

（3）设置模拟系统的控制参数。模拟控制参数的设定决定了 DTS 的基本特性，用户根据系统的规模和计算机的速度在一定范围内调整，可以使模拟速度与系统实际运行速度同步，使模拟更加真实。由教员设定的控制参数包括：

1）模拟运行的方式，如果设为连续运行方式，则模拟将连续运行；如果设为分步（STEP）运行方式，则模拟运行一段给定的时间就自动暂停运行，此时应给出分步运行培训模拟的周期。

2）模拟自动暂停运行的日期和时间，此时间应比当前模拟时间晚。

3）模拟速度，即模拟时间与实际时间的比值。如果要使模拟加快，就设模拟时间长度比实际时间大。

4）动态模拟的步长。此时间表明汽轮机参数多少秒钟修正一次，一般情况设为 1s，时间长度太大则精度降低。

5）潮流运行的周期。此时间应比动态模拟步长大，它表明了网络状态变化的时间，因为每运行一次潮流，网络状态修正一次。

6）多长时间自动从事件文件中取一个事件。

7）回溯周期。即保存多长时间的 DTS 数据，以便回头重复模拟过程。

8）多长时间运行一次 AGC，此周期应和潮流计算的周期相同。

9）潮流计算结束到把数据传送到 SCADA 的延迟时间，此时间模拟 RTU 测量执行完毕到显示到调度员屏幕上的时间。

10）调度员发出控制命令到 RTU 接收到命令的时间延迟。

2. 培训方案建立

DTS 的培训方案，简称教案，由教员台支持教案的编制、管理和使用。培训方案的建立一般需要两个步骤，首先应确定网络的基本状态，即作一些必要的网络状态调整、负荷调整，选择合适的交易计划、机组组合计划和电压计划等，运行潮流并检查结果；然后定义一系列事件，包括事件类型、事件发生的时间及事件动作。在定义事件序列时，不仅可以直接确定事件发生的时间，也可以确定时间的范围，使某事件在此时间范围内按一定的概率随机发生或按某一条件发生。一般情况下方案的建立都是离线进行的，并且可以保存，因此并不是每次培训都需要重新建立，教员可以根据需要取培训方案的保存方式。

DTS 可以定义的事件至少应包含以下类型：

（1）模拟量测事件，确定某一模拟测量数据的质量是好的还是坏的。

（2）测量事件，在 SCADA 的模拟量中加入一个偏移量或随机噪声。

（3）RTU 事件，终止与某个 RTU 的通信或恢复与某个 RTU 的通信。

（4）RTU 地址事件，RTU 上有一个 A/D 转换器，可以使其发生故障或恢复使用。

（5）厂用电事件，投切某个厂用电负荷。

（6）负荷区事件，确定某负荷区的有功负荷是否可以改变及改变多少。

（7）负荷点事件，投切负荷按一定的要求调整负荷点的有功功率和无功功率。

（8）电厂控制器事件，修改某电厂控制器的运行方式，若为 AGC 方式，即处在自动发电控制之中；若为当地（LOCAL）方式，则处在电厂操作人员调节控制之中。

（9）机组事件，投切机组、改变机组容量限值、设置机组运行方式（AGC/

LOCAL)、调整机组有功输出功率的升降速率。发电机故障包括转子失磁故障、相间短路、匝间短路和单相短路接地。

（10）开关事件，改变断路器或开关状态为开或合、确定某开关是否可以受调度员控制。

（11）电容器事件，投切电容器。

（12）传输线路事件，投切某条线路。线路故障包括：单相接地、两相短路接地、两相短路、三相短路、双相断线和单相断线。

（13）变压器事件，投切变压器、确定变压器是否可以受调度员监控、是否允许进行自动电压调节。变压器故障包括内部相间短路、内部匝间短路、内部短路接地、外部相间短路和外部短路接地。

（14）电压调节事件，改变电压调整策略，设置目标电压。

（15）在某一时刻显示某些画面或打印某些画面。

（16）按计划时间给教员送信息。

（17）暂停培训模拟。

（18）保存系统运行方式。

培训方案的建立一般在培训开始之前由教员来完成，这样教员有充足的时间利用各种辅助手段来建立逼真的电力系统培训模拟方案，从而向学员提供一系列真实的系统运行状态。电力系统模型反映这些系统状态和事件，产生传送到控制中心模型的数据采集信息，使学员对处理这些状态或事件做好准备。

二、控制培训过程

简单地说，利用DTS进行培训的过程，学员在实际或复制的控制中心使用运行功能，同时教员通过独立的操作台与控制中心进行相互作用。培训开始后，教员可以根据培训方案或培训要求通知学员注意现场或外部系统的某些特殊情况，学员除了要观察处理培训方案中计划好的各种事件外，还应当响应教员随时可能加入的事件的影响。为了使模拟更符合电力系统的实际，教员本身应当是有经验的调度员，他可以根据实际情况，以各种不同的身份向学员提出各种可能发生的问题和要求。教员可以扮演很多角色，包括各种与控制中心调度员经常接触的人员，如电厂和变电站操作员，工程维护和管理人员，互联系统运行人员等。培训过程实际上就是教员按一定的顺序执行培训系统的各种功能，并随时与学员进行通信。

1. 操作的模拟

教员在培训过程中可以模拟对电力系统模型的各种操作：

（1）充当厂站值班员执行学员下达的调度命令，包括改变电厂控制器的控制方式，升降机组出力，改变机组容量。

（2）修改和确定交易计划，执行发电计划。

（3）投切设备，开合断路器。

（4）基于厂站接线图操作或列表操作，设置电力系统故障和扰动。

（5）设置各种电力系统一次设备的故障，包括短路/断线、接地/不接地、故障相别、故障持续时间、故障位置、金属性短路/非金属性短路等，能仿真多重故障同时发生的场景。

（6）自动识别培训过程中的误操作，给出提示信息，并能自动触发相应的故障，引起相应的保护和断路器动作，使频率继电器恢复到正常状态。

（7）执行控制功能，向电力系统模型发出控制要求。

（8）与电厂及变电站人员通信，与互联系统调度员通信。

（9）设置绝对时间、相对时间或者立即发生等事件执行时间类型。

2. 培训的控制

教员可以对培训过程进行控制，主要包括：

（1）支持培训的启动、终止、暂停、恢复；初始化模拟参数，校验数据是否正确，重复模拟过程。每隔一定的周期，DTS 会自动保存系统的状态，包括结线状态、发电负荷、继电器状态、频率数据等，教员可以从这一时刻重复刚刚完成的模拟过程。

（2）支持快照、快照返回、返回事故前断面、返回初始状态、返回任意操作前断面等培训控制功能。

（3）支持事件表的编制、管理和使用；改变事件发生的时间，插入新的事件。

3. 状态的监视

教员台具有与学员台相同的全部厂站接线图和网络单线图，教员在培训过程中可对电网状态、培训情况和学员操作等进行监视。

（1）监视模拟行为：包括模拟进行的时间与实际时间，以便调整模拟速度，使培训模拟质量更好；每次潮流迭代次数；动态模拟迭代情况；结线状态变化情况，即变化的设备类型、时间、地点以及是否引起系统解列；实时监控的控制命令。

（2）监视网络状态：主要是监视电力系统模型对实际电力系统的模拟情况，包括与母线相连的设备、母线电压、线路潮流、岛上的发电、负荷和频率以及引起网络结线变化的原因。

（3）监视原动机模型参数及继电器状态：查看各种原动机模型的主要模型参数和过程变量，以及每台发电机组的电磁功率和机械输出功率；监视各种类型继电器的位置、状态及其控制断路器的状态，以便修改继电器动作的限值和闭锁时间等。

（4）监视实时监控与智能告警行为：其中包括哪些设备及量测已退出系统，并观察退出系统的时间；目前处于非正常状态的设备；通信设备的状态，是否退出运行，是否有通道故障等；监视系统警报。

（5）监视自动发电控制：监视当前及前一小时的平均区域控制误差（ACE）、CPS、最大误差、偶然的功率交换、时间误差、频率偏差、最大负荷；主要区域的 AGC 各种量测的值和状态，所有模拟区域电厂控制器的状态、控制方式和控制信号；机组的发电等级、基态功率、容量、负荷频率控制和经济调度限值、旋转备用和运行备用等。

（6）监视状态估计和安全分析的结果。

（7）监视事件发生的情况：包括事件发生的时间，事件类型，发生的地点，事件动作以及事件发生的条件和概率等情况。

（8）监视学员操作：包括学员操作结果，学员对电网的遥控遥调命令，学员响应和做出决策的时间等。

三、培训评估

在培训进行中，教员可以随时暂停模拟进程，以便对前一段的培训进行分析和评价，也可以从以前某个时刻起重新进行一次培训，比较培训结果。当整个培训过程结束后，学员可以和教员一起回顾和评价培训过程。因此，培训过程中会产生事件文件、报警记录、定期报告等记录，以便事后分析，这些文件不但应包括发生的重要事件，还应包括学员发出的命令，教员发出的命令、电力系统模型接收到的命令及所有这些命令和事件所引起的电力系统结构变化等。

对培训的评估可以通过定性描述和评估打分的方式进行，可以考虑从调度操作、供电可靠性、电网安全性和电网运行经济性等方面对学员进行扣分，并根据教案的难易程度确定其难度系数，最终给出加权得分和评估报告。

其中各扣分项因素如下：

（1）调度操作加权扣分。调度操作扣分项主要指调度误操作，误操作类型包括：带负荷拉刀闸、带负荷合刀闸、带负荷合地刀、开关合向检修设备、开关合向故障设备、同期并列合环不成功或同期装置未校合合开关等。

（2）供电可靠性加权扣分。供电可靠性扣分项主要指仿真过程中被切除的负荷量，包括：学员切负荷量和自动装置减载数量，这里统计的是失负荷电量。

（3）电网安全性加权扣分。电网安全性评估主要考虑是否出现设备越界以及系统的非正常运行状况，包括：变压器越限、发电机越限、母联电流越限、母线越限、线路越限和变压器视在功率过载、发电机出力过载、线路电流过载、事故扩大等。

（4）经济性加权扣分。经济性评估从系统网损和操作费用两方面考虑。统计系统网损，并与给定的基准网损或发电成本比较，过高则扣分；根据电网操作的次数多少来扣分，包括开关操作、刀闸操作、切负荷操作、调节分接头操作、切发电机操作、调节发电机操作等。

第五节　调度员培训模拟的应用

一、系统配置

一般来说，省级以上调控中心的调度员培训模拟应用采用与电网实时监控与智能告警应用相同的硬件、操作系统和支撑平台，至少需要电力系统仿真服务器、教员台工作站和学员台工作站。服务器最好采用主备双服务器的模式，教员台和学员台的数目可根据需要进行配置，可以多教员和学员同时协同操作，一般还应配有专用打印机，大屏幕投影等。

培训室应宽敞、明亮、通风良好，其面积应能容纳全体参加反事故演习的需求。教员室和学员室之间应有单向玻璃隔墙，使教员能观察到学员在培训时的表现。教员与学员间应有良好的通信工具。一般应设置观摩演习的会议室，在观摩室里通过网络或视频应可以看到培训的整个情况和演习的各种画面。

调度员培训模拟作为调控中心实时应用的一项必备应用，与其他应用的数据逻辑关系如图 10-4 所示。

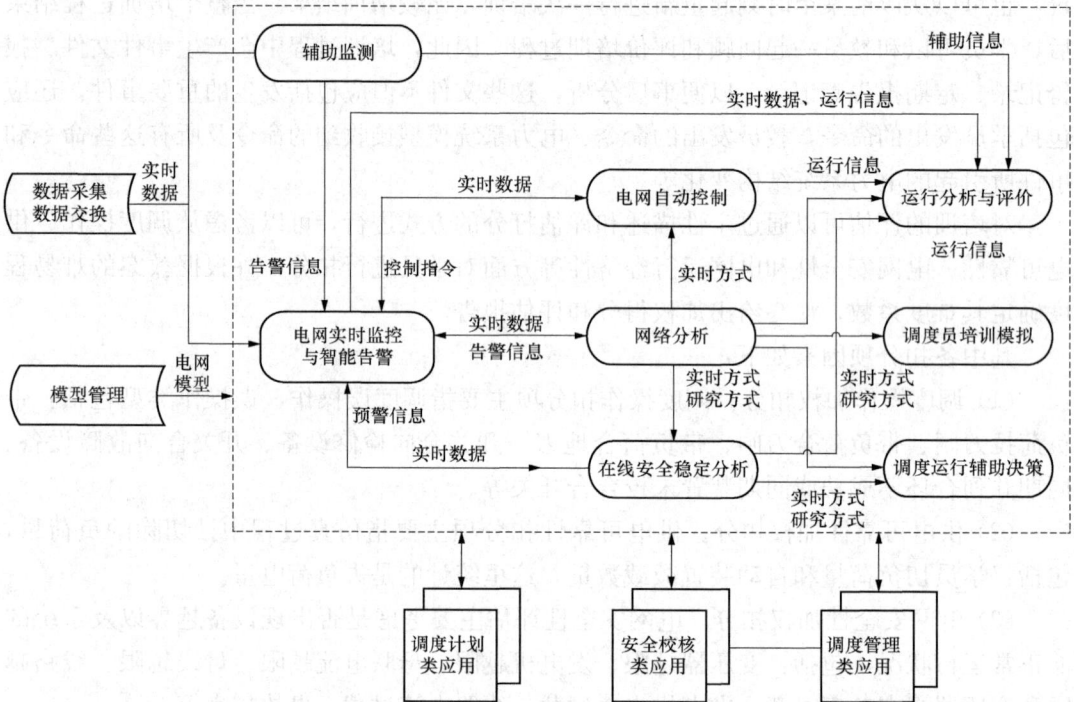

图 10-4　调度员培训模拟与其他应用的数据逻辑关系

DTS 也可以独立于控制中心配置，独立型的 DTS 安装于一台独立的计算机硬件上，应用特定的电力系统模型，一般不与现有的控制中心系统相连，所用的硬件/软件及人机界面与控制中心系统也可以不同，因此具有以下特点：

（1）不受控制中心系统硬件/软件条件的限制；

（2）安装的时间与位置灵活；

（3）基本系统可在市场上买到；

（4）通用性好。

这种独立型的 DTS 一般只适用于科研机构、学校或专业的培训机构进行相关研究和学习的培训，不适用于实际调控中心。

二、输入输出接口

DTS 建立在智能电网调度控制系统平台上，包括电力系统仿真、控制中心仿真和教员台控制应用功能，DTS 与其他应用以及 DTS 内部各功能之间的输入输出接口如下。

1. 电力系统仿真接口

电力系统仿真功能通过对电力系统一次设备建立稳态和动态模型，实现对电力系统的暂态、中长期动态和稳态的仿真，同时对电力系统二次设备（继电保护、安全自动装置）以及数据采集系统进行建模和仿真。其输入输出接口：

(1) 从模型管理中获得电网设备参数和模型；

(2) 从二次设备模型管理获得电网二次设备模型；

(3) 从网络分析获得实时或历史方式；

(4) 从控制中心仿真获得遥控、遥调及电网自动控制指令；

(5) 向控制中心仿真提供仿真的遥测、遥信。

2. 控制中心仿真接口

控制中心仿真功能通过将控制中心在线应用功能在培训态下的部署和集成，为学员提供与实际运行高度一致的培训和演习环境。其功能包括电网实时监控与智能告警、电网自动控制（AGC、AVC）以及网络分析等应用功能的仿真；并构建实时调度计划仿真环境，模拟实时计划调整手段和效果。其输入输出接口：

(1) 从电力系统仿真获得模拟的遥测和遥信；

(2) 向电力系统仿真发出遥控、遥调及电网自动控制指令；

(3) 功能内部各应用对外接口关系与实时态下一致。

3. 教员台控制接口

教员台控制功能提供仿真培训中的教案制作、培训控制以及培训评估等功能。通过教员台控制功能可以进行教案编制，实现对培训初始断面的调整制作和管理，以及培训事件序列的制作和管理，支持电网调度操作与设备故障/异常设置；支持培训过程中启动、暂停、继续、回退、重演、结束等各种控制操作；对培训过程信息进行记录，形成相应的报表资料；同时能够对培训任务进行评估打分。其输入输出接口：

(1) 从平台获得网络分析断面信息；

(2) 从平台获得电网模型信息；

(3) 从电力系统仿真获得培训过程信息；

(4) 向电力系统仿真发出教案事件；

(5) 向电力系统仿真发出控制事件。

4. 上下级 DTS 互联接口

上下级调度 DTS 互联的交互信息包括：

(1) 互联 DTS 的电网模型边界接口定义。

(2) 互联 DTS 的电网网络模型及设备参数，可进行简化或等值。

(3) 互联 DTS 的电网初始方式，即教案初始条件。

(4) 互联 DTS 培训过程中的交互信息包括：

1) 仿真潮流信息：设备潮流、电压、相角、频率、断路器/隔离开关等分合状态、变压器分接头档位、HVDC 控制方式及目标值等；

2）仿真系统状态信息：培训仿真时钟、系统运行状态；

3）电网操作事件；

4）互联控制事件；

5）即时消息。

三、联合反事故演习

电网相继开断故障一般会波及多个地区，这需要各级调度员具有协调处理事故的能力，进行上下级调度员的联合反事故演习。联合反事故演习中，各级电网调度员的互动性强，模拟可以自动反映操作和故障给对方造成的影响，可进行异地联合处理故障的培训。现在常见的联合反事故演习方式有基于 Web 方式的和基于 DTS 互联方式的。

1. 基于 Web 方式

这种方式利用支撑平台的 Web 服务，实现 DTS 人机界面的 Web 远程发布，具体功能包括：

（1）Web 中各厂站接线图和潮流图与 DTS 一致。

（2）Web 中潮流和设备状态与 DTS 保持同步一致。

（3）通过用户角色权限配置实现远程教员和远程学员等用户权限管理。通过权限管理可以限定用户的浏览画面和操作设备。

（4）远程学员台供参演调度员使用，主要为画面浏览功能。

（5）远程教员台供参演远方导演使用，可以进行所辖电网的各种教员操作，包括各种设备操作、故障设置等。

（6）导演可以查看各远程用户的登录和退出情况。

2. 基于 DTS 互联方式

这种方式要求在各参演单位具有各自 DTS 的基础上，通过 DTS 互联实现联合反事故演习。DTS 互联能实现如下功能：

（1）与上下级 DTS 互联，通过本单位建设 DTS 参与联合反事故演习。

（2）向下级 DTS 发布总体演习教案。

（3）接受上级 DTS 发布的总体演习教案，并能够据此制作自身演习教案，保证其与总体演习教案协调一致。

（4）DTS 互联过程中，接受上下级 DTS 发布的教案事件，并转换为本地 DTS 的教案事件进行执行。

（5）DTS 互联过程中，接受和查看上下级 DTS 发布的培训消息。

（6）DTS 互联过程中，仿真时钟和 DTS 运行状态能够与上级 DTS 同步一致。

（7）DTS 互联过程中，本 DTS 发生异常时不应对其他 DTS 产生影响。

（8）向上级 DTS 申请加入 DTS 互联。

（9）控制下级 DTS 接入或退出 DTS 互联。

（10）建有变电站操作员培训仿真（OTS）的单位，可通过 OTS 与 DTS 的互联，实现基于电网—变电站协同仿真的联合反事故演习。

随着计算机和通信技术的发展，目前已基本都可采用 DTS 互联方式进行反事故演习，并将研究重点放在多级电网模型间的互动方面，以提高仿真的准确性。近年来，国内在这方面的工作主要有以下几种做法：一是集中模型仿真方案，即在上级调度建立包括下级电网的全电网模型，并在上级调度完成仿真计算，下级调度通过 Web 浏览，参与联合演习。二是下级调度大模型方案，即上级调度的 DTS 建立自己电网模型，下级调度建立自己所辖电网和整个上级电网模型，培训时通过交换开关操作信息实现互联，只有事件交互，没有电网模型交互和潮流匹配。三是运用多级 DTS 实现联合反事故演习的不同组合方案，包括：①分散建模、各自仿真、多头操作、手工联动；②分散建模、各自仿真、就地操作、自动联动；③集中建模、统一仿真、分散操作、自动联动；④分布式建模、分布式仿真、分布式培训等。在 DTS 中也采用了网络等值、模型合并、潮流匹配、分解协调等技术。

四、DTS 与变电站联合仿真

目前，迅速提高电力系统调度运行人员和现场操作人员业务技能的一个行之有效的途径是采用各种仿真培训系统。变电站操作员培训仿真系统（Substation Operator Training Simulator，SOTS）用于培训变电站运行人员。现有的 DTS 与 SOTS 在仿真范围和仿真功能上是优势互补的，DTS 在电网仿真方面有优势，SOTS 对变电站内部逼真模拟有优势。DTS 与 SOTS 联合培训仿真，可以使 SOTS 的仿真和培训功能大为增强。在联合模拟系统中，DTS 为 SOTS 提供了一个具有交互功能的仿真实时数据源，从而使 SOTS 从原来的单一静态断面模拟方式升级到实时动态交互模拟方式。在 DTS 和 SOTS 协调配合的联合培训模式下，正常操作和故障发生时，可使仿真站内外的电网状态同步变化，分别从局部细节和全网概貌上真实地再现了电力系统的动态反应过程。

DTS 的电网初态既可以取自实时数据，也可以取自离线保存的存储断面，SOTS 则从 DTS 取得培训初始断面，因而保证二者具有一致的设备初始状态。在联合仿真状态下，DTS 为 SOTS 提供潮流数据，二者互通操作信息，保证了 DTS 与 SOTS 状态的同步，而且在每个仿真系统中进行的各种操作以及操作结果都能及时地反映到 2 个应用中去并保持一致。在此基础上，对仿真站内和仿真站外电网其他部分的故障及异常进行了联合模拟，二者互通故障信息，DTS 为 SOTS 提供短路电流数据，SOTS 和 DTS 分别负责仿真站内和仿真站外电网相关保护设备的动作行为判定，并经过协调处理最终给出配合一致的动作结果。

为了满足与 SOTS 联合进行故障仿真的要求，在 DTS 侧需要增加 DTS-SOTS 网络接口模块和短路电流计算模块，并且要对原有的 DTS 模块进行功能扩充，增加对新模块的配合和与 SOTS 进行协作的能力。SOTS 侧需要增加 DTS-SOTS 网络接口模块，以负责发送/接收操作和故障信息及刷新显示，还要增加保护装置动作模拟功能。

DTS 与厂站 SOTS 互联的交互信息如下：

（1）DTS 给厂站 SOTS 下发的数据。

1）潮流数据，包括设备潮流、电压、相角、频率、断路器/隔离开关等分合状态、变压器分接头档位等；

2）初始断路器状态信息；

3）故障设置信息；

4）互联控制命令。

（2）厂站 SOTS 给 DTS 上传的数据

1）断路器/隔离开关状态变化数据；

2）变压器档位变化数据。

通过 DTS-SOTS 联合故障仿真，既可以分别对电网调度员和变电站操作员进行培训，也可进行电网调度员和变电站操作员协同配合的联合反事故演习。变电站运行人员通过 DTS-SOTS 联合故障仿真既能了解电网的正常运行和故障对变电站的影响，也能了解到变电站的运行和故障对电网的影响，从而在变电站的值班岗位上建立起对电网全局的正确概念和真实体会，这对保障整个电网的安全稳定运行具有很大的现实意义。

第六节 总 结 与 展 望

调度员培训模拟（DTS）通过对电力系统、控制中心以及通信过程的模拟，为电力系统运行人员提供了一个与实际电力系统运行和调度完全相同的环境。其用途除培训系统调度员处理正常和故障情况下的操作任务外，还包括帮助计划人员编制和检验电网运行计划以及软硬件支持人员开发软件和维护设备等。

根据培训模拟精确、逼真的设计原则，DTS 分成三个基本功能：逼真地模拟电力系统特性的电力系统仿真；精确模拟控制中心人机界面、计算机系统和控制中心功能的控制中心仿真；监视控制系统培训过程的教员台。电力系统仿真和控制中心仿真两个功能块分别属于两个相互独立的计算机系统，并按一定的要求进行连接。在培训过程中，教员可以面对这两种仿真环境，而学员像调度员在控制中心里不能看到实际电力系统一样，只能面对控制中心仿真环境，不能面对电力系统仿真环境。

调度员培训模拟是电力系统调度员的有力培训工具，对于系统安全、经济运行是十分有意义的。DTS 可以对调度员提供各种日常操作的培训，但其更重要的作用在于对系统故障情况下操作的培训。随着电力系统规模的扩大和结构的复杂化，调度员很难在线预测系统故障后的结果并及时采取措施，因此可以利用 DTS 进行模拟和分析，在获得正确操作控制规程的同时也能积累经验。但是由于电力系统故障情况很复杂而且每次都不尽相同，作为教员的有经验的系统操作人员也不可能在建立培训方案时考虑到所有的情况，因此能够通过 DTS 取得实时电力系统状态是十分必要的，尤其是在系统出现非正常状态的情况下。DTS 通过上下级调度员的联合反事故演习，训练各级调度员协调处理事故的能力。随着我国电力市场的逐步建立以及可再生能源的大规模接入电网，电力生产、调度方式将会发生较大变化，今后 DTS 应能适应电力市场和新能源发展的需要。

参 考 文 献

[1] 于尔铿，刘广一，周京阳. 能量管理系统 [M]. 北京：科学出版社.

[2] 逢健鹏，高平，李峰云，等. DTS-SOTS联合故障仿真的设计与实现 [J]. 电网技术. 2003，27（8）：54-58.

[3] 吴文传，张伯明，成海彦，等. 省、地广域互联的分布式DTS系统 [J]. 电力系统自动化. 2008，32（22）：6-11.

第 十一 章

智能电网调度相关标准体系

标准化是人类在长期实践过程中逐渐摸索和创立起来的一门科学，也是一门重要的应用技术。目前，在电力系统领域，人们对标准的重要性的认识逐步提升，标准已在电力生产、运行、维护、科研等各方面发挥重要作用。希望本章可以帮助读者建立标准的基本概念，了解智能电网调度相关标准的情况。

第一节 概 述

一、标准的作用和分类

标准是为了在一定的范围内获得最佳秩序，经协商一致制定并由公认机构批准，共同使用的和重复使用的一种规范性文件。标准以科学、技术和经验的综合成果为基础，以促进最佳的共同效益为目的。

与其他文件相比，标准具备下列特殊属性：

（1）标准必须具备"共同使用和重复使用"的特点；

（2）制定标准的目的是获得最佳秩序，以便促进共同的效益；

（3）制定标准的原则是协商一致；

（4）制定标准需要有一定的规范化程序，并且最终要由公认机构批准发布；

（5）标准产生的基础是科学、技术和经验的综合成果。

标准是外来语，英文是 standard，有基石、基地、旗帜、旗杆的意思。我国在很早的时候就懂得了标准的重要，表述为"规矩"。标准的本质就在于统一。

标准的载体即标准的表现形式是一种文件。最初标准的载体表现为纸质的文件，现在既有纸质文件也有磁盘、光碟、网络等电子版的文件。

依照现行的《中华人民共和国标准化法》，我国标准分为国家标准、行业标准、地方标准和企业标准四种。国家标准的制定和发布由国务院标准化行政主管部门管理。目前，国家标准化管理委员会受国务院委托管理全国的标准化工作；行业标准由国务院有关行政主管部门或受国家标准委委托的行业协会、学会，负责组织制定和发布；地方标准由各省、市、自治区标准化行政主管部门组织制定和发布；企业标准由企业自行管理。

国家标准、行业标准和地方标准又分为强制性标准和推荐性标准两种，其中保障人体健康，人身、财产安全的标准和法律、行政法规规定强制执行的标准是强制性标准，一经发布生效，就要由政府行政执法部门强制执行。其他标准是推荐性标准，推荐性标准由企业自愿实行。

一般来讲，国家标准主要为基础通用的标准，与强制性标准配套；行业标准主要面向行业产品、服务和管理；地方标准主要负责自然和人文条件的特殊技术要求。当企业生产的产品没有国家标准和行业标准的，应当制定企业标准，作为组织生产的依据。

《中华人民共和国标准化法》规定，行业标准和地方标准与国家标准之间是从属关系。对没有国家标准而又需要在全国某个行业范围内统一的技术要求，可以制定行业标准，并报国务院标准化行政主管部门备案，在公布国家标准之后，该项行业标准即行废止。对没有国家标准和行业标准而又需要在省、自治区、直辖市范围内统一的工业产品的安全、卫生要求，可以制定地方标准，并报国务院标准化行政主管部门和国务院有关主管部门备案，在公布国家标准或者行业标准之后，该项地方标准即行废止。

企业通过标准的协调可以提高效率和竞争力。政府采购时，采用适用的标准可使机构准确地采购到所需要的物品，而不必花费大量的时间在工程、确定规范和谈判上，为此需制定大量的标准。

我国国家标准的代号为 GB，美国为 ANSI、英国为 BS、法国为 NF、德国为 DIN、日本为 JIS、韩国为 KS、俄罗斯为 rOCTP。我国主要行业标准的类别、代号、行政主管部门和标准制定机构如表 11-1 所示。其中，电力行业的标准代号为 DL，行政主管部门为国家能源局，标准制定机构为中国电力企业联合会，是在全国电力行业范围内统一实施的标准。

表 11-1　我国主要行业标准的类别、代号、行政主管部门和标准制定机构

标准类别	代号	行政主管部门	标准制定机构
安全生产	AQ	国家安全生产管理局	国家安全生产管理局
电力	DL	国家能源局	中国电力企业联合会
机械	JB	工业与信息化部	中国机械工业联合会
能源	NB	国家能源局	国家能源局
通信	YD	工业与信息化部	工业与信息化部

二、国际标准组织

国际标准组织是在国际范围内指定协商一致的标准组织，这些组织制定的标准对于国际贸易的融通和全球经济一体化的发展具有重要作用。国际标准组织的范围包括国际标准化组织（ISO）、国际电工委员会（IEC）和国际电信联盟（ITU）以及由 ISO 认可的其他国际标准组织。目前，ISO 认可的其他国际标准组织共有 49 个。

1. 国际标准化组织（ISO）

ISO 是世界上最大的标准制定组织，是一个全球性的非政府组织，总部设在日内

瓦。其简称"ISO"与其全称（International Organization for Standardization）的缩写并不相同，这是因为"ISO"并不是其全称首字母的缩写，而是一个来源于希腊语意为"相等"的词。从"相等"到"标准"，内涵上的联系使"ISO"成为组织的名称。作为一个非政府组织，ISO 是连接公共部门和私营部门的桥梁，其成员类型包括政府机构、由政府机构授权的机构以及国家确立的植根于私营部门的行业协会。因此，ISO 的国际标准是面向商业、政府和社会的。ISO 的宗旨是在世界范围内促进标准化工作的开展，以利于国际物资交流和互助，并扩大知识、科学、技术和经济方面的合作。截至 2014 年底，ISO 有 160 多个成员（包括成员团体，有正式成员、通讯成员和注册成员的区别）。我国于 1978 年成为 ISO 成员，2008 年 10 月的第 31 届 ISO 大会上，正式成为 ISO 理事国的常任成员，目前以国家标准化管理委员会❶的名义参与 ISO 的活动。

ISO 的管理运行体系主要由全体大会、理事会、中央秘书处、政策制定委员会、理事会常设委员会、技术管理局和特别咨询组等组成。

全体大会是 ISO 最高权力机构，为非常设机构，每年 9 月召开一次全体大会会议，大会的主要议程包括 ISO 年度报告中有关项目的情况、ISO 战略规划情况、中央秘书处财务主任的年度财务状况报告等。理事会是 ISO 大会闭会期间的常设管理机构，负责 ISO 的运作。理事会下设政策制定委员会、理事会常设委员会、技术管理局和特别咨询组。

其中，技术管理局是负责 ISO 技术管理和协调的最高管理机构。技术管理局的主要任务包括：就 ISO 运行、协调、战略规划、技术工作相关的问题向理事会汇报；审查 ISO 技术活动新领域的提议，决定与建立和撤销技术委员会相关的所有事宜；代表 ISO 复审 ISO/IEC 技术工作导则，检查和协调所有的修改意见并批准有关的修订文本；根据技术工作已有的政策，进行相关活动；任命实施国际标准的注册机构和维护机构；建立（解散）技术咨询组，任命其成员和主席；建立（解散）通用标准化管理原则委员会，任命其主席。技术管理局下设战略咨询组、技术咨询组、标准物质委员会、技术委员会。

技术委员会（TC）及其下属的分技术委员会（SC）和工作组（WG）是制定标准的机构，是从事技术工作的主体，在 ISO 占有重要的地位。TC 的设立是为开展具体标准的制修订工作。根据需要，TC 下可设 SC 和 WG。每个 TC 或 SC 均由 ISO 成员团体承担秘书处工作。

截至 2014 年底，ISO 有正式成员一百多个，其中德国、美国、英国、法国、日本、中国等六个国家承担了大量的标准化技术组织秘书处的工作。

2. 国际电工委员会（IEC）

国际电工委员会（IEC）是非政府性的国际组织和联合国社会经济理事会的甲级咨询机构，于 1906 年 6 月 26 日在英国伦敦正式成立，是世界上成立最早的非政府性国际电工标准化机构之一，总部设在日内瓦。1947 年 ISO 成立后，IEC 曾作为电工部门并

---

❶ 国家标准化管理委员会对外名称为国家标准化管理局（Standardization Administration of China，SAC）

入 ISO，但在技术上、财务上仍保持其独立性。根据 1976 年 ISO 与 IEC 的新协议，两组织都是法律上独立的组织，IEC 负责有关电工、电子领域的国际标准化工作，其他领域则由 ISO 负责。IEC 的宗旨是促进电工、电子领域中标准化及有关方面问题的国际合作，增进互相了解。为实现这一目的，出版包括国际标准在内的各种出版物，并希望各国家委员会在其本国条件许可的情况下，使用这些国际标准。IEC 的工作领域包括了电力、电子、电信和原子能方面的电工技术。目前，IEC 已有 80 多成员❶。我国于 1957 年 8 月成为 IEC 成员，目前以国家标准化管理委员会的名义参与 IEC 的活动。

IEC 的管理运行体系主要由理事会、理事局、执行委员会、中央办公室、标准化管理局、市场战略局和合格评定局等组成。理事会是 IEC 的最高权力机构，理事局是主持 IEC 工作的最高决策机构，负责提出并落实理事会制定的政策，下设管理咨询委员会、标准化管理局、市场战略局和合格评定局。

标准化管理局全面负责 IEC 的标准化技术管理工作，主要职责包括：建立、解散技术委员会（TC）；界定 TC 的范围，确定标准制修订时间表；与其他国际组织进行联络；任命 TC 的秘书和主席，确保技术工作的重点是根据 IEC 理事会、技术咨询委员会和 TC 的决议设置。标准化管理局管理 TC，同时下设技术咨询委员会和行业局。TC 是承担 IEC 标准制修订工作的技术机构。

IEC 的技术工作主要是由各 TC 完成，与 ISO 的标准化技术组织包括 TC、SC 和 WG 不同，IEC 的标准化技术组织包括 TC、SC、WG、项目组（PT）和维护组（MT）。IEC 鼓励在可能的情况下，优先建立任务导向的 PT 而不是结构导向的 WG，PT 负责一个任务，工作完成 PT 即被解散。多个 PT 可以隶属于一个 WG，或者直接向所属的委员会报告。每一个 TC 都要建立一个以上的 MT。MT 由 TC 的积极成员通过信件确定或在 TC 或 SC 会议期间指定的专家组成。

3. 国际电信联盟（ITU）

ITU 是主管信息通信技术事务的联合国机构，也是联合国机构中历史最长的一个国际组织，总部设在瑞士日内瓦。作为世界范围内联系各国政府和私营部门的纽带，ITU 不仅通过其下设的无线电通信、标准化和发展部门开展各种与电信有关的活动，而且是信息社会世界峰会的主办机构。截至 2009 年底，ITU 拥有 191 个成员国，561 个部门成员和 157 个部门准成员。

ITU 的组织机构主要由全权代表大会、理事会、中央秘书处、ITU - R、ITU - T 和 ITU - D 等组成。ITU 的标准由 ITU - T 和 ITU - R 下设的 SG 制定，每个 SG 都负责电信的一个领域。SG 又分成许多 WG，WG 可以再细分成专家组。

4. 我国参加国际标准化工作的情况

我国积极参加国际标准化工作，我国已成为 ISO、IEC 全部高级管理机构常任成员。标志性事件包括：2008 年 10 月成为 ISO 常任理事国，2011 年成为 IEC 常任理事国，舒印彪分别于 2012 年和 2013 年当选 IEC 市场战略局（MSB）召集人和 IEC 副主

---

❶ 包括正式成员（Full members）和协作成员（Associate members）。

席，张晓钢 2013 年 9 月当选 ISO 候补主席。

截至 2013 年底，我国担任 ISO、IEC 技术委员会主席、副主席 39 个，承担 ISO、IEC 技术委员会秘书处 65 个，提出 310 个 ISO、IEC 国际标准提案，其中有 147 项已发布。与 10 年前比均有大幅增长。

三、我国的标准组织

在我国，标准化技术委员会（简称标委会）是非常设的专家组织，是标准化工作的重要力量。标准化技术委员会是由国务院标准化主管部门根据工作需要，依法在一定专业范围内建立的从事标准化工作的技术组织，由生产、经销、科研、教学、检验、认证、用户、公益组织、政府等方面的专家代表组成，其主要任务是起草标准、审查标准。标准化技术委员会的工作方式是开放、透明、社会化和协商一致。我国从 1979 年开始组建专业标准化技术委员会。标准制定工作组是专业标准化技术委员会中制定标准最基本的组织单元。

截至 2013 年底，我国共成立全国专业标准化委员会 1244 个，包括 521 个技术委员会（TC），715 个分会（SC），8 个标准化工作组（SWG）。截至 2013 年底，我国有国家标准 30 345 项，另有 326 项指导性技术文件。其中强制性标准 3712 项，推荐性标准 26 642 项。备案的行业标准 37 882 项、地方标准 26 693 项。

受国家标准化管理委员会的委托，中国电力企业联合会归口管理电力行业的全国专业标委会、电力行业专业标委会和能源行业专业标委会。全国专业标委会编号为：SAC/TC ×××，电力行业专业标委会编号为：DL/TC ×××、能源行业专业标委会编号为：NB/TC ×××。

截至 2014 年底，我国电力行业有 14 个全国标委会、37 个电力行业标委会、2 个能源行业标委会和特高压交流标准化工作委员会。另外，还有 11 个 IEC/TC 中国技术归口单位，光伏并网、智能电网、风电并网、风电运行维护等 4 个工作组❶。

与智能电网调度相关的全国标准化委员会有 2 个，分别是电力系统管理及其信息交换标准化技术委员会、全国电网运行和控制标准化技术委员会。暂无相关的电力行业标委会和能源行业标委会。中国电力科学研究院是电力行业挂靠标准化技术委员会最多的单位。截至 2014 年 5 月，有 11 个全国标委会、16 个行业标委会以及特高压交流标准化工作委员会的秘书处挂靠中国电力科学研究院。

在电力企业内部，一般也设有企业级的标准化工作机构。国家电网公司于 2013 年批准设立了 6 个技术标准专业工作组，分别为国家电网规划技术标准专业工作组、国家电网工程建设技术标准专业工作组、国家电网运行与控制技术标准专业工作组、国家电网检修技术标准专业工作组、国家电网计量技术标准专业工作组和国家电网通信技术标准专业工作组。中国电力科学研究院是其中 5 个工作组的秘书处挂靠单位。电网调度相关的国家电网运行与控制技术标准专业工作组秘书处就挂靠在中国电力科学研究院，而

---

❶ 数据来源于官方网站。

本书作者所在的电力自动化所便负责秘书处的工作。

四、相关法律和规章制度

我国于 1988 年颁布的《中华人民共和国标准化法》确定了我国的标准体系、标准化管理体制和运行体制的框架。国务院于 1990 年颁布的《中华人民共和国标准化法实施条例》对于落实标准化法的实施提出了具体的规定。原国家技术监督局颁布了一系列有关标准化工作的规章，内容涵盖国家标准、行业标准和地方标准的制定、标准出版、标准档案管理以及能源、农业和企业标准化管理，初步建立起了我国标准化法律法规体系。

电力相关的主要规章包括：《全国专业标准化技术委员会管理规定》（国标委）、《工程建设国家标准管理办法》（住建部）、《能源领域行业标准化管理办法》（能源局）。

电力相关的主要行业规定包括：《电力行业专业标准化技术委员会章程》、《电力行业标准化指导性技术文件管理办法》、《电力企业技术标准备案办法》、《电力行业归口有关国际电工委员会技术委员会（IEC/TC）工作管理办法》、《电力行业标准复审管理办法》、《电力行业标准制定管理细则》、《电力行业专业标准化技术委员会管理细则》。

这些法规制度的建立，使电力行业标准化工作有章可循，为顺利开展电力标准化工作提供了制度保证。

五、标准体系和标准体系表

GB/T 13016—1991《标准体系表编制原则和要求》给出了标准体系和标准体系表的定义。标准体系的定义为："一定范围的标准按其内在联系形成的科学的有机整体"。标准体系表的定义为："一定范围的标准体系内的标准按一定形式排列起来的图表"。GB/T 13017—1995《企业标准体系表编制指南》对企业标准体系的定义为："企业内的标准按其内在联系形成的科学的有机整体"。GB/T 13017 对企业标准体系表的定义为："企业标准体系内的标准按一定形式排列起来的图表"。

目前，智能电网调度相关的标准体系表主要包括：电力标准体系表、国家电网公司技术标准体系表、国家电网公司"大运行"技术标准体系表。《电力标准体系表》由中国电力企业联合会标准化管理中心组织编写，《国家电网公司技术标准体系表》由国家电网公司科技部组织编写，均由中国电力出版社出版发行。《国家电网公司"大运行"技术标准子体系表》由国家电网公司科技部组织编写，以电子文件的方式在国家电网公司内部发布。

电力标准体系表把电力标准体系内的标准按一定形式排列起来并以图表的形式表述出来，以作为编制标准制定或修订规划和计划的依据之一。它是促进电力标准化工作范围内达到科学合理和有序化的基础，是一种展示包括现有、应有和预计发展标准的全面蓝图，并将承受着科学技术的发展而不断地得到更新和充实。

电力标准体系具有目的性、集成性、层次性和动态性四项特征。目的性——促进电力工业科技进步、确保电力工程质量和安全、提高生产效率、降低资源消耗、保护环境等。集成性——电力标准体系是以相互关联、互相作用的标准的集成为特征。单独标准难以独立发挥其效能，若干相互关联作用的标准综合集成为一个标准体系才能实现一个共同的目标。层次性——电力标准体系是一个复杂系统，由许多的单项标准集成，他们要根据各项标准间的相互联系和作用关系，集合组成有机整体，因此，为发挥其系统而有序的功能必须把一个复杂的系统实现分层管理。动态性——任何一个系统都不可能是静止的、孤立的、封闭的，电力标准体系只有根据新技术、新材料、新设备和新工艺的出现进行补充和完善，才能满足电力工业发展的需要。为更好地发挥电力标准体系表的作用，电力标准体系表需体系完整，包括全部电力国家标准和行业标准；结构简单，符合电力生产流程，即按基础标准、设计、施工安装、运行、电力设备和检修全过程编排；使用方便，易于查找，对组织标准制修订工作有指导性；与现代工业管理的思想和理念相适应。

《电力标准体系表》一般分四个层次。第一层：电力基础标准，包括基础、安全环保、质量与管理、电力监管标准。第二层：共性标准，包括勘测设计、施工安装调试、运行检修维护、电力设备。第三层：专业标准，包括水电、火电、核电、风电、其他形式发电、电网、技术经济等专业标准。第四层：个性标准，包括上述专业的具体标准。

企业标准体系表是指导企业标准化工作的重要文件，是标准化科学管理的重要基础，是企业制修订标准年度计划和中长期标准规划的主要依据，是促进企业积极规范采用国际、国内先进标准的重要措施。技术标准体系是企业标准体系的重要组成，是企业标准化建设的核心。"十一五"期间，国家电网公司研究建立了公司系统统一的技术标准体系并逐年滚动修订，为推进国家电网标准化建设发挥了重要支撑作用。《国家电网公司技术标准体系表》依据 DL/T 485—2012《电力企业标准体系表编制导则》编制。该体系表主要包括：国家电网公司技术标准体系表层次图、国家电网公司技术标准体系表、标准化工作导则、通用技术语言标准（术语、符号、代号、代码、标志、技术制图）、量和单位、数值与数据、互换性与精度标准及实现系列化标准环境保护、安全通用标准、各专业的技术指导通则或导则、规划设计、工程建设、设备、材料调度与交易、运行检修、试验与计量、安全与环保、技术监督、信息技术、通信、售电市场与营销、新能源与节能等内容。

国家电网公司"大运行"技术标准子体系表指出：标准体系是"三集五大"体系建设和运行的基础。为保证"三集五大"体系建设顺利推进和规范运转，更好地支撑公司"大运行"业务，结合公司技术标准化工作成果，按照突出重点、分步实施的原则，公司科技部、国家电力调度控制中心组织开展了公司"大运行"技术标准子体系表编制工作，对与"大运行"业务相关的技术标准（包括企业标准、行业标准、国家标准、国际标准和国外先进标准）进行梳理，在公司技术标准体系表的总体框架下，形成了《国家电网公司"大运行"技术标准子体系表》（以下简称"大运行"技术标准子体系表），方便"大运行"业务相关人员查阅和使用。

在公司技术标准体系表的总体框架之下，以保持其体系结构层次基本不变为原则，不同子体系表间标准可交叉、重复。在公司技术标准体系表 11 大类中，选择与"大运行"相关的分类，包括"规划设计"、"工程建设"、"设备、材料"、"调度与交易"、"运行检修"、"试验与计量"、"安全与环保"、"技术监督"、"信息技术、通信"、"新能源与节能"类，构成"大运行"技术标准子体系表。根据公司"大运行"业务需求，对其技术领域和分支进行完善，对其中与"大运行"业务相关的现行标准，进行适用性研究，适当增减后纳入大运行技术标准子体系表。根据技术标准的重要性、使用频度，以及与公司"大运行"业务的紧密程度，将子体系表分为核心和参考两部分。核心部分涵盖直接使用（引用）、与公司"大运行"业务密切相关、经常引用（使用）的技术标准，参考部分作为核心部分的重要补充，涵盖"大运行"业务中可供参考的技术标准。核心部分和参考部分结构层次相同。以2012年版《国家电网公司"大运行"技术标准子体系表》为例，核心标准共收集276项（其中企业标准87项，行业标准64项，国家标准39项，国际标准9项，待制订标准77项）；参考标准部分共收集600项（其中企业标准142项，行业标准244项，国家标准139项，国际标准20项，待制订标准55项）。

另外，我国十分重视电力标准的规划工作，如国家能源局在《能源科技与装备"十二五"规划》中设有"标准化篇"，各全国或行业电力专业标准化技术委员会制定有"十二五"标准规划等，这些规划对未来五年的标准工作发展目标、发展战略和重点工作进行了前瞻性的工作安排。有力地促进了我国电力标准化战略的实施。

第二节 相关国际标准

一、标准组织

1. IEC TC57

国际上与智能电网调度相关的标准组织主要是国际电工委员会（IEC）的第57技术委员会（TC57），即电力系统管理及其信息交换委员会。该技术委员会成立于1964年，主要负责电力系统远动、远方保护、变电站自动化、配电网自动化、能量管理系统应用程序接口（EMS-API）、电力市场、分布式电源通信、水电厂通信、数据通信和安全等方面的国际标准化工作。目前活跃的主要工作组包括：

（1）WG03 Telecontrol protocols，远动通信协议工作组。

（2）WG 09 Distribution automation using distribution line carrier systems，使用电力载波系统的配电自动化工作组。

（3）WG 10 Power system IED communication and associated data models，电力系统IED通信及相关数据模型工作组。

（4）WG 13 Energy management system application program interface（EMS-API），能量管理系统应用程序接口工作组。

（5）WG 14 System interfaces for distribution management（SIDM），配电管理的系统接口工作组。

（6）WG 15 Data and communication security，数据和通信安全工作组。

（7）WG 16 Deregulated energy market communications，电力市场通信工作组。

（8）WG 17 Communications systems for distributed energy resources（DER），分布式能源（DER）通信系统工作组。

（9）WG 18 Hydroelectric power plants – Communication for monitoring and control，水电厂监控通信工作组。

（10）WG 19 Interoperability within TC 57 in the long term（including report on Task Force Smart Grid），TC57 内部长期协调工作组，这是体系结构工作组，负责与其他工作组一起建立主要标准的路线图。

（11）WG 20 Planning of（single-sideband）power line carrier systems，电力线载波终端和系统规划工作组。

（12）WG 21 System interfaces and communication protocol profiles relevant for systems connected to the Grid，接入到智能电网的系统接口和通信协议工作组。

2. IEC 其他委员会

在 IEC 内部，TC57 与其他委员会开展长期协调，这些技术委员会主要包括：

（1）IEC TC 3 Information structures, documentation and graphical symbols（New），电气信息结构、文件编制和图形符号委员会。

（2）IEC SC 3D Data sets for libraries，数据库用数据集委员会。

（3）IEC TC 4 Hydraulic turbines，水轮机委员会。

（4）IEC TC 8 System aspects for electrical energy supply，电能供应系统方面委员会。

（5）IEC TC 13 Electrical energy measurement, tariff-and load control，电能测量、资费表和负载控制委员会。

（6）IEC SC 17C High-voltage switchgear and controlgear assemblies，高压开关设备和控制设备组件委员会。

（7）IEC TC 38 Instrument transformers，仪器用互感器委员会。

（8）IEC TC 65 Industrial-process measurement, control and automation，工业过程测量、控制和自动化委员会。

（9）IEC SC 65C Industrial networks，工业网络委员会。

（10）IEC TC 69 Electric road vehicles and electric industrial trucks（New），电动道路车辆和电动工业卡车委员会。

（11）IEC SC 77A EMC – Low frequency phenomena，EMC –低频现象委员会。

（12）IEC TC 88 Wind turbines，风力涡轮机委员会。

（13）IEC TC 95 Measuring relays and protection equipment，测量继电器和保护设备委员会。

（14）IEC PC 118 Smart Grid User Interface（New），智能电网用户接口项目委员会。该委员会于 2011 年 9 月正式成立，秘书处设在中国。

（15）IEC TC 120 Electrical Energy Storage（EES）Systems（New），储能系统委员

会。该委员会于 2012 年 10 月正式成立，以加快可再生能源的整合，并实现更加可靠和高效的电能供应。

3. 其他标准组织

与 IEC TC57 相关及合作的其他国际标准组织还有：

（1）ISO/IEC JTC 1/SC 25 Interconnection of information technology equipment，ISO/IEC 信息技术设备互联分技术委员会。

（2）ISO/IEC JTC 1/SC 27 IT security techniques（New），ISO/IEC 信息安全技术委员会。

（3）CIGRE Category A with SC D2 Information Systems and Telecommunication，CIGRE 信息系统和通信委员会。

（4）ITU Category A International Telegraph and Telephone Consultative Committee，ITU（国际电信联盟）国际电话电报咨询委员会。

（5）UCAIug Category D InternationalUsersGroup，UCA 国际用户组。

（6）ebIX European forum for energy business information exchange，ebIX 能源事务信息交换论坛。

（7）ENTSO‑E European Network of Transmission System Operators for Electricity，欧洲电网运营商联盟。

（8）IEEE PES PSCC Security Subcommittee，PSCC（电力系统通信委员会）安全分委员会。

（9）European Smart Grid Information Security WG，欧洲智能电网信息安全工作组。

（10）OpenADR Alliance，开放的自动需求响应联盟。

（11）VLPGO，国际特大电网运行机构。

4. 国内对口标准组织

我国于 1986 年建立了与 IEC TC57 对口的电力系统管理及其信息交换标准化技术委员会（SAC/TC82），代表中国参与 IEC TC57 的工作和活动。委员会下设 7 个标准化工作组，目前有 40 多位成为 IEC TC57 各工作组成员。负责采用 IEC TC57 标准形成国家标准和行业标准，以及上述相关专业领域的国内标准编制和修订，负责国家和行业标准的宣贯。

（1）变电站工作组，对口 IEC TC57 的 WG3、WG10、WG17、WG18、WG19。

（2）通信安全工作组，对口 IEC TC57 的 WG15。

（3）配电网工作组，对口 IEC TC57 的 WG14。

（4）EMS‑API 工作组，对口 IEC TC57 的 WG13。

（5）电力市场工作组，对口 IEC TC57 的 WG16。

（6）WAMS 及时间同步工作组，负责电力系统动态监测与时间同步等方面的标准。

（7）通信技术工作组，对口 IEC TC57 的 WG20。

二、相关工作组工作

IEC TC57 每年都会召开年会，讨论 TC57 的整体工作及发布的文档，各国家委员会成员变化情况，正在制定的标准，INF 文档的说明，今后的工作，新提案的状态等。TC57 的各工作组在会上作工作报告。2014 年 11 月 5～7 日，IEC TC57 年会在日本东京举行，全国电力系统管理及其信息交换标准化技术委员会组团参加了本次会议。各工作组最新的标准制定进展、下阶段的工作方向和计划等情况如下。

1. 远动通信协议工作组（WG03）

WG03 的任务是将高度完整、高可靠和适当安全的遥控协议标准化。WG3 的主要成就是 IEC 60870-5-7 Ed 1 即"IEC 60870-5-101 和 IEC 60870-5-104 协议的安全扩展（IEC 62351-5 安全认证）"的制定工作。IEC 60870-5-7 描述了 IEC 62351-5 技术规范实现的消息和数据格式，此技术规范是对 IEC 60870-5-101 和 IEC 60870-5-104 的扩展的安全认证。目前的工作是 IEC 60870-5 伴随标准和一致性测试用例的准备工作。新的工作主要是制定 IEC TS 60870-5-601 和 IEC TS 60870-5-604 的新版本。

2. 电力系统 IED 通信及相关数据模型工作组（WG10）

WG10 的任务是开展电力系统 IED 通讯和数据模型的标准和技术报告制定，负责 IEC 61850 通用方面以及在数据模型领域与其他工作组协调的工作。主要成就包括，已经发布了 IEC 61850-3 Ed2，完成 IEC 61850-80-4 与 DLMS/COSEM 映射，IEC 61850-80-5 与 Modbus 设备映射。正在进行的项目包括，准备 IEC61850UML 模型，IEC 61850-7-5 用逻辑节点建模——通用规则，IEC 61850-7-500 用逻辑节点在变电站建模，IEC 61850-90-3 状态监测诊断和分析，IEC 61850-10-3 基于 IEC 61850 系统的功能测试等。

3. 能量管理系统应用程序接口工作组（WG13）

WG13 的任务是减少向 EMS 或其他系统增加新应用所需的花费和时间，保护对现有应用的投资。目前 WG13 的主要工作有，继续解决 CIM UML 的议题，参加 WG14 有关建模问题的联络会。NWIPs 包括第 302 和 457 部分的动态模型交换，第 451 部分 SCADA 数据交换，第 301 部分 CIM 基础 V16，第 452 部分 CPSM 正准备修订，第 456 部分电力系统状态解子集，第 555 部分 CIM/E，第 556 部分 CIM/G。

4. 配电管理的系统接口工作组（WG14）

WG14 负责 IEC61968 系列标准，是为了方便各种分布软件应用系统应用间的集成，这些系统支持包括公共企业系统环境的公共配电网络的管理。WG14 目前的工作主要有，第 1 部分接口架构和概要建议书，第 100 部分网络服务实施配置，第 3 部分网络操作，第 4 部分记录和资产管理，第 6 部分维护和构建，第 8 部分用户支持，第 9 部分抄表和控制，第 11 部分 CIM 区域模型，第 13 部分配电模型交换。

5. 数据和通信安全工作组（WG15）

WG15 的任务是通信协议安全的相关标准，负责 IEC 62351 系列标准，已完成的工作包括，第 1，2，3，4，5，6，7，8 和 10 部分完成 TR 或 TS 文档（Ed 1），第 5 部分完成 TS 文档（Ed 2）。正在进行的工作包括，第 3 部分应用 TLS 的安全，第 9 部分关键管理，第 11 部分 XML 文件安全，第 7 部分网络和系统管理，第 4 部分 MMS 安全，第 6 部分关于 IEC 61850，第 8 部分 62351-90-1 作为使用 RBAC 的指导，第 2 部分名词术语。新的工作还可能包括一致性测试，含 XMPP 的 web 服务子集，测量（与 TC13 合作）等。

6. 电力市场通信工作组（WG16）

WG16 的主要工作是研究电力市场通信方面的标准，包括市场参与者与市场操作员之间以及市场操作员内部的通信，使用 TC57 的公共信息模型（CIM）等。目前形成了两个子团队，分别研究两种模式的市场，欧洲模式市场和美国模式市场。欧洲模式的市场主要包括双边交易的日前市场，日内市场以及 TSO 主导的平衡市场，需要 ENTSO-e 之间的合作。美国模式的市场包括双边市场，基于 SCUC 的日前市场，小时前市场以及基于 SCED 的实时市场，需要 IRC 和 ISO 的合作。IEC WG16 的标准工作包括，数据交换需求的文件（用例、工作流等），与现有 CIM UML 模型的映射，CIM UML 模型的扩展，生成语境模型，生成数据交换子集，生成数据交换格式，开源工具（CIMtool，CIMContextor，jcleanCIM）的利用等。

7. 分布式能源（DER）通信系统工作组（WG17）

WG17 的任务是通过扩展 IEC 61850，提供信息交换需要的对象模型和服务。WG17 的工作范围与智能电网的发展相关，包括变电站或传统电厂中没有的新概念和实施问题。过渡文件 90-X 系列是 IEC 的技术报告，用于短期时间架构下的市场响应，早期实现（用适当的命名空间），准备将来的工作等。未来长期的工作包括分布式能源和先进配电自动化的建模。

8. 水电厂监控通信工作组（WG18）

WG18 的任务是扩展 IEC 61850 以适用于水电站，IEC 61850 的对象模型最初只限于变电站。范围定义为所有其他需要水电站建模的对象模型，在 2012 年，范围扩大到也包含火电厂的相关部分。WG18 的工作主要成就是完成 CD 版 IEC 61850-7-410 Amd 1，CD 版 TS 61850-10-210。目前工作包括 IEC 61850-7-410 从 Amd 1 ed 3，TR 61850-7-510 准备 Ed.2（包括蒸汽和气体），TS 61850-10-210 互操作文档定稿，TS 61850-90-410（暂定）水电厂通信网络。

9. TC57 内部长期协调工作组（WG19）

WG19 主要致力于 TC57 内部的长期协调和互操作，对所有工作组提供支撑。目前的主要成就包括质量代码，法国国家委员会已形成了一个法语版本；已对 NWIPS，专利政策，外部联系提出了建议。WG19 的新工作包括互操作和一致性技术报告，将由提案管理者 US NC 发布。计划引入 CIGRE D2.24 相关标准，映射到 IEC TC57 相关工作组并在参考体系结构中采用。

10. 电力线载波终端和系统规划工作组（WG20）

WG20 的任务是模拟和数字电力线路载波系统运行操作，包括 EHV/HV/MV 电网。IEC 62488 系列标准包括，电力线载波通信系统的电力效用应用，在超高压/高压/中压电网上的操作的模拟和数字电力线载波系统的规划，模拟电源线端子（APLC），数字电力线载波终端（DPLC），宽带电力线系统（BPLC）。

11. 接入到智能电网的系统接口和通信协议工作组（WG21）

WG21 的任务是定义智能电网和居民、商用建筑，工业能源管理系统和智能电网之间的接口。范围是涉及连接到电网的系统的用例确定。重点是电源系统管理（TC 57 标准）和 H/B/I 能量管理系统之间的交互。WG21 取得的成果包括标准的结构和工作被认可，通信的需求被纳入 WG17（TR61850-80-3），技术上的假设被认可，但 WG21 的工作仍处于起步阶段。

三、能量管理系统应用程序接口（EMS-API）系列标准

电网调度控制系统参考的一个重要标准是 IEC 61970 系列，即能量管理系统应用程序接口（EMS-API）。IEC 61970 系列标准的主要任务就是形成一套标准，以便推动由不同厂商开发的能量管理系统（EMS）应用的集成，独立开发的完整 EMS 系统之间的集成，以及 EMS 系统与有关电力系统运行的其他系统之间的集成，例如发电或配电管理系统（DMS）。以上集成的实现可以通过定义应用程序接口，使这些应用或系统可以访问公共数据或进行信息交换，而不依赖于信息的内部表述形式。

1. 标准结构

IEC 61970 标准的主要结构如下：

（1）第 1 部分：导则和一般要求。

（2）第 2 部分：术语。

（3）第 3××部分：公共信息模型（CIM）。

——第 301 部分：公共信息模型　基础

——第 302 部分：公共信息模型　财务　能量计划和预定

（4）第 4××部分：组件接口规范（CIS）。

——第 401 部分：组件接口规范　框架

——第 402 部分：组件接口规范　公共服务

——第 403 部分：组件接口规范　通用数据访问

——第 404 部分：组件接口规范　高速数据访问

——第 405 部分：组件接口规范　通用事件和订阅

——第 407 部分：组件接口规范　时间序列数据访问

——第 453 部分：组件接口规范　图形布局子集

——第 456 部分：电力系统状态解子集。

（5）第 5××部分：CIS 技术映射。

——第 501 部分：公共信息模型的资源描述框架（CIM RDF）模式

——第 552 部分：CIMXML 模型交换格式

——第 555 部分：基于 CIM 的模型交换格式（CIM/E）

——第 556 部分：基于 CIM 的图形交换格式（CIM/G）

2. 公共信息模型（CIM）

CIM 是一个抽象模型，它表示了电力企业运行的各个方面所需要的模型中典型包含的所有主要对象。模型包含这些对象的公共类和属性，以及它们之间的关系。CIM 中描述的对象本质上是抽象的，可以用于各种应用。CIM 的使用远远超出了它在 EMS 中应用的范围。因此，CIM 是一种能够在任何一个领域实现集成的工具，只要该领域需要一种公共电力系统模型来帮助在几种应用和系统之间实现互操作和插入兼容性，而与任何具体实现无关。CIM 也可用于控制中心各个应用和该控制中心环境之外的各个系统，如其他控制中心、独立系统运营机构（ISOs）、大区输电机构（RTOs）、以及配电管理系统（DMS）之间类似的信息交换。

CIM 通过定义一种基于 CIM 的公共语言（即语义）为集成提供便利，使得这些应用或系统能够不依赖于信息的内部表示来访问公共数据和交换信息。由于完整的 CIM 的规模较大，所以将包含在 CIM 中的对象类分成了几个逻辑包，每个逻辑包代表整个电力系统模型的某个部分。这些包的集合发展成为独立的标准。CIM 划分为一组包，包是一种将相关模型元件分组的通用方法。包的选择是为了使模型更易于设计、理解与查看。实体可以具有越过包边界的关联。每一个应用将使用多个包中所表示的信息。根据 IEC 61970 - 301 Ed. 5《能量管理系统应用程序接口（EMS - API）第 301 部分：公共信息模型（CIM）基础》（英文版），CIM 的主要包有：

（1）Core 核心包：核心实体，这些实体被所有的应用程序及这些实体的公共集合所共享。并不是所有的应用程序需要所有的 Core 实体。这个包不依赖于任何其他的包，但是其他包中的大部分都依赖于本包。

（2）Topology 拓扑包：核心包的扩充，它与终端类相关联以建立连接关系，也就是说物理上定义了电力设备是如何连接在一起的。另外它建立了拓扑结构，即电力设备通过闭合的开关是如何连接在一起的逻辑定义。拓扑定义与其他电气特性无关。

（3）Wire 电线包：核心和拓扑包的扩展，它模拟了输电和配电网络的电气特性的信息。

（4）Generation 发电包：水电和火电机组的机组开停机计划和经济调度、负荷预测、自动发电控制和培训模拟的机组模型。

（5）LoadModle 负荷模型包：负责模拟能量用户和系统的负荷，以曲线和相关的曲线数据表示。特殊环境可能影响负荷，例如季节，日期类型等也包括在此。此信息用于负荷预测和负荷管理。

（6）AuxiliaryEquipment 辅助设备包：包含了常规导电设备以外的设备，如传感器、故障定位器和浪涌保护器等。这些设备并没有像导电设备那样规定了带电拓扑连接，但是与其他导电设备的端点有关联。

（7）Outage 停运包：核心包和电线包的扩展，来模拟当前和计划的网络结构信息。这些实体在典型的网络应用中是可选项。

（8）Protection 保护包：核心包和电线包的扩展，用来模拟保护设备的信息，如继电器。这些实体用于培训模拟器和配电网故障定位等应用。

（9）Meas 量测包：描述不同应用之间交换动态量测数据的实体。量测包（Meas）包含描述各应用之间交换的动态测量数据的实体。

（10）SCADA 包：对监控与数据采集（SCADA）应用所使用的信息进行建模。监控支持运行人员对设备的控制，例如合或分一个断路器。数据采集从各种源采集遥测数据。同时支持报警展示。

（11）Equivalents 等值包：用于等值网络建模。

（12）ControlArea 控制区包：用于对各种用途的区域功能进行建模。该包从整体上对有可能相互重叠的控制区功能进行建模，而这些控制区的功能是实际的发电控制、负荷预测区域的负荷采集或者基于潮流的分析等。

（13）Contingency 预想故障包：需要研究的预想故障。

（14）StateVariables 状态变量包：用于潮流计算等分析结果的状态变量。

（15）DiagramLayout 图形布局包：描述图形布局，即对象如何在一个坐标系中排列而非其如何渲染。

（16）Domain 域包：定义被其他包中的类使用的基本数据类型。

3. 互操作实验

为了验证 CIM 模型的完整性、通用性、实用性和正确性，以及通过 CIM 进行数据交换的可行性，以互操作试验的方式来验证。现在，电力系统公共信息模型（CIM）已经可以用可扩展的标志性语言（XML）或 CIM/E 格式来描述，这样，模型就可以以标准格式进行交换。

互操作试验的目的是：

（1）证明不同厂家基于 CIM 的产品具有互操作性。这些产品包括 EMS 的各个应用以及第三方独立开发的产品。

（2）验证信息交换中包含的类和属性是否完全遵循 CIM。

（3）证明用基于 CIM 的 XML 描述文件可以交换电力系统模型数据。

（4）校验 IEC 61970 标准（主要是 301 部分）的正确性和完整性。通过剔除差异和明确一些模糊的概念得到一个高质量的标准。

（5）校验 CIM 各版本的模型的正确性。

（6）建立一个大的实际系统模型，验证用基于 CIM 的 XML 文件传输数据的可行性。

（7）运行潮流计算软件，验证模型文件的充分性和正确性。看模型中是否包含潮流计算用的所有设备参数。

（8）验证 NERC 的公共电力系统模型工作组（CPSM）提出的最小数据需求模型的正确性和完整性。

（9）验证增量模型的传送，即传送模型的变化。

（10）验证部分模型的传送。

一般来说，互操作试验的内容如下：

　　首先是互操作试验：每个参与者必须对标准的 CIM/XML 格式的文件正确地导入/导出，从而证明各自的产品可以满足标准的要求。导入的正确性校验应当由各产品的内部校验功能完成。而导出文件的正确性应当通过 XML/RDF 校验工具验证。每个参与者都必须能够成功地导出 CIM/XML 格式的文件，放到服务器上并可用于其他参与者导入，从而证明通过使用 CIM/XML 标准文件可以实现不同产品间的互操作。同时验证导出的文件应与原始模型文件相同。

　　可进行应用软件计算：每个参与者（例如 A）都必须导入标准的电力系统模型文件，将其转化为私有的数据描述格式，并通过模型校验，进行潮流计算，保存计算结果。计算结束以后，再导出一个 CIM/XML 文件；其他参与者（例如 B）将这个导出文件导入到自己的私有系统中，经过校验以后进行潮流计算，计算结束以后，再导出一个 CIM/XML 文件；第一次导入原始文件的参与者（即参与者 A）再将这个导出文件导入自己的系统，进行潮流计算，并与对原始数据进行潮流计算得到的结构相比较，若差别在一个合理的范围内，则说明试验成功。

　　可进行增量模型和部分模型的传递：增加新的厂站（包括厂站中的所有设备）；增加新的设备或删除已有的设备；用新的设备替换已有的设备；修改设备的参数（如额定值等）；提取出感兴趣的网络（如电压等级大于等于 220kV 的部分）；增加或修改遥测、遥信数据。

第三节　相关国家和行业标准

　　我国电力工业标准起步于 20 世纪 50 年代，主要以苏联标准为基础，制定了很多电力设计、施工、运行、检修、试验等方面的标准，对保证我国电力工业快速发展、安全发供电起了重大作用。自 60 年代起，原水利电力部时期，结合我国电力工业的实践经验，修订了原有标准，并制定了一批新的标准。自 80 年代中期起，原能源部、电力工业部和国家经贸委时期，专门设立了标准化管理机构，标准化工作得到较快发展。自 2003 年起，国家发展和改革委员会行使电力行业标准化职能，中电联负责电力行业标准化的具体组织管理和日常工作。自 2009 年起，国家能源局行使电力行业标准化管理职能，中电联负责电力行业标准化的具体组织管理和日常工作。

　　截至 2013 年中，有效电力标准（国家和行业）2149 项，其中，行业标准 1813 项，国家标准 336 项。每年安排制定的行业标准制修订计划约 250 项，安排的国家标准制修订计划约 50 项。

　　根据国家电网公司"大运行"技术标准子体系表（2012 版）及截至 2014 年底的修订情况，现行智能电网调度相关国行标情况如下：①通用部分，电力行标 2 项；②稳定及方式部分，国标 3 项，电力行标 3 项；③调度计划部分，无国行标；④无功控制部分，国标 3 项，能源行标 1 项；⑤网源协调部分，国标 1 项，电力行标 5 项；⑥水电及新能源调度部分，国标 6 项，电力行标 1 项，能源行标 9 项；⑦调度运行及设备监控部分，国标 1 项，电力行标 1 项，能源行标 1 项；⑧保护及安全自动装置部分，国标 10

项，电力行标 24 项；⑨调度自动化部分，国标 20 项，电力行标 39 项，能源行标 1 项；⑩电网运行评估部分，国标 3 项。总计国标 43 项，电力行标 75 项，能源行标 12 项。由于本章篇幅所限，不再详述。

智能电网调度的核心技术内容是智能电网调度控制系统相关技术，智能电网调度控制系统相关技术标准也是智能电网调度的核心技术标准。为了做好这方面的工作，2014 年，中电联组织研究制定了智能电网调度控制系统标准体系（初稿），详见表 11 - 2❶。该标准体系包括通用技术标准、接口与协议、调度控制应用功能、测量与试验、运行检修维护五部分内容，共计 14 项国标，19 项电力行标。截至 2014 年底，正组织相关单位开展标准的制修订工作。

表 11 - 2　　　　　　智能电网调度控制系统标准体系（截至 2014 年底）

1 通用技术标准

序号	标准名称	国行标	标准编号或计划	归口标委会
1 - 1	智能电网调度控制系统术语	国标	在编	全国电网运行与控制标准化技术委员会
1 - 2	电网调度控制系统总体架构	国标	在编	全国电网运行与控制标准化技术委员会
1 - 3	智能电网运行与控制数据规范	国标	在编	全国电网运行与控制标准化技术委员会
1 - 4	电网设备通用数据模型命名规范	国标	在编（计划替代行标 DL/T 1171—2012）	全国电网运行与控制标准化技术委员会
1 - 5	电网通用模型描述规范	国标	GB/T 30149—2013	全国电网运行与控制标准化技术委员会
1 - 6	电力系统图形描述规范	国标	DL/T 1230—2013	全国电网运行与控制标准化技术委员会
1 - 7	电力系统动态消息编码规范	国标	在编（计划替代行标 DL/T 1232—2013）	全国电网运行与控制标准化技术委员会
1 - 8	电力系统通用服务协议	国标	在编	全国电网运行与控制标准化技术委员会
1 - 9	设备通用告警规范	国标	20132377 - T - 524	全国电网运行与控制标准化技术委员会
1 - 10	电力系统告警直传技术规范	行标	在编	全国电网运行与控制标准化技术委员会
1 - 11	智能变电站监控数据（信息）与接口技术规范	行标	在编	全国电网运行与控制标准化技术委员会
1 - 12	电力系统远程浏览技术规范	行标	在编	全国电网运行与控制标准化技术委员会
1 - 13	电力系统时间同步技术规范	行标	DL/T 1100.1—2009	全国电力系统管理与信息交换标准化技术委员会

❶ 参考中电联《关于印发 2014 年度智能电网综合体计划项目汇总表的通知》（标准函 [2014] 366 号）。

续表

2 接口与协议

序号	标准名称	国行标	标准编号或计划	归口标委会
2-1	电力系统数据库通用访问接口规范（含实时库\时序库\关系数据库）	行标	送审	全国电网运行与控制标准化技术委员会
2-2	电力系统消息总线接口规范	行标	在编	全国电网运行与控制标准化技术委员会
2-3	电力系统简单服务接口规范	国标	在编（计划替代行标DL/T 1233—2013）	全国电网运行与控制标准化技术委员会
2-4	电力系统序列控制接口技术规范	行标	在编	全国电网运行与控制标准化技术委员会
2-5	电力系统实时数据通信应用层协议	行标	DL/T 476—2012	全国电网运行与控制标准化技术委员会
2-6	电力调度消息邮件传输规范	国标	在编（计划替代行标DL/T 1169—2012）	全国电网运行与控制标准化技术委员会
2-7	工作流程描述规范	国标	DL/T 1170—2012	全国电网运行与控制标准化技术委员会
2-8	电网运行数据交换规范	行标	在编	全国电网运行与控制标准化技术委员会

3 调度控制应用功能

序号	标准名称	国行标	标准编号或计划	归口标委会
3-1	智能电网调度控制系统技术规范—基础平台	行标	在编	全国电网运行与控制标准化技术委员会
3-2	智能电网调度控制系统技术规范—实时监控与预警	行标	在编	全国电网运行与控制标准化技术委员会
3-3	智能电网调度控制系统技术规范—调度计划与安全校核	行标	在编	全国电网运行与控制标准化技术委员会
3-4	智能电网调度控制系统技术规范—调度管理	行标	在编	全国电网运行与控制标准化技术委员会
3-5	智能电网调度控制系统技术规范—电网运行驾驶舱	行标	在编	全国电网运行与控制标准化技术委员会
3-6	地区智能电网调度控制系统技术规范	行标	在编	全国电网运行与控制标准化技术委员会
3-7	配电网调度控制系统技术规范	行标	在编	全国电网运行与控制标准化技术委员会

4 测量与试验

序号	标准名称	国行标	标准编号或计划	归口标委会
4-1	智能电网调度控制系统软件测试及验收规范	行标	在编	全国电网运行与控制标准化技术委员会
4-2	智能电网调度控制系统硬件设备测试规范	行标	在编	全国电网运行与控制标准化技术委员会
4-3	智能电网调度控制系统软件安全性测评通用要求	行标	计划	全国电网运行与控制标准化技术委员会

5 运行检修维护

序号	标准名称	国行标	标准编号或计划	归口标委会
5-1	电力调度自动化系统运行管理规程	行标	DL/T 516—2006，在修订	全国电网运行与控制标准化技术委员会
5-2	智能电网调度控制系统实用化标准	行标	在编	全国电网运行与控制标准化技术委员会

第四节　相关企业标准

国家电网公司在标准制定方面做出了卓越的贡献。"Q/GDW 319—2009 1000kV 交流输电系统过电压和绝缘配合等 73 项标准"和"Q/GDW 144—2006 ±800kV 特高压直流换流站过电压保护和绝缘配合导则等 64 项标准"分别获中国标准创新贡献一等奖。《电力系统稳定技术导则》和《继电保护和安全自动装置技术规程》分获中国标准创新贡献奖二等奖。《微机线路保护通用技术条件》、《交流线路带电作业安全距离计算方法》分获中国标准创新贡献奖三等奖。南方电网公司也开展了相关标准的制定工作。本章主要介绍国家电网公司相关标准情况。

一、智能电网调度技术支持系统❶系列标准

随着坚强智能电网建设工作的深入开展，国家电网正在发展成为世界上电压等级最高、技术水平最先进、资源配置能力最强的坚强智能电网，电网的形态和运行特性将发生重大变化。这对电网调度驾驭大电网、进行大范围资源优化配置的能力以及电网调度一体化运行管理水平和信息化、自动化、互动化水平提出了新的更高的要求。

现有电网调度技术支持系统作为保障电网安全、优质、经济运行的重要技术手段，已难以适应特高压大电网安全稳定运行的要求，迫切需要开展新一代电网调度技术支持系统——智能电网调度技术支持系统的研究和建设。

《智能电网调度技术支持系统》系列标准，提出了省级及以上系统体系架构及总体

---

❶ 后改名为智能电网调度控制系统，本节为与标准名保持一致，仍用智能电网调度技术支持系统。

要求，定义了系统的名词和术语，明确了系统基础平台的技术要求，给出了省级及以上智能电网调度技术支持系统实时监控与预警、调度计划、安全校核、调度管理等四类应用的技术要求，具有涉及范围广、系统性强、一体化程度高等特点。该系列标准的贯彻执行，推进了智能电网调度技术支持系统标准化建设，全面提高电网调度的精益化和智能化水平。

《智能电网调度技术支持系统》系列标准包括 24 个部分：

——第 1 部分：体系架构及总体要求

——第 2 部分：名词和术语

——第 3-1 部分：基础平台　消息总线和服务总线

——第 3-2 部分：基础平台　数据存储与管理

——第 3-3 部分：基础平台　平台管理

——第 3-4 部分：基础平台　公共服务

——第 3-5 部分：基础平台　数据采集与交换

——第 3-6 部分：基础平台　系统安全防护

——第 4-1 部分：实时监控与预警类应用　电网实时监控与智能告警

——第 4-2 部分：实时监控与预警类应用　水电及新能源监测分析

——第 4-3 部分：实时监控与预警类应用　电网自动控制

——第 4-4 部分：实时监控与预警类应用　网络分析

——第 4-5 部分：实时监控与预警类应用　在线安全稳定分析与调度运行辅助决策

——第 4-6 部分：实时监控与预警类应用　调度员培训模拟

——第 4-7 部分：实时监控与预警类应用　辅助监测

——第 5-1 部分：调度计划类应用　数据申报与信息发布

——第 5-2 部分：调度计划类应用　预测与短期交易管理

——第 5-3 部分：调度计划类应用　检修计划

——第 5-4 部分：调度计划类应用　发电计划

——第 5-5 部分：调度计划类应用　水电及新能源调度

——第 6 部分：安全校核类应用　安全校核

——第 7-1 部分：调度管理类应用　调度生产运行管理

——第 7-2 部分：调度管理类应用　专业和内部综合管理及信息展示发布

——第 8 部分：分析与评估

二、地区智能电网调度技术支持系统应用功能规范

2009 年 5 月，国家电网公司提出了立足自主创新，以统一规划、统一标准、统一建设为原则，建设以特高压电网为骨干网架，各级电网协调发展，具有信息化、自动化、互动化特征的坚强智能电网的发展目标，内容涉及发电、输电、变电、配电、用电、调度等环节。其后，相继提出了智能电网建设第一批和第二批试点项目。其中包括智能电网调度技术支持系统试点和电网运行集中监控试点，它们均涉及地区电网调度技术支持系统的建设。根据试点工程建设的需要，2009 年 8 月，国家电力调度通信中心组织制定了指导性技术文件 "Q/GDWZ 461—2010 地区智能电网调度技术支持系统应用功能规范"。该指导性技术文件给出了地区智能电网调度技术支持系统的技术特征和功能结构，提出了功能技术要求和建设原则。适用于地区级智能电网调度技术支持系统的设计和建设。

2009 年 5 月，国家电网公司提出了立足自主创新，以统一规划、统一标准、统一建设地区电网调度在电网生产指挥中具有承上启下的作用，是智能电网建设的重要组成部分。地区智能电网调度技术支持系统是实现调度业务一体化运作的基础，是地区电网运行控制和调度生产管理的重要技术支撑手段。编制目的是为了规范和指导地区智能电网调度技术支持系统的建设工作，满足系统研发、建设和应用的需要。同时，可以作为县级智能电网调度技术支持系统建设的参考。规范编制主要遵循以下原则：适应坚强智能电网建设与运行对地区电网调度要求；具有前瞻性、先进性、实用性和适应性；符合国家、行业和国家电网公司制订的有关标准、规范、文件等；满足调控一体化应用的需要，兼顾配电网运行监控的基本需要。

规范是在《智能电网调度技术支持系统建设框架（2009 年版）》（国家电网调〔2009〕1162 号，简称建设框架）等文件的指导下，参考《省级及以上智能电网调度技术支持系统总体设计（试行）》（国家电力调度通信中心调自〔2009〕319 号）和相关功能规范，并结合地区电网调度实际业务应用和可预见的智能电网调度新的应用需求编制完成的，其内容将随今后技术发展和应用需求的变化不断完善。

规范是智能电网标准体系的一部分，规范了新一代地区智能电网调度技术支持系统的应用需求。在功能分类和要求等方面较《地区电网调度自动化系统》（GB/T 13730—2002）、《地区电网调度自动化设计技术规程》（DL/T 5002—2005）等标准的相关内容有较大的拓展。

规范正文共设 4 章：总体要求、实时监控与分析类应用、调度计划类应用以及调度管理类应用。其中，总体要求部分阐述了系统的总体构架、要求和对支撑平台的需求；实时监控与分析类应用部分描述了电网实时调度业务相关的功能要求；调度计划类应用部分描述了预测、计划和电能量计量等应用的功能要求；调度管理类应用部分描述了生产运行、专业管理、综合分析与评估和信息展示等应用的功能要求。

第五节　总　结　与　展　望

我国在智能电网调度技术相关标准方面已经取得了长足的进步，基本建立了智能电网调度技术标准体系，在部分标准的制定方面更是位居国际前列。在国内，应重视标准的宣传、推广、应用与反馈，不断提高标准的制修订水平。在国际上，应持续开展相关国际标准的跟踪和翻译工作，积极参与相关国际标准的制修订工作。主动将国内制定的优秀的标准翻译为英文，争取各国支持，努力发展为国际标准，为我国智能电网调度相关产品进入国际市场奠定基础。通过不懈的努力，希望未来能够更多的主导国际相关标准的制定，在智能电网调度技术的发展和标准的制定方面，从跟随转变为引领。

参 考 文 献

[1] 王忠敏. 标准化基础知识实用教程. 北京：中国标准出版社，2010.
[2] 国家标准化管理委员会. 企业标准体系实施指南. 北京：中国标准出版社，2003.
[3] 中国电力企业联合会标准化管理中心. 电力标准体系表（第2版）. 北京：中国电力出版社，2012.
[4] 国家电网公司科技部. 国家电网公司技术标准体系表（2013版）. 北京：中国电力出版社，2013.